Adobe® 创意大学

InDesign CS6 标准教材

1DVD 多媒体教学光盘

- 本书实例的素材文件以及效果文件
- 本书160多分钟的实例同步高清视频教学

北京希望电子出版社 总策划
赵 明 周幸子 编 著

北京希望电子出版社
Beijing Hope Electronic Press
www.bhp.com.cn

内容简介

Adobe InDesign CS6 是 Adobe 公司推出的 InDesign 软件的最新版本，它是专业排版领域中不可或缺的一款软件。随着版本的提高、功能的完善及性能的优化等，InDesign 逐渐征服了一批又一批的平面设计师。

本书全面、详细地讲解了 Adobe InDesign CS6 的各项功能。本书共分为 9 章，分别介绍了 Adobe InDesign CS6 入门知识、页面与图层、输入与格式化文本、绘制与格式化图形、置入与编辑图像、编辑与混合对象、创建与格式化表格、印前与输出及综合案例，其中包括段落格式化、文字格式化、图形格式化、主页、书籍等核心内容。本书以“理论知识+实战案例”形式讲解知识点，对 Adobe InDesign CS6 产品专家认证的考核知识进行了加着重点的标注，方便初学者和有一定基础的读者更有效率地掌握 Adobe InDesign CS6 的重点和难点。

本书知识讲解安排合理，着重于提升学生的岗位技能竞争力，可以作为参加“Adobe 创意大学产品专家认证”考试学生的指导用书，还可以作为各院校和培训机构“数字媒体艺术”相关专业的教材。

本书附赠 1 张 DVD 光盘，其中包括书中部分实例的素材、效果文件和同步高清视频教学，读者可以在学习过程中随时调用。

图书在版编目（CIP）数据

InDesign CS6 标准教材/赵明，周幸子编著. —北京：北京希望电子出版社，2013.4

（Adobe 创意大学系列）

ISBN 978-7-83002-096-5

Ⅰ. ①I… Ⅱ. ①赵…②周… Ⅲ. ①电子排版-应用软件-教材 Ⅳ. ①TS803.23

中国版本图书馆 CIP 数据核字(2013)第 017760 号

出版：北京希望电子出版社
地址：北京市海淀区上地 3 街 9 号
金隅嘉华大厦 C 座 611
邮编：100085
网址：www.bhp.com.cn
电话：010-62978181（总机）转发行部
010-82702675（邮购）
传真：010-82702698
经销：各地新华书店

封面：韦　纲
编辑：李小楠　刘俊杰
校对：刘　伟
开本：787mm×1092mm　1/16
印张：19
字数：459 千字
印刷：北京市密东印刷有限公司
版次：2013 年 4 月 1 版 1 次印刷

定价：42.00 元（配 1 张 DVD 光盘）

丛书编委会

本书编委会

丛 书 序

文化创意产业是社会主义市场经济条件下满足人民多样化精神文化需求的重要途径，是促进社会主义文化大发展大繁荣的重要载体，是国民经济中具有先导性、战略性和支柱性的新兴朝阳产业，是推动中华文化走出去的主导力量，更是推动经济结构战略性调整的重要支点和转变经济发展方式的重要着力点。文化创意人才队伍是决定文化产业发展的关键要素，有关统计资料显示，在纽约，文化产业人才占所有工作人口总数的12%，伦敦为14%，东京为15%，而像北京、上海等国内一线城市还不足1%。发展离不开人才，21世纪是“人才世纪”。因此，文化创意产业的快速发展，创造了更多的就业机会，急需大量优秀人才的加盟。

教育机构是人才培养的主阵地，为文化创意产业的发展注入了动力和新鲜血液。同时，文化创意产业的人才培养也离不开先进技术的支撑。Adobe®公司的技术和产品是文化创意产业众多领域中重要和关键的生产工具，为文化创意产业的快速发展提供了强大的技术支持，带来了全新的理念和解决方案。使用Adobe产品，人们可尽情施展创作才华，创作出各种具有丰富视觉效果的作品。其无与伦比的图形图像功能，备受网页和图形设计人员、专业出版人员、商务人员和设计爱好者的喜爱。他们希望能够得到专业培训，更好地传递和表达自己的思想和创意。

Adobe®创意大学计划正是连接教育和行业的桥梁，承担着将Adobe最新技术和应用经验向教育机构传导的重要使命。Adobe®创意大学计划通过先进的考试平台和客观的评测标准，为广大合作院校、机构和学生提供快捷、稳定、公正、科学的认证服务，帮助培养和储备更多的优秀创意人才。

Adobe®创意大学标准系列教材，是基于Adobe核心技术和应用，充分考虑到教学要求而研发的，全面、科学、系统而又深入地阐述了Adobe技术及应用经验，为学习者提供了全新的多媒体学习和体验方式。为准备参与Adobe®认证的学习者提供了重点清晰、内容完善的参考资料和专业工具书，也为高层专业实践型人才的培养提供了全面的内容支持。

我们期待这套教材的出版，能够更好地服务于技能人才培养、服务于就业工作大局，为中国文化创意产业的振兴和发展做出贡献。

北京中科希望软件股份有限公司董事长 周明陶

序

Adobe®是全球最大、最多元化的软件公司之一，旗下拥有众多深受客户信赖的软件品牌,以其卓越的品质享誉世界，并始终致力于通过数字体验改变世界。从传统印刷品到数字出版，从平面设计、影视创作中的丰富图像到各种数字媒体的动态数字内容，从创意的制作、展示到丰富的创意信息交互，Adobe解决方案被越来越多的用户所采纳。这些用户包括设计人员、专业出版人员、影视制作人员、商务人员和普通消费者。Adobe产品已被广泛应用于创意产业各领域，改变了人们展示创意、处理信息的方式。

Adobe®创意大学（Adobe® Creative University）计划是Adobe联合行业专家、教育专家、技术专家，基于Adobe最新技术，面向动漫游戏、平面设计、出版印刷、网站制作、影视后期等专业，针对高等院校、社会办学机构和创意产业园区人才培养，旨在为中国创意产业生态全面升级和强化创意人才培养而联合打造的教育计划。

2011年中国创意产业总产值约3.9万亿元人民币，占GDP的比重首次突破3%，标志着中国创意产业已经成为中国最活跃、最具有竞争力的重要支柱产业之一。同时，中国的创意产业还存在着巨大的市场潜力，需要一大批高素质的创意人才。另一方面，大量受到良好传统教育的大学毕业生由于没有掌握与创意产业相匹配的技能，在走出校门后需要经过较长时间的再次学习才能投身创意产业。Adobe®创意大学计划致力于搭建高校创意人才培养和产业需求的桥梁，帮助学生提高岗位技能水平，使他们快速、高效地步入工作岗位。自2010年8月发布以来，Adobe®创意大学计划与中国200余所高校和社会办学机构建立了合作，为学员提供了Adobe®创意大学考试测评和高端认证服务，大量高素质人才通过了认证并在他们心仪的工作岗位上发挥出才能。目前，Adobe®创意大学已经成为国内最大的创意领域认证体系之一，成为企业招纳创意人才的最重要的依据之一，累计影响上百万人次，成为中国文化创意类专业人才培养过程中一个积极的参与者和一支重要的力量。

我祝愿大家通过学习由北京希望电子出版社编著的“Adobe®创意大学”系列教材，可以更好地掌握Adobe的相关技术，并希望本系列教材能够更有效地帮助广大院校的老师和学生，为中国创意产业的发展和人才培养提供良好的支持。

Adobe祝中国创意产业腾飞，愿与中国一起发展与进步！

Adobe大中华区董事总经理　黄耀辉

一、Adobe®创意大学计划

Adobe®公司联合行业专家、行业协会、教育专家、一线教师、Adobe技术专家，面向国内游戏动漫、平面设计、出版印刷、eLearning、网站制作、影视后期、RIA开发及其相关行业，针对专业院校、培训领域和创意产业园区创意类人才的培养，以及中小学、网络学院、师范类院校师资力量的建设，基于Adobe核心技术，为中国创意产业生态全面升级和教育行业师资水平以及技术水平的全面强化而联合打造的全新教育计划。

详情参见Adobe®教育网：www.Adobecu.com。

二、Adobe®创意大学考试认证

Adobe®创意大学考试认证是Adobe®公司推出的权威国际认证，是针对全球Adobe软件的学习者和使用者提供的一套全面科学、严谨高效的考核体系，为企业的人才选拔和录用提供了重要和科学的参考标准。

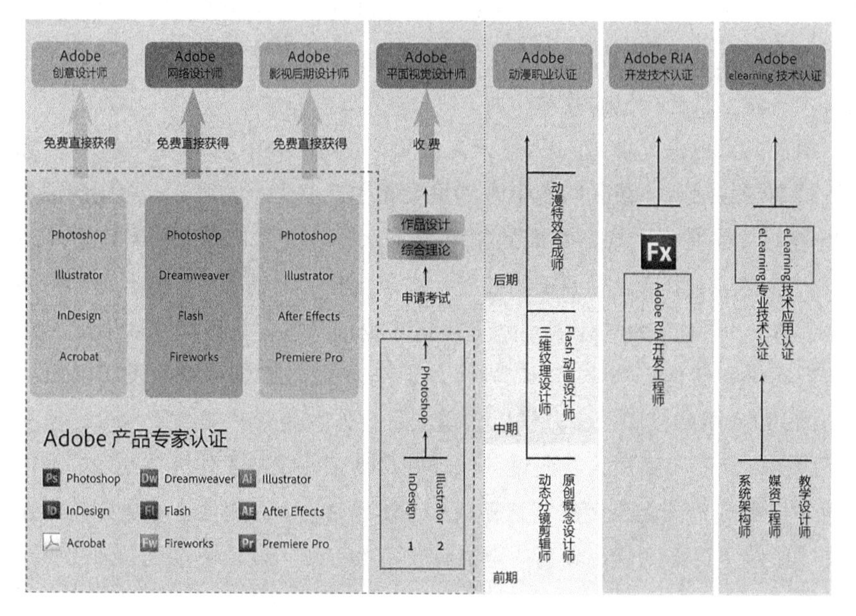

三、Adobe®创意大学计划标准教材

—《Adobe®创意大学Photoshop CS6标准教材》
—《Adobe®创意大学InDesign CS6标准教材》
—《Adobe®创意大学Dreamweaver CS6标准教材》
—《Adobe®创意大学Fireworks CS6标准教材》
—《Adobe®创意大学Illustrator CS6标准教材》
—《Adobe®创意大学After Effects CS6标准教材》
—《Adobe®创意大学Flash CS6标准教材》
—《Adobe®创意大学Premiere Pro CS6标准教材》

四、咨询或加盟“Adobe®创意大学”计划

如欲详细了解Adobe®创意大学计划，请登录Adobe®教育网www.adobecu.com或致电010-82626190，010-82626185，或发送邮件至邮箱：adobecu@hope.com.cn。

编著者

Adobe Contents

目录

第1章 Adobe InDesign CS6入门

1.1 认识Adobe InDesign CS6的界面 2
1.1.1 应用程序栏 2
1.1.2 工作区切换器 3
1.1.3 菜单栏 3
1.1.4 工具箱 3
1.1.5 文档页面 5
1.1.6 草稿区 5
1.1.7 “控制”面板 5
1.1.8 面板 5
1.1.9 状态栏 8
1.1.10 文档选项卡 8
1.1.11 保存工作界面 9
1.1.12 载入工作区 10
1.1.13 重置工作区 10
1.2 自定义快捷键 11
1.3 五大文档操作 12
1.3.1 新建文档 12
1.3.2 经验之谈——常用平面设计尺寸 15
1.3.3 保存文档 15
1.3.4 另存文档 16
1.3.5 关闭文档 16
1.3.6 打开文档 16
1.4 创建与应用模板 17
1.4.1 创建模板文档 17
1.4.2 从模板创建新文档 17
1.4.3 编辑现有模板 18
1.5 创建与编辑书籍 18
1.5.1 了解“书籍”面板 18
1.5.2 创建书籍 18
1.5.3 向书籍中添加文档 19
1.5.4 删除书籍中的文档 19
1.5.5 替换书籍中的文档 20
1.5.6 调整书籍中的文档顺序 20
1.5.7 保存书籍 20
1.5.8 关闭书籍 21
1.5.9 同步文档 21
1.5.10 设置书籍的页码属性 22
1.6 基本的页面视图操作 24
1.6.1 设置页面显示比例 24
1.6.2 调整查看范围 25
1.6.3 屏幕模式 25
1.7 纠错功能 26
1.7.1 “还原”与“重做”命令 27
1.7.2 “恢复”命令 27
1.7.3 自动恢复文档 27
1.8 标尺 27
1.8.1 显示与隐藏标尺 27
1.8.2 改变标尺单位 28
1.8.3 改变零点 28
1.8.4 复位零点 29
1.8.5 锁定/解锁零点 29
1.8.6 更改标尺单位和增量 29
1.9 参考线 30
1.9.1 参考线的分类 30
1.9.2 手工创建参考线 31
1.9.3 用命令创建精确位置的参考线 31
1.9.4 创建平均分布的参考线 32
1.9.5 显示/隐藏参考线 32
1.9.6 锁定/解锁参考线 32
1.9.7 选择参考线 32
1.9.8 移动参考线 33
1.9.9 删除参考线 33
1.9.10 调整参考线的叠放顺序 33
1.10 网格 34
1.10.1 设置基线网格 34
1.10.2 设置文档网格 34
1.10.3 设置版面网格 35
1.10.4 修改网格设置 35
1.10.5 修改版面网格 36
1.11 色彩管理 36
1.12 拓展练习——创建一个广告文件 38
1.13 本章小结 38
1.14 课后习题 39

第2章 页面与图层

2.1 设置页面 42
2.1.1 了解“页面”面板 42
2.1.2 选择页面 43
2.1.3 跳转页面 43
2.1.4 插入页面 44
2.1.5 设置起始页码 46
2.1.6 复制与移动页面 46
2.1.7 删除页面 47
2.1.8 设置页面属性 48
2.1.9 设置边距与分栏 48
2.1.10 替代版面 48
2.1.11 自适应版面 50
2.1.12 设置页面显示选项 51
2.2 设置主页 52
2.2.1 主页的概念 52
2.2.2 创建新主页 52

2.2.3 将普通页面保存为主页 53
2.2.4 应用主页 54
2.2.5 设置主页属性 55
2.2.6 编辑主页 55
2.2.7 为主页添加页码 55
2.2.8 复制主页 57
2.2.9 载入其他文档的主页 58
2.2.10 删除主页 58
2.3 设置图层......58
2.3.1 了解“图层”面板 58
2.3.2 创建图层 59
2.3.3 选择图层 60
2.3.4 复制图层 60
2.3.5 显示/隐藏图层 61
2.3.6 改变图层顺序 62
2.3.7 锁定图层 62
2.3.8 合并图层 63
2.3.9 删除图层 63
2.3.10 设置图层选项 63
2.4 拓展练习——利用替代版面设计多样化版面方案......64
2.5 本章小结......66
2.6 课后习题......66

第3章 输入与格式化文本

3.1 获取文本......69
3.1.1 直接横排或直排输入文本 69
3.1.2 粘贴文本 69
3.1.3 导入Word文件 70
3.1.4 导入记事本 72
3.2 设置排文方式......72
3.2.1 手动排文 73
3.2.2 自动排文 74
3.3 格式化字符属性......74
3.3.1 了解设置字符属性的方法 74
3.3.2 字体 74
3.3.3 字体形态 75
3.3.4 字号 75
3.3.5 行距 76
3.3.6 垂直、水平缩放 76
3.3.7 字偶间距 76
3.3.8 字符间距 77
3.3.9 比例间距 77
3.3.10 网格数 77
3.3.11 基线偏移 77
3.3.12 字符旋转 78
3.3.13 字符倾斜 78
3.3.14 经验之谈——设计中字号的运用 78
3.3.15 经验之谈——设计中中文字体的运用 79
3.3.16 经验之谈——设计中英文字体的运用 81
3.4 格式化段落属性......81
3.4.1 对齐方式 82
3.4.2 缩进 84
3.4.3 段落间距 84
3.4.4 首字下沉 85
3.4.5 经验之谈——段落格式的重要性......85
3.4.6 经验之谈——左右均齐的用法 85
3.4.7 经验之谈——居中对齐的用法 86
3.4.8 经验之谈——齐左或齐右的用法......86
3.5 创建与编辑目录......87
3.5.1 设置及排入目录 87
3.5.2 更新目录 90
3.5.3 经验之谈——为书籍创建目录时的注意事项 90
3.6 索引......90
3.6.1 创建索引 91
3.6.2 管理索引 93
3.7 设定复合字体......94
3.7.1 创建复合字体 94
3.7.2 导入复合字体 95
3.7.3 删除复合字体 96
3.8 文章编辑器......96
3.9 查找与更改文本及其格式......96
3.9.1 了解“查找/更改”的对象 97
3.9.2 查找和更改文本 97
3.9.3 查找并更改带格式文本 99
3.9.4 使用通配符进行搜索 100
3.9.5 替换为剪贴板内容 101
3.9.6 通过替换删除文本 101
3.10 输入沿路径绕排的文本......101
3.10.1 路径文字基本编辑处理......102
3.10.2 路径文字特殊效果处理......102
3.11 制作异形文本块......103
3.12 将文本转换为路径......105
3.13 字符样式......106
3.13.1 了解样式......106
3.13.2 创建字符样式......106
3.13.3 编辑字符样式......107
3.13.4 应用字符样式......108
3.13.5 覆盖与更新样式......109
3.14 段落样式......110
3.14.1 常规......110
3.14.2 制表符......112
3.14.3 项目符号与编号 112
3.14.4 首字下沉......113
3.14.5 嵌套样式......114
3.14.6 嵌套线条样式......117
3.15 导入样式......117
3.15.1 导入Word样式......117
3.15.2 载入InDesign样式 119
3.16 自定义样式映射......120
3.17 拓展练习——格式化房地产广告方案....121
3.18 本章小结......122
3.19 课后习题......122

第4章
绘制与格式化图形

4.1 了解位图与矢量图......126
4.1.1 位图图像......126
4.1.2 矢量图形......126
4.2 使用“直线工具”绘制线条......127
4.3 使用工具绘制几何图形......128
4.3.1 矩形工具......128
4.3.2 椭圆工具......129
4.3.3 多边形工具......130
4.4 使用工具绘制任意图形......131
4.4.1 铅笔工具......131
4.4.2 使用“钢笔工具”绘制图形......132
4.5 图形修饰处理......137
4.5.1 平滑工具......137
4.5.2 涂抹工具......138
4.5.3 剪刀工具......139
4.6 格式化颜色属性......139
4.6.1 经验之谈——色彩的意象......139
4.6.2 经验之谈——色彩的冷暖感......140
4.6.3 经验之谈——色彩的进退与缩胀感......140
4.6.4 经验之谈——色彩的轻重与软硬感......140
4.6.5 经验之谈——色彩的华丽与朴素感......141
4.6.6 经验之谈——如何使用色彩表现味觉......141
4.6.7 经验之谈——颜色的搭配......141
4.6.8 在工具箱中设置颜色......142
4.6.9 使用快捷键设置颜色......144
4.6.10 使用“颜色”面板设置颜色......145
4.6.11 使用“色板”面板设置颜色......146
4.6.12 经验之谈——专色与专色印刷......147
4.6.13 将颜色应用于对象......150
4.7 格式化渐变属性......150
4.7.1 在“渐变”面板中创建渐变......151
4.7.2 在“色板”面板中创建渐变......154
4.7.3 使用“渐变色板工具”绘制渐变...155
4.7.4 将渐变应用于多个对象......155
4.8 为图形设置描边......156
4.8.1 使用“描边”面板改变描边属性......156
4.8.2 自定义描边线条......158
4.9 设置图形角效果......159
4.10 复制对象的属性......161
4.11 图形运算与转换......161
4.11.1 了解“路径查找器”面板......161
4.11.2 转换路径......162
4.11.3 路径查找器......162
4.11.4 转换形状......163
4.11.5 转换点......163
4.12 复合路径......163
4.12.1 创建复合路径......163
4.12.2 释放复合路径......164
4.13 拓展练习——为多个价签设置相同的图形属性......164
4.14 本章小结......166
4.15 课后习题......166

第5章
置入与编辑图像

5.1 置入图形与图像......171
5.1.1 置入图像......171
5.1.2 置入行间图......171
5.1.3 向路径中置入图像......172
5.1.4 置入并替换当前图像......172
5.1.5 经验之谈——印刷时常用的分辨率......173
5.2 裁剪图像......173
5.2.1 使用“选择工具”进行裁剪......173
5.2.2 使用“直接选择工具”进行裁剪....174
5.2.3 使用路径进行裁剪......176
5.3 让图像内容适合框架......178
5.4 剪切路径......179
5.5 管理链接......180
5.5.1 了解“链接”面板......180
5.5.2 查看链接信息......182
5.5.3 嵌入与取消嵌入......182
5.5.4 将链接对象复制到新位置......183
5.5.5 跳转至链接对象所在的位置......183
5.5.6 重新链接对象......183
5.5.7 更新链接......184
5.6 内容的收集与置入......184
5.6.1 收集内容......184
5.6.2 置入内容......185
5.7 拓展练习——为宣传页添加图像......185
5.8 本章小结......187
5.9 课后习题......187

第6章
编辑与混合对象

6.1 选择对象......190
6.1.1 使用工具选择对象......190
6.1.2 使用命令选择对象......192
6.2 调整对象位置......192
6.3 调整顺序......194
6.4 复制对象......195
6.4.1 基本的复制操作......195
6.4.2 原位粘贴......195
6.4.3 粘贴时不包含格式......195
6.4.4 拖动复制......196
6.4.5 直接复制......196
6.4.6 多重复制......197
6.4.7 在图层中复制与移动对象......198
6.5 变换对象......199

6.5.1 缩放对象......199
6.5.2 旋转对象......201
6.5.3 切变对象......202
6.5.4 再次变换对象......203
6.5.5 翻转对象......205
6.6 编组与解组......206
6.6.1 编组......206
6.6.2 解组......207
6.7 锁定与解锁......207
6.7.1 锁定......207
6.7.2 解锁......207
6.8 对齐与分布......208
6.8.1 对齐选中的对象......208
6.8.2 分布选中的对象......209
6.8.3 对齐位置......210
6.8.4 分布间距......210
6.9 设置对象的混合效果......211
6.9.1 了解“效果”面板......211
6.9.2 设置不透明度......212
6.9.3 设置混合模式......213
6.10 对象效果......214
6.10.1 投影......215
6.10.2 内阴影......216
6.10.3 外发光......216
6.10.4 内发光......217
6.10.5 斜面和浮雕......218
6.10.6 光泽......219
6.10.7 基本羽化......220
6.10.8 定向羽化......221
6.10.9 渐变羽化......221
6.10.10 显示图像的特殊效果......222
6.10.11 修改效果......223
6.10.12 复制效果......224
6.10.13 删除效果......224
6.11 创建与应用对象样式......224
6.12 拓展练习——为化妆品广告绘制装饰图形......226
6.13 本章小结......227
6.14 课后习题......227

第7章 创建与格式化表格

7.1 创建表格......231
7.1.1 直接插入表格......231
7.1.2 导入Excel表格......232
7.1.3 将表格转换为文本......233
7.1.4 将文本转换为表格......233
7.2 选择表格......234
7.3 添加与删除行/列......236
7.3.1 添加行/列......236
7.3.2 删除行/列......237
7.4 格式化单元格属性......237
7.4.1 文本......237
7.4.2 描边和填色......238
7.4.3 行和列......239
7.5 格式化表格属性......239
7.5.1 表设置......239
7.5.2 设置行线与列线......240
7.5.3 交替表格颜色......241
7.6 单元格与表格样式......242
7.7 拓展练习——格式化数据表格......242
7.8 本章小结......245
7.9 课后习题......245

第8章 印前与输出

8.1 输出前的检查......248
8.1.1 “印前检查”面板......248
8.1.2 检查颜色的使用......250
8.1.3 检查透明混合空间......250
8.1.4 设置透明拼合......250
8.1.5 检查出血......252
8.2 导出PDF......252
8.2.1 了解PDF格式......252
8.2.2 导出PDF......253
8.3 打印......255
8.3.1 常规......256
8.3.2 设置......256
8.3.3 标记和出血......257
8.3.4 输出......258
8.3.5 图形......259
8.3.6 颜色管理......259
8.3.7 高级......260
8.3.8 小结......260
8.4 本章小结......261
8.5 课后习题......261

第9章 综合案例

9.1 名片设计......264
9.1.1 经验之谈——名片的特殊印刷工艺......264
9.1.2 经验之谈——名片常用版式......264
9.2 封面设计......267
9.2.1 经验之谈——计算书脊厚度的方法......267
9.2.2 经验之谈——封面尺寸的计算方法......268
9.2.3 经验之谈——勒口......268
9.2.4 设计正封......268
9.2.5 设计书脊与封底......276
9.3 宣传册设计......277
9.3.1 设计宣传册的封面......277
9.3.2 设计宣传册内页......281
9.4 本章小结......290

习题答案......291

第1章 Adobe InDesign CS6入门

InDesign CS6是Adobe公司推出的InDesign软件最新版本，它可以说是专业排版领域中不可或缺的一款软件，并随着版本的提高、功能的完善以及优秀的性能等，逐渐征服一批又一批的平面设计师。本章介绍其软件的界面、文件、浏览以及辅助功能等基础操作。

学习要点

- 了解Adobe InDesign CS6的界面
- 了解自定义快捷键
- 掌握文档的基础操作
- 熟悉创建与应用模板
- 熟悉创建与编辑书籍
- 掌握基本的页面视图操作
- 掌握纠错功能

1.1 认识Adobe InDesign CS6的界面

在正确安装并启动InDesign CS6后，将显示如图1-1所示的工作界面。

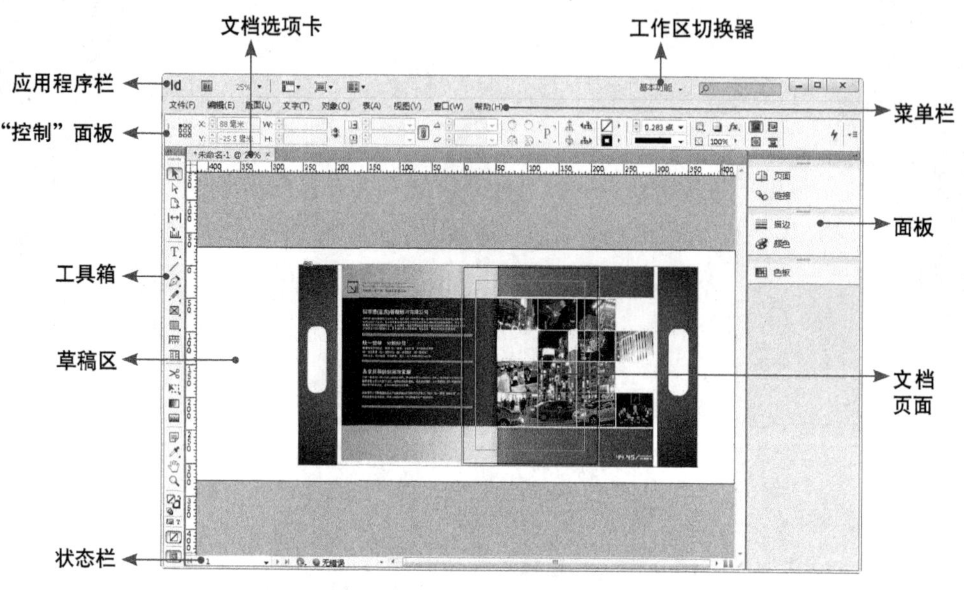

图1-1 InDesign CS6 工作界面

下面分别介绍工作界面各部分的功能。

1.1.1 应用程序栏

在应用程序栏中，除启动Bridge按钮外，其他按钮均用于控制浏览图像的方式，如图1-2所示。

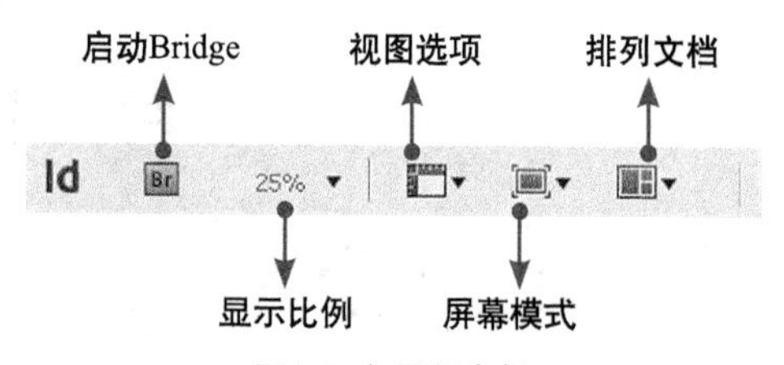

图1-2 应用程序栏

应用程序栏中各选项的含义解释如下。

- 启动Bridge：单击此按钮，即可启动Bridge。Adobe Bridge 作为整个CS系列套件中的文件浏览与管理工具，可以完成浏览以及管理图像文件的操作，如搜索、排序、重命名、移动、删除和处理图像文件等。
- 缩放级别：此处显示了当前操作图像的显示比例，输入数值或在下拉列表中选择一个数值时，可以控制当前图像的显示比例。
- 视图选项：此处包括显示或隐藏框架边线、标尺以及参考线等辅助功能的控制。
- 屏幕模式：此处可以选择正常、预览以及出血等屏幕显示模式。
- 排列文档：当打开多个文档时，在此处可以设置它们的排列方式，以便于快速进行文档的布局和查看。

1.1.2 工作区切换器

在此处可以根据需要选择合适的工作区域。如果想自定义工作区，可以在此下拉列表中执行“新建工作区”命令，如图1-3所示，在弹出的对话框中进行设置，然后单击“存储”按钮即可。

图1-3　工作区切换器的下拉菜单

1.1.3 菜单栏

在菜单栏中共有9个菜单、上百个命令，这些命令可能会令初学者感觉到眼花缭乱，但实际情况并非如此，只需要了解每一个菜单中命令的特点，然后通过这些特点就能够很容易地掌握这些菜单中的命令。下面介绍各个菜单中的主要功能。

- “文件”菜单：集成了文件操作命令。
- “编辑”菜单：集成了文档处理中使用较多的编辑类操作命令。
- “版面”菜单：集成了有关页面操作的命令。
- “文字”菜单：集成了有关文字操作的命令。
- “对象”菜单：集成了有关图形、图像对象操作的命令。
- “表”菜单：集成了有关表格操作的命令。
- “视图”菜单：集成了对当前操作对象视图进行操作的命令。
- “窗口”菜单：集成了显示或隐藏不同面板的命令。
- “帮助”菜单：集成了各类帮助信息。

要注意的是，在菜单上以灰色显示的命令为当前不可操作的菜单命令；对于包含子菜单的菜单命令，如果不可操作则不会弹出子菜单。

1.1.4 工具箱

工具箱中的大多数工具使用频率都非常高，因此掌握工具箱中工具的正确、快捷的使用方法，有助于加快操作速度。图1-4所示为InDesign CS6界面中的工具箱。

1. 伸缩工具箱

InDesign中的工具箱可以根据需要调整其显示状态，在单栏、双栏和横栏状态之间进行切换。该功能主要由位于工具箱顶部侧缩栏的三角块控制，如图1-5所示。

默认情况下，工具箱贴在工作界面的左侧，这样可以更好地节省工作区中的空间。此时，单击▶▶滑块，即可将其切换为双栏状态，如图1-6所示。

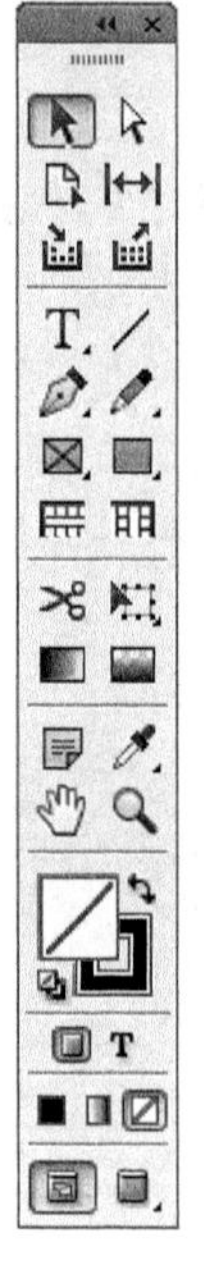

图1-4　工具箱

图1-5　工具箱的伸缩栏

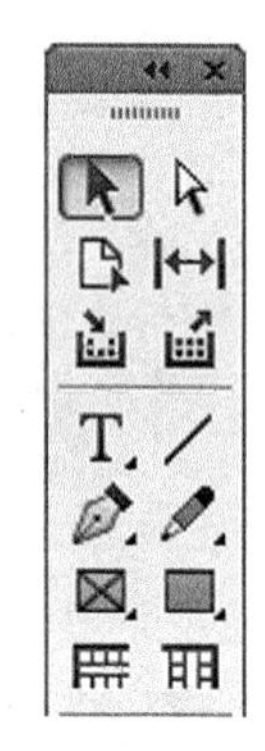

图1-6　双栏工具箱状态

当把工具箱拖至工作区域中后（将光标放在工具箱顶部深灰色区域，按住鼠标拖动），再次单击顶部的三角块，可以在单栏、双栏及横向状态进行切换，如图1-7所示。

图1-7 横向状态的工具箱

2. 显示并选择隐藏工具

若某工具图标右下角有一个小三角，表示该工具组中尚有隐藏工具未显示。下面以选择“铅笔工具”为例，介绍如何选择隐藏工具，其操作步骤如下所述。

01 将鼠标置于“铅笔工具”图标上，该工具图标呈高亮显示，如图1-8所示。

02 执行下列操作之一。

- 在工具图标上按住鼠标左键约2秒钟左右。
- 在工具图标上单击鼠标右键。

03 此时会显示出该工具组中所有工具的图标，如图1-9所示。

04 拖动鼠标指针至平滑工具上，如图1-10所示，即可将其激活为当前使用的工具。

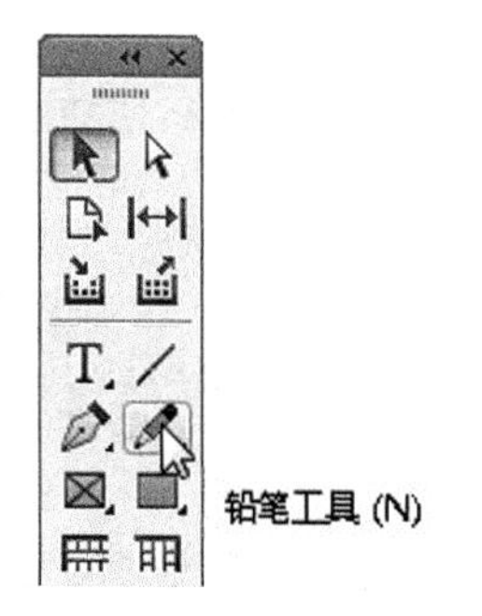

图1-8　将鼠标指针放置在工具图标上

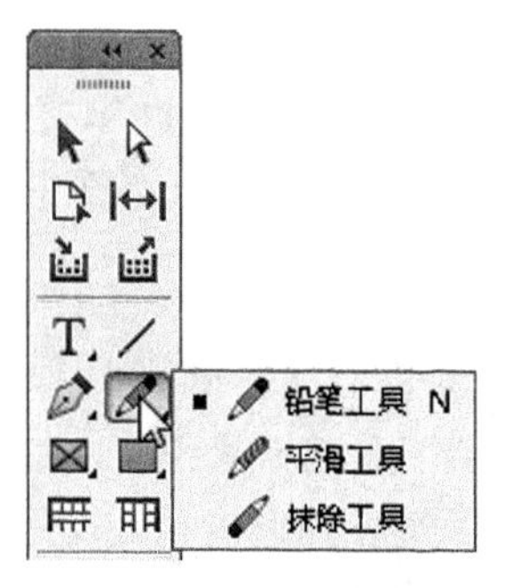

图1-9　单击鼠标右键

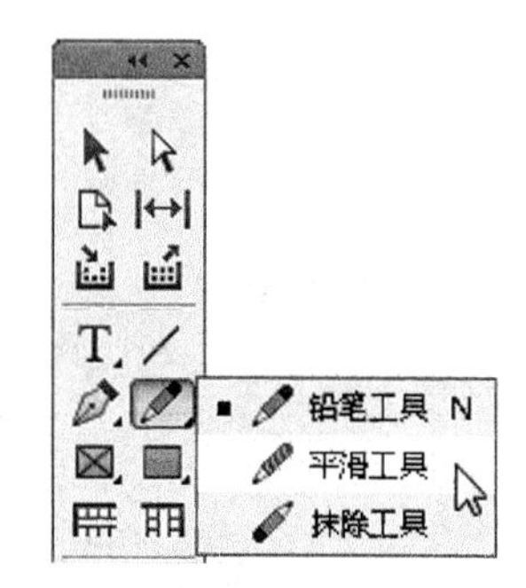

图1-10　拖动鼠标指针选择新工具

另外，若要按照软件默认的顺序来切换某工具组中的工具，可以按住Alt键，然后单击该工具组中的图标。

1.1.5 文档页面

文档页面是指新建文档后的纸张区域，是编辑正文的地方。只有在页面范围内的文本和图像才能被打印，故在对文档进行编排时，要注意文本和图像的位置。

1.1.6 草稿区

草稿区是指除页面以外的空白区域，它可以在不影响文档内容的同时，对文本或图片进行编辑后添加到文档页面中，避免操作中出现失误。

要注意的是，草稿区只有在屏幕模式为“正常”时才会显示出来。

1.1.7 “控制”面板

“控制”面板在InDesign中拥有非常重要的地位，它可以显示并设置当前所选对象的属性。例如图1-11所示是选中了一条直线后的“控制”面板状态。若在使用“选择工具”的情况下，未选择任何对象，则“控制”面板中大部分参数都是不可用的，如图1-12所示。

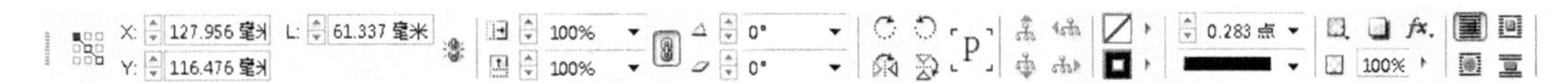

图1-11 选择线条后的“控制”面板

图1-12 未选择任何对象时的“控制”面板

另外，在选择部分工具时，还会在“控制”面板中显示与之相关的参数。图1-13所示是在选择了“文字工具”后“控制”面板的状态。

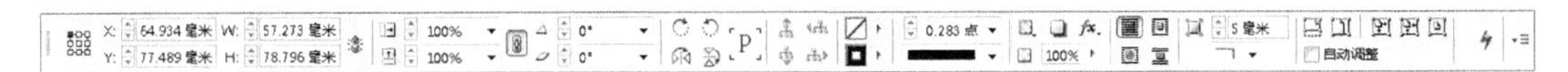

图1-13 选择“文字工具”时的“控制”面板

1.1.8 面板

面板是InDesign的另一个重要组成部分，用户可以在“窗口”菜单中执行不同的命令，以显示不同的面板，使用它们可以帮助完成绝大部分相关的操作。

默认情况下，几个面板按默认的位置被放置在一起，共用一个控制窗口，但也可以根据喜好显示或摆放面板。下面介绍面板的一些基本操作。

1. 收缩与扩展面板

对于已展开的一栏面板，单击其顶部的三角按钮，可以将其收缩成为图标状态，如图1-14所示。反之，如果单击未展开的伸缩栏，则可以将该栏中的面板全部展开，如图1-15所示。

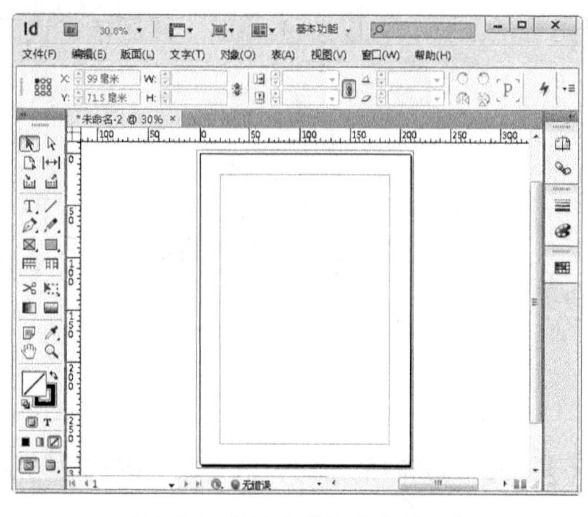

图1-14　收缩为图标状态的面板

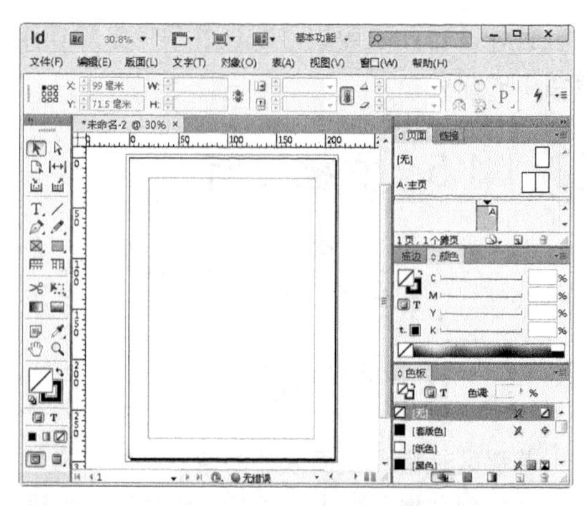

图1-15　展开的面板状态

2. 设置面板栏的宽度

无论是展开或未展开的面板栏，都可以对其宽度进行调整。方法就是将鼠标指针置于某个面板伸缩栏左侧的边缘位置上，此时鼠标指针变为⟺状态，如图1-16所示。向右侧拖动，即可减少本栏面板的宽度，如图1-17所示。反之则增加宽度。

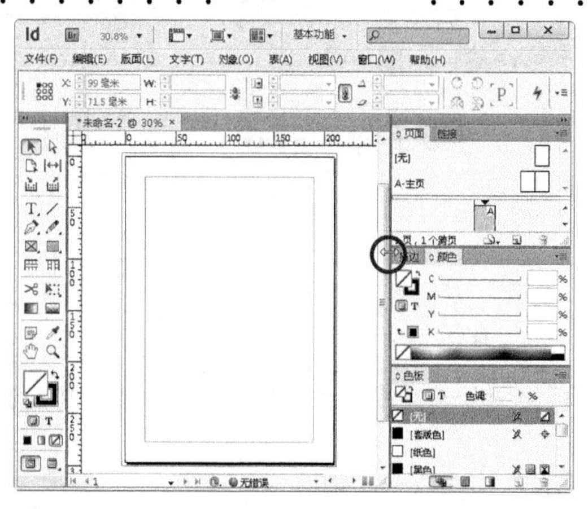

图1-16　光标状态

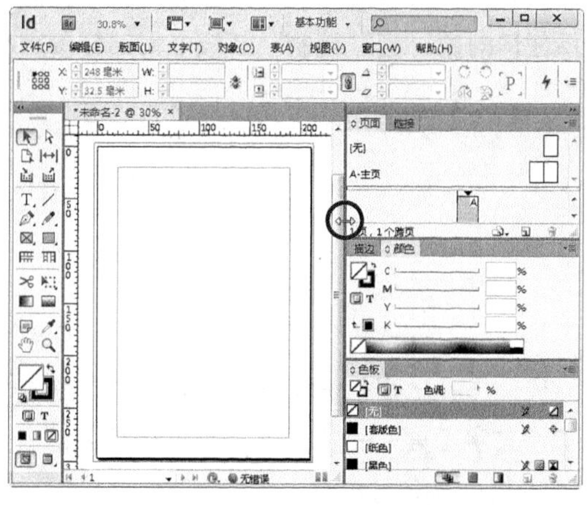

图1-17　减少面板的宽度

受面板装载内容的限制，每个面板都有其最小的宽度设定值，当面板栏中的某个面板已经达到最小宽度值时，该栏宽度将无法再减少。

3. 拆分面板

当要单独拆分出一个面板时，可以选中对应的图标或标签并按住鼠标左键，然后将其拖动至工作区中的空白位置，如图1-18所示。图1-19所示为拆分出来的面板。

4. 组合面板

为了最大化地利用界面空间，可以将常用的面板组合起来，当需要调用其中某个面板时，只需要单击其标签名称即可 。

要组合面板，可以拖动位于外部的面板标签至想要的位置，直至该位置出现蓝色反光时，如图1-20所示，释放鼠标左键，即可完成面板的拼合操作，如图1-21所示。通过组合面板的操作，可以将软件的操作界面布置成习惯或喜爱的状态，从而提高工作效率。

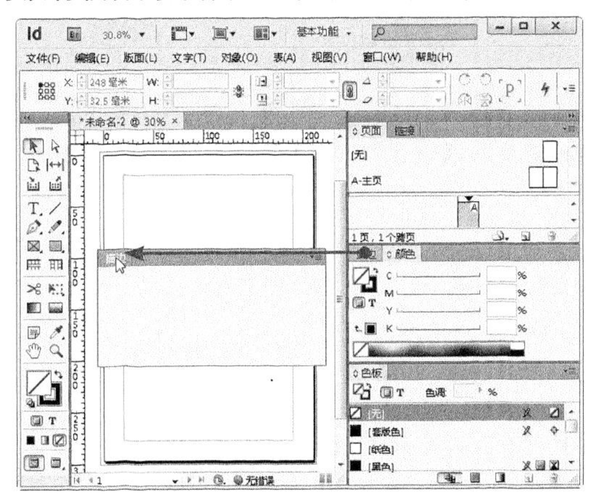

图1-18　拖向空白位置

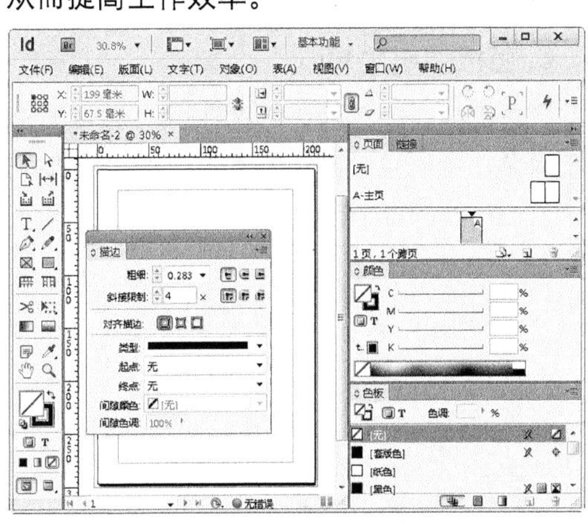

图1-19　拆分后的面板状态

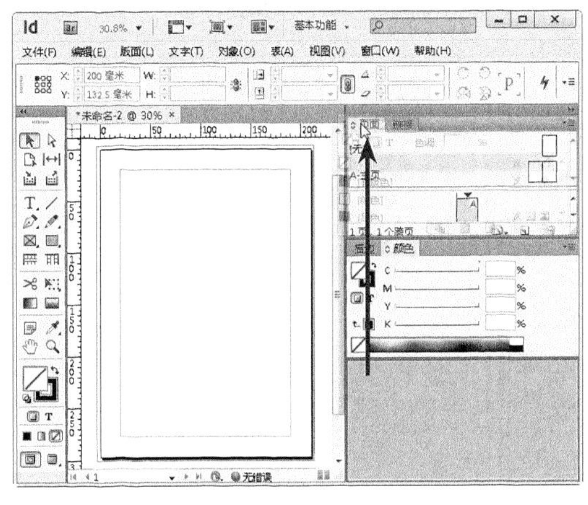

图1-20　出现反光状态

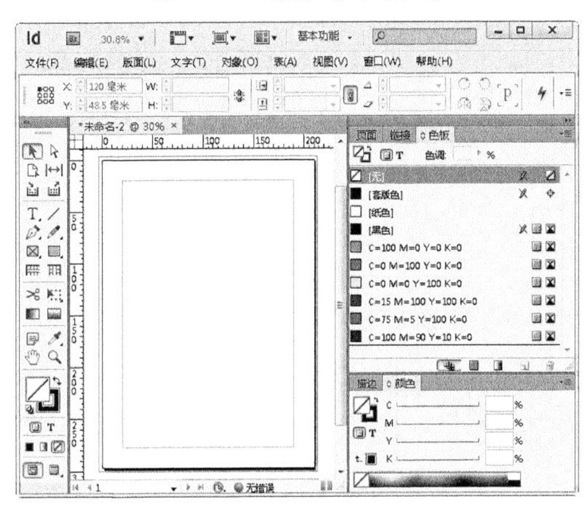

图1-21　拼合面板后的状态

5. 创新的面板栏

除了InDesign默认的面板外，也可以根据需要增加更多栏。可以拖动一个面板至原有面板栏的最左侧边缘位置，其边缘会出现灰蓝相间的高光显示条，如图1-22所示，释放鼠标即可创建一个新的面板栏，如图1-23所示。

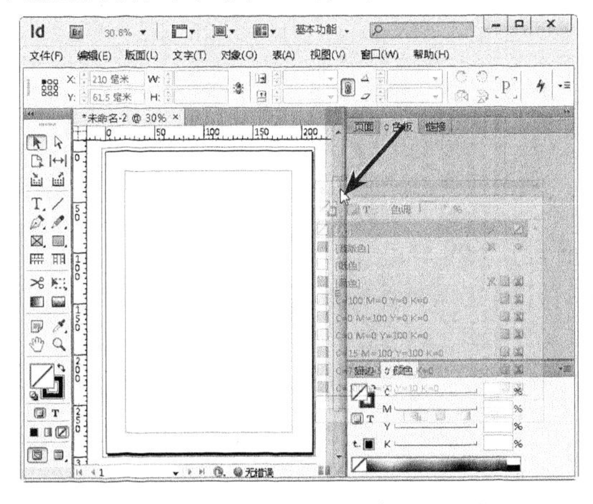

图1-22　出现灰蓝相间的高光显示条

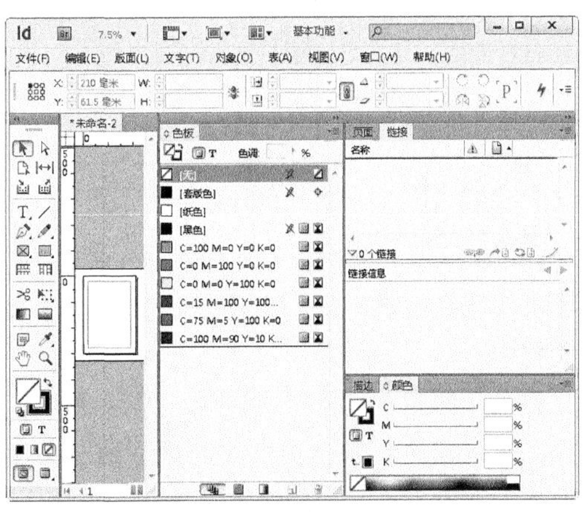

图1-23　创建新的面板栏后的状态

可以尝试按照上述方法，在上下位置创建新的面板栏。

6. 面板弹出菜单

单击面板右上角的面板按钮，即可弹出面板的命令菜单，如图1-24所示。不同的面板，弹出的菜单命令的数量、功能也各不相同，执行这些命令，可增强面板的功能。

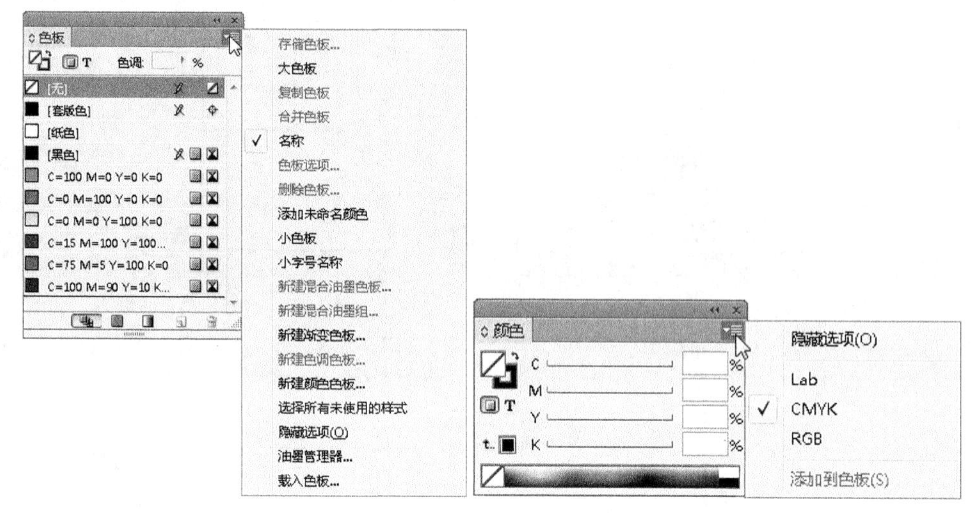

图1-24　弹出的面板菜单

7. 隐藏/显示面板

在InDesign中，按Tab键可以隐藏工具箱及所有已显示的面板，再次按Tab键可以全部显示。如果仅隐藏所有面板，则可按Shift+Tab组合键，同样，再次按Shift+Tab组合键可以全部显示。

1.1.9　状态栏

状态栏能够提供文件的当前所在页码、印前检查提示、打开按钮和页面滚动条等提示信息。单击状态栏底部中间的“打开”按钮，即可弹出如图1-25所示的菜单。

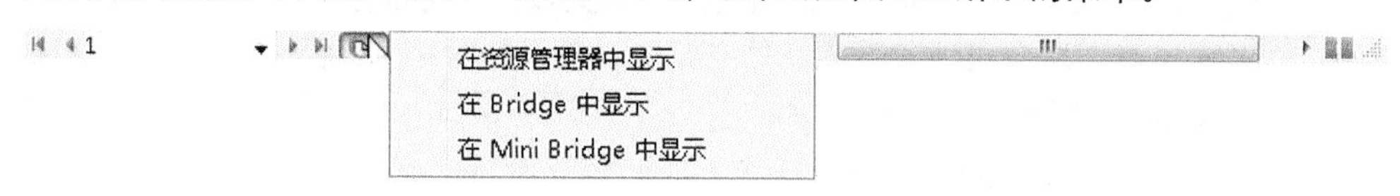

图1-25　状态栏弹出菜单

1.1.10　文档选项卡

在InDesign CS6中，可以选项卡的形式排列当前打开的文件。在打开多个文档后，通过文档选项卡便可知当前打开的文件，并快速通过单击所打开的文档文件的选项卡名称，以切换至相应的文档中。

如果只打开一幅图像文件时，它总是被默认为当前操作的图像；如果打开了多个图像文件，则可以通过单击选项卡式的文档窗口右上方的“展开”按钮，在弹出的文件名称选择列表中选择要操作的文件，如图1-26所示。

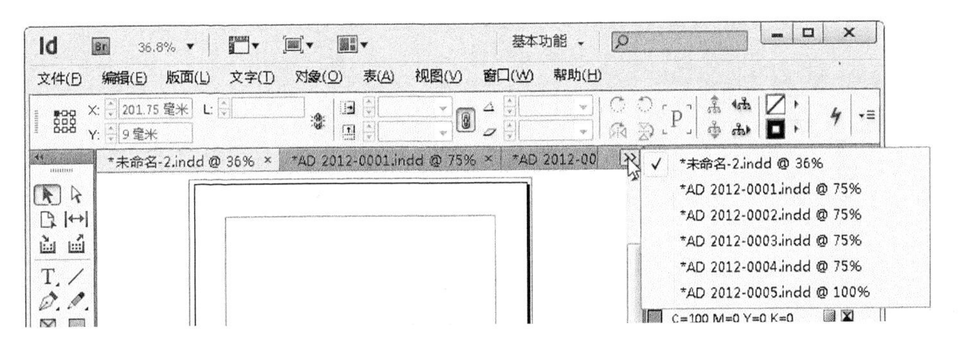

图1-26　在列表菜单中选择要操作的图像文件

提　示

按Ctrl+Tab组合键，可以在当前打开的所有图像文件中，从左向右依次进行切换，如果按Ctrl+Shift+Tab组合键，可以逆向切换这些图像文件。

使用这种选项卡式的文档窗口管理文档文件，可以对这些图像文件进行如下各类操作，以便更加快捷地对文档文件进行管理。

- 改变文档的顺序。在文档文件的选项卡上按住鼠标左键，将其拖至一个新的位置再释放后，可以改变该图像文件在选项卡中的顺序。
- 取消图像文件的叠放状态。在图像文件的选项卡上按住鼠标左键，将其从选项卡中拖出来，如图1-27所示，可以取消该图像文件的叠放状态，使其成为一个独立的窗口，如图1-28所示。

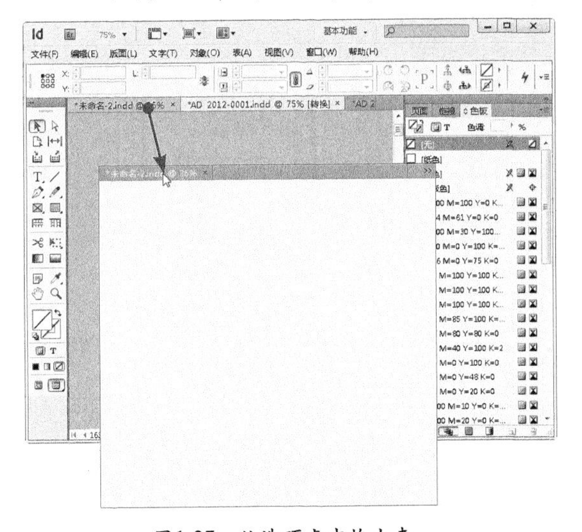

图1-27　从选项卡中拖出来

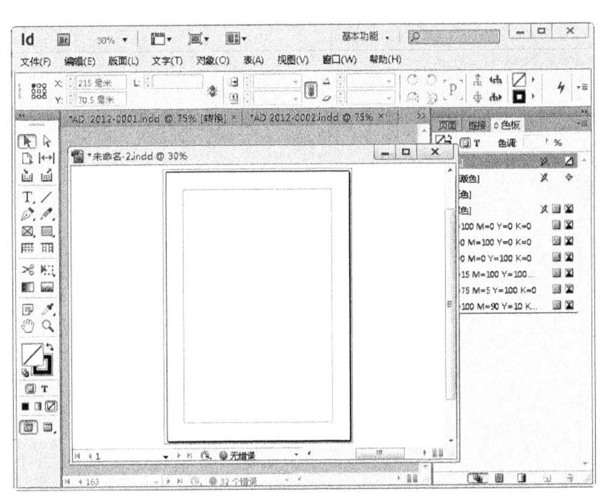

图1-28　成为独立的窗口

1.1.11　保存工作界面

按照前面介绍的自定义界面中的工具箱、面板等方法，可以根据喜好布置工作界面，然后将其保存为自定义的工作界面。

也可以单击工作区切换器，在弹出的菜单中执行“新建工作区”命令，如图1-29所示，或执行“窗口”|“工作区”|“新建工作区”命令，将弹出如图1-30所示的对话框。在其中输入自定义的名称，然后单击“确定”按钮退出对话框，即可完成新建的工作环境的操作并将该工作区存储

到InDesign中。

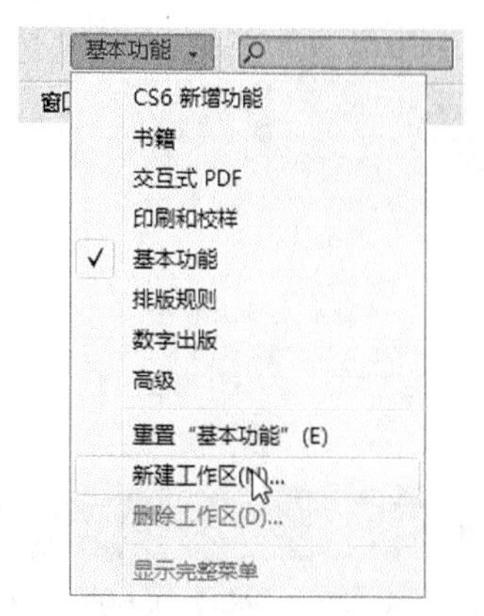

图1-29　执行“新建工作区”命令

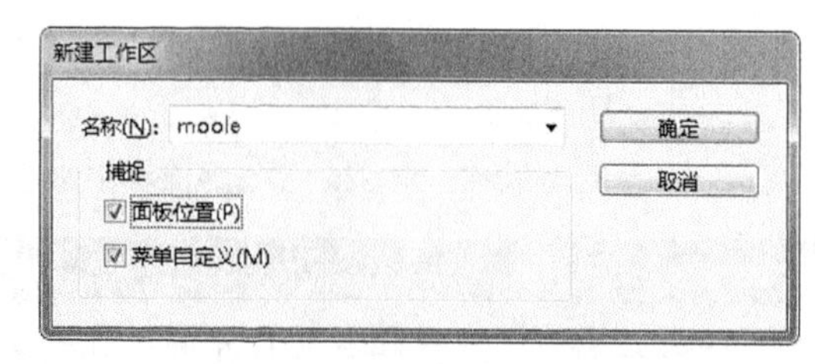

图1-30　“新建工作区”对话框

1.1.12　载入工作区

要载入已有的或自定义的工作区，可以单击工作区切换器，在弹出的菜单中选择现有的工作区，或选择“窗口”|“工作区”子菜单中的自定义工作界面的名称，如图1-31所示。

在最新的InDesign CS6版本中，可以更方便地选择和存储工作区，即可以在应用程序栏中 单击“常用”右侧的小三角按钮，对工作区进行快速的调换，如图1-32所示。

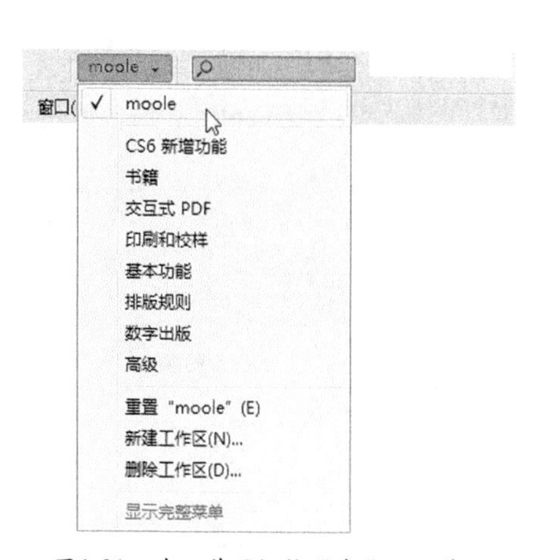

图1-31　在工作区切换器中载入工作区

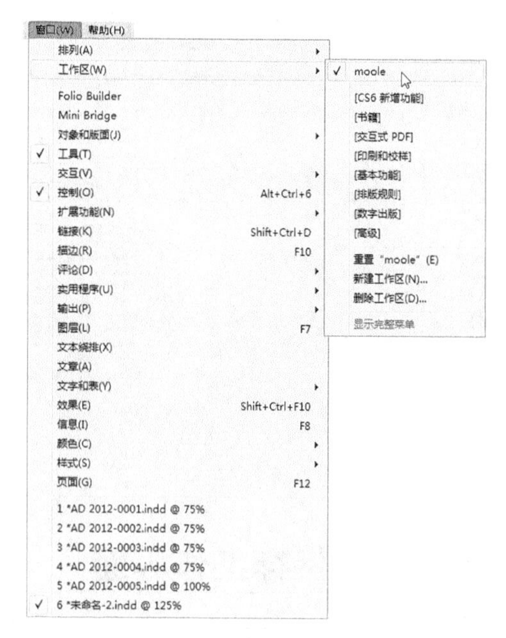

图1-32　执行菜单命令载入工作区

1.1.13　重置工作区

若在应用了某个工作区后，改变了其中的界面布局，此时若想恢复至其默认的状态，则

可以单击工作区切换器，或执行“窗口”|“工作区”|“重置‘***’”命令，其中的***代表当前所用工作区的名称。

以前面保存的工作区moole为例，此时就可以在工作区切换器菜单中执行“重置‘moole’”命令，如图1-33所示。

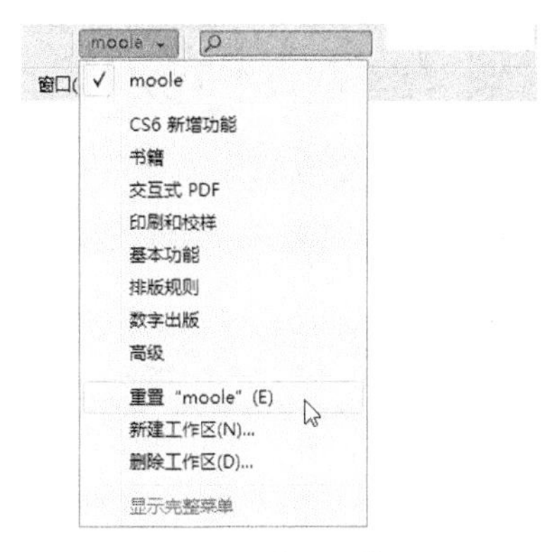

图1-33　重置工作区

1.2 自定义快捷键

执行“键盘快捷键”命令，在弹出的对话框中可以根据需要和习惯来重新定义每个命令的快捷键。执行“编辑”|“键盘快捷键”命令，则弹出如图1-34所示的对话框。

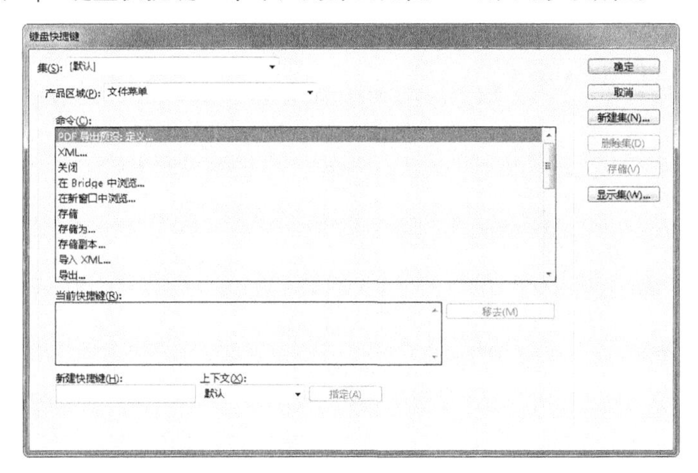

图1-34　“键盘快捷键”对话框

“键盘快捷键”对话框中各选项的含义解释如下。

- 集：用户将设置的快捷键可单独保存成一个集，此下拉列表中的选项用于显示自定义的快捷键集。
- 新建集：单击此按钮，可以通过新建集来自定义快捷键，默认的“集”是更改不了快捷键的。
- 删除集：在此下拉列表中选择不需要的集，单击此按钮可将该集删除。
- 存储：单击此按钮，以存储新建集中所更改的快捷键命令。
- 显示集：单击该按钮，可以弹出文档文件，里面将显示一个集的全部文档式快捷键。
- 产品区域：此下拉列表中的选项用于对各区域菜单进行分类。
- 命令：列出了与菜单区域相应的命令。
- 当前快捷键：显示与命令相应的快捷键。
- 移去：单击此按钮，可以将当前命令所使用的快捷键删除。
- 新建快捷键：在此文本框中可以重新定义需要和习惯的快捷键。
- 确定：单击此按钮，对更改进行保存后退出对话框。
- 取消：单击此按钮，对更改不进行保存，退出对话框。

1.3 五大文档操作

InDesign中主要包括了新建、打开、保存、关闭和恢复五大文档基础操作，是日常工作过程中必不可少的。本节就来介绍它们的操作方法及提示。

1.3.1 新建文档

在InDesign中，要新建文档，可以执行以下操作之一。

- 执行“文件”|“新建”|“文档”命令。
- 按Ctrl+N组合键。

执行上述任意一个操作后，将弹出对话框，如图1-35所示。单击“更多选项”按钮，弹出如图1-36所示的“新建文档”对话框。在对话框的底部显示出“出血和辅助信息区”选项组，在该选项组中为文档设置出血数值为3毫米。

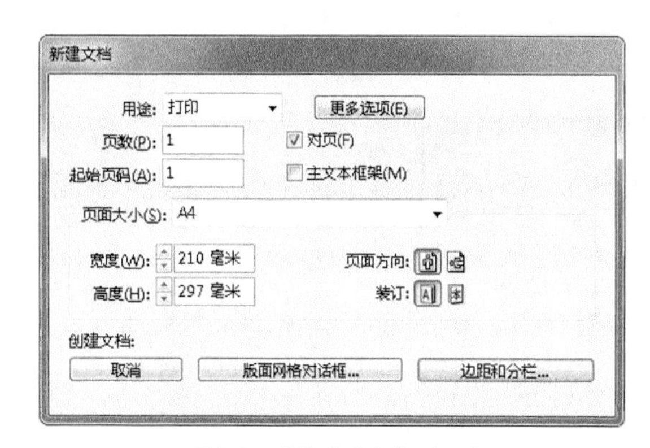

图1-35 “新建文档”对话框

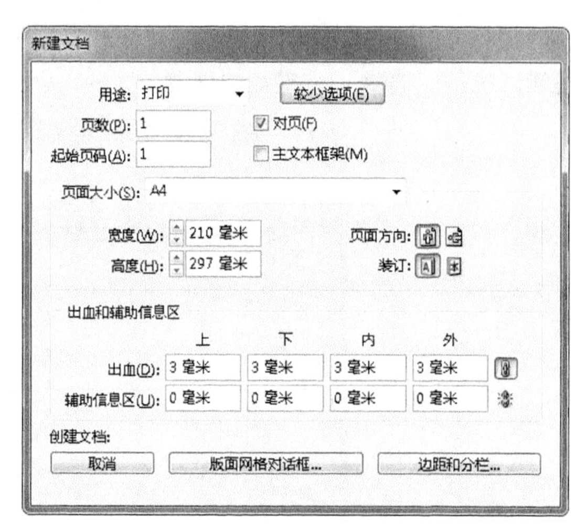

图1.36 显示更多选项后的“新建文档”对话框

“新建文档”对话框中的重要参数介绍如下。

- 用途：在此项目的下拉列表中，如图1-37所示，可以选择当前新建的文档的最终用途。默认情况下选择“打印”，此时，新建的文档可用于最终的打印输出；如果要将创建的文档输出为适用于Web的PDF或SWF，则选择“Web”选项，此时对话框中的多个选项会发生变化。例如，禁用“对页”选项、页面方向从“纵向”变为“横向”，并且页面大小会根据显示器的分辨率进行调整。

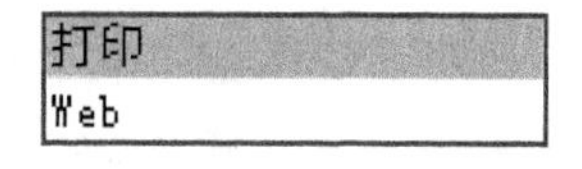

图1-37 列表框选项

提 示

选择“Web”选项创建文档之后，可以编辑所有设置，但无法更改为“打印”设置。

- 页数：在此输入一个数值，可以确定新文件的总页数。需要注意的是，该数值必须介于1～9999之间，因为InDesign CS6无法管理9999以上的页面。
- 对页：选中此复选框，可以使双面跨页中的左右页面彼此相对，如书籍和杂志，页面效果如图1-38所示；取消选中此复选框可以使每个页面彼此独立。例如，当计划打印传单、海报或者希望对象在装订中出血时，页面效果如图1-39所示。

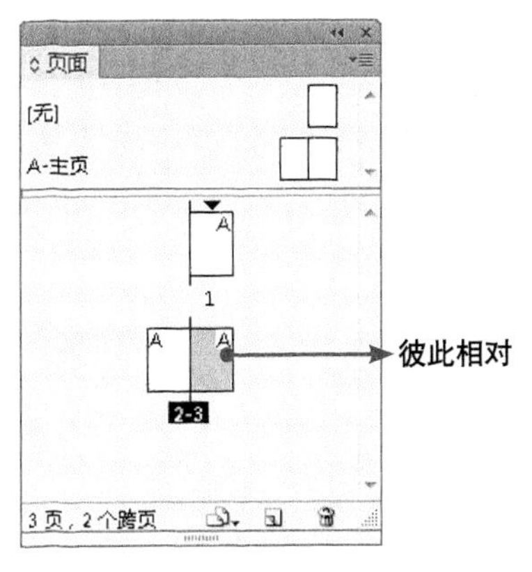

图1-38　选中“对页”复选框时的页面效果

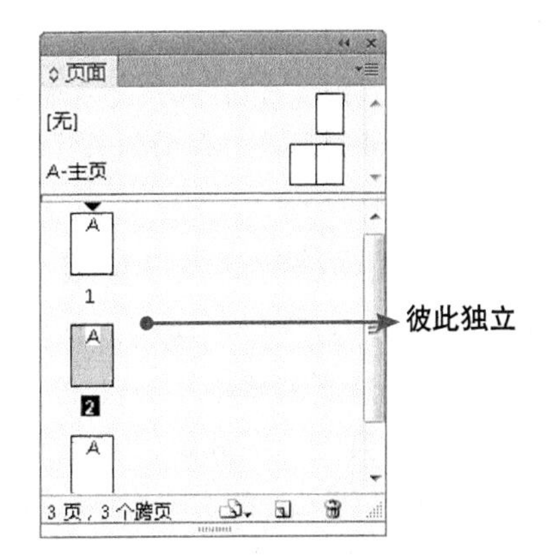

图1-39　未选中“对页”复选框时的页面效果

- 起始页码：顾名思义就是指定文档的起始页码。如果选中“对页”复选框并指定了一个偶数（如2），则文档中的第一个跨页将以一个包含两个页面的跨页开始，如图1-40所示。
- 主文本框架：该选项被选中的情况下，InDesign自动以当前页边距的大小创建一个文本框。
- 页面大小：单击其右侧的下拉三角按钮，弹出如图1-41所示的下拉列表选项。可以从下拉列表选项中选择合适的尺寸大小，也可以在“宽度”和“高度”文本框中输入需要的页面尺寸，即可定义整个出版物的页面大小。

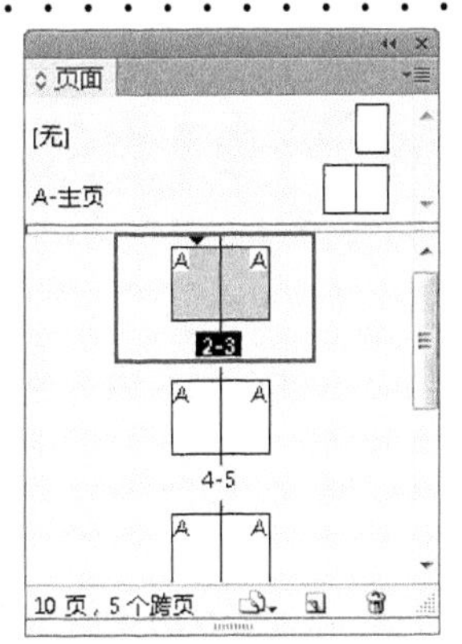

图1-40　选中“对页”并指定起始页码为偶数时的页面效果

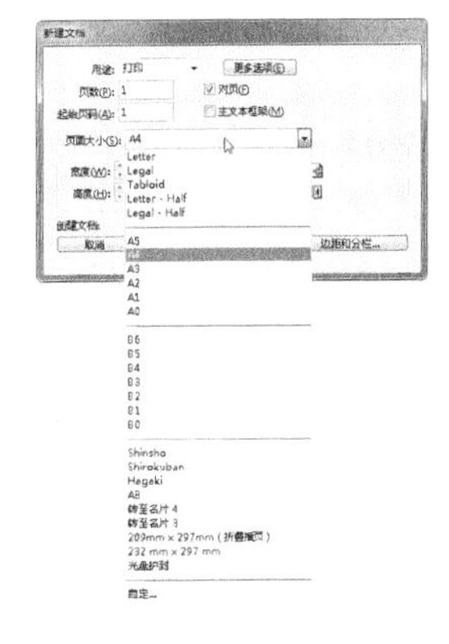

图1-41　下拉列表选项

- 页面方向：在默认情况下，当新建文件时，页面方向为直式的，但可以通过选取页面摆放的选项来制作横式页面。选择选项，将创建直式页面；而选择选项，则可创建横式页面。图1-42所示为创建的直式页面及横式页面。

图1-42　创建的直式页面及横式页面

- 出血：在其后面的4个文本框中输入数值，可以设置出版物的出血数值。
- 辅助信息区：在其后面的4个文本框中输入数值，可以圈定一个区域，用来标示出该出版物的信息，例如设计师及作品的相关资料等，该区域至页边距线区域中的内容不会出现在正式印刷得到的出版物中。

1. 设置“版面网格对话框”参数

单击“版面网格对话框”按钮，弹出如图1-43所示的“新建版面网格”对话框。在此可以设置网格的方向、字间距以及栏数等属性。单击“确定”按钮退出对话框，即可创建一个新的空白文件。

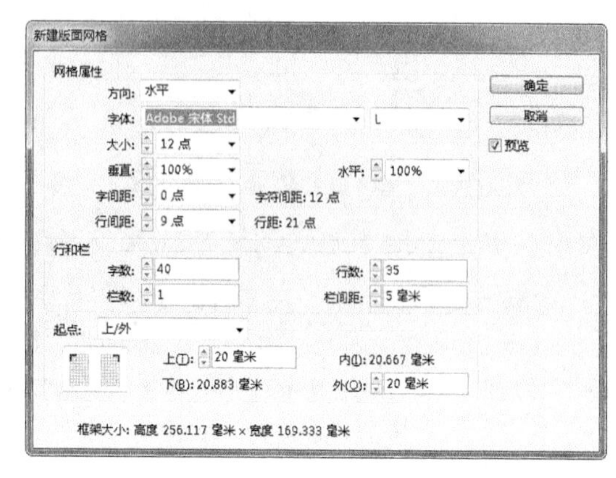

图1-43 “新建版面网格”对话框

在“新建版面网格”对话框中各选项的解释如下。

- 方向：在此下拉列表中选择“水平”选项，可以使文本从左至右水平排列；选择“垂直”选项，可以使文本从上至下竖直排列。
- 字体：此下拉列表中的选项用于设置字体和字体样式。所选定的字体将成为“框架网格”的默认设置。

提 示

如果将“首选项”对话框“字符网格”选项组中的网格单元设置了“表意字”，则网格的大小将根据所选字体的表意字而发生变化。

- 大小：在此文本框中输入或从下拉列表中选择一个数值，用于控制版面网格中正文文本基准的字体大小，并可以确定版面网格中各网格单元的大小。
- 垂直、水平：在此文本框中输入或从下拉列表中选择一个数值，用于控制网格中基准字体的缩放百分比，网格的大小将根据这些设置发生变化。
- 字间距：在此文本框中输入或从下拉列表中选择一个数值，用于控制网格中基准字体的字符之间的距离。如果是负值，网格将显示为互相重叠；如果是正值，网格之间将显示间距。
- 行间距：在此文本框中输入或从下拉列表中选择一个数值，用于控制网格中基准字体的行间距离，网格线之间的距离将根据输入的值而更改。

提 示

在“网格属性”选项组中，除“方向”外，其他选项的设置都将成为“框架网格”的默认设置。

- 字数：在此文本框中输入数值，用于控制“行字数”计数。
- 行数：在此文本框中输入数值，用于控制1栏中的行数。
- 栏数：在此文本框中输入数值，用于控制1个页面中的栏数。
- 栏间距：在此文本框中输入数值，用于控制栏与栏之间的距离。
- 起点：选择此下拉列表中的选项，然后在相应的文本框中输入数值。网格将根据“网格属性”与“行和栏”选项组中设置的值从选定的起点处开始排列。在“起点”另一侧保留的所有空间都将成为边距。因此，不可能在构成“网格基线”起点的点之外的文本框中输入值，但是可以通过更改“网格属性”与“行和栏”选项组中的值来修改与起点对应的边距。当选择“完全居中”并添加行或字符时，将从中央根据设置的字符数或行数创建版面网格。

2. 设置“边距和分栏”参数

单击“边距和分栏”按钮，弹出如图1-44所示的“新建边距和分栏”对话框，从中可以更深入地设置新文档的属性。单击“确定”按钮退出对话框，即可创建一个新的空白文件。

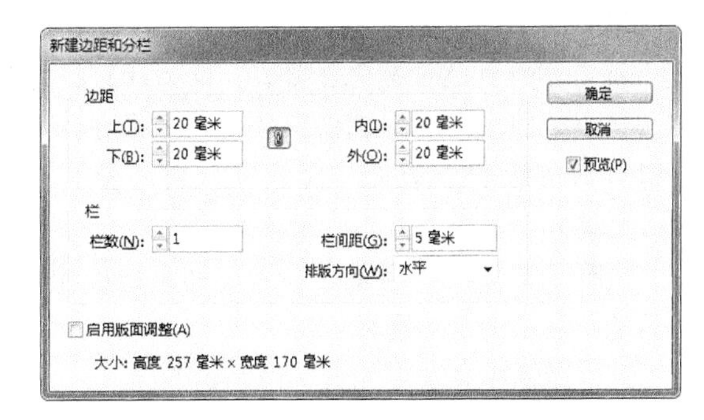

图1-44 “新建边距和分栏”对话框

在“新建边距和分栏”对话框中的各选项介绍如下。

- 边距：任何出版物的文字都不是也不可能充满整个页面，为了美观通常需要在页的上、下、内、外留下适当的空白，而文字则被放置于页面的中间即版心处。页面四周上、下、内、外留下的空白大小由该文本框中的数值控制。在页面上InDesign用水平方向上的粉红色线和垂直方向上的蓝色线来确定页边距，这些线条将仅用于显示并不会被实际打印出来。

提 示

默认状态下的边距大小是相连的，单击“将所有设置设为相同”按钮即可对页面四周上、下、内、外留下的空白大小进行不同的设置。

- 栏数：在此文本框中输入数值，以控制当前跨页页面中的栏数。
- 栏间距：对于分栏在两栏以上的页面，可在该输入框对页面的栏间距进行调整更改。

1.3.2 经验之谈——常用平面设计尺寸

下表所列为一些平面设计中常见的设计尺寸。

类 型	尺 寸	类 型	尺 寸
名片（横）	90mm × 55mm（方角） 85mm × 54mm（圆角）	文件封套	220mm × 305mm
名片（方）	90mm × 90mm 90mm × 95mm	手提袋	400mm × 285mm × 80mm
IC卡	85mm × 54mm	信封	小号：220mm × 110mm 中号：230mm × 158mm 大号：320mm × 228mm D1：220mm × 110mm C6：114mm × 162mm
三折页广告（A4）	210mm × 285mm	CD/DVD	外圆直径≤118mm 内圆直径≥22mm
易拉宝	W80cm × H200cm W100cm × H200cm W120cm × H200cm		

1.3.3 保存文档

只有执行了“保存”命令，新建的文档或新执行的操作，才会被记录在硬盘中，因此，应该养成一个良好的保存习惯，经常性地执行“保存”命令，以避免各种意外的情况，如断电、软件意外退出等造成的损失。

如果执行“存储”命令保存文件时，此文件仍是一个新文件并且还没有保存过，InDesign将提示用户输入一个文件名，否则就以默认的名字保存。如果当前操作的出版物自最近一次保存以来还没有被改变过，则该命令呈现灰色不可用状态。

执行“文件”|“存储”命令，即可弹出如图1-45所示的“存储为”对话框。

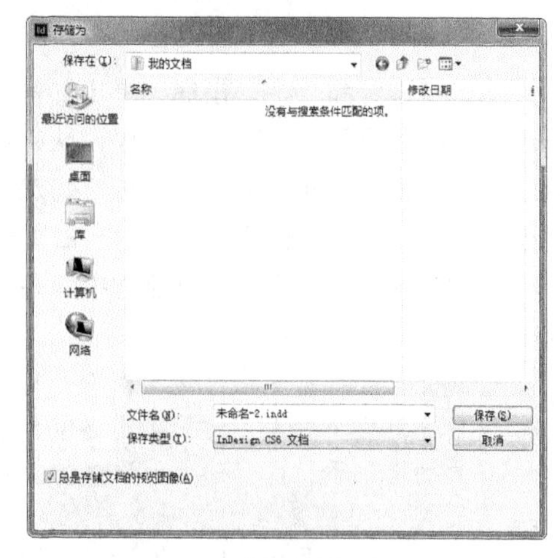

图1-45 “存储为”对话框

此对话框中各选项的含义说明如下。

- 保存在：可以选择图像的保存位置。
- 文件名：在文本框中输入要保存的文件名称。
- 文件类型：在下拉列表中选择图像的保存格式。
- 总是存储文档的预览图像：选中此复选框，可以为存储的文件创建缩览图。

可以尝试创建一个A4尺寸，且栏数为3、栏间距为6毫米的文档，并将其保存至“我的文档”中。

1.3.4 另存文档

执行“文件”|“存储为”命令可以用另一名字、路径或格式保存出版物文件。与“存储”命令不同，执行“存储为”命令保存出版物时，InDesign将压缩出版物，使它占据最小的磁盘空间，因此如果希望使出版物文件更小一些，可以执行此命令对出版物执行另存操作。

提 示

如果打开了若干个出版物，并且需要一次性对这些出版物做保存操作，可以同时按Ctrl+Alt+Shift+S组合键。

1.3.5 关闭文档

要关闭文档，可以执行以下操作之一。

- 按Ctrl+W组合键。
- 单击文档文件右上方的按钮☒。
- 执行“文件”|“关闭”命令。

执行以上操作后，如果对文档做了修改，就会弹出提示对话框，如图1-46所示。单击“是”按钮则会保存修改过的文档而关闭，单击“否”按钮则会不保存修改过的文档而关闭，单击“取消”按钮则会放弃关闭文档。

图1-46 提示对话框

1.3.6 打开文档

按Ctrl+O组合键，或执行“文件”|“打开”命令，在弹出的“打开文件”对话框中选择需要打开的文件，如图1-47所示。

此对话框中各选项的含义说明如下。

- 查找范围：在此查找要打开的文档的路径。
- 文件类型：在此可以选择要打开的文件类型。
- 正常：选中此单选按钮，将打开原始文档或模板的副本。默认情况下，选中此选项。
- 原稿：选中此单选按钮，将打开原始文档或模板。
- 副本：选中此单选按钮，将打开文档或模板的副本。

另外，直接将文档拖至InDesign工作界面中也可以打开（在界面中没有任何打开的文档）。当界面中有打开的文档，在拖进来时需要置于界面顶部应用程序栏附近，当光标成 状态时，释放鼠标即可打开文档。

图1-47 “打开文件”对话框

1.4 创建与应用模板

模板可以将任意需要的元素存储在其中，比如样式、颜色、文档尺寸、标注、文字、图形及图像等，使用该模板创建的文档，就会自动包含这些元素，以避免一些重复的工作。

需要注意的是，如果新建的模板提供给他人使用，最好添加一个说明该模板的图层，在打印文档前，隐藏或者删除该图层即可。

1.4.1 创建模板文档

在InDesign中，模板可以从普通的文档存储得到。可以执行“文件”|“存储为”命令，在弹出的“存储为”对话框中设置“保存类型”为“InDesign CS6 模板”，并指定存储的位置和文件名，然后单击“保存”按钮即可，如图1-48所示。

图1-48 选择保存类型

1.4.2 从模板创建新文档

要从模板创建新文档，可以像打开普通文档那样，找到并打开模板文件（在“打开文件”对话框中选中“正常”单选按钮），即可依据选中的模型创建得到一个新的文档。

1.4.3 编辑现有模板

要对现有的模板进行编辑，需要在“打开文件”对话框中，选择要打开的模板文件，并选中“原稿”单选按钮，然后单击“打开”按钮即可。

1.5 创建与编辑书籍

1.5.1 了解“书籍”面板

当处理多文档或长文档时，如图书、杂志等，可以使用“书籍”面板来管理它们，而且它还支持共享样式和色板，可在一本书中统一编排页码，打印书籍中选定的文档，或将它们导出成为PDF格式文档。图1-49所示为一个InDesign的“书籍”面板。

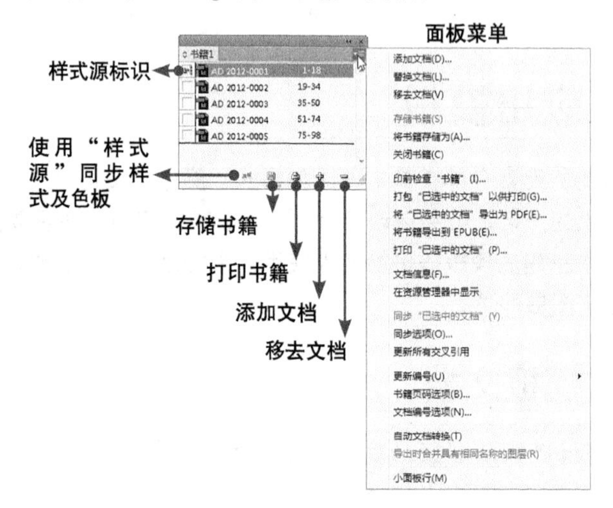

图1-49 “书籍”面板

“书籍”面板中各选项的含义解释如下。

- 样式源标识图标：表示是以此图标右侧的文档为样式源。
- 使用“样式源”同步样式及色板按钮：单击该按钮可以使目标文档与样式源文档中的样式及色板保持一致。
- “存储书籍”按钮：单击该按钮可以保存对当前书籍所做的修改。
- “打印书籍”按钮：单击该按钮可以打印当前书籍。
- “添加文档”按钮：单击该按钮可以在弹出的对话框中选择一个InDesign文档，单击“打开”按钮即可将该文档添加至当前书籍中。
- “移去文档”按钮：单击该按钮可将当前选中的文档从当前书籍中删除。
- 面板菜单：可以利用该菜单中的命令进行添加、替换或移去文档等与书籍相关的操作。

1.5.2 创建书籍

要创建书籍，可以执行“文件”|“新建”|“书籍”命令，此时将弹出“新建书籍”对话框，在其中选择其保存的路径，并输入文件的保存名称，如图1-50所示，然后单击“保存”按钮

退出对话框即可。

将书籍文件保存在磁盘上后，该文件即被打开并显示“书籍”面板，该面板是以所保存的书籍文件名称命名的，如图1-51所示。

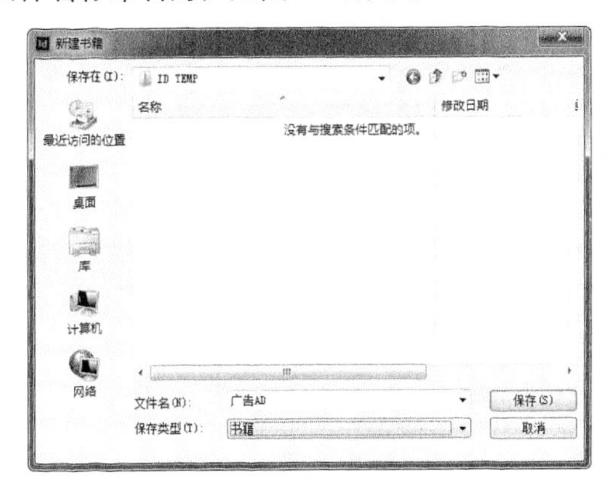

图1-50 “新建书籍”对话框

图1-51 “书籍”面板“广告AD”

1.5.3 向书籍中添加文档

要向书籍中添加文档，可以单击当前“书籍”面板底部的“添加文档”按钮，或在面板菜单中执行“添加文档”命令，在弹出的“添加文档”对话框中选择要添加的文档，如图1-52所示。单击“打开”按钮即可将该文档添加至当前的书籍中，此时的“书籍”面板如图1-53所示。

图1-52 “添加文档”对话框

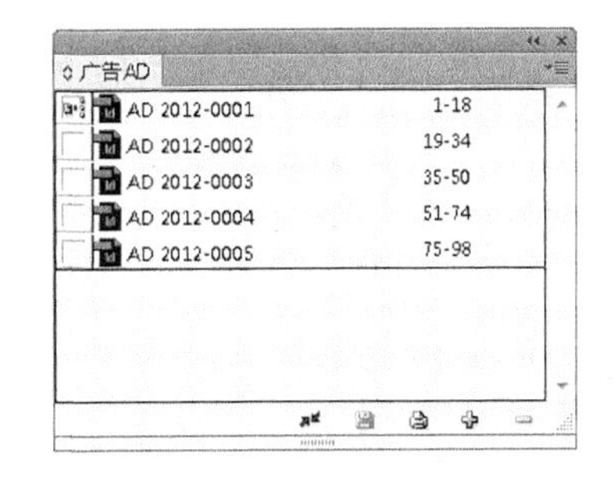

图1-53 添加文档后的“书籍”面板

提 示

若添加至书籍中的是旧版本的InDesign文档，则在添加过程中，会弹出对话框，提示用户重新保存该文档。

1.5.4 删除书籍中的文档

要删除书籍中的一个或多个文档，可以先将其选中，然后单击“书籍”面板底部的“移去文档”按钮，单击“书籍”面板右上角的面板按钮，在弹出的菜单中执行“移去文档”命令即可。

1.5.5 替换书籍中的文档

要使用其他文档替换当前书籍中的某个文档，可以将其选中，然后单击“书籍”面板右上角的面板按钮，在弹出的菜单中执行“替换文档”命令，再在弹出的“替换文档”对话框中指定需要使用的文档，单击“打开”按钮即可。

1.5.6 调整书籍中的文档顺序

要调整书籍中文档的顺序，可以先将其选中（一个或多个文档），然后按住鼠标左键拖至目标位置，当出现一条粗黑线时释放鼠标即可。图1-54所示为拖动中的状态，图1-55所示为调整好顺序后的面板状态。

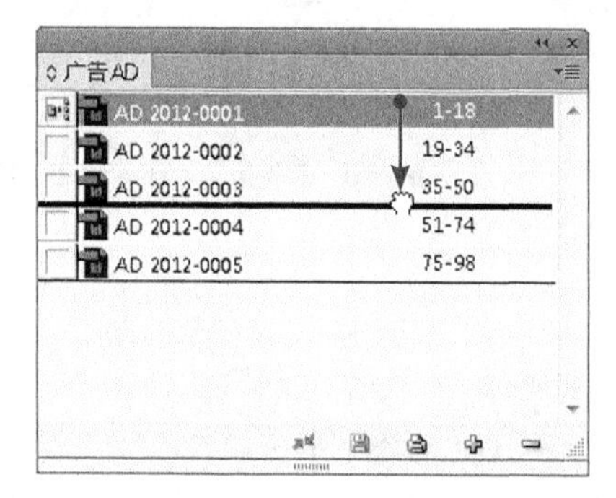

图1-54 拖动中的状态

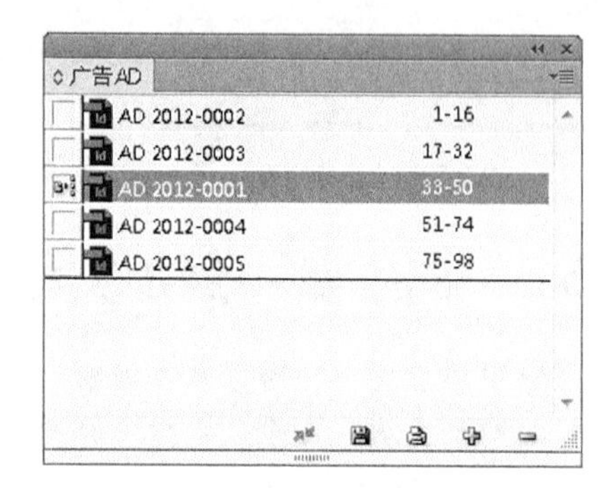

图1-55 调整顺序后的面板状态

默认情况下，调整书籍中文档的顺序后，会自动更新页码，如图1-56所示。

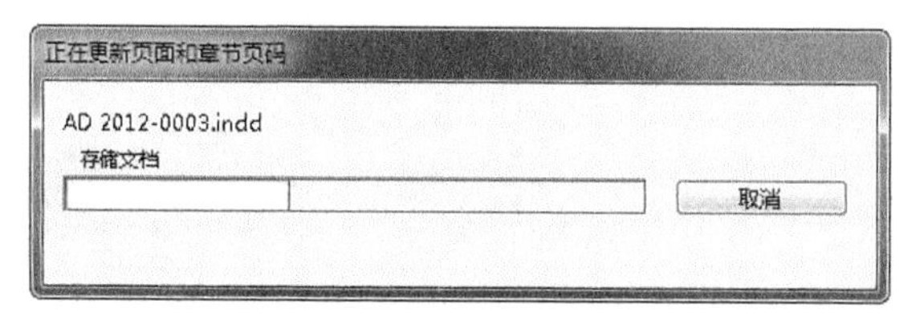

图1-56 更新页码显示

1.5.7 保存书籍

由于书籍文件独立于文档文件，所以在对书籍文件编辑过后，需要对其进行保存。在保存时可以执行以下操作之一。

- 如果要使用新名称存储书籍，可以单击“书籍”面板右上角的面板按钮，在弹出的菜单中执行“将书籍存储为”命令，再在弹出的“将书籍存储为”对话框中指定一个位置和文件名，然后单击“保存”按钮。
- 如果要使用同一名称存储现有书籍，可以单击“书籍”面板右上角的面板按钮，在弹出的菜单中执行“存储书籍”命令，或单击“书籍”面板底部的“存储书籍”按钮。

提 示

如果通过服务器共享书籍文件，应确保使用了文件管理系统，以便不会意外地冲掉彼此所做的修改。

1.5.8 关闭书籍

要关闭书籍，可以直接单击要关闭的“书籍”面板右上角的×按钮，或单击“书籍”面板右上角的面板按钮，在弹出的菜单中执行“关闭书籍”命令。

提 示

在每次对书籍文档中的文档进行编辑时，最好先将此书籍文档打开，然后再对其中的文档进行编辑，否则书籍文档将无法及时更新所做的修改。

1.5.9 同步文档

当对书籍中的某个文档修改后，如修改了样式、重新定义了色板等，若希望将这个修改用于其他文档中时，则可以通过同步的方式来完成。

需要注意的是，在同步过程中，InDesign 会自动打开处于关闭状态的文档，进行同步处理，然后存储并关闭这些文档；而对于打开的文档，则只会进行同步处理，而不会保存。

1. 基本同步操作

要同步文档设定，首先要在“书籍”面板中指定一个样式源，其作用是以指定文档中的各种样式和色板作为基准，以便在进行同步操作时将该文档中的样式和色板复制到其他文档中。默认情况下，以“书籍”面板中的第一文档为样式源。单击文档左侧的空白框，即可出现样式源标识图标，表明是以该文档作为样式源。

要同步书籍文件中的文档，具体操作如下所述。

01 在“书籍”面板中，单击文档左侧的空白框，使之变为，以设定样式源。

02 在“书籍”面板中，选中要被同步的文档，如果未选中任何文档，将同步整个书籍。

提 示

要确保未选中任何文档，需要单击最后一个文档下方的空白灰色区域，这可能需要滚动“书籍”面板或调整面板大小。

03 按住Alt键单击使用“样式源”同步样式及色板按钮，或单击“书籍”面板右上角的面板按钮，在弹出的菜单中执行“同步选项”命令，弹出“同步选项”对话框，如图1-57所示。

提 示

若直接单击使用“样式源”同步样式及色板按钮，则按照默认或上一次设定的同步参数进行同步。

04 在“同步选项”对话框中指定要从样式源复制的项目。

05 单击“同步”按钮，InDesign将自动进行同步操作。若单击“确定”按钮，则仅保存同步选项，而不会对文档进行同步处理。

06 完成后将弹出如图1-58所示的提示框，单击“确定”按钮。

在同步书籍前，如果在“同步选项”对话框中指定了复制的项目或不想对“同步选项”对话框中的设置作任何更改，在第3步时，可以在弹出的面板中执行“同步‘已选中的文档’”或

"同步'书籍'"命令。

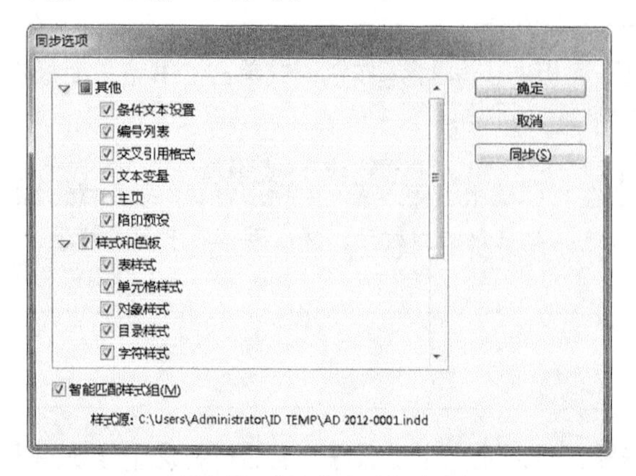

图1-57 "同步选项"对话框

图1-58 同步书籍提示框

2. 主页同步操作

主页的同步操作与同步其他项目的方法基本相同，但由于其涉及页面元素等变化，因此下面进行单独介绍。

同步主页对于使用相同设计元素（如动态的页眉和页脚，或连续的表头和表尾）的文档非常有用。但是，若想保留非样式源文档主页上的页面项目，则不同步主页，或应创建不同名称的主页。

在首次同步主页之后，文档页面上被覆盖的所有主页项目将从主页中分离。因此，如果打算同步书籍中的主页，最好在设计过程一开始就同步书籍中的所有文档。这样被覆盖的主页项目将保留与主页的连接，从而可以继续根据样式源中修改的主页项目进行更新。

另外，最好只使用一个样式源来同步主页。如果采用不同的样式源进行同步，则被覆盖的主页项目可能会与主页分离。如果需要使用不同的样式源进行同步，应该在同步之前取消选中"同步选项"对话框中的"主页"复选框。

提 示

关于主页功能的介绍，请参见本书第2章的相关内容。

1.5.10 设置书籍的页码属性

在前面已经提到，向"书籍"面板中添加文档后，会自动进行分页处理，此时是使用默认参数进行分页的，若有特殊需要，也可以进行自定义设置。

下面介绍设置书籍页码的相关操作。

1. 书籍页码选项

要设置书籍页码选项，可以单击"书籍"面板右上角的面板按钮，在弹出的菜单中执行"书籍页码选项"命令，弹出如图1-59所示的对话框。

"书籍页码选项"对话框中各选项的含义解释如下。

- 从上一个文档继续：选中此单选按钮，可以让当前章节的页码跟随前一章节的页码。
- 在下一奇数页继续：选中此单选按钮，将按奇数页开始编号。

- 在下一偶数页继续：选中此单选按钮，将按偶数页开始编号。
- 插入空白页面：选中此单选按钮，以便将空白页面添加到任意文档的结尾处，而后续文档必须在此处从奇数或偶数编号的页面开始。
- 自动更新页面和章节页码：取消对此复选框的选中，即可关闭自动更新页码功能。

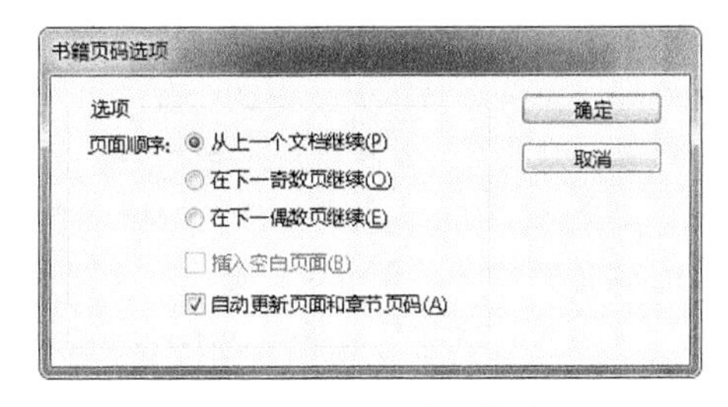

图1-59 “书籍页码选项”对话框

在取消选中“自动更新页面和章节页码”复选框后，当“书籍”面板中文档的页数发生变动时，页码不会自动更新。图1-60所示为原“书籍”面板状态，此时将文档“侧面”拖至文档“背面”下方；图1-61所示为选中“自动更新页面和章节页码”选项时的面板状态；图1-62所示为未选中“自动更新页面和章节页码”复选框时的面板状态。

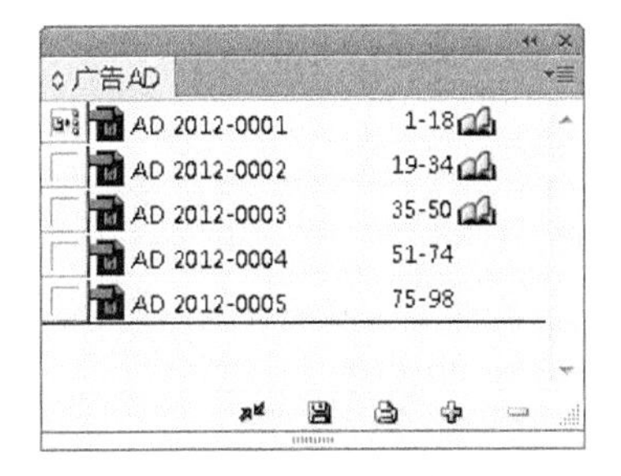

图1-60 原面板状态

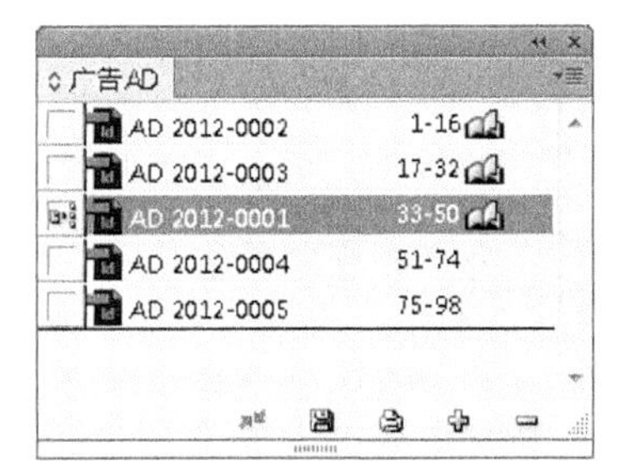

图1-61 选中时的面板状态

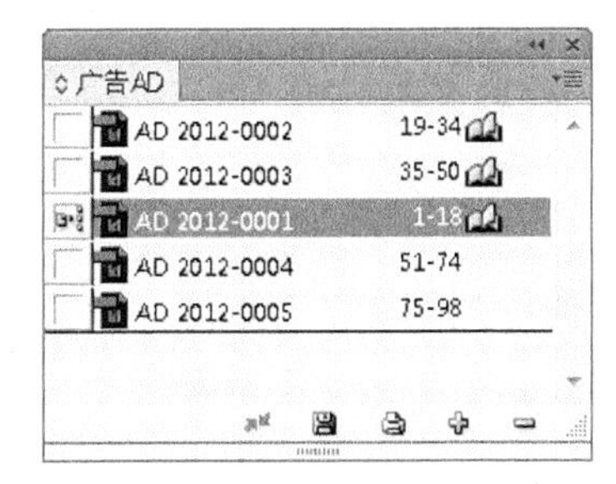

图1-62 未选中时的面板状态

2. 文档编号选项

在“书籍”面板中选择需要修改页码的文档，双击该文档的面码（未选中文档也可以直接双击），或者单击“书籍”面板右上角的面板按钮，在弹出的菜单中执行“文档编号选项”命令，弹出“文档编号选项”对话框，如图1-63所示。

“文档编号选项”对话框中各选项的含义解释如下。

- 自动编排页码：选中该单选按钮后，InDesign将按照先后顺序自动对文档进行编排页码。
- 起始页码：在该数值框中输入数值，即可以当前所选页为开始的页码。

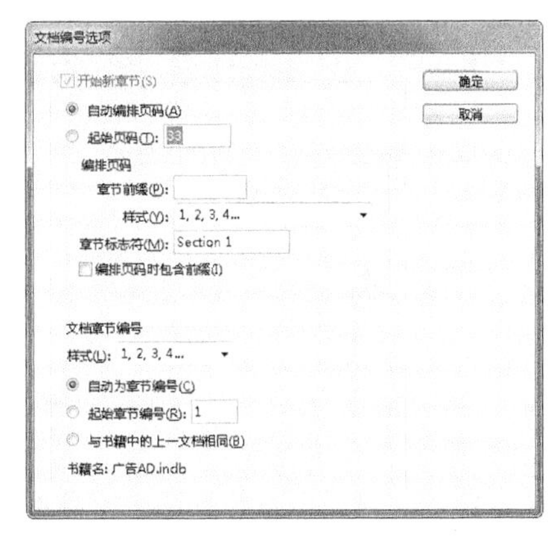

图1-63 “文档编号选项”对话框

提 示

如果选择的是非阿拉伯页码样式（如罗马数字），仍需要在此文本框中输入阿拉伯数字。

- 章节前缀：在此文本框中可以为章节输入一个标签。包括要在前缀和页码之间显示的空格或标点符号（例如A–16或A 16），前缀的长度不应多于8个字符。

提 示

不能通过按空格键来输入空格，而应从文档窗口中复制并粘贴宽度固定的空格字符。另外，加号(+)或逗号(,)符号不能用在章节前缀中。

- 样式（编排页码）：在此下拉列表中选择一个选项，可以设置生成页码时的格式，例如使用阿拉伯数字或小写英文字母等。
- 章节标志符：在此文本框中可以输入一个标签，InDesign会将其插入到页面中，插入位置为在执行“文字”|“插入特殊字符”|“标志符”|“章节标志符”命令时显示的章节标志符字符的位置。
- 编排页码时包含前缀：选中此复选框，可以在生成目录或索引时，或在打印包含自动页码的页面时显示章节前缀。如果取消对该复选框的选中，将在InDesign中显示章节前缀，但在打印的文档、索引和目录中隐藏该前缀。
- 样式（文档章节编号）：从此下拉列表中选择一种章节编号样式，此章节样式可在整个文档中使用。
- 自动为章节编号：选中此单选按钮，可以对书籍中的章节按顺序编号。
- 起始章节编号：在此文本框中输入数值，用于指定章节编号的起始数字。如果希望不对书籍中的章节进行连续编号，可以选中此单选按钮。
- 与书籍中的上一文档相同：选中此单选按钮，可以使用与书籍中上一文档相同的章节编号。

3. 更新编号

默认情况下，“书籍”面板将在文档顺序、添加或删除文档后，自动进行编号，但若在“书籍页码选项”对话框中取消选中“自动更新页面和章节页码”复选框，“书籍”面板中文档的页码发生变动时，就需要手动对页码进行重排，单击“书籍”面板右上角的面板按钮，在弹出的菜单中执行“更新编号”|“更新页面和章节页码”命令即可。

1.6 基本的页面视图操作

1.6.1 设置页面显示比例

在查看和编辑页面中的内容时，常常会进行多种显示比例设置。下面介绍通过不同的途径，进行不同显示比例设置的方法。

1. 使用缩放工具设置显示比例

在工具箱中选择“缩放工具”，当光标为状态时，在当前文档页面中单击鼠标左键，即可将文档的显示比例放大；保持“缩放工具”为选择状态，按住Alt键当光标显示为状态时在文档页面中单击鼠标左键，即可将文档的显示比例缩小。

用“缩放工具”在文档页面中拖曳矩形框，可进行页面缩放，拖曳的矩形框越小，显示比例越大；拖曳的矩形框越大，显示比例越小。

2. 使用命令与快捷键设置显示比例

在InDesign中，提供了很多用于控制显示比例的命令及快捷键，其介绍如下。

- 执行“视图”|“放大”命令或者按Ctrl++组合键，将当前页面的显示比例放大。
- 执行“视图”|“缩小”命令或者按Ctrl+-组合键，将当前页面的显示比例缩小。
- 执行“视图”|“使页面适合窗口”命令，或按Ctrl+0组合键，将当前的页面按屏幕大小进行缩放显示。
- 执行“视图”|“使跨页适合窗口”命令，或按Ctrl+Alt+0组合键，将当前的跨页按屏幕大小进

行缩放显示。

- 执行“视图”|“实际尺寸”命令，或按Ctrl+1组合键将当前页面以100%的比例显示。
- 按Ctrl+2组合键可以将当前页面以200%的比例显示。
- 按Ctrl+4组合键可以将当前页面以400%的比例显示。
- 按Ctrl+5组合键可以将当前页面以50%的比例显示。

3. 使用应用程序栏设置显示比例

在应用程序栏中，可以在“显示比例”下拉列表中选择一个显示比例值，或手动输入具体的显示比例数值，如图1-64所示。

4. 使用鼠标右键设置显示比例

在未选中任何对象的情况下，在页面的空白处单击鼠标右键，在弹出的快捷菜单中可以执行相应命令，如图1-65所示，以快速缩放所需浏览的页面。

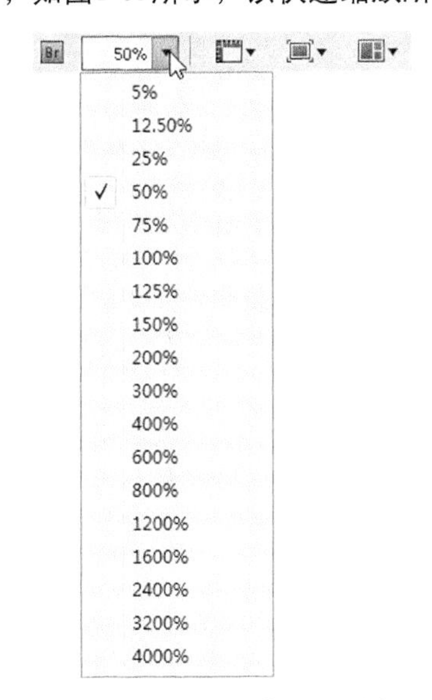

图1-64 “显示比例”下拉列表

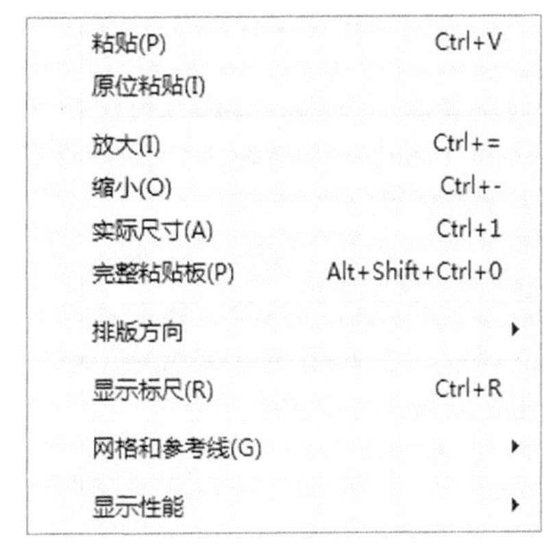

图1-65 快捷菜单

1.6.2 调整查看范围

如果放大后的页面大于所看到的范围，可以使用“抓手工具”在页面中进行拖动，用以观察页面的各个位置。在其他工具为当前操作工具时，按住空格键可以暂时将其他工具切换为“抓手工具”。

提 示

在“文字工具”T下，需要按住Alt键才能将此工具暂时切换为“抓手工具”。

1.6.3 屏幕模式

屏幕模式是指显示页面内容的方式，在“视图”|“屏幕模式”子菜单中执行相应命令，或在工具箱底部，选择“正常”、“预览”、“出血”、“辅助信息区”与“演示文

稿”■模式，可改变文档页面的预览状态。

- “正常”模式：该模式将参考线、出血线、文档页面两边的空白粘贴板等所有可打印和不可打印元素都在屏幕上显示出来，如图1-66所示。
- “预览”模式：按照最终输出显示文档页面。该模式以参考边界线为主，在该参考线以内的所有可打印对象都会显示出来，如图1-67所示。

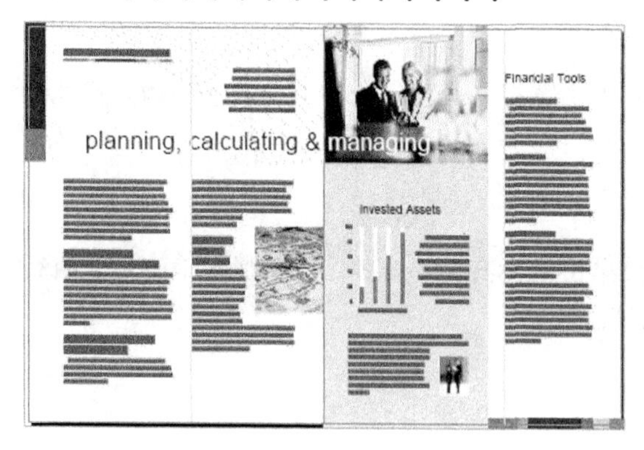

图1-66 “正常”模式

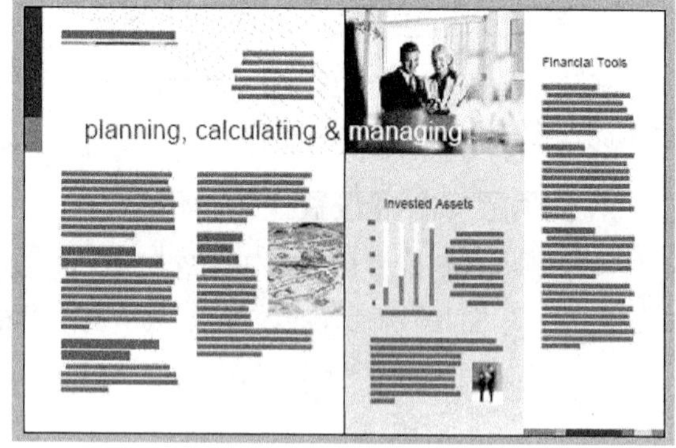

图1-67 “预览”模式

- “出血”模式：按照最终输出显示文档页面。该模式下的可打印元素在出血线以内的都会显示出来。
- “辅助信息区”模式：该模式与“预览模式”一样，完全按照最终输出显示文档页面，所有非打印线、网格等都被禁止，最大的不同在于文档辅助信息区内的所有可打印元素都会显示出来，不再以裁切线为界。
- “演示文稿”模式：该模式为InDesign CS6新引入的屏幕模式，该模式将页面的应用程序菜单和所有面板都隐藏起来，在该文档页面上可以通过单击鼠标或按键盘上的方向键进行页面的上下操作。在此模式中不能对文档进行编辑，只能通过鼠标与键盘进行页面的上下操作，其可用的操作如下表所列。

鼠标操作	键盘操作	功　能
单击	向右箭头键或 Page Down 键	下一跨页
按Shift 键的同时单击鼠标、按向右箭头键的同时单击鼠标	向左箭头键 或 Page Up 键	上一跨页
	Esc	退出演示文稿模式
	Home	第一个跨页
	End	最后一个跨页
	B	将背景颜色更改为黑色
	W	将背景颜色更改为白色
	G	将背景颜色更改为灰色

1.7 纠错功能

使用 InDesign 编辑对象的一大好处就是很容易纠正操作中的错误，它提供了许多用于纠错的

命令，其中包括“文件”|“恢复”命令，“编辑”|“还原”命令、“重做”命令等，下面将分别进行介绍。

1.7.1 “还原”与“重做”命令

执行“编辑”|“还原”命令或按Ctrl+Z组合键，可以向后回退一步，执行“编辑”|“重做”命令，或按Ctrl+Shift+Z组合键可以前进一步，重做被执行了“还原”命令的操作。

1.7.2 “恢复”命令

执行“文件”|“恢复”命令，可以返回到最近一次保存文件时图像的状态，但如果刚刚对文件进行保存则无法执行“恢复”命令。

提 示

如果当前文件没有保存到磁盘，则“恢复”命令也是不可用的。

1.7.3 自动恢复文档

InDesign在工作过程中，会自动每隔一段时间进行自动保存，当出现断电、软件意外退出等问题时，再次启动InDesign后，将根据最近的自动保存结果，打开上次未正常关闭的文档。若反复出现意外，则InDesign会弹出如图1-68所示的提示对话框，供选择是否执行自动恢复。

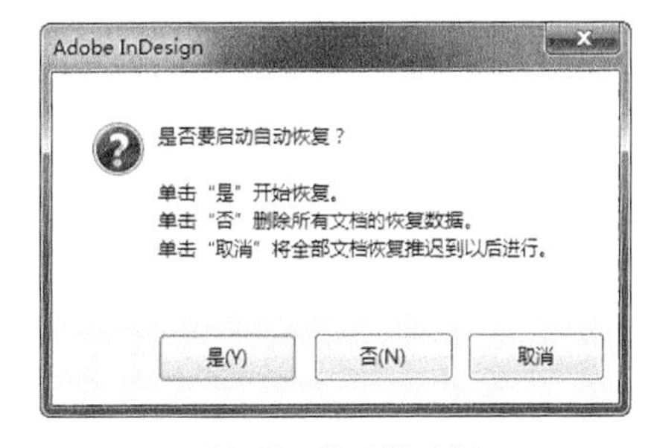

图1-68　提示提示框

在该提示框中各按钮的含义解释如下。

- 是：单击此按钮，将恢复丢失的文档数据。
- 否：单击此按钮，将不进行自动恢复丢失的文档。
- 取消：单击此按钮，暂时取消全部文档的恢复，可以在以后进行恢复。

提 示

自动恢复的数据将位于临时文件中，而临时文件则独立于磁盘上的原始文档文件。只有出现在电源或系统故障而又没有成功保存的情况下，自动恢复数据才非常重要。尽管有这些功能，但仍应该时常存储文件并创建备份文件，以防止意外电源或系统故障。

1.8 标尺

在 InDesign CS6 的“视图”菜单中，提供了大量的图像处理辅助工具，其中标尺功能有助于在水平和垂直方向上进行定位，不会对图像有任何修改，有利于精确调整图像的位置。

1.8.1 显示与隐藏标尺

执行菜单“视图”|“显示标尺”命令或按Ctrl+R组合键即可以显示出标尺。标尺会在文档窗

口的顶部与左侧显示出来，如图1-69所示。对于标尺的隐藏，可以在标尺显示的状态下按Ctrl+R组合键或执行菜单“视图”|“隐藏标尺”命令，如图1-70所示。

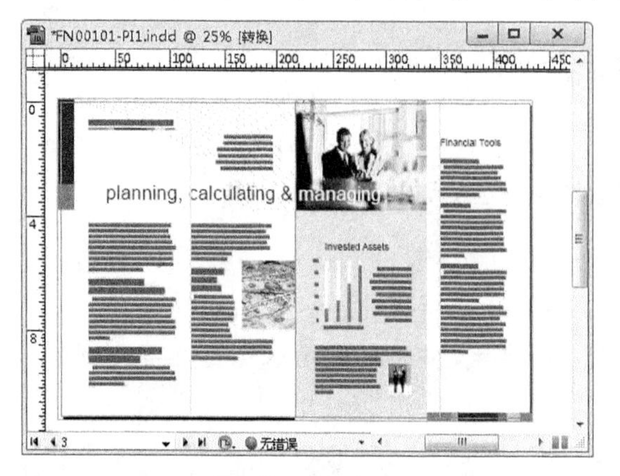

图1-69　显示标尺

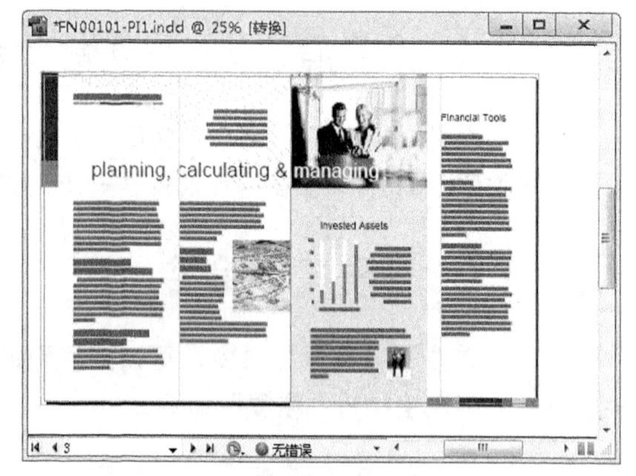

图1-70　隐藏标尺

1.8.2　改变标尺单位

在水平或垂直标尺的任意位置上单击鼠标右键，即可调出如图1-71所示的快捷菜单，在其中选择需要的单位即可。

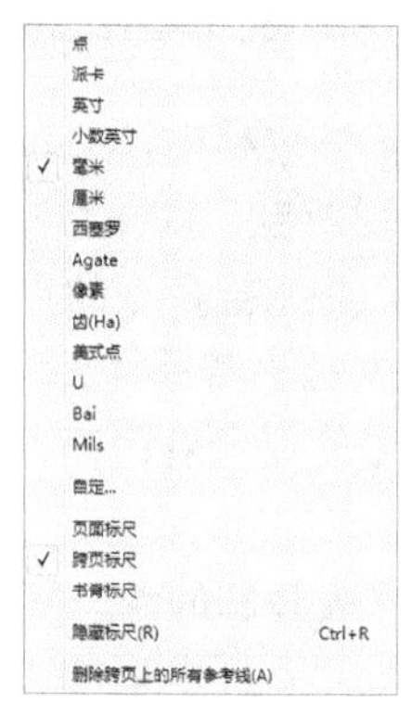

图1-71　下拉菜单

1.8.3　改变零点

在零点位置上按住左键，向页面中拖动，如图1-72所示，即可改变零点位置，如图1-73所示。

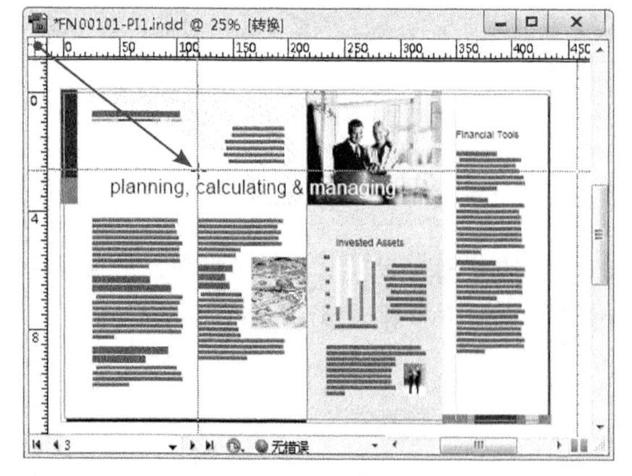

图1-72　向页面中拖动

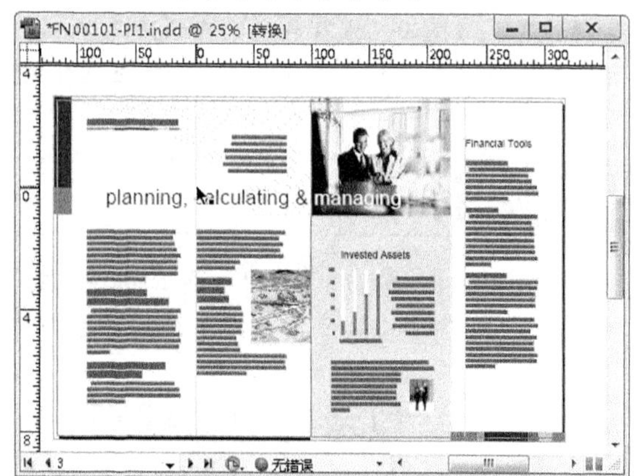

图1-73　改变零点后的状态

1.8.4 复位零点

在文档窗口左上角的标尺交叉处双击，即可将标尺零点恢复到默认位置。

1.8.5 锁定/解锁零点

零点的锁定可以在文档窗口左上角的标尺交叉处单击鼠标右键，在弹出的快捷菜单中执行“锁定零点”命令，即可完成锁定零点的操作。

解锁零点的操作与锁定零点的操作一样，在标尺交叉处单击鼠标右键，在弹出的快捷菜单中执行“锁定零点”命令，将该命令左侧的选中取消掉即可。

1.8.6 更改标尺单位和增量

执行“编辑”|“首选项”|“单位和增量”命令，弹出“首选项”对话框中的“单位和增量”选项组窗口，如图1-74所示。

在该窗口中各选项的含义解释如下。

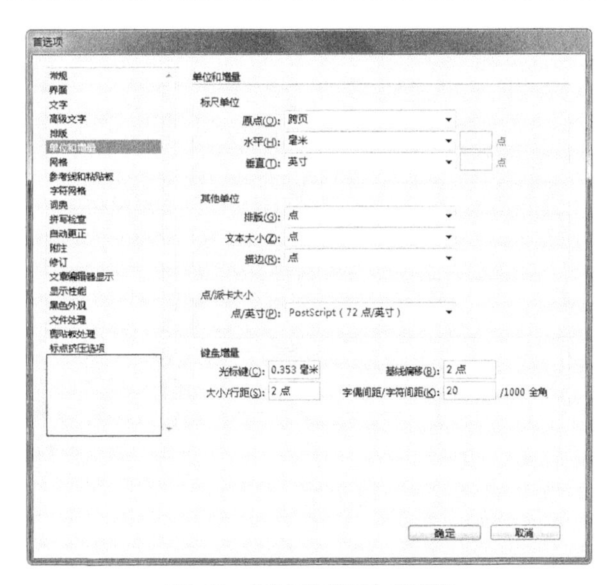

图1-74 “单位和增量”选项组

- 原点：此下拉列表中的选项用于设置原点与页面的关系。选择“跨页”选项，可以将标尺原点设置在各个跨页的左上角，水平标尺可以度量整个跨页；选择“页面”选项，可以将标尺原点设置在各个页面的左上角，水平标尺起始于跨页中各个页面的零点；选择“书脊”选项，可以将标尺原点设置在书脊中心，水平标尺测量书脊左侧时读数为负，测量书脊右侧时读数为正。
- 水平、垂直：在下拉列表中可以为水平和垂直标尺选择度量的单位。若选择“自定”选项，则可以输入标尺显示主刻度线时使用的点数。
- 排版：选择此下拉列表中的选项，在排版时可以用于字体大小以外的其他度量单位。
- 文本大小：选择此下拉列表中的选项，用于控制在排版时字体大小的单位。
- 描边：选择此下拉列表中的选项，用于指定路径、框架边缘、段落线以及许多其他描边宽度的单位。
- 点/英寸：选择此下拉列表中的选项，用于指定每英寸所需的点大小。
- 光标键：在此文本框中输入数值，用于控制轻移对象时箭头键的增量。
- 大小/行距：在此文本框中输入数值，用于控制使用键盘快捷键增加或减小点大小或行距时的增量。
- 基线偏移：在此文本框中输入数值，用于控制使用键盘快捷键偏移基线的增量。
- 字偶间距/字符间距：在此文本框中输入数值，用于控制使用键盘快捷键进行字偶间距调整和字符间距调整的增量。

1.9 参考线

参考线是InDesign中非常重要的一个辅助功能，它在进行多元素的对齐或精确定位时，起关键性的作用，下面就进行详细介绍。

1.9.1 参考线的分类

在文档页面中，参考线可分为页边界参考线、栏参考线与标尺参考线3种，它们都是仅在页面中显示，用于辅助用户的工作，而不会在最终打印时出现，如图1-75所示。

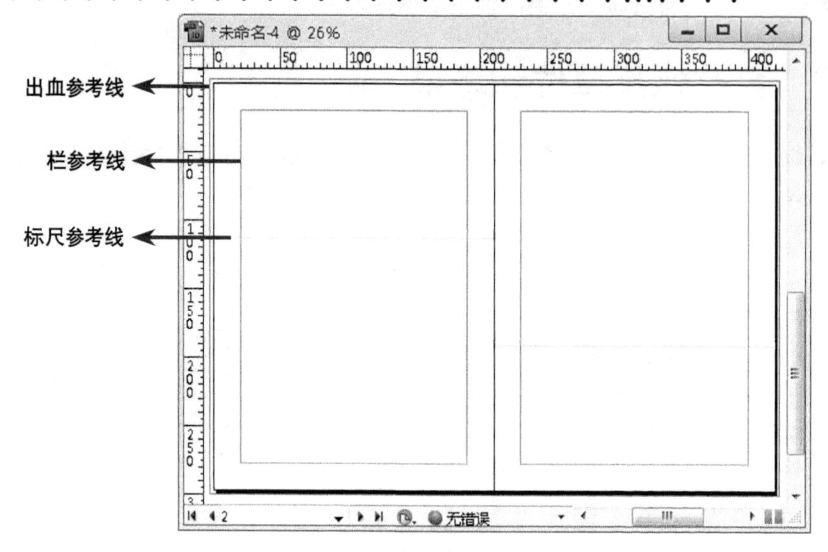

图1-75 参考线的分类

各种参考线的解释如下。

- 出血参考线：在文档页面中，可以看到一个红色矩形的线框。执行“文件”|“文档设置”命令对该线框的大小进行设置，如图1-76所示。在页边界参考线外的元素属于不可打印范围，所以该线框可以限制正文排版的范围，规范文档页面的布局。
- 栏参考线：也称为版心线，在该参考线内的区域为正文摆放区，以此来确定页与页之间的对齐。执行“版面”|“边距与分栏”命令对栏参考线进行设置，InDesign会自动创建大小相等分栏，如图1-77所示。默认下的文档页面是一个分栏，而栏参考线相当于放置在其中的文本分界线，用来控制文本的排列。

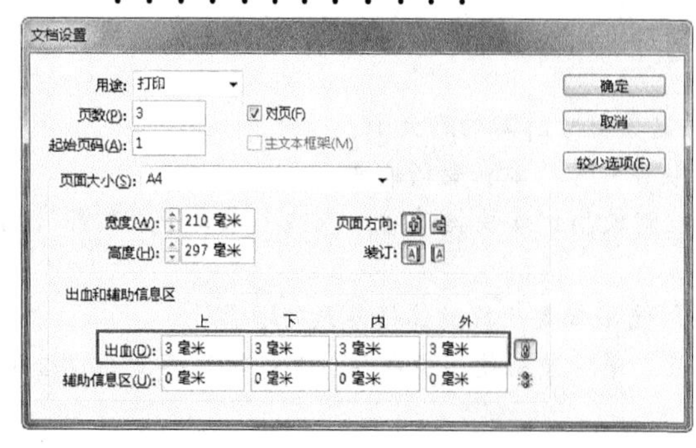

图1-76 “文档设置”对话框

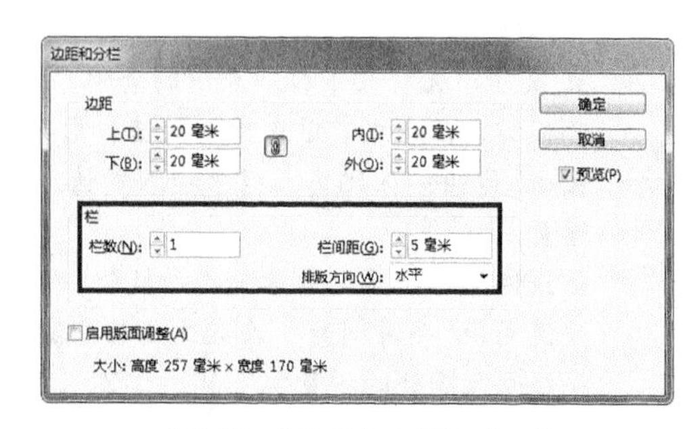

图1-77 “边距与分栏”对话框

- 标尺参考线：与栏参考线不同的是，标尺参考线不是用来控制文本的排列而只是用来对齐对象。标尺参考线可以从文档窗口的顶部与左侧拖拉出，用来对齐水平或垂直方向的对象。

提 示

执行“版面”|“标尺参考线”命令，在弹出的对话框中对标尺参考线的颜色进行修改，如图1-78所示。

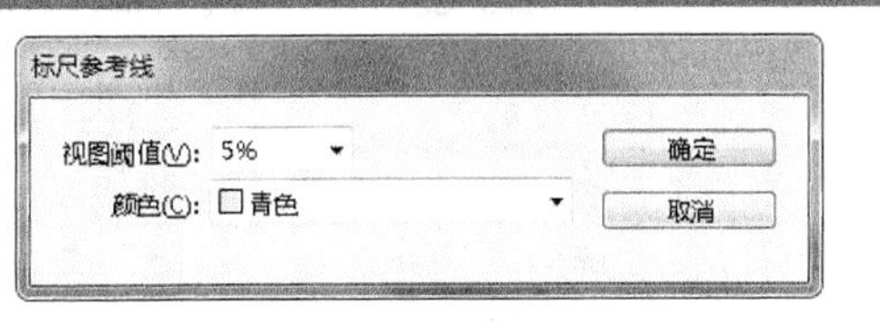

图1-78 “标尺参考线”对话框

1.9.2 手工创建参考线

在显示标尺的情况下，可以根据需要添加参考线。其操作方法很简单，只需要在左侧或者顶部的标尺上进行拖动即可向图像中添加参考线，如图1-79所示。

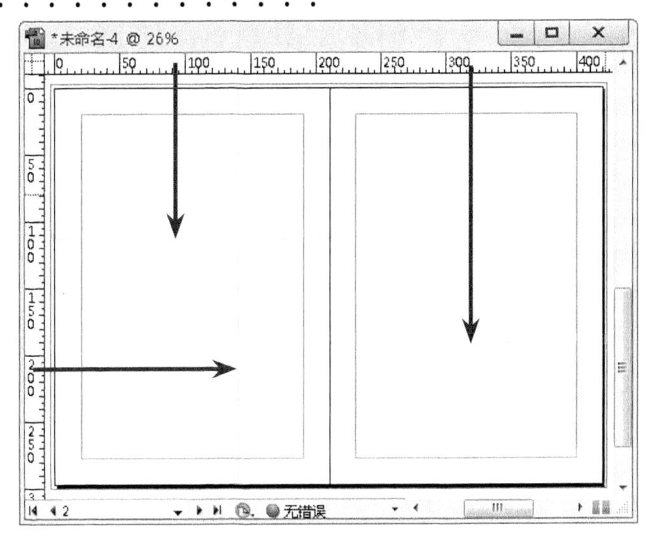

图1-79 创建参考线

1.9.3 用命令创建精确位置的参考线

执行“版面”|“创建参考线”命令，在弹出的“创建参考线”对话框中输入行数或栏数，单击“确定”按钮退出对话框，即可对参考线进行创建，如图1-80所示。

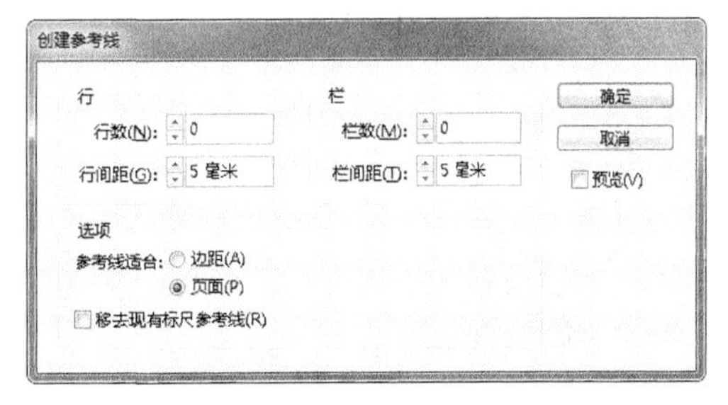

图1-80 “创建参考线”对话框

“创建参考线”对话框中各选项的含义解释如下。

- 行/栏数：在此文本框中输入数值，可以精确创建平均分布的参考线。
- 行/栏间距：在此文本框中输入数值，可以将参考线的行与行、栏与栏之间的间距精确分开。
- 边距：选中此单选按钮，参考线的分行与分栏将会以栏参考线为分布区域。

- 页面：选中此单选按钮，参考线的分行与分栏将会以页面边界参考线为分布区域。
- 移去现有标尺参考线：选中此复选框，可以移去当前文档页面主页除外的现有标尺参考线。

1.9.4 创建平均分布的参考线

创建平均分布的参考线，可以通过执行“版面”|“创建参考线”命令，在弹出的“创建参考线”对话框中输入行数或栏数来创建平均分布的参考线。然后在“创建参考线”对话框中的选项区域可以通过选中“边距”或“页面”单选按钮，使参考线平均地在栏参考线或页面边界参考线中分布，如图1-81所示。

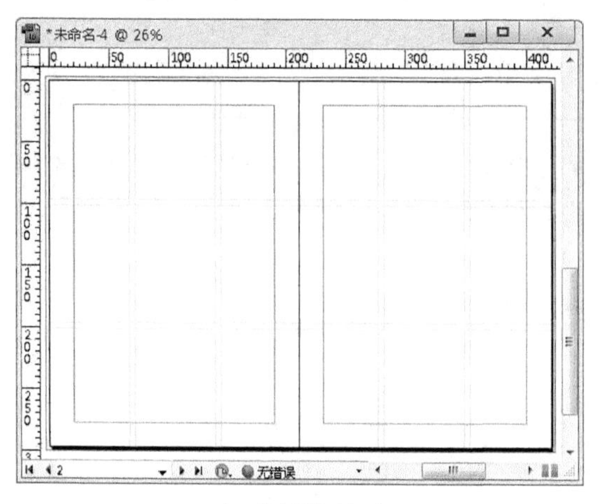

(a)“边距”选项

(b)“页面”选项

图1-81　选择不同选项时的分布状态

1.9.5 显示/隐藏参考线

要设置参考线的显示，在隐藏参考线的状态下执行“视图”|“网格和参考线”|“显示参考线”命令，即可显示参考线。反之就是隐藏参考线。

另外，按Ctrl+；组合键，也可以控制参考线的显示与隐藏。

1.9.6 锁定/解锁参考线

要锁定参考线，可以执行下列操作之一。

- 执行“视图”|“网格和参考线”|“锁定参考线”命令。
- 按Ctrl+Alt+；组合键。
- 使用“选择工具”在参考线上单击鼠标右键，在弹出的快捷菜单中执行“锁定参考线”命令。

执行上述任意一个操作后，都可以将当前文档的所有参考线锁定。再次执行上述的前两个操作，即可解除锁定参考线状态。

1.9.7 选择参考线

要选择参考线，可以在确认未锁定参考线的情况下，执行以下几种操作。

- 使用“选择工具”单击参考线，参考线显示为蓝色状态表明已将参考线选中。
- 对于多条参考线的选择，可以按住Shift键，分别单击各条参考线。
- 按住鼠标左键拖拉出一个框，将与框有接触的参考线都选中。但要注意的是，拖拉出来的方框不能与文本框或文档中的编辑对象有接触，不然，选中的只有文本框或编辑对象。
- 按Ctrl+Alt+G组合键可以一次性将当前页面的所有参考线都选中。
- 若当前页面中完全空白，只有参考线，也可以按Ctrl+A组合键选中所有的参考线。

1.9.8 移动参考线

使用“选择工具”选中参考线后，拖动鼠标可将参考线移动，按住Shift键拖动参考线可确保参考线移动时对齐标尺刻度，如图1-82所示。

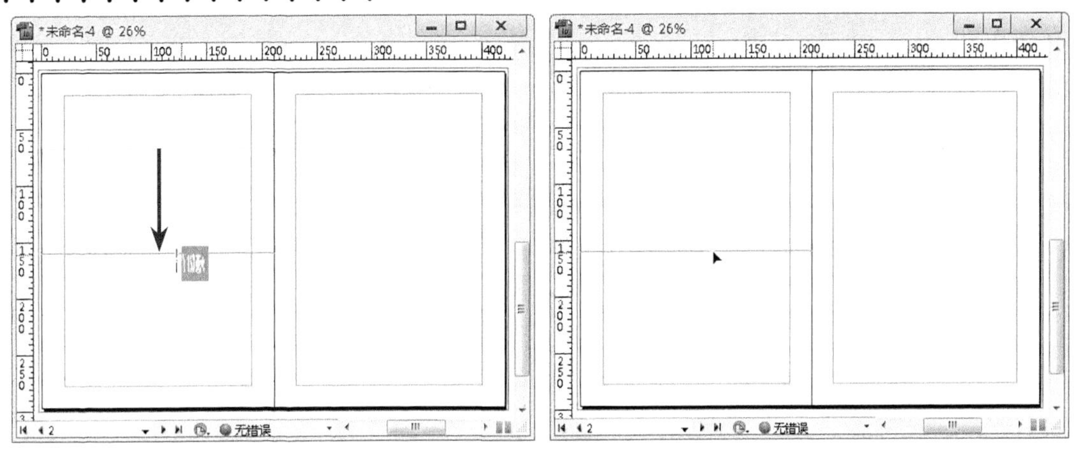

图1-82 参考线移动前后的效果

选择参考线，单击鼠标右键，在弹出的快捷菜单中执行“移动参考线”命令，弹出“移动”对话框，如图1-83所示。在此对话框的文本框中输入数值，单击“确定”按钮即可将参考线移动到所设置的位置。单击对话框中的“复制”按钮，可在保持原参考线的基础复制出一条移动后的参考线。

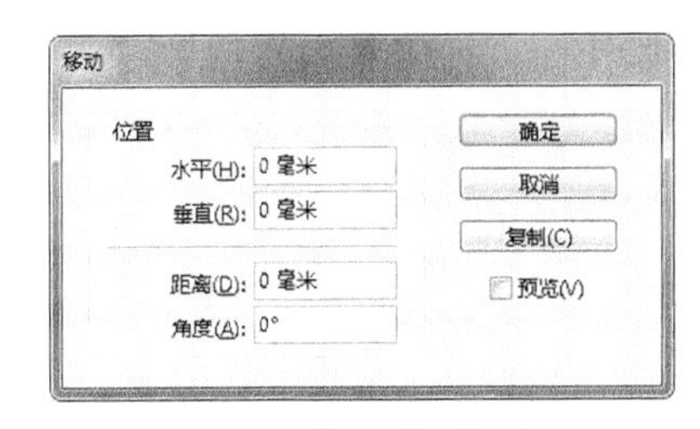

图1-83 “移动”对话框

1.9.9 删除参考线

要删除参考线，可以执行以下操作之一。

- 使用“选择工具”选择需要删除的参考线，直接按Delete键可以快速删除辅助线。
- 执行“视图”|“网格和参考线”|“删除跨页上的所有参考线”命令，即可将跨页上的所有参考线删除。
- 使用“选择工具”选择参考线，单击鼠标右键，在弹出的快捷菜单中执行“删除跨页上的所有参考线”命令，即可删除跨页上的所有参考线。

1.9.10 调整参考线的叠放顺序

从文档页面可以看到，默认状态下的参考线是位于所有对象的最上面的，有助于对对象或版

面进行的精确的对齐操作。但有时这种叠放顺序可能会妨碍到用户到对象的编辑操作，特别是图像类的编辑。针对这种情况，可以通过调整参考线的叠放顺序来解决。

- 执行“编辑”|“首选项”|“参考线与粘贴板”命令，在弹出的“首选项”对话框中选中“参考线置后”复选框，如图1-84所示。
- 使用“选择工具” 选中任意参考线后，单击鼠标右键，在弹出的快捷菜单中执行“参考线置后”命令，也可将参考线叠放在所有对象下。
- 如果要取消参考线叠放在最下层的状态，可以在“参考线与粘贴板”选项组窗口的“参考线置后”小方框上单击，以取消对该选项的选中即可。
- 使用“选择工具” 选中任意参考线后，单击鼠标右键，在弹出的快捷菜单中执行“参考线置后”命令，如图1-85所示，以将其前面的选中取消，即可将参考线置于所有对象的最上面。

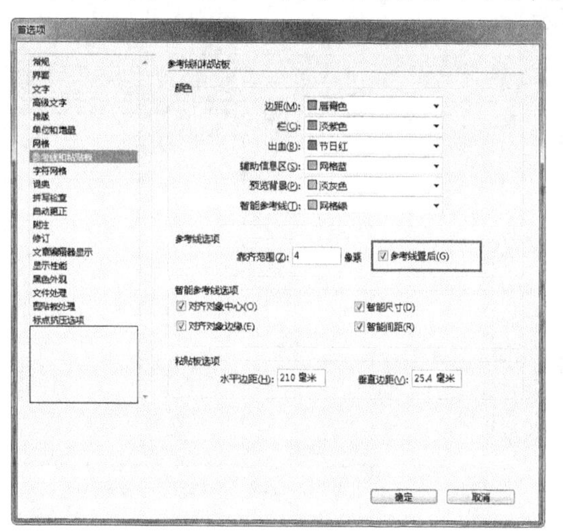

图1-84 “首选项”对话框

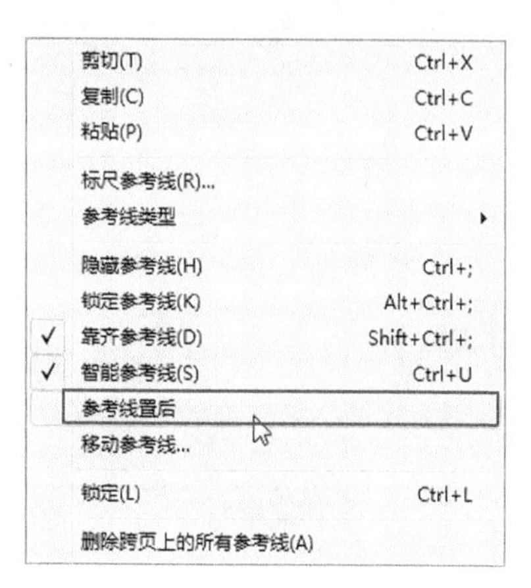

图1-85 通过右键菜单设置参考线位置

1.10 网格

InDesign中提供了基线网格、文档网格和版面网格3种网格类型，它们都带有一定的规律，以便于在不同的需求下，辅助用户进行对齐处理。

1.10.1 设置基线网格

基线网格可以覆盖整个文档，但不能指定给任何主页。文档的基线网格方向与“版面”|“边距和分栏”命令对话框中的栏的方向一样。

执行“视图”|“网格和参考线”|“显示基线网格”命令可以将基线网格显示出来，如图1-86所示。此时，执行“视图”|“网格和参考线”|“隐藏基线网格”命令，即可将基线网格隐藏起来。执行“视图”|“网格和参考线”|“靠齐参考线”命令，可以将对象靠齐基线网格。

1.10.2 设置文档网格

文档网格可以显示在所有参考线、图层和对象上下，还可以覆盖整个粘贴板，但不能指定给任何主页和图层。

执行“视图”|“网格和参考线”|“显示文档网格”命令可以将文档网格显示出来，如图1-87所示。此时，再执行“视图”|“网格和参考线”|“隐藏文档网格”命令可以将文档网格隐藏起来。

执行“视图”|“网格和参考线”|“靠齐参考线”命令，并确认选择了“靠齐文档网格”的同时，将对象拖向网格，直到对象的一个或多个边缘位于网格的靠齐范围内，即可将对象靠齐文档网格。

1.10.3 设置版面网格

版面网格显示在跨页内的指定区域内，可以指定给主页或者文档页面，但不将其指定给图层。使用“版面网格”对话框可以用来设置字符网格（字符大小），还可以设置网格的排文方向（自左向右横排文本或从右上角开始直排文本）。

执行“视图”|“网格和参考线”|“显示版面网格”命令可以将版面网格显示出来，如图1-88所示。此时，执行“视图”|“网格和参考线”|“隐藏版面网格”命令可以将版面网格隐藏起来。

图1-86 基线网格

图1-87 文档网格

图1-88 版面网格

1.10.4 修改网格设置

除了使用默认的各类网格外，如果使用默认的网格不能满足排版的需要，此时可以通过设置“网格”选项组的选项重新定义。执行“编辑”|“首选项”|“网格”命令，弹出“首选项”对话框中的“网格”选项组窗口，如图1-89所示。

该窗口中各选项的含义解释如下。

- 颜色（基线网格）：选择此下拉列表中的选项，用于指定基线网格的颜色。也可以通过选择“自定”选项，在弹出的“颜色”对话框中自行设置颜色。
- 开始：在此文本框中输入数值，用于控制基线网格相对页面顶部或上边缘的偏移量。
- 相对于：选择此下拉列表中的选项，用于指定基线网格是从页面顶部开始，还是从上边缘开始。

- 间隔：在此文本框中输入数值，用于控制基线网格之间的距离。
- 视图阈值：在此文本框中输入数值，或在下拉列表中选择一个数值，用于控制基线网格的缩放显示阈值。
- 颜色（文档网格）：选择此下拉列表中的选项，用于指定文档网格的颜色。也可以通过选择“自定”选项，在弹出的“颜色”对话框中自行设置颜色。
- 水平：在“网格线间隔”和“子网格线”文本框中输入一个值，以控制水平网格间距。
- 垂直：在“网格线间隔”和“子网格线”文本框中输入一个值，以控制垂直网格间距。
- 网格置后：选中此复选框，可以将文档和基线网格置于其他所有对象之后；若取消对此复选框的选中，则文档和基线网格将置于其他所有对象之前。

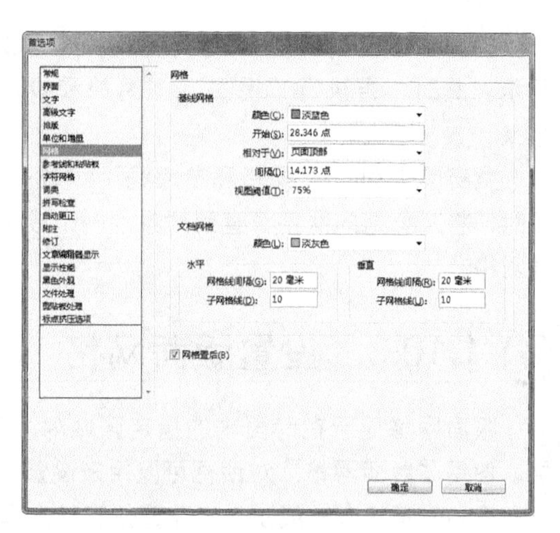

图1-89 “网格”选项组

1.10.5 修改版面网格

如果要修改版面网格，可以执行“版面”|“版面网格”命令，在弹出的“版面网格”对话框中更改设置，如图1-90所示。

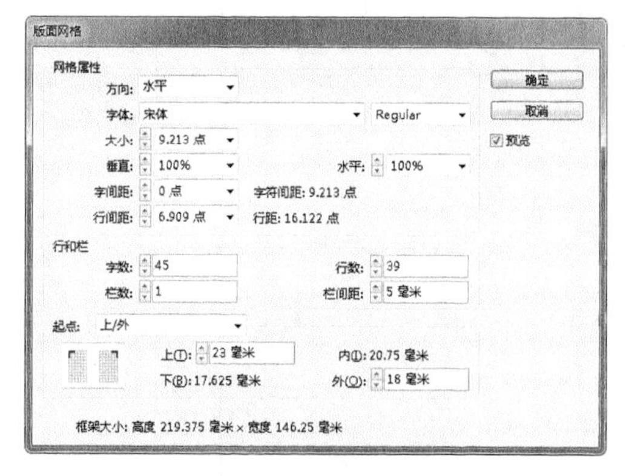

图1-90 “版面网格”对话框

1.11 色彩管理

如果显示器中的画面与打印画面的颜色不一致，达不到预期效果，最大的原因是屏幕颜色与印刷颜色不统一。为了防止出现该情况，解决方法是在InDesign中设置色彩管理，对双方的色彩要求统一起来。

执行“编辑”|“颜色设置”命令，弹出“颜色设置”对话框，如图1-91所示。

在“颜色设置”对话框中各选项的含义解释如下。

- “载入”按钮：单击此按钮，在弹出的“载入颜色设置”对话框中选择要载入的颜色配置文件，然后单击“打开”按钮，即可将所需要的颜色配置文件载入到InDesign中。

提 示

颜色配置文件的载入可以是Photoshop、Illustrator等软件定义扩展名为.csf的文件。

- 设置：此下拉列表中的选项为InDesign CS6提供了让出版物的颜色与预期效果一致的预设颜色管理配置文件，如图1-92所示。

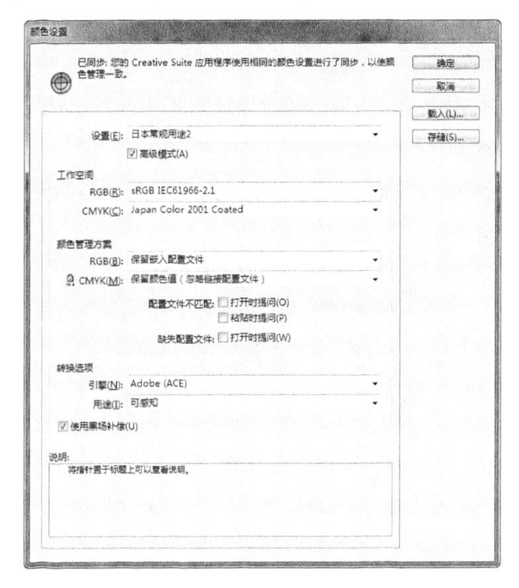

图1-91 “颜色设置”对话框　　　　图1-92 “设置”下拉列表

- 工作空间：在此区域中的RGB及CMYK下拉列表中，可以选择工作空间配置文件，如图1-93所示。

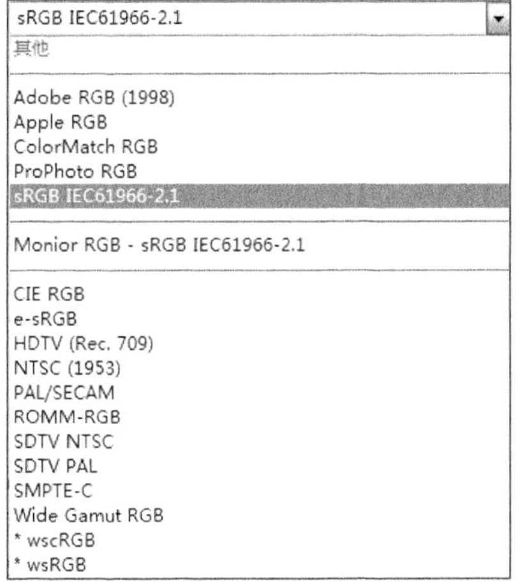

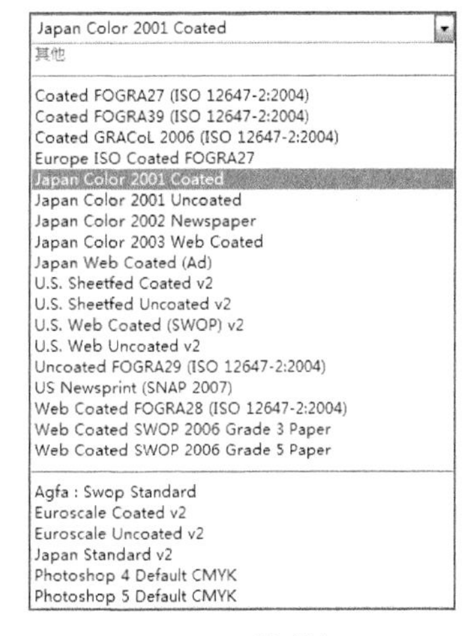

RGB下拉列表　　　　CMYK下拉列表

图1-93 “工作空间”区域的下拉列表

- 颜色管理方案：在此区域中的RGB及CMYK下拉列表中的选项为色彩的全部管理方案，如图1-94所示。

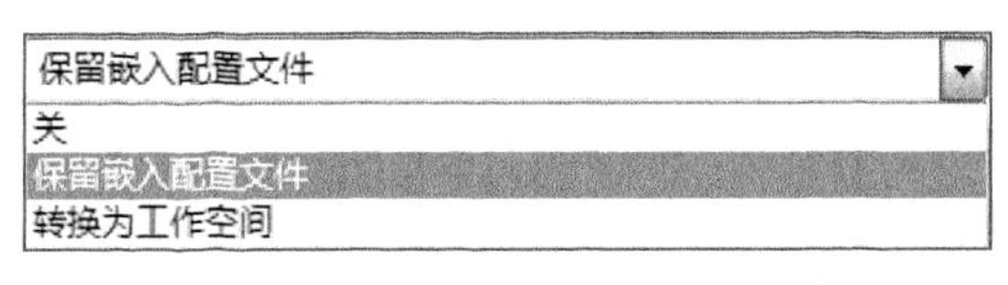

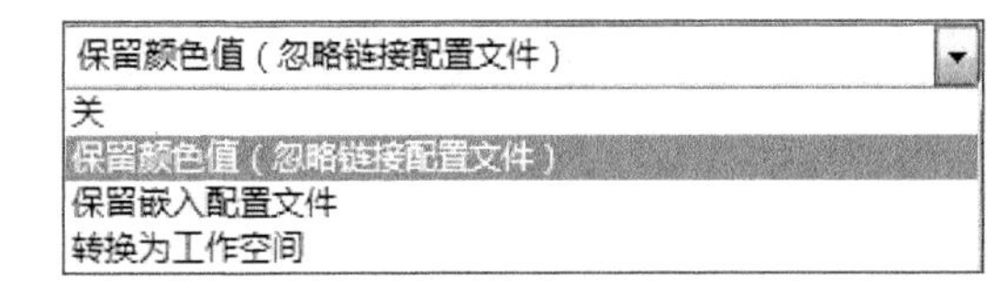

RGB下拉列表　　　　CMYK下拉列表

图1-94 颜色管理方案的文件列表

1.12 拓展练习——创建一个广告文件

源 文 件：	源文件\第1章\1.12拓展练习.indd
视频文件：	视频\1.12.avi

下面通过一个实例来介绍创建一个含出血的对页A4尺寸广告文件的方法。

01 按Ctrl+N组合键新建一个文件。在弹出的对话框中选择默认的A4尺寸，如图1-95所示。

02 在“页面”文本框中，设置其数值，如图1-96所示。

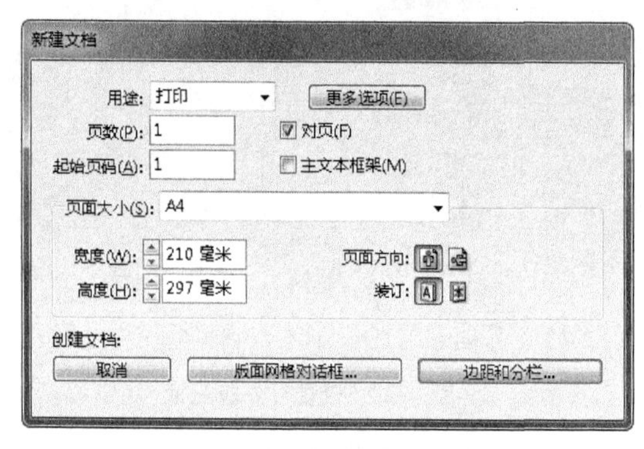

图1-95 “新建文档”对话框

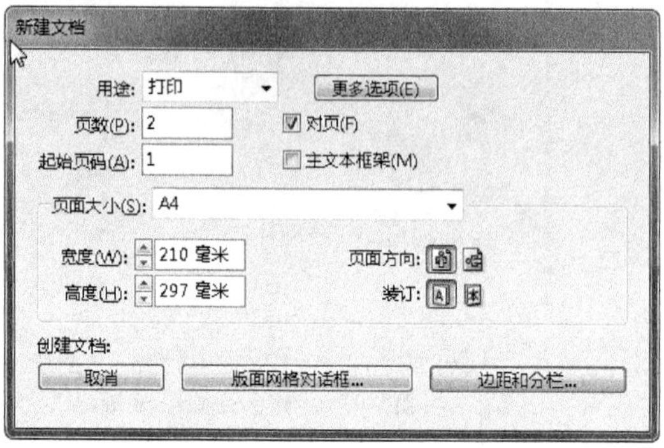

图1-96 设置数值

03 在对话框右侧，设置文档方向为横向，如图1-97所示。

04 作为广告文件，通常不需要设置边距，因此单击“边距和分栏”按钮，在弹出的对话框中设置“边距”数值均为0，如图1-98所示。

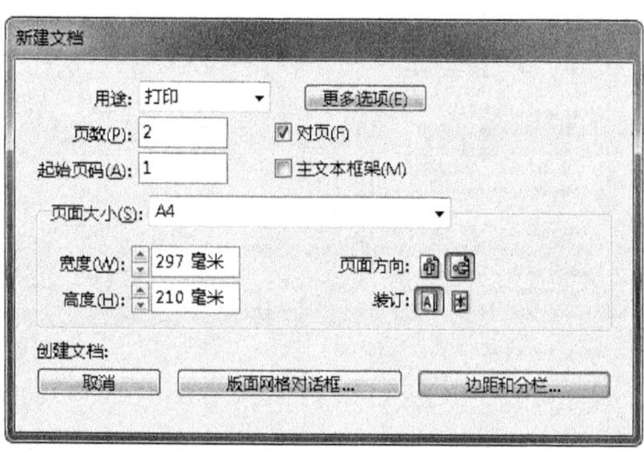

图1-97 设置文档方向

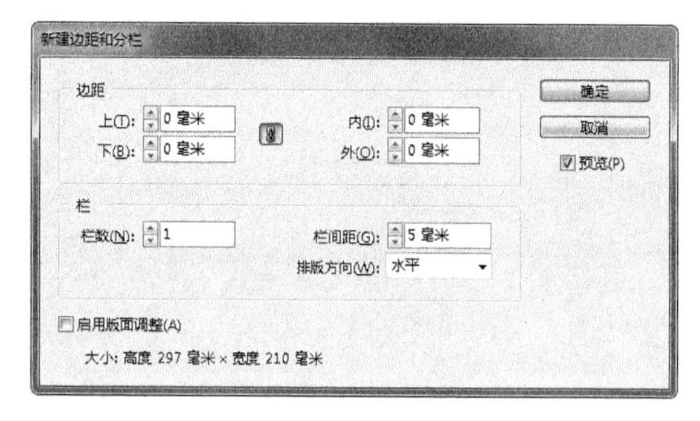

图1-98 设置边距

05 设置完成后，单击“确定”按钮退出对话框即可。

1.13 本章小结

本章主要介绍了InDesign的基本界面，以及对于文档、页面与辅助功能等知识。通过本章的学习，读者应对InDesign的界面及其布局有所了解，熟练掌握创建书籍与创建、保存、打开文档等基础操作，对纠错操作、标尺、参考线及网格的相关操作有基本的了解。

1.14 课后习题

1. 单选题

（1）要以100%的比例显示，下列操作错误的是（　）。

A．按Ctrl+1组合键
B．执行“视图”|“实际尺寸”命令
C．双击“抓手工具”
D．双击“缩放工具”

（2）关于辅助线，下列描述不正确的是（　）。

A．辅助线不能被打印
B．辅助线可以设置颜色
C．辅助线可以锁定
D．辅助线可以有选择的被打印

（3）要连续撤销多步操作，可以按（　）键。

A．Ctrl+Alt+Z
B．Ctrl+Shift+Z
C．Ctrl+Z
D．Shift+Z

（4）InDesign中利用（　）工具无法在文档窗口中拖动视图滚动。

A．缩放
B．抓手
C．选择
D．吸管

2. 多选题

（1）页面显示进行缩放的方法有（　）。

A．使用“放大镜”工具
B．使用“视图”菜单下的“放大”、“缩小”命令
C．使用“缩放”面板
D．按Ctrl++或-键

（2）下列关于Photoshop打开文件的操作，（　）是正确的。

A．执行“文件”|“打开”命令，在弹出的对话框中选择要打开的文件
B．执行“文件”|“最近打开文件”命令，在子菜单中选择相应的文件名
C．图像InDesign文档的图标
D．将InDesign文档拖放到InDesign软件图标上

（3）当执行“文件”|“新建”命令时，在弹出的“新建”对话框中可设定下列（　）选项。

A．页数
B．起始页码
C．页面大小
D．边距

（4）下列（　）操作可以把面板从当前面板组中分离出来。

A．单击面板标签，并按住鼠标将其放到新位置
B．按键盘上的Tab键
C．按Shift+Tab组合键
D．在要分离的面板标签上单击鼠标右键

（5）关于标尺和辅助线的描述，正确的是（　）。

A．将光标放到水平或垂直标尺上，按下鼠标向右或向下拖动，即能产生一条辅助线

B．InDesign中的辅助线可以像Illustrator中的一样被选中，用“变换”面板进行精确定位

C．辅助线的颜色是可以按使用者的意愿随意改变的

D．在默认状态下文件中的辅助线都是隐藏的

3. 填空题

（1）InDesign中的______________和______________均可通过伸缩栏进行放大或缩小显示控制。

（2）按______________键可以执行创建新文档操作。

（3）要显示标尺，可以按______________键。

4. 判断题

（1）InDesign中按Shift+Tab组合键可以将工具箱和面板全部隐藏显示。（　）

（2）辅助线可以有选择的打印，但修改了零点坐标后则无法打印。（　）

（3）若是第一次保存文档，将会弹出“存储为”对话框。（　）

（4）默认情况下，辅助线在对像的上层，可以使用置于底层，将它放到对像的下层。（　）

5. 上机操作题

（1）打开随书所附光盘中的文件“源文件\第1章\上机操作题\1.14-素材.indd”，将其存储为一个模板文件。

（2）使用上一题中存储的模板文件创建3个文件，分别保存为“TM01”、“TM02”和“TM03”。

第2章 页面与图层

在 InDesign 中，页面与图层是最重要的载体，所有的文件层次、元素位置、页面顺序等，都需要配合页面与图层功能来实现，也可以说，有效地控制好页面与图层，是使用 InDesign 进行版面设计的基础与前提。本章介绍关于页面与图层的相关知识，从而为后面学习和使用其他知识，打下一个坚实的基础。

学习要点

- 掌握创建、编辑与设置页面属性的方法
- 掌握创建、编辑与设置主页属性的方法
- 熟悉创建、编辑与设置图层属性的方法

2.1 设置页面

2.1.1 了解“页面”面板

在InDesign中，使用“页面”面板可以完成大部分关于页面及主页的相关设置，执行“窗口”|“页面”命令或按F12键，即可弹出如图2-1所示的“页面”面板。

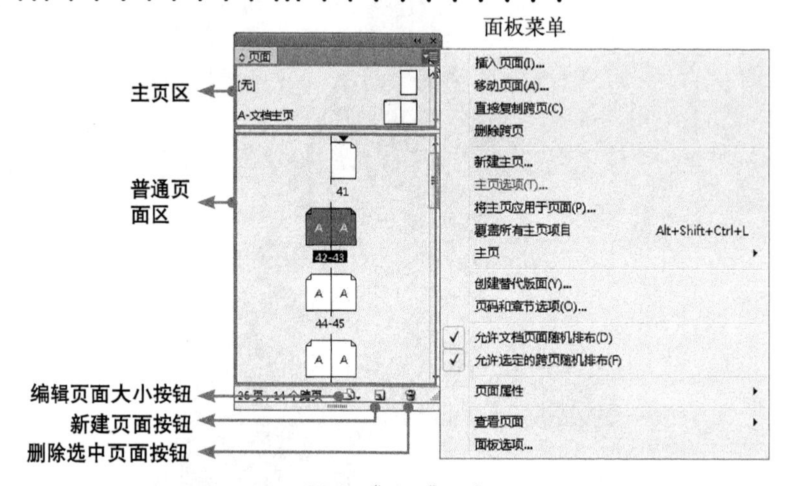

图2-1 “页面”面板

“页面”面板中的参数解释如下。

- 主页区：在该区域中显示了当前所有主页及其名称，默认状态下有两个主页。
- 普通页面区：在该区域中显示了所有当前文档的页面。
- 新建页面按钮：单击该按钮，可以在当前所选页后新建一页文档，如果按住Ctrl键单击该按钮可以创建一个新的主页。
- 删除选中页面按钮：单击该按钮可以删除当前所选的主页或文档页面。
- 编辑页面大小按钮：单击该按钮，在弹出的菜单中可以快速为选中的页面设置尺寸，如图2-2所示。若执行其中的“自定”命令，在弹出的对话框中，也可以自定义新的尺寸预设，如图2-3所示。

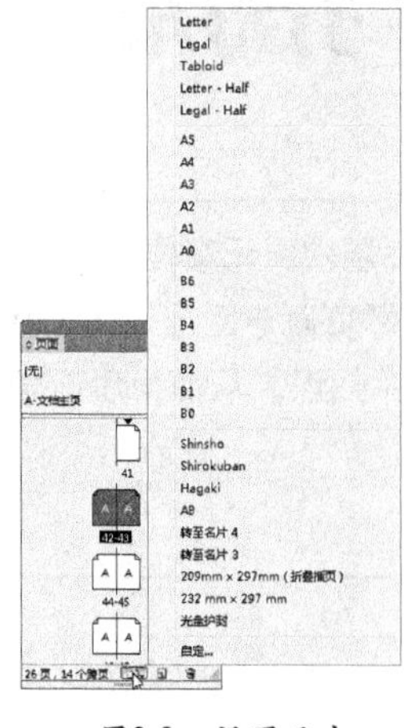

图2-2 设置尺寸

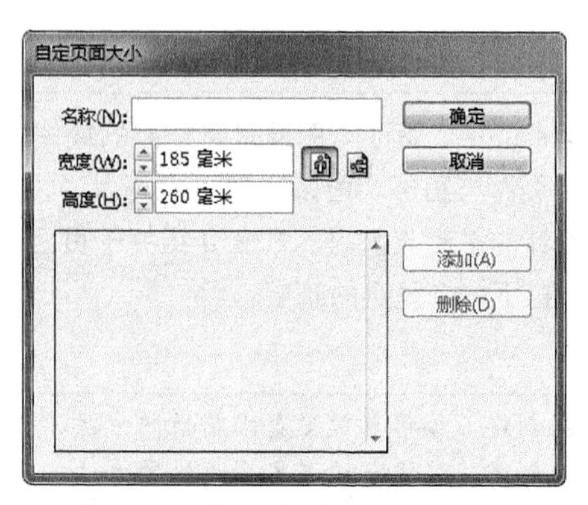

图2-3 “自定页面大小”对话框

2.1.2 选择页面

要对页面进行任何操作，首先都要将其选中，下面介绍选中页面的方法。

- 要选中某个特定的页面，可以单击该页面对应的图标（页面图标呈蓝色显示），如图2-4和图2-5所示。

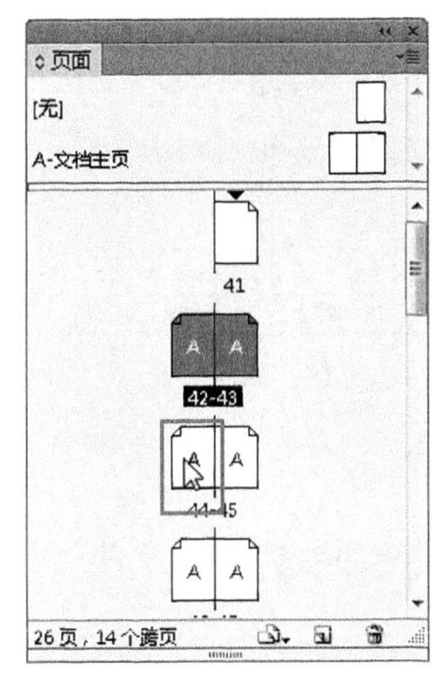

图2-4 摆放光标位置

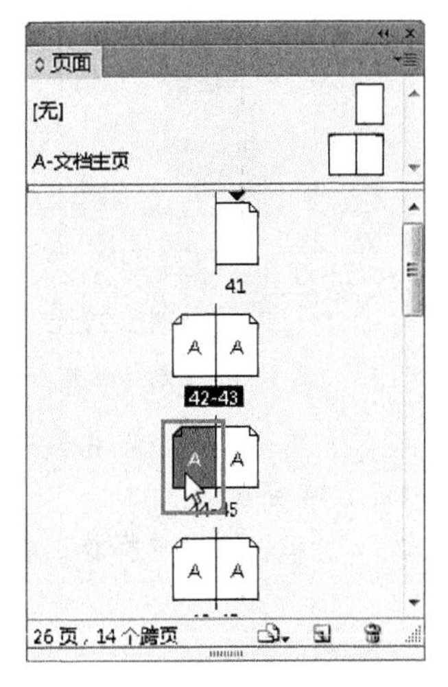

图2-5 单击选择页面

- 若要选中某个特定的跨页，可以单击该跨页对应的页码，如图2-6和图2-7所示。

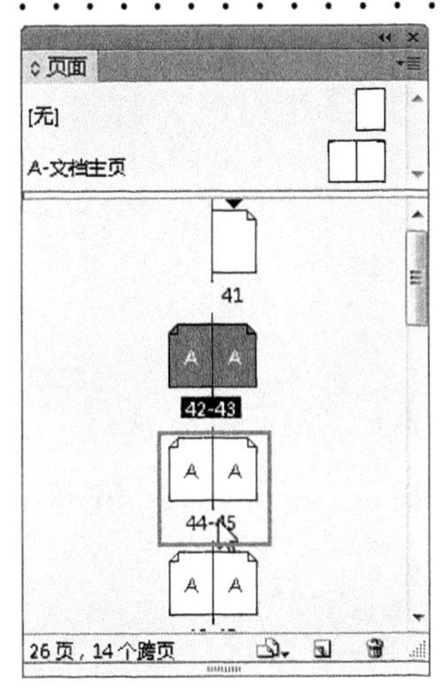

图2-6 摆放光标位置

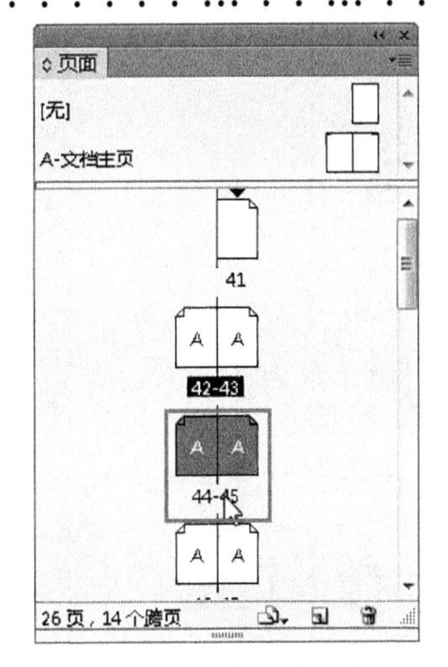

图2-7 单击页码选择跨页

- 若要选择连续的多个页面，在选择页面时可以按住Shift键；若要选择多个不连续的页面，则可以按住Ctrl键进行选择。

2.1.3 跳转页面

要跳转至某个页面，可以按照以下方法操作。

- 双击要跳转到的页面，则此页面对应的内容将显示在眼前（此时，页码出现黑色矩形块），如图2-8和图2-9所示。

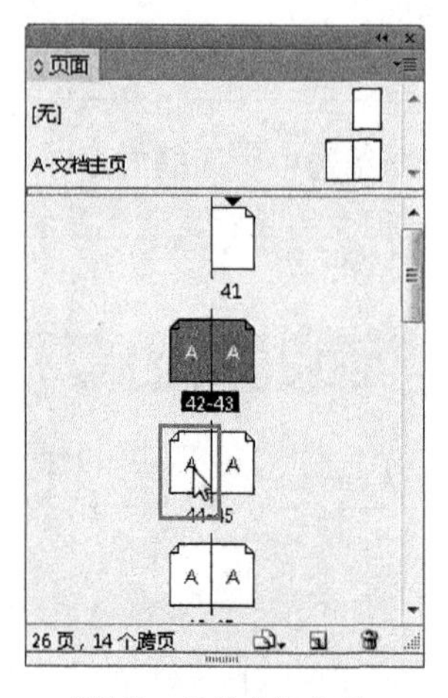

图2-8　摆放光标位置

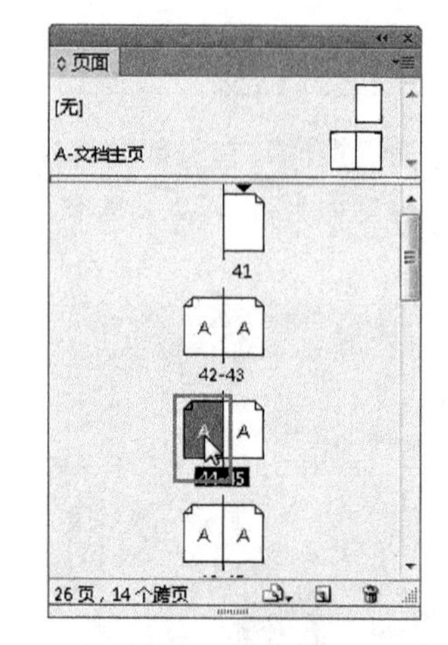

图2-9　双击页面

- 若想跳转至某个跨页，可以双击该跨页的页码（此时，页码出现黑色矩形块），其显示状态如图 2-10 和图 2-11 所示。
- 在页面的左下角单击页面选择器，在弹出的菜单中选择相应的页面，如图 2-12 所示。

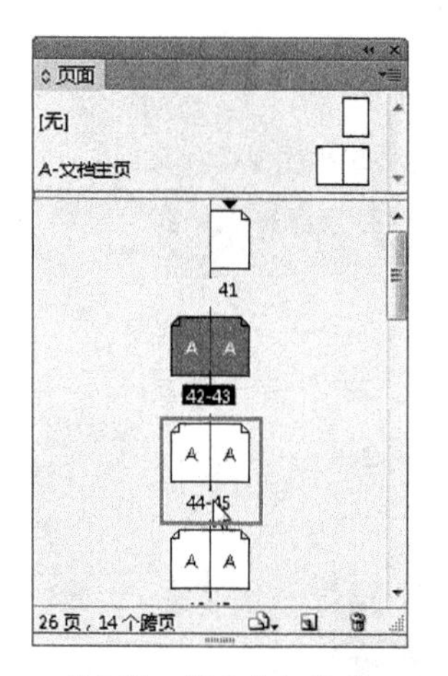

图2-10　摆放光标位置

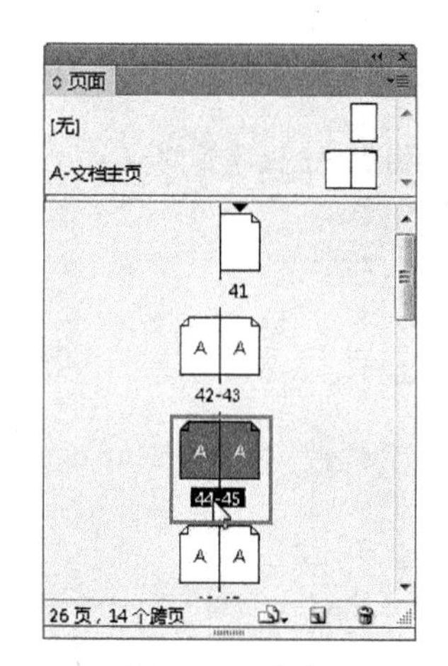

图2-11　双击跨页

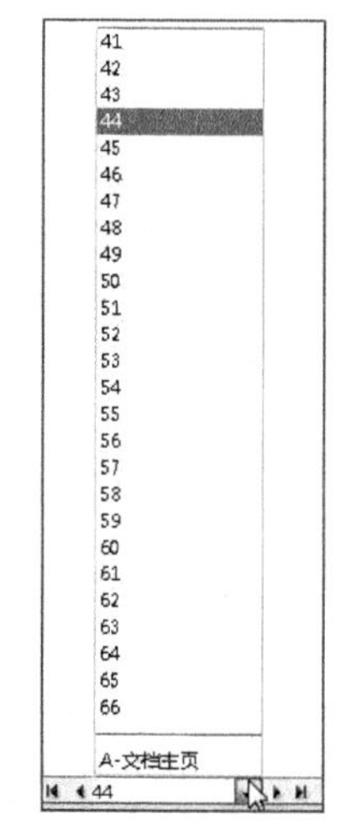

图2-12　选择页面

2.1.4　插入页面

通常情况下，要插入页面，首先要选择插入页面的位置，例如要在第 2 ～ 3 跨页之后插入页面，就要先将其选中，然后再执行相关的插入操作，新页面将使用与当前所选页页面相同的主页。下面就来介绍其具体的操作方法。

- 选择目标页面，单击“页面”面板底部的“新建页面”按钮，即可在选择的页面后添加一个新页面，如图 2-13 和图 2-14 所示。
- 按 Ctrl+Shift+P 组合键或执行“版面”|“页面”|“添加页面”命令，可以每次添加一个页面。
- 如果要添加页面并指定文档主页，可以执行“版面”|“页面”|“插入页面”命令，或者单击“页面”面板右上角的面板按钮，在弹出的菜单中执行“插入页面”命令，弹出“插入页面”对话框，如图 2-15 所示。在对话框中输入要添加的页面的位置以及要应用的主页。

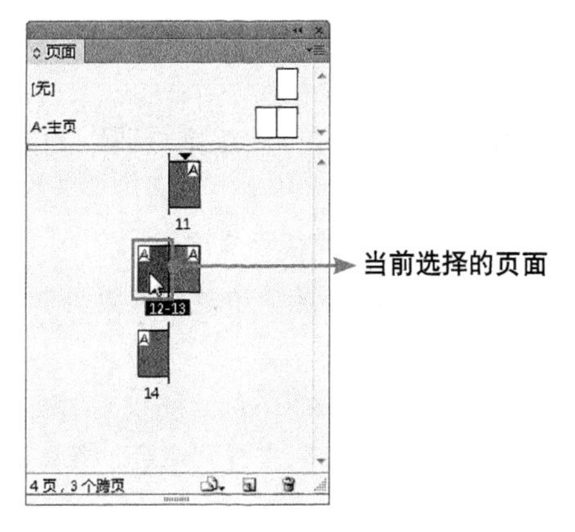

图2-13　选择一个页面

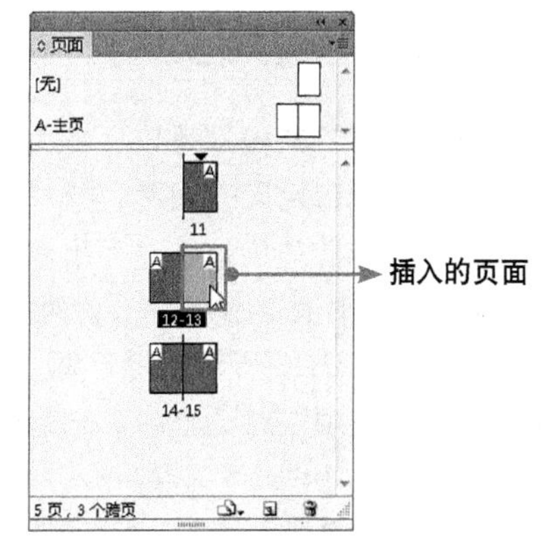

图2-14　插入新的页面

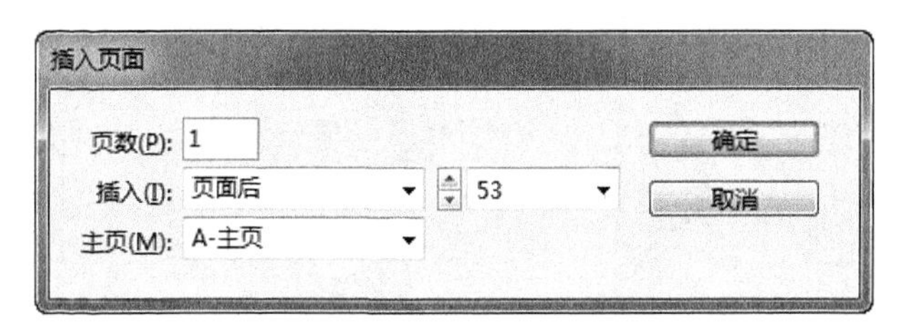

图2-15　“插入页面”对话框

在“插入页面”对话框的“页数”文本框中可以指定要添加页面的页数。取值范围介于1~9999之间；在“插入”后面的下拉菜单中，可以指定新页面相对于当前所选页面的位置；在“插入”后面的文本框中，可以选择新页面的相对位置；在“主页”下拉菜单中，可以为新添加的页面指定主页。

- 如果要在文档末尾添加页面，可以执行“文件”|“文档设置”命令，在弹出的“文档设置”对话框的“页数”文本框中重新指定文档的总页数，如图2-16所示。单击“确定”按钮退出对话框。InDesign会在最后一个页面或跨页后添加页面。

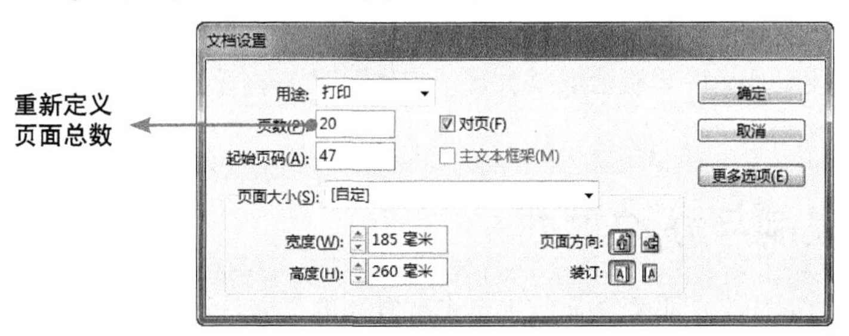

图2-16　“文档设置”对话框

提示

要注意的是，若当前输入的“页数”数值小于当前文档中已有的页面数值，则会弹出如图2-17所示的提示框，单击“确定”按钮后，将从后向前删除页面。

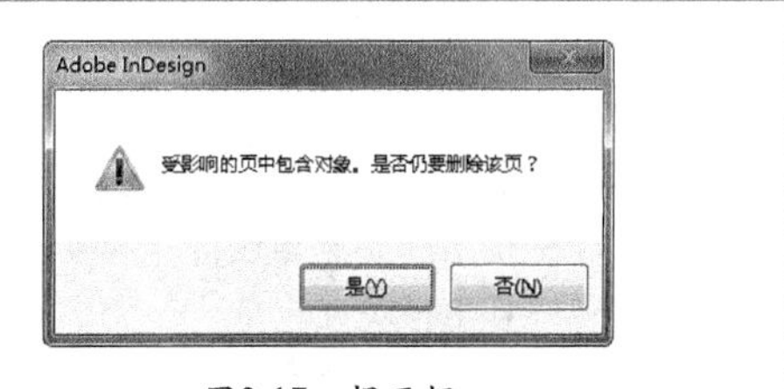

图2-17　提示框

2.1.5 设置起始页码

默认情况下，新建的文档都是以 1 作为起始页码的，并采用"自动编排页码"的方式。用户也可以根据需要，进行自定义的设置。

要设置起始页码，首先应该在页面上单击鼠标右键，在弹出的快捷菜单中执行"页码和章节选项"命令，或单击"页面"面板右上角的面板按钮，在弹出的菜单中执行"页码和章节选项"命令，此时将弹出如图 2-18 所示的对话框。

在"页码和章节选项"对话框中，与起始页码相关的参数介绍如下。

- 自动编排页码：选中此单选按钮后，若当前文档位于书籍中，则重排页码后，将自动按照上一文档的最后一个页码来设置当前文档的起始页码。
- 起始页码：在此文本框中，可以自定义当前文档的起始页码值。若将其数值设置为偶数，则文档的起始页面即为一个跨页，如图 2-19 所示；反之，若其数值为奇数，则以一个单页起始，如图 2-20 所示。

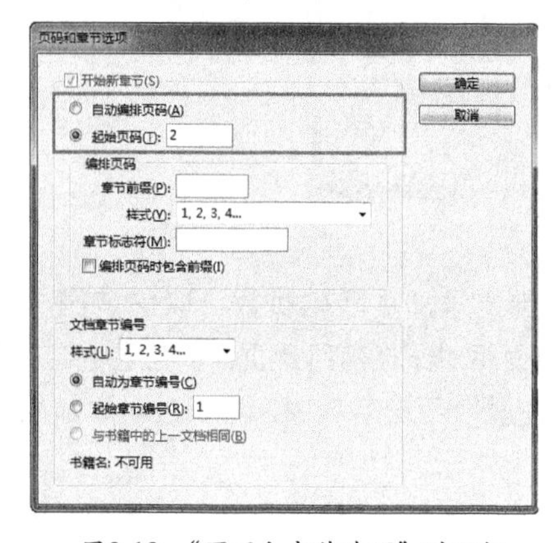

图2-18 "页码和章节选项"对话框

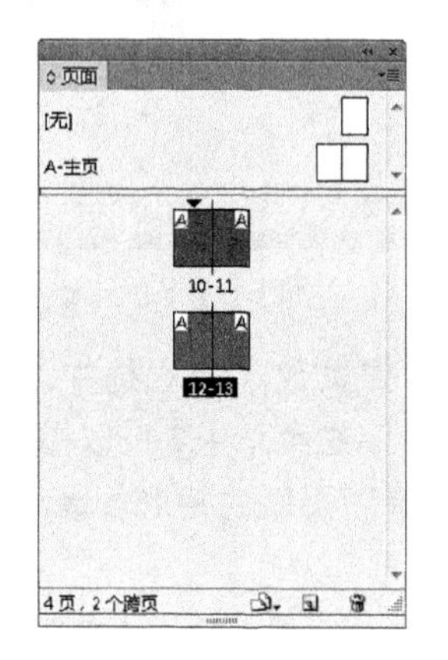

图2-19 以偶数页起始时的"页面"面板

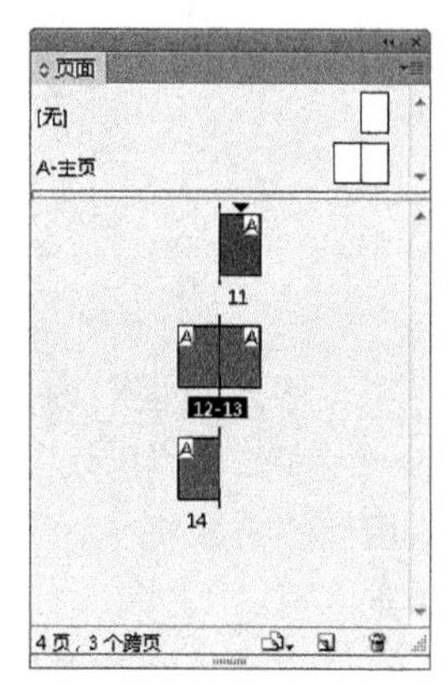

图2-20 以奇数页起始时的"页面"面板

另外，也可以在创建文档时，在"新建文档"对话框中指定文档的起始页码；对于已经创建完的文档，则可以按 Ctrl+Alt+P 组合键或执行"文件"|"文档设置"命令，在弹出的对话框中设置"起始页码"数值。

2.1.6 复制与移动页面

要复制页面，可以先在"页面"面板中选中要复制的页面，然后按照以下方法操作。

- 将选中的页面拖至"新建页面"按钮上，释放鼠标左键后，复制得到的页面将显示在文档的末尾，如图 2-21 和图 2-22 所示。
- 在选中的页面上单击鼠标右键，或单击"页面"面板右上角的面板按钮，在弹出的菜单中执行"直接复制页面"或"直接复制跨页"命令。新的页面或跨页将显示在文档的末尾。
- 按住 Alt 键将页面拖至要复制的目标位置，此时鼠标指针变为状态，移动光标至目标位置，此时将显示一条竖黑线，光标变为状态，释放鼠标左键后，即可完成复制操作，复制得到的页码将自动出现在末尾，如图 2-23 所示。
- 在拖动页面时，若不按住 Alt 键，即可实现移动页面操作。

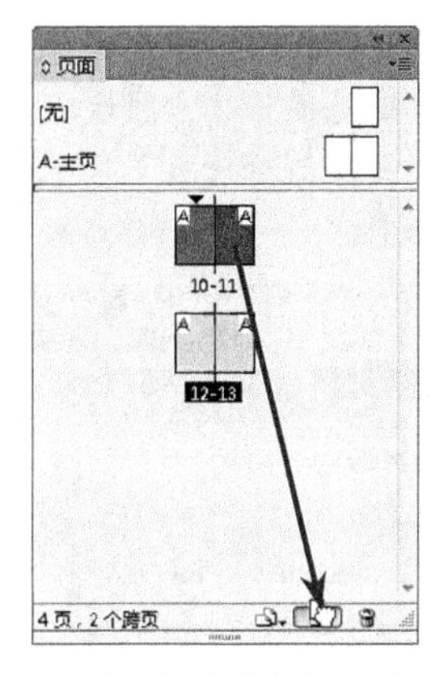

图2-21 拖动要复制的页面

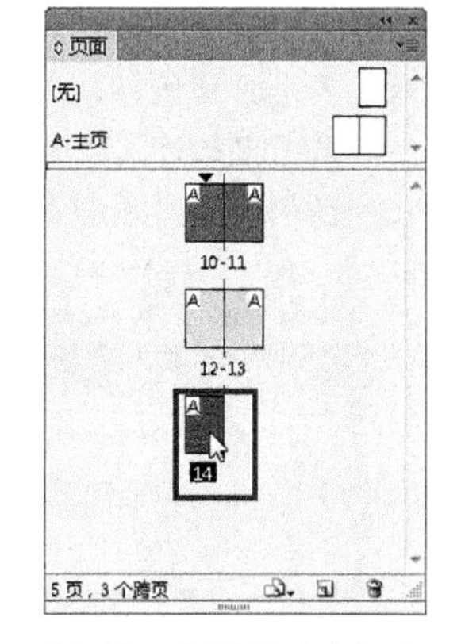

图2-22 复制得到的新页面

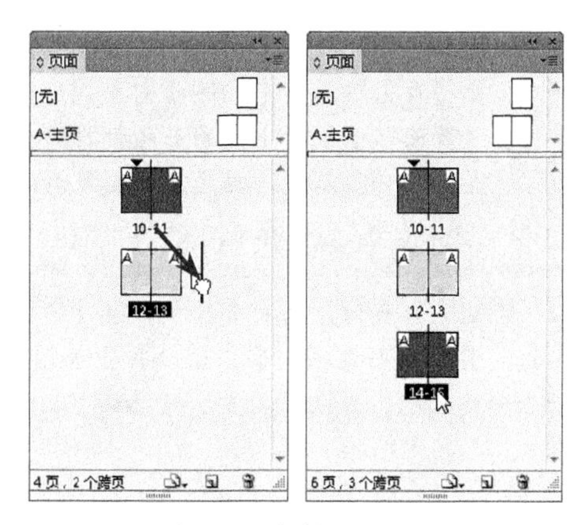

图2-23 复制页面流程

提 示

在拖动页面时，竖条将指示当前释放该图标时页面将显示的位置。但需要注意的是，在移动页面时，需要执行"页面"面板菜单中的"允许文档页面随机排布"和"允许选定的跨页随机排布"命令，不然会出现拆分跨页或者合并并跨页的现象。

- 在选中的页面上单击鼠标右键，或单击"页面"面板右上角的面板按钮，在弹出的菜单中执行"移动页面"命令，将弹出如图2-24所示的对话框。

在"移动页面"对话框的"移动页面"文本框内可以输入要移动的页码范围，若已经选中页面，则此处自动填写所选页面的页码，在此下拉列表中，还可以选择"所有页面"选项；在"目标"下拉列表中，可以选择移动后的页面位于相对于目标的位置；在"目标"后面的下拉列表中，还可以设置要移动的目标位置；在"移至"下拉列表中，可以选择将页面移至当前文档，或其他的文档中；当在"移至"下拉列表中选择"当前文档"以外的选项时，将激活"移动后删除页面"选项，如图2-25所示。选中此复选框后，单击"确定"按钮，会将选中的页面移动至目标位置中；反之，若未选中此复选框，则会复制选中的页面至目标位置。

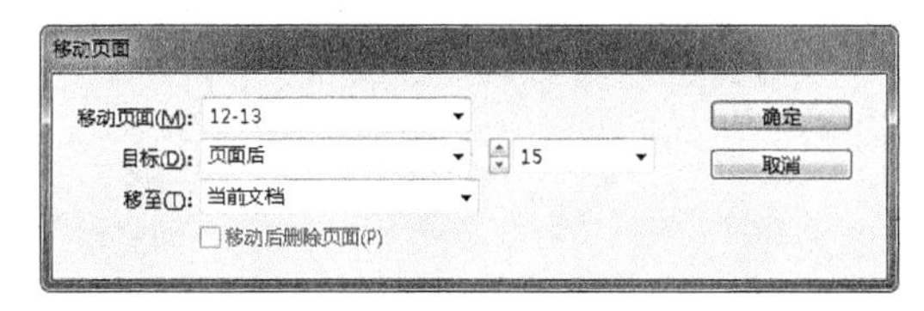

图2-24 "移动页面"对话框

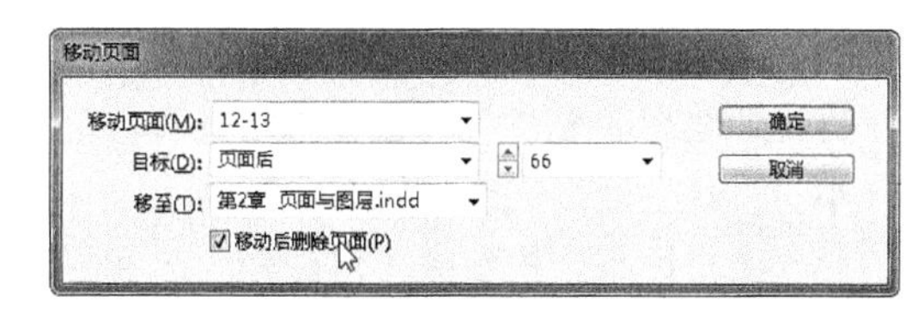

图2-25 "移动页面"对话框

提 示

复制页面或跨页的同时，也会复制页面或跨页上的所有对象。从复制的跨页到其他跨页的文本串接将被打断，但复制的跨页内的所有文本串接将完好无损，就像原始跨页中的所有文本串接一样。

2.1.7 删除页面

要删除页面，可以按照以下方法进行操作。

- 在"页面"面板中，选择需要删除的一个或者多个页面图标，或者是页面范围号码，拖至"删除选中页面"按钮上，即可删除不需要的页面。
- 在"页面"面板中，选择需要删除的一个或者多个页面图标，或者是页面范围号码，直接单击"删除选中页面”按钮，在弹出的提示框中单击“确定”按钮退出，即可删除不需要的页面。

- 在“页面”面板中，选择需要删除的一个或者多个页面图标，或者是页面范围号码，然后单击“页面”面板右上角的面板按钮，在弹出的菜单中执行“删除页面”或“删除跨页”命令，在弹出的提示框中单击“确定”按钮退出，即可删除不需要的页面或跨页。

提 示

在删除页面时，若被删除的页面中包含文本框、图形、图像等内容，则会弹出如图2-26所示的提示框，单击“确定”按钮即可。

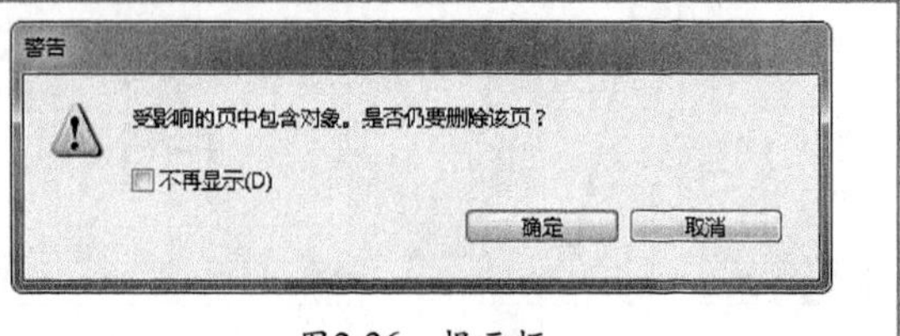

图2-26 提示框

2.1.8 设置页面属性

执行菜单“文件”|“文档设置”命令，在弹出的“文档设置”对话框中可对文档页面进行页面属性的修改，如图2-27所示。

更改该对话框中的参数可对页面的属性进行重新设置，由于和“新建文档”中的参数基本相同，故不再赘述。

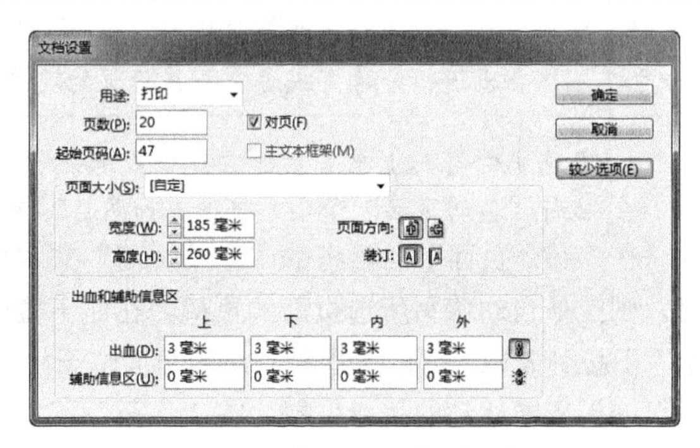

图2-27 “文档设置”对话框

2.1.9 设置边距与分栏

执行菜单“版面”|“边距和分栏”命令，在弹出的“边距和分栏”对话框中对页面的边距大小和栏目数进行更改，如图2-28所示。

更改该对话框中的参数可对边距大小和栏目数进行重新设置。由于和“新建文档”中的参数基本相同，故不再赘述。

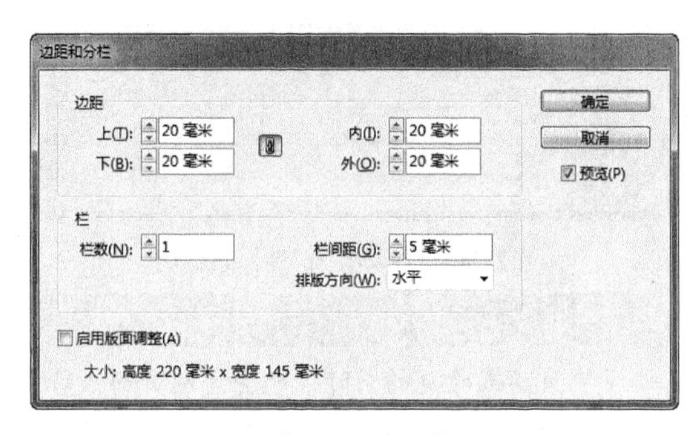

图2-28 “边距和分栏”对话框

2.1.10 替代版面

替代版面功能是InDesign CS6中一项新的版面控制功能，使用它可以对同一文档中的页面应用不同的尺寸进行设置，也可以作为备选方案来用。下面介绍替代版面的具体操作方法。

1. 创建替代版面

在应用“替代版面”功能时，需要创建替代版面，执行“版面”|“创建替代版面”命令，

或单击“页面”面板右上角的面板按钮，在弹出的菜单中执行“创建替代版面”命令，弹出“创建替代版面”对话框，如图2-29所示。

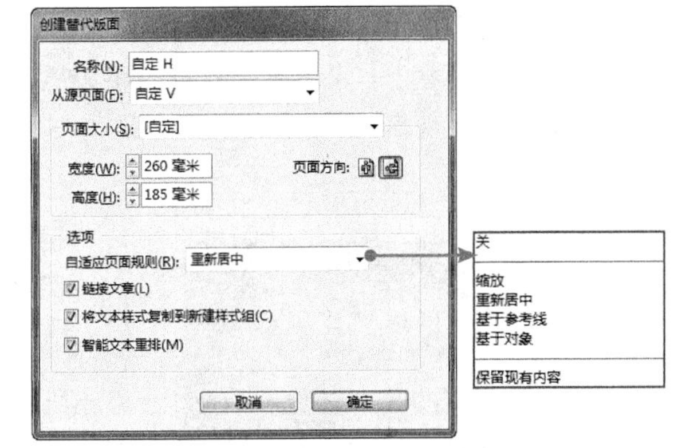

图2-29 “创建替代版面”对话框

该对话框中各选项的功能如下。

- 名称：在该文本框中输入替代版面的名称。
- 从源页面：选择内容所在的源版面。
- 页面大小：为替代版面选择页面大小或输入自定大小。
- 宽度/高度：当选择适当的“页面大小”后，此文本框中将显示相应的数值；如果在“页面大小”下拉列表中选择的是“自定”选项，此时可以输入自定义的数值。
- 页面方向：选择替代版面的方向。如果在纵向和横向之间切换，宽度和高度的数值将自动对换。
- 自适应页面规则：选择要应用于替代版面的自适应页面规则。选择“保留现有内容”选项可继承应用于源页面的自适应页面规则。
- 链接文章：选中此复选框，可以置入对象，并将其链接到源版面中的原始对象。当更新原始对象时，可以更轻松地管理链接对象的更新。
- 将文本样式复制到新建样式组：选中此复选框，可以复制所有文本样式，并将其置入新组。当需要在不同版面之间改变文本样式时，该选项非常有用。
- 智能文本重排：选中此复选框，可以删除文本中任何强制换行符以及其他样式优先选项。

2. 依据当前版面创建替代版面

在版面的标题栏上，单击其右侧的三角按钮，在弹出的菜单中执行“创建替代版面”命令，在弹出的对话框中，默认将以所选的版面为基础创建新的替代版面，如图2-30和图2-31所示。

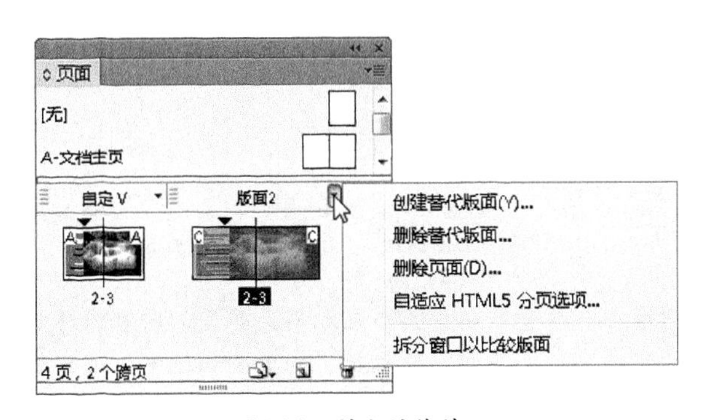

图2-30 弹出的菜单

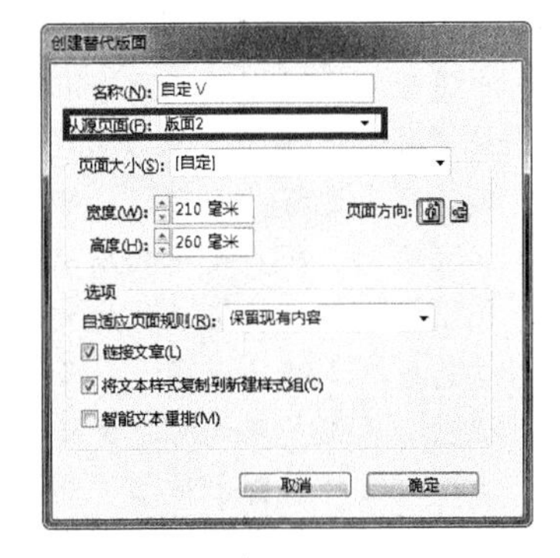

图2-31 “创建替代版面”对话框

3. 删除替代版面

在版面的标题栏上，单击其右侧的三角按钮，在弹出的菜单中执行“删除替代版面”命令，此时将弹出如图2-32所示的提示框，单击“确定”按钮即可删除当前的替代版面。

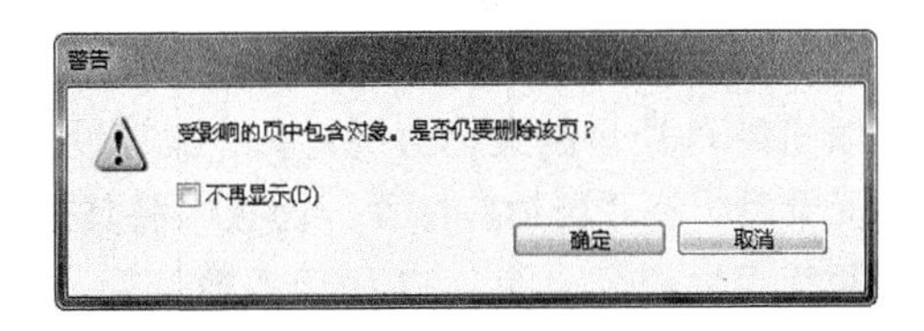

图2-32 提示框

4. 拆分窗口以查看替代版面

在版面的标题栏上，单击其右侧的三角按钮，在弹出的菜单中执行“拆分窗口以比较版面”命令，此时会将当前窗口拆分为左右两个窗口，以便于对比查看，如图2-33所示。

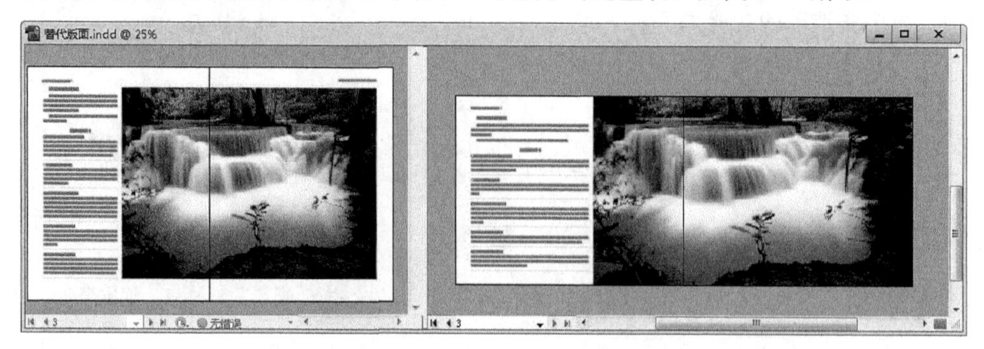

图2-33 拆分窗口以对比版面

2.1.11 自适应版面

“自适应版面”是InDesign中新增的功能，其作用就是可以在改变页面尺寸时，根据所设置的自适应版面规则，由软件自动对页面中的内容进行调整。因而可以非常轻松地设计多个页面大小、方向或者设备的内容。应用自适应页面规则，可以确定创建替代版面和更改大小、方向或长宽比时页面中的对象如何调整。

执行“版面”|“自适应版面”命令，或执行“窗口”|“交互”|“自适应版面”命令，弹出“自适应版面”面板，如图2-34所示。

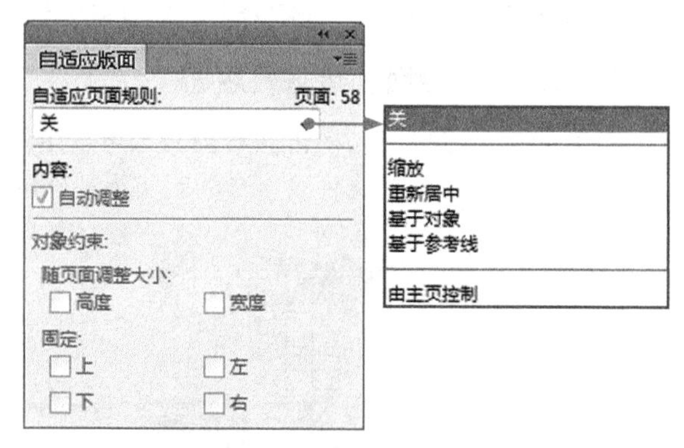

图2-34 “自适应版面”面板

“自适应版面”面板中的重要参数解释如下。

- 自适应页面规则：在此下拉菜单中，选择“关”选项，则不启用任何自适应页面规则；选择“缩放”选项，在调整页面大小时，将页面中的所有元素都按比例缩放。结果类似于高清电视屏幕上的信箱模式或邮筒模式；选择“重新居中”选项，无论宽度如何，页面中的所有内容都自动重新居中。与缩放不同的是，内容保持其原始大小；选择“基于对象”选项，可以指定每个对象（固定或相对）的大小和位置相对于页面边缘的自适应行为；选择“基于参考线”选项，将以跨过页面的直线作为调整内容的参照；选择“由主页控制”选项，则页面的变化将随着主页的变化而改变。
- 自动调整：选中此复选框时，将在适应版面的过程中，自动对页面中的元素进行调整。
- 对象约束：在此选项组中，可以设置“随页面调整大小”中的“高度”和“宽度”属性，也可以将选中的对象固定在上、下、左、右的某个位置上。

以图2-35所示的文档为例，其“文档设置”对话框如图2-36所示，按Ctrl+A组合键选中所有的元素后，在“自适应版面”面板中将其规则设置成“缩放”，然后在“文档设置”对话框中将其页面尺寸修改为图2-37所示的数值后，单击“确定”按钮，此时版面就会随之发生变化，如图2-38所示。

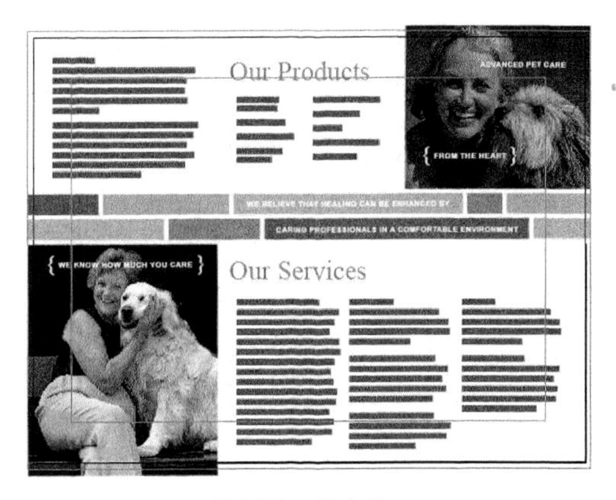

图2-35 原文档

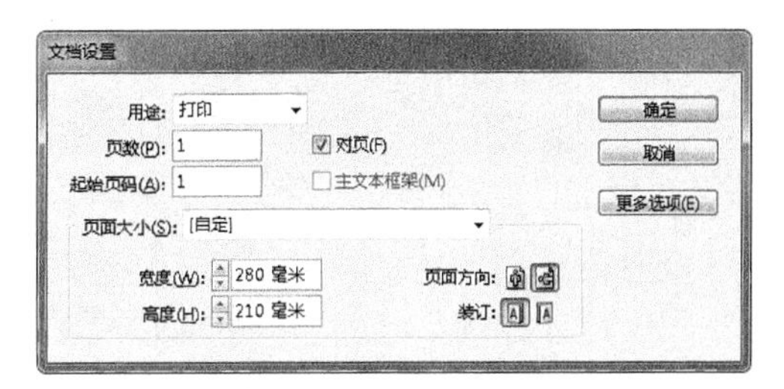

图2-36 “文档设置”对话框

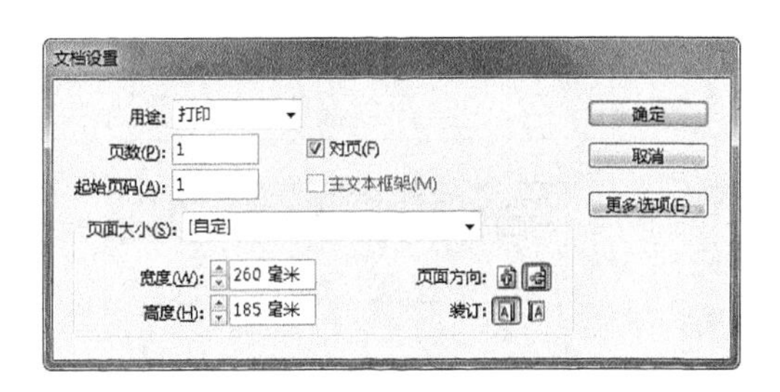

图2-37 “文档设置”对话框

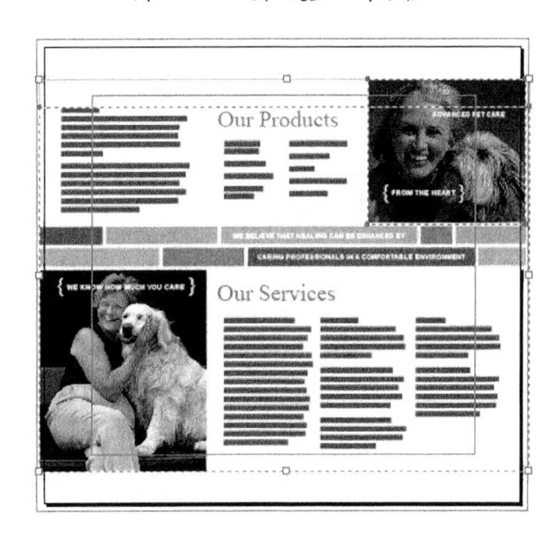

图2-38 缩小文档尺寸后的效果

2.1.12 设置页面显示选项

通常情况下，“页面”面板中的每一个页面或主页都会显示一个小的页面或主页缩览图，由此小的页面或主页缩览图可以预览该页面或主页中的内容，可以根据需要修改页面或主页缩览图的大小以更加方便地选择页面或图层。

改变页面或主页缩览图显示状态的步骤如下所述。

01 按F12键弹出“页面”面板。

02 单击“页面”面板右上角的面板按钮，在弹出的下拉菜单中执行“面板选项”命令。

03 在弹出的如图2-39所示的“面板选项”对话框中，通过选中相应单选按钮来选择页面或主页缩览图的显示大小。

04 单击“确定”按钮退出对话框。

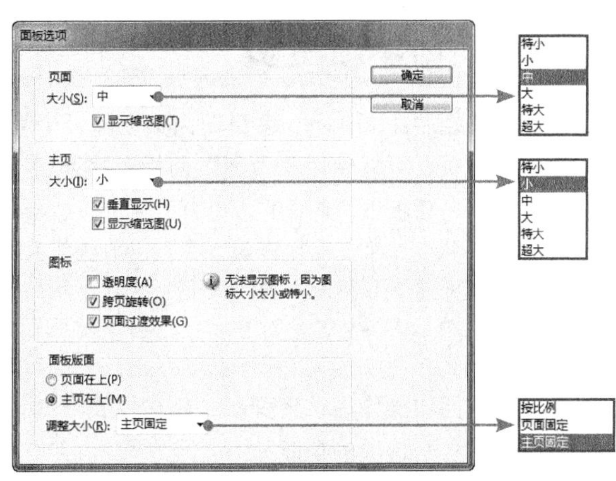

图2-39 “面板选项”对话框

图2-40所示为页面选择“超大”、主页选择“特大”时“页面”面板的显示状态；图2-41所示为页面和主页均选择“特小”时“页面”面板的显示状态。

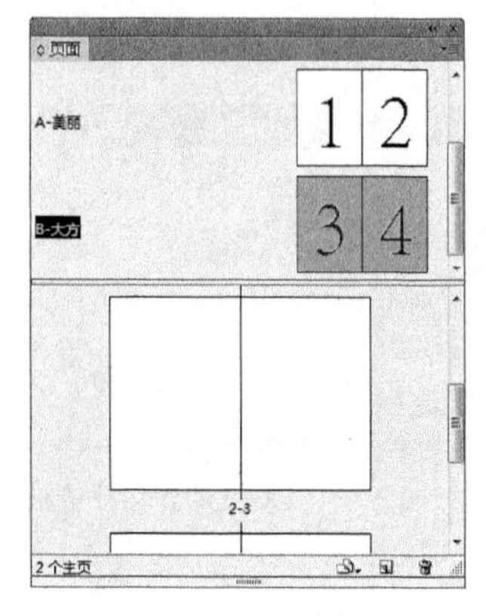

图2-40 “页面”面板状态1

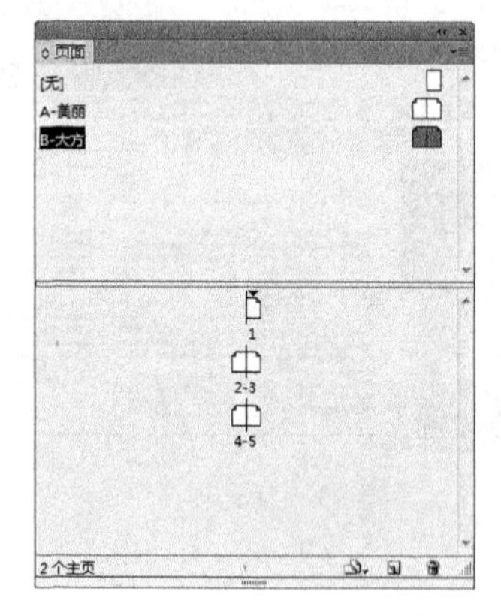

图2-41 “页面”面板状态2

2.2 设置主页

2.2.1 主页的概念

主页就相当于普通页面的一个模板，它可以像普通页面一样，为其添加文本、图形及图像等元素，并根据需要将其指定给普通页面，从而使普通页面拥有与主页相同的内容。而修改主页上的内容，通常不会对普通页面产生影响，从而便于使用和控制。例如书籍中的页码、页眉及页脚等元素，都是放在主页中的，如图2-42所示。

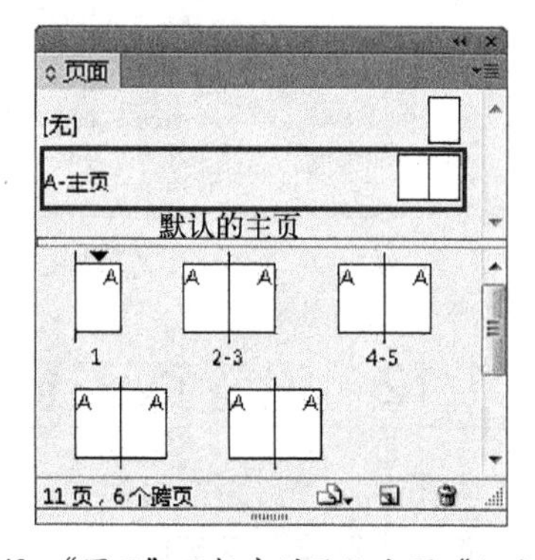

图2-42 “页面”面板中的默认主页“A-主页”

2.2.2 创建新主页

创建一个文档后，InDesign 会自动为其创建一个默认的主页。可以直接在其中添加新的元素。若要创建新的主页，可以使用“页面”面板，按照以下方法进行操作。

- 在“页面”面板中，单击其右上角的面板按钮，在弹出的菜单中执行“新建主页”命令。
- 在主页区域中，单击鼠标右键，在弹出的快捷菜单中执行“新建主页”命令。
- 按 Ctrl 键单击“创建新页面”按钮，将以默认的参数创建一个新的主页。
- 在主页区中单击一下，然后再单击“创建新页面”按钮，即可在其中以默认参数创建一个新的主页。

执行上述前两项操作后，将弹出“新建主页”对话框，如图 2-43 所示。

该对话框中各个选项的功能如下。

- 前缀：在该文本框中输入一个前缀，以便于识别“页面”面板中各个页面所应用的主页，最多可以键入四个字符。

- 名称：在该文本框中输入主页跨页的名称。
- 基于主页：在其右侧的下拉列表中，选择一个作为主页跨页的现有的主页跨页，或选择“无”。
- 页数：在该文本框中输入新建主页跨页中要包含的页数，取值范围不能超过10个。

提 示

在InDesign CS6中，“新建主页”对话框中新添加了“页面大小”、“宽度”、“高度”以及“页面方向”选项设置，其参数意义与“新建文档”对话框中的参数设置一样，此处不再赘述。

设置好相关参数后，单击“确定”按钮退出对话框，即可创建新的主页，如图2-44所示。

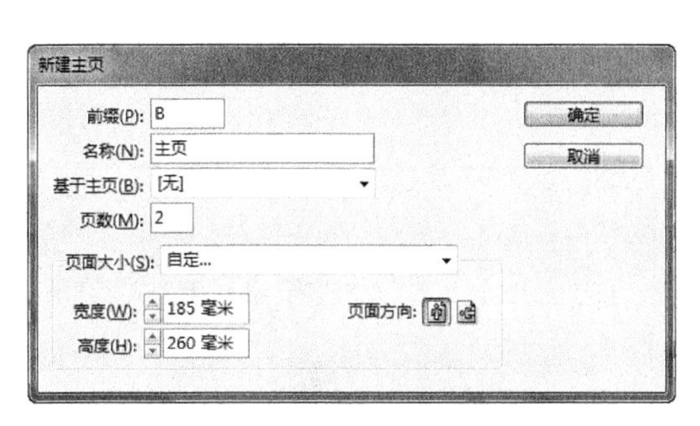

图2-43 “新建主页”对话框

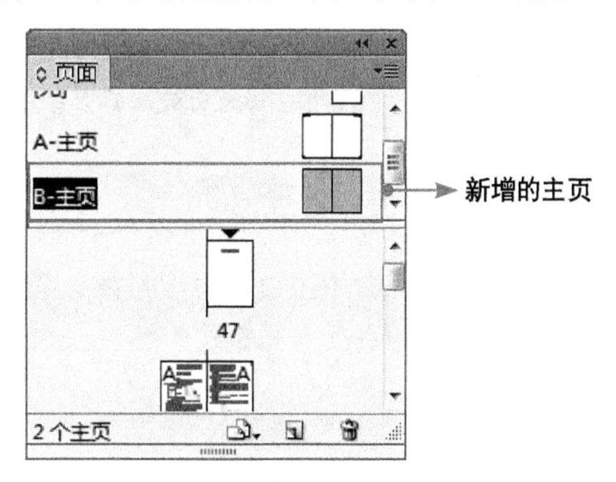

图2-44 创建其他主页前后对比

2.2.3 将普通页面保存为主页

除了创建新的空白主页外，也可以将普通页面转换为主页，即利用现有的主页或文档页面进行创建的操作非常简单，具体操作如下所述。

01 在“页面”面板中选择要成为主页的页面或跨页，如图2-45所示。

02 将指定的跨页拖至“主页”区域，此时光标将变为状态。

03 释放鼠标左键，即可创建新的主页，如图2-46所示。

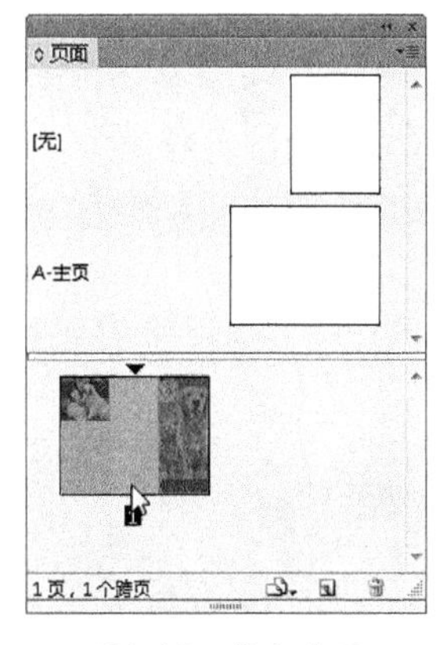

图2-45 指定跨页

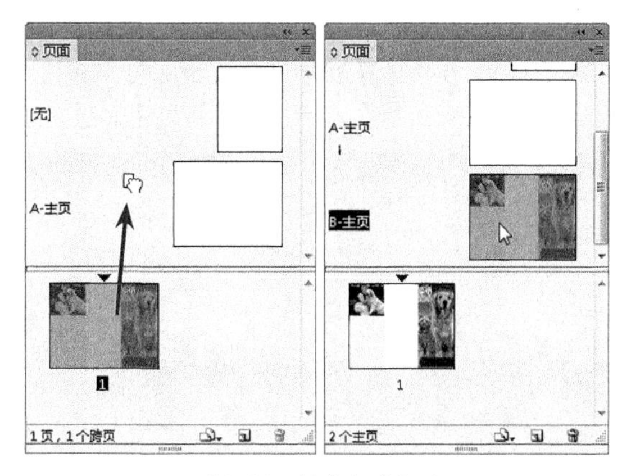

图2-46 创建新的主页

将普通页面转换为主页，还可以直接在“页面”面板中操作。首先指定跨页，然后单击“页面”面板右上角的面板按钮，在弹出的菜单中执行“主页”|“存储为主页”命令，如图2-47所示，

即可完成将普通页面存储为主页的操作，如图 2-48 所示。

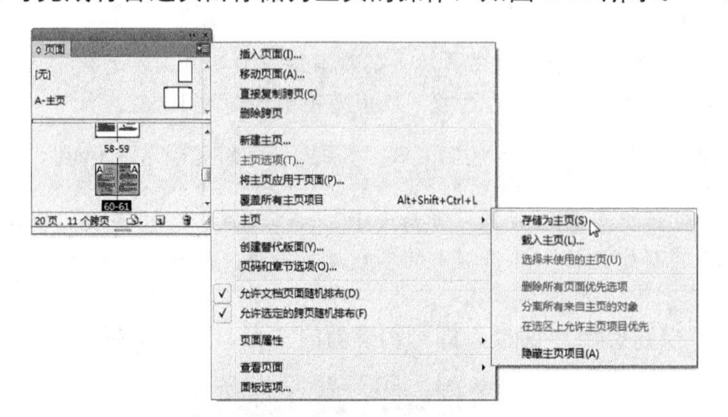

图2-47　页面面板及其下拉菜单

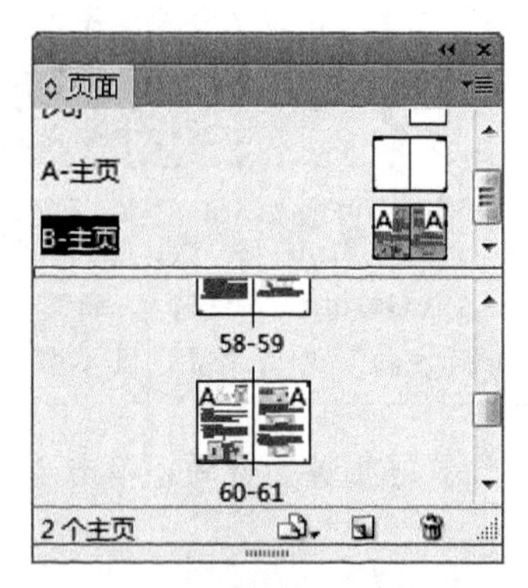

图2-48　将普通页面存储为主页

2.2.4　应用主页

要为普通页面应用主页，可以按照以下方法操作。

- 将要应用的主页拖至普通页面上，如图 2-49 所示，释放鼠标后即可为其应用该主页，如图 2-50 所示。

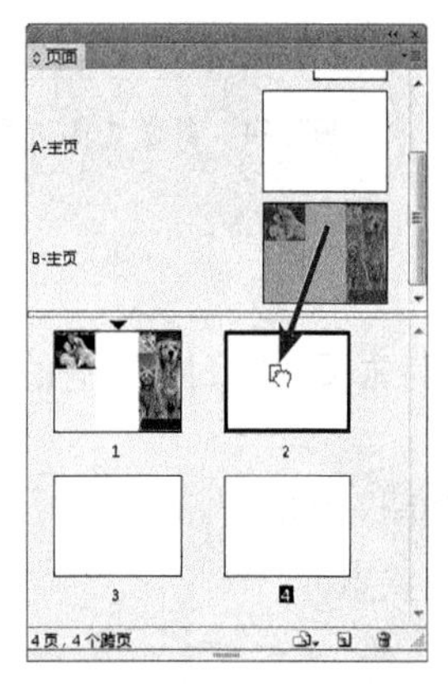

图2-49　拖动主页至普通页面上

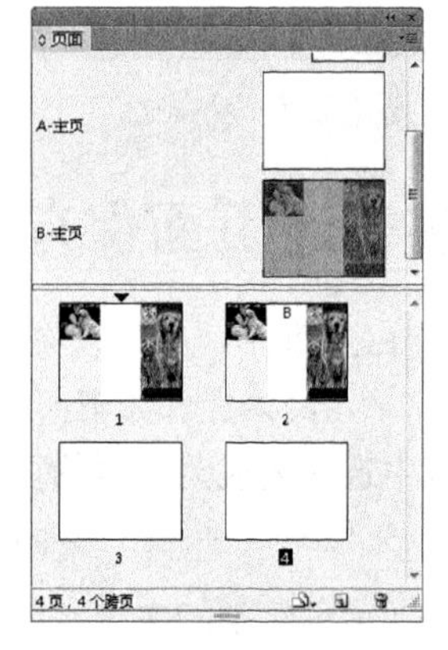

图2-50　应用主页后的状态

- 在“页面”面板中选择要应用主页的页面，如图 2-51 所示，然后按 Alt 键的同时单击要应用的主页名称，如图 2-52 所示，即可将该主页应用于所选定的页面，如图 2-53 所示。

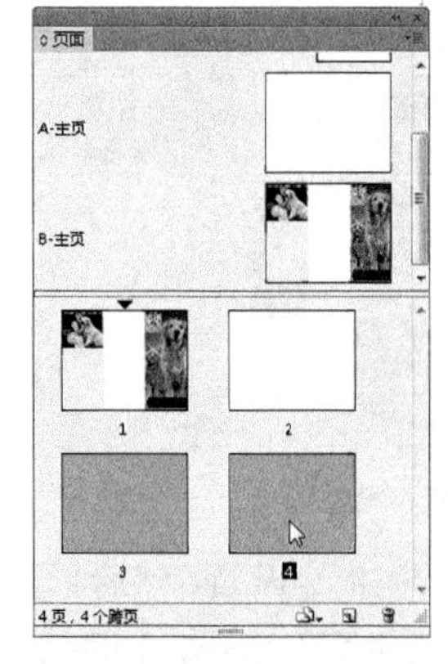

图2-51　选择要应用主页的页面

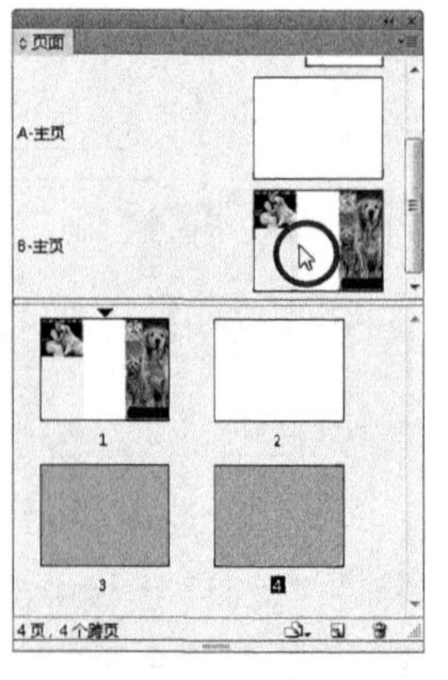

图2-52　按Alt键单击主页

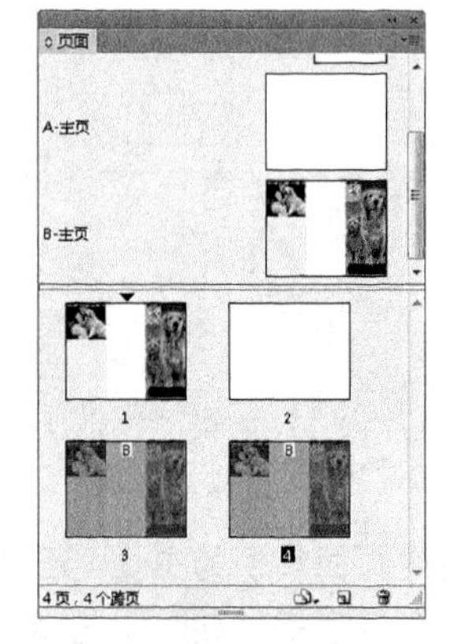

图2-53　应用主页后的状态

- 选中要应用主页的页面，然后单击“页面”面板右上角的面板按钮，在弹出的菜单中执行“将主页应用于页面”命令，弹出“应用主页”对话框，如图2-54所示。在“应用主页”右侧的下拉列表中选择一个主页，在“于页面”文本框中输入要应用主页的页面，单击“确定”按钮退出对话框。

图2-54 “应用主页”对话框

提 示

如果要应用的页面是多页连续的，在文本框中输入数值时，需要在数字间加“-”，如6-14；如果要应用的页面是多页不连续的，在文本框中输入数值时，需要在数字间加“，”，如1，5，6-14，20。

2.2.5 设置主页属性

要设置主页，可以在该主页上单击鼠标右键，再单击“页面”面板右上角的面板按钮，在弹出的菜单中执行“‘***’的主页选项”命令，其中的***代表主页的名称，在弹出的对话框中设置参数即可，如图2-55所示。

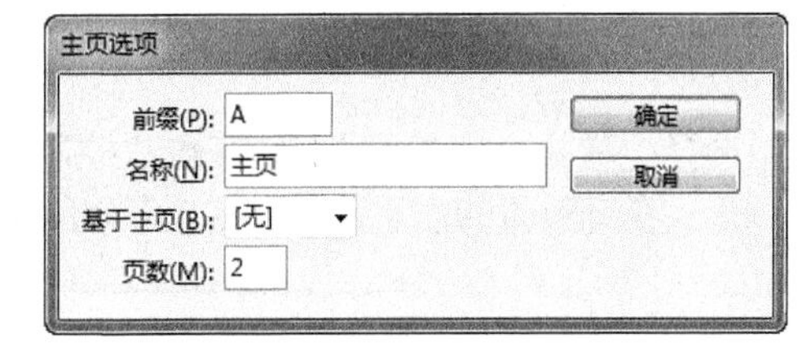

图2-55 “主页选项”对话框

“主页选项”对话框中的参数解释如下。

- 前缀：在此文本框中可以定义主页的标识符。
- 名称：在此文本框中可以设置主页的名称，也可以此作为区分各个主页的方法。
- 基于主页：在此可以选择一个以某个主页作为当前主页的基础，当前主页将拥有所选主页的元素。
- 页数：在此可以设置当前主页的页面数量。

2.2.6 编辑主页

编辑主页的方法与编辑普通页面的方法几乎是完全相同的。在编辑主页前，首先要进入到该主页中，可以执行以下操作来实现。

- 在“页面”面板中双击要编辑的主页名称。
- 在文档底部的状态栏上单击“页码切换”下拉按钮，在弹出的菜单中选择需要编辑的主页名称，如图2-56所示。

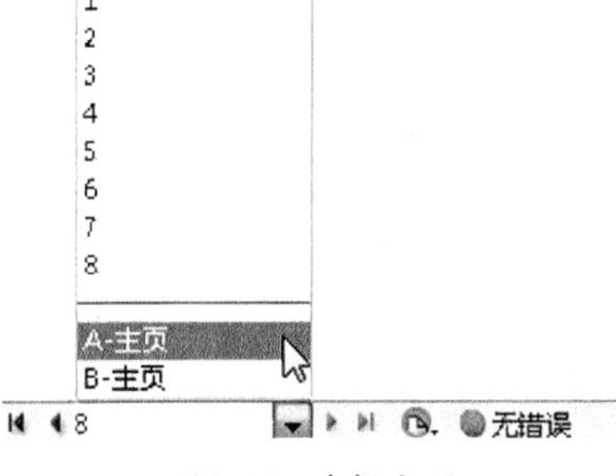

图2-56 选择主页

默认情况下，主页中包括两个空白页面，左侧的页面代表出版物中偶数页的版式，右侧的页面则代表出版物中奇数页的版式。

2.2.7 为主页添加页码

InDesign提供了非常方便的自动页码功能，可以在主页中插入页面，从而在应用了该主页的页面上显示其所在的页码。

实例：为宣传册添加页码

源 文 件:	源文件\第2章\2.2.indd
视频文件:	视频\2.2.avi

下面将以为宣传册添加页码为例，介绍在主页中创建页码的操作方法。

01 打开随书所附光盘中的文件“源文件\第2章\2.2-素材.indd”，其中第2~5个页面已经应用了主页A，下面将在主页A中添加页码。

02 双击“页面”面板顶部的“A-主页”，以进入其编辑状态。

03 为保证页码显示在所有页面元素的上方，可以在“图层”面板中创建一个新图层，得到“图层2”，如图2-57所示。

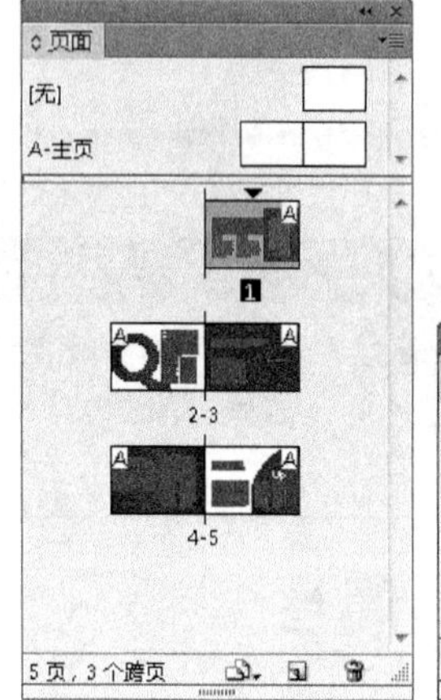

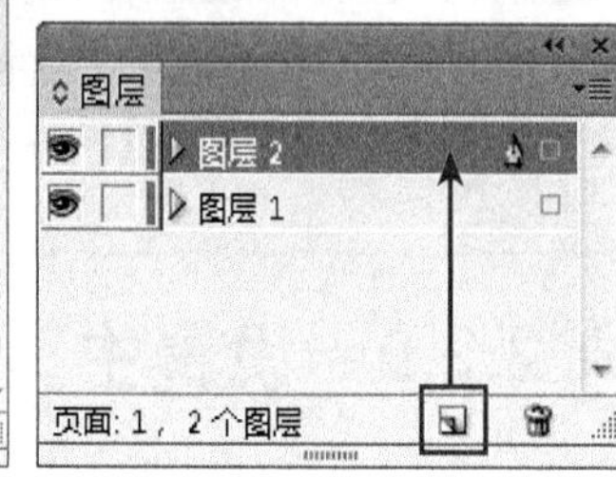

图2-57　新建图层后的状态

04 选择“横排文字工具” T，在“控制”面板中设置适当的字体及大小，文字颜色设置为黑色，在奇数页的右下角输入如图2-58所示的页码前缀文字。

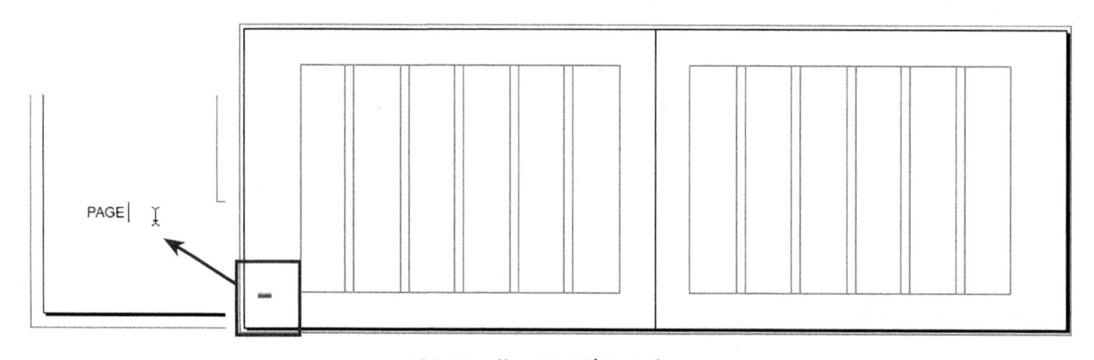

图2-58　输入页码前缀文字

提 示

在拖动创建文本框时，其宽度要比输入文字的宽度略大几个字符，这样做是在后面插入页码时，如果页码达到3位甚至4位数，不会出现因为文本框宽度不够而无法显示页码的问题。

05 按Ctrl+Alt+Shift+N组合键或执行“文字”|“插入特殊字符”|“自动页码”命令，得到如图2-59所示的效果。此时切换至奇数页第2页，对应的位置就会显示出当前的页码，如图2-60所示。

提 示

页码中的字母“A”只是一个通配符，而且它与当前主页的名称有关。例如本文档中主页的名称为“A-主页”，故在此插入的页码通配符为A；如果主页名称为“X-主页”，则页码通配符即为“X”。

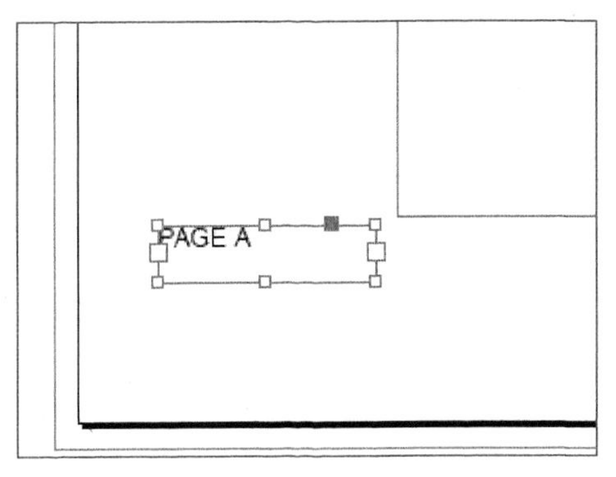

图2-59　插入通配符

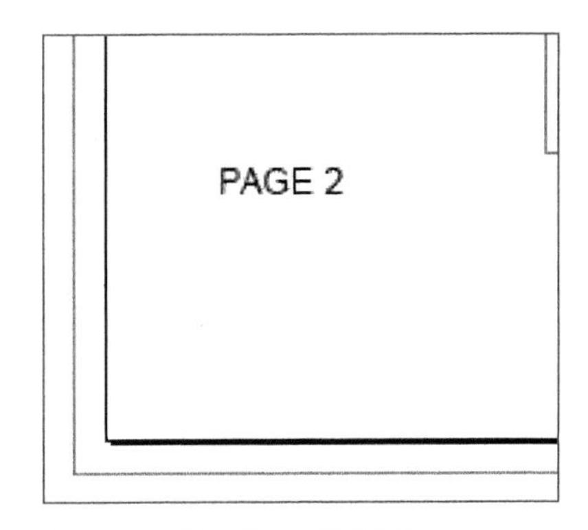

图2-60　预览页码

可以尝试使用“选择工具”选中之前添加的页码，按Alt+Shift组合键将其添加至右侧的页面，或按照上面实例的方法为右侧主页添加页码，从而让奇、偶页面都获得页码。

2.2.8　复制主页

复制主页分为两种，一是在同一文档内复制，二是将主页从一个文档复制到另外一个文档以作为新主页的基础。

1. 在同一文档内复制主页

在“页面”面板中，可执行以下操作之一。

- 将主页跨页的名称拖至面板底部的“新建页面”按钮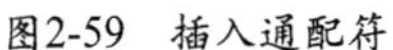上，如图2-61所示。
- 选择主页跨页的名称，例如“A-主页”，然后单击“页面”面板右上角的面板按钮，在弹出的菜单中执行“直接复制主页跨页‘A-主页’”命令。

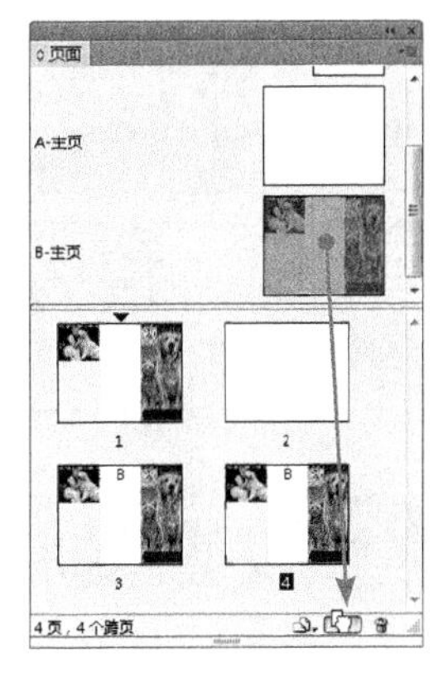

图2-61　复制主页

提　示

当在复制主页时，被复制主页的页面前缀将变为字母表中的下一个字母。

2. 将主页复制或移动到另外一个文档

要将当前的主页复制到其他的文档中，可以按照以下方法操作。

01 打开即将添加主页的文档（目标文档），接着打开包含要复制的主页的文档（源文档）。

02 在源文档的“页面”面板中，执行以下操作之一。

- 选择并拖动主页跨页至目标文档中，以便对其进行复制。
- 首先选择要移动或复制的主页，接着执行“版面”|“页面”|“移动主页”命令，弹出“移动主页”对话框，如图2-62所示。

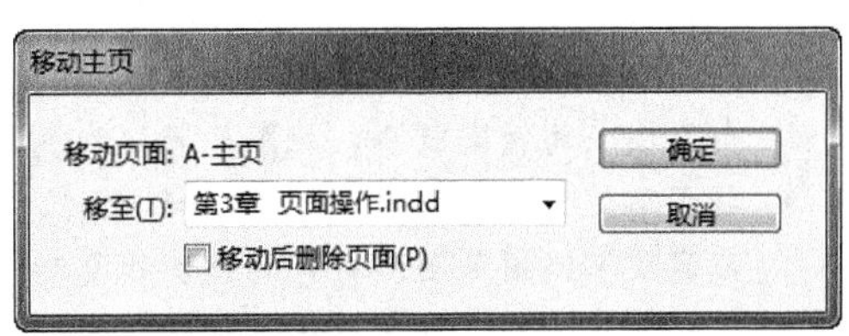

图2-62　“移动主页”对话框

该对话框中各选项的功能如下所述。

- 移动页面：选定的要移动或复制的主页。
- 移至：单击其右侧的三角按钮，在弹出的菜单中选择目标文档名称。

- 移动后删除页面：选中此复选框，可以从源文档中删除一个或多个页面。

提 示

如果目标文档的主页已具有相同的前缀，则为移动后的主页分配字母表中的下一个可用字母。

2.2.9 载入其他文档的主页

要载入其他文档中的主页，可以单击“页面”面板右上角的面板按钮，在弹出的菜单中执行“主页”|“载入主页”命令，在弹出的对话框中选择要载入的 *.indd 格式的文件。单击“打开”按钮，即可将选择的文件的主页载入到当前页面中。

2.2.10 删除主页

要删除主页，可以将要删除的主页选中，然后执行以下操作之一。

- 将选择的主页图标拖至到面板底部的“删除选中页面”按钮上。
- 单击面板底部的“删除选中页面”按钮。
- 执行面板菜单中的“删除主页跨页‘主页名称’”命令。

提 示

删除主页后，[无] 主页将应用于已删除的主页所应用的所有文档页面。如要选择所有未使用的主页，可以单击“页面”面板右上角的面板按钮，在弹出的菜单中执行“主页”|“选择未使用的主页”命令。

2.3 设置图层

2.3.1 了解“图层”面板

使用图层功能，可以创建和编辑文档中的特定区域或者各种内容，而不会影响其他区域或其他种类的内容。默认情况下，创建一个新文档后，都会包含一个默认的“图层1”。

按F7键或执行“窗口”|“图层”命令，即可调出“图层”面板，如图2-63所示。默认情况下，该面板中只有一个图层即“图层1”。通过此面板底部的相关按钮和面板菜单中的命令，可以对图层进行编辑。

“图层”面板中各选项的含义解释如下。

- 切换可视性：单击此图标，可以控制当前图层的显示与隐藏状态。
- 切换图层锁定：控制图层的锁定。
- 指示当前绘制图层：当选择任意图层时会出现此图标，表示此时可以在该图层中绘制图形。如果图层为锁定状态，此图标将变为状态，表示当前图层上的图形不能编辑。
- 指示选定的项目：此方块为彩色时，表示当前图层上有选定的图形对象。拖动此方块，可以实现不同图层图形对象的移动和复制。
- 面板菜单：可以利用该菜单中的命令进行新建、复制或复制图层等操作。
- 显示页面及图层数量：显示当前页面的页码及当前“图层”面板中的图层个数。

- 创建新图层：单击此按钮，可以创建一个新的图层。
- 删除选定图层：单击此按钮，可以将选择的图层删除。

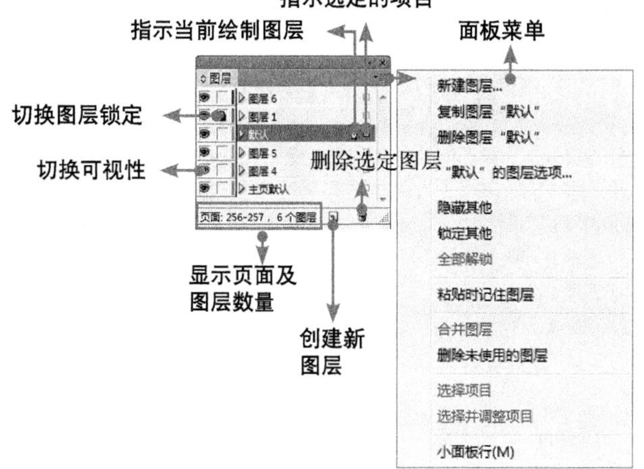

图2-63 “图层”面板

2.3.2 创建图层

要创建图层，可以直接单击“图层”面板底部的“创建新图层”按钮，从而以默认的参数创建一个新的图层。若要设置新图层的参数，则可以单击“图层”面板右上角的面板按钮，在弹出的菜单中执行“新建图层”命令，或按Alt键单击“图层”面板底部的“创建新图层”按钮，弹出如图2-64所示的“新建图层”对话框。参数设置完毕后，单击“确定”按钮即可创建新图层。

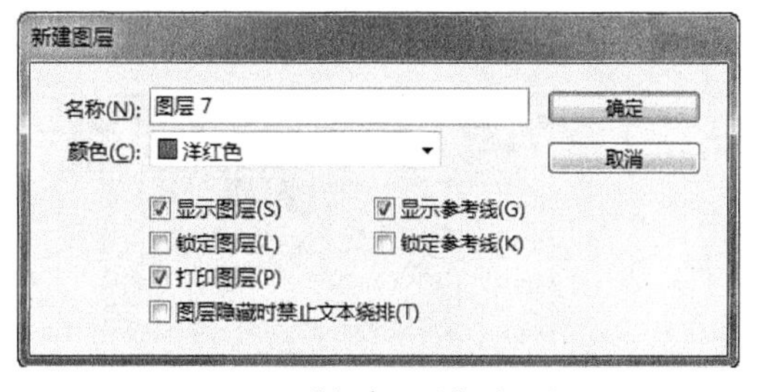

图2-64 “新建图层”对话框

“新建图层”对话框中各选项的含义解释如下。

- 名称：在此文本框中可以输入新图层的名称。
- 颜色：在此下拉列表中可以选择用于新图层的颜色。
- 显示图层：选中此复选框，新建的图层将在“图层”面板中显示。
- 显示参考线：选中此复选框，在新建的图层中将显示添加的参考线。
- 锁定图层：选中此复选框，新建的图层将处于被锁定的状态。
- 锁定参考线：选中此复选框，新建图层中的参数线将都处于锁定状态。
- 打印图层：选中此复选框，可以允许图层被打印。
- 图层隐藏时禁止文本绕排：选中此复选框，当新建的图层被隐藏时，不可以进行文本绕排。

提 示

在创建新图层时，按住Ctrl键单击“图层”面板底部的“创建新图层”按钮，可以在当前图层的下方创建一个新图层；按Ctrl+Shift组合键单击“图层”面板底部的“创建新图层”按钮，可以在“图层”面板的顶部创建一个新图层。

2.3.3 选择图层

要选择某个图层，在“图层”面板中单击该图层的名称即可，此时该图层的底色由灰色变为蓝色，如图 2-65 所示。

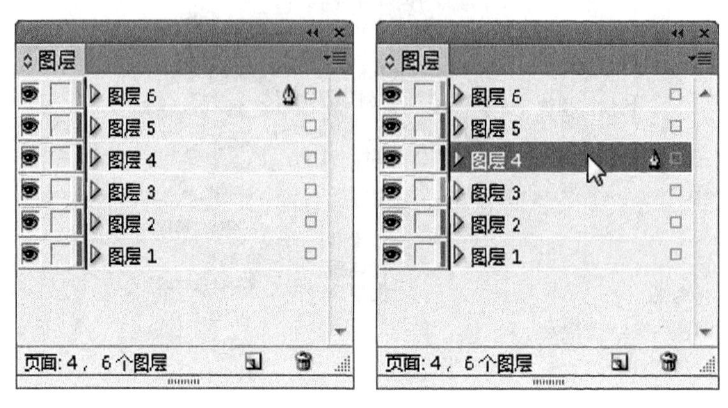

图2-65　选中图层前后对比效果

如果要选择连续的多个图层，在选择一个图层后，按住Shift键在“图层”面板中单击另一图层的名称，则两个图层间的所有图层都会被选中，如图2-66所示。

如果要选择不连续的多个图层，在选择一个图层后，按住Ctrl键在“图层”面板中单击另一图层的图层名称，如图2-67所示。

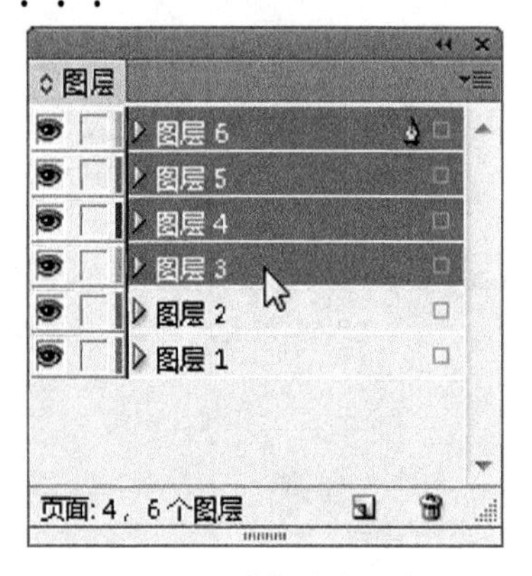

图2-66　选择连续图层

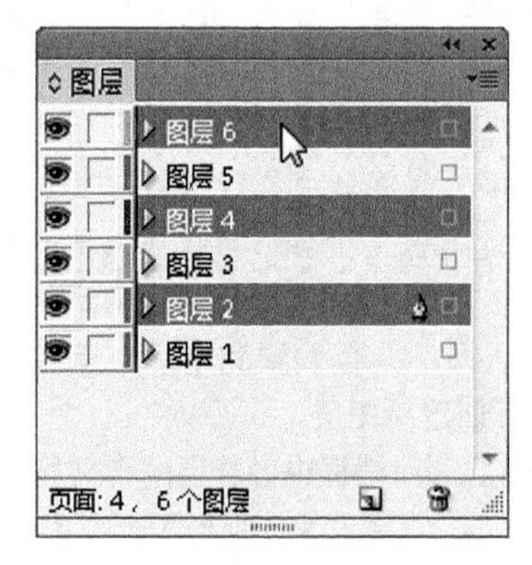

图2-67　选择非连续图层

提　示

通过同时选择多个图层，可以一次性对这些被选中的多处图层进行复制、合并等操作。

若不想选中任何图层，在“图层”面板的空白位置单击即可。

2.3.4 复制图层

要复制图层，首先可以将其选中，然后拖至“图层”面板底部的“创建新图层”按钮上即可复制选中的图层。图2-68所示为操作的过程。

另外，在选中要复制的单个图层后，可以在图层上单击鼠标右键，或单击“图层”面板右上角的面板按钮，在弹出的菜单中执行“复制图层‘当前的图层名称’”命令，如图 2-69 所示，即可将当前图层复制一个副本。

若选择多个图层，可在选中的任意一个图层上单击鼠标右键，或单击“图层”面板右上角的面板按钮，在弹出的菜单中执行“复制图层”命令，如图2-70所示。

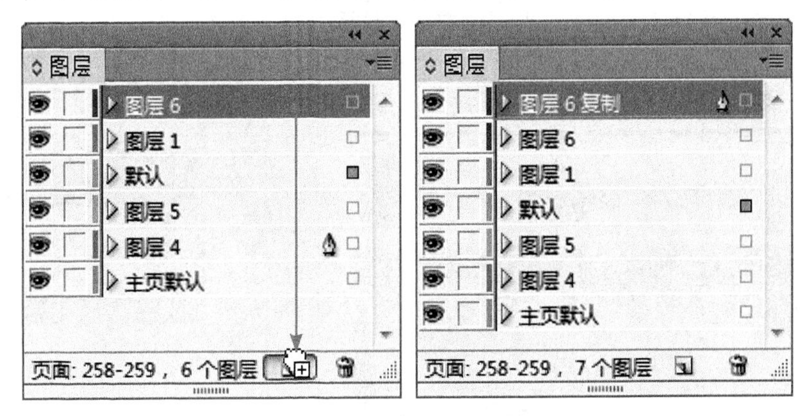

图2-68　拖动法复制图层

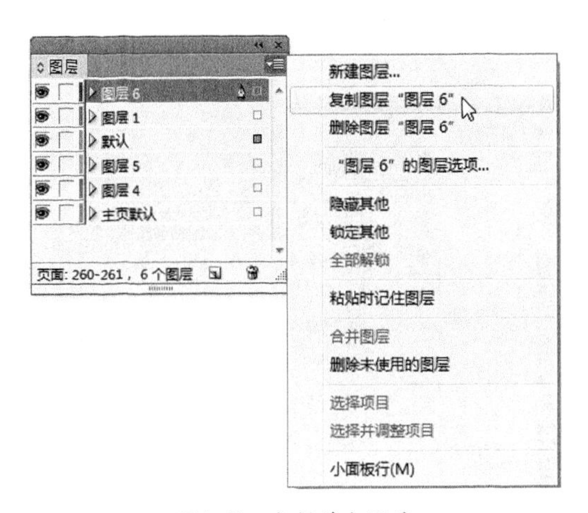

图2-69　复制单个图层

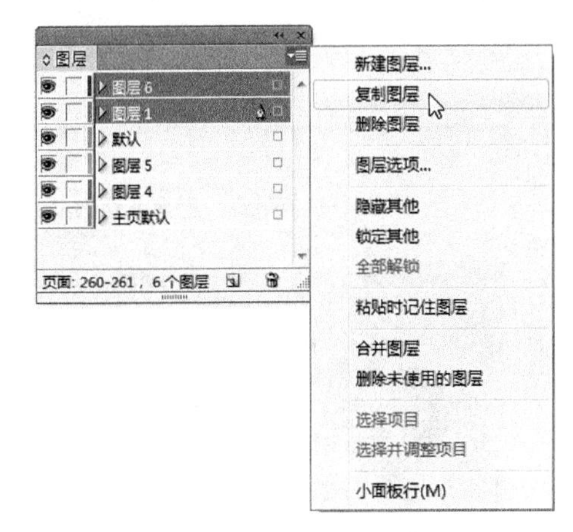

图2-70　复制多个图层

2.3.5 显示/隐藏图层

在“图层”面板中单击图层最左侧的图标，使其显示为灰色，即隐藏该图层，再次单击此图层可重新显示该图层。

如果在图标列中按住鼠标左键向下拖动，可以显示或隐藏拖动过程中所有掠过的图层。按住Alt键，单击图层最左侧的图标，则只显示该图层而隐藏其他图层；再次按住Alt键，单击该图层最左侧的图标，即可恢复之前的图层显示状态。

提　示

再次按住Alt键单击图标的操作过程中，不可以有其他显示或者隐藏图层的操作，否则恢复之前的图层显示状态的操作将无法完成。

另外，只有可见图层才可以被打印，所以对当前图像文件进行打印时，必须保证要打印的图像所在的图层处于显示状态。

2.3.6 改变图层顺序

图层中的图像具有上层覆盖下层的特性，所以适当地调整图层顺序可以制作出更丰富的图像效果。

调整图层顺序的操作方法非常简单，以如图2-71所示的原图像为例，只需要按住鼠标左键将图层拖动至目标位置，如图2-72所示。当目标位置显示出一条粗黑线时释放鼠标按键即可，效果如图2-73所示。图2-74所示就是调整图层顺序后对应的“图层”面板。

图2-71　原图像

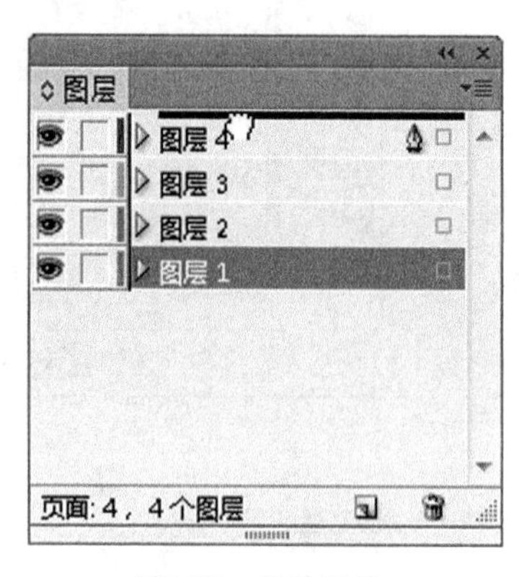

图2-72　拖动图层

图2-73　调整后的效果

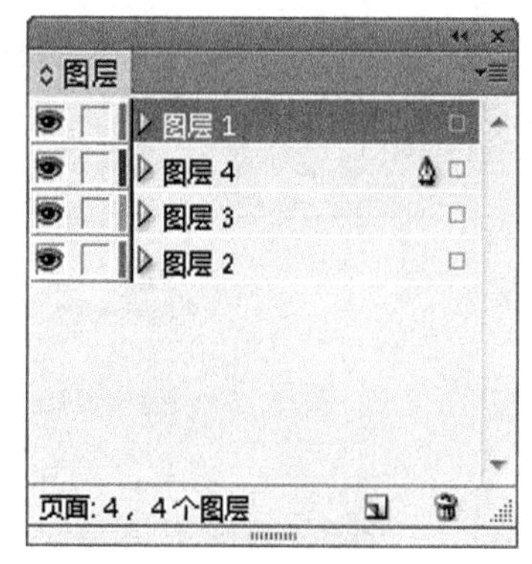

图2-74　调整后的“图层”面板

2.3.7 锁定图层

锁定图层后，会将该图层上所有的元素都冻结，即不能对其进行选择和编辑操作，但不会影响最终的打印输出。

默认情况下，图层是不被锁定的，可以单击图层名称左侧的□图标，使之变为🔒状态，表示该图层被锁定。图2-75所示为锁定图层前后的状态。

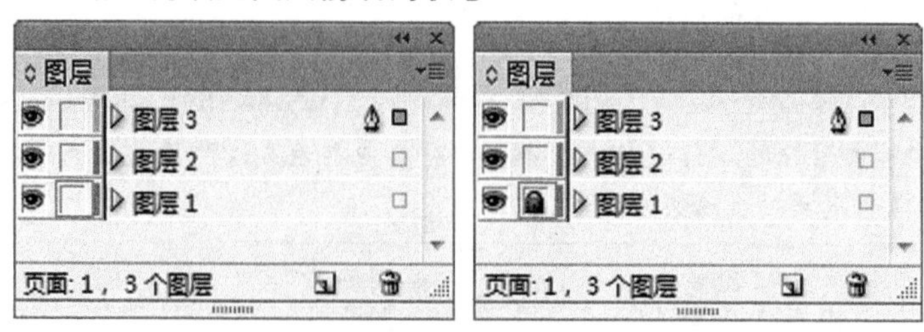

图2-75　锁定“图层1”前后的状态

2.3.8 合并图层

使用合并图层功能，可以将多个图层中的对象合并到同一个图层上，并保留原来图形的叠放顺序。

要合并图层，可以将其选中，然后单击“图层”面板右上角的面板按钮，在弹出的菜单中执行“合并图层”命令，即可将选择的图层合并为一个图层。图2-76所示为合并图层前后的“图层”面板状态。

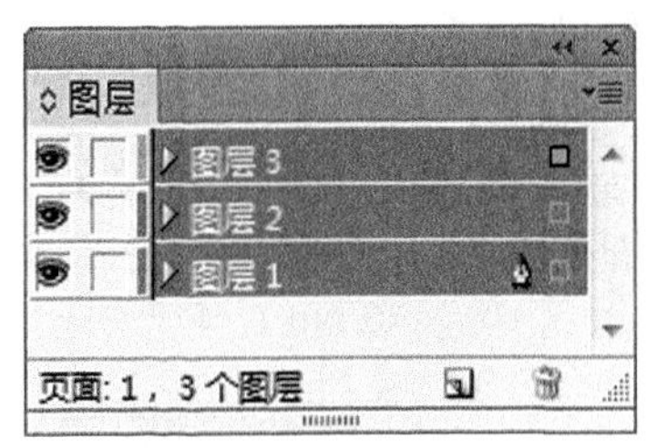

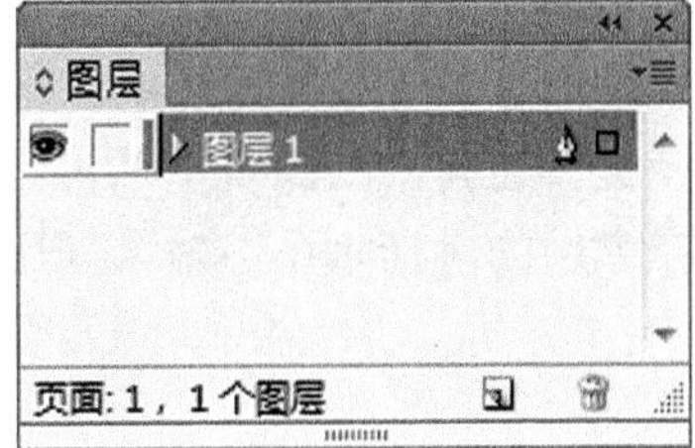

图2-76 合并图层前后的“图层”面板状态

2.3.9 删除图层

对于无用的图层，可以将其删除。要注意的是，在InDesign中，可以根据需要删除任意图层，但最终“图层”面板中至少要保留一个图层。

要删除图层，可以执行以下的操作之一。

- 在“图层”面板中选择需要删除的图层，并将其拖至“图层”面板底部的“删除选定图层”按钮上即可。如果该图层中有图形对象，则会弹出如图2-77所示的提示框，单击“确定”按钮即可。

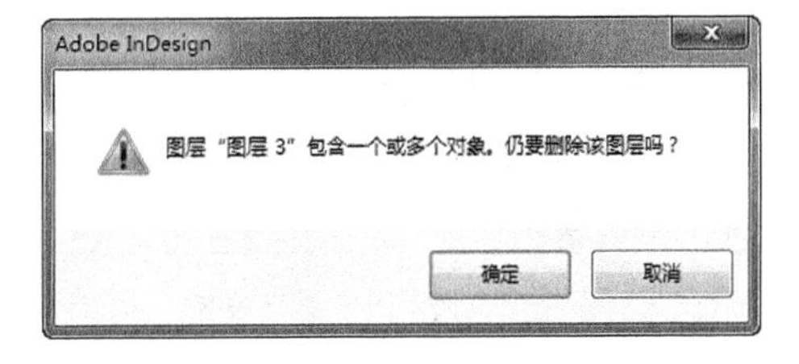

图2-77 提示框

- 在“图层”面板中选择需要删除的图层，直接单击“图层”面板底部的“删除选定图层”按钮。如果该图层中有图形对象，则会弹出提示框，单击“确定”按钮即可。
- 在“图层”面板中选择需要删除的一个图层或多个图层，再单击“图层”面板右上角的面板按钮，在弹出的菜单中执行“删除图层‘当前图层名称’”命令或“删除图层”命令，再在弹出的提示框中单击“确定”按钮即可。
- 单击“图层”面板右上角的面板按钮，在弹出的菜单中执行“删除未使用的图层”命令，即可将没有使用的图层全部删除。

2.3.10 设置图层选项

图层选项用来设置图层属性，如图层的名称、颜色、显示、锁定以及打印等。双击要改变图层属性的图层，或选择要改变图层属性的图层，单击“图层”面板右上角的面板按钮，在弹出的菜单中执行“‘当前图层名称’的图层选项”命令，弹出“图层选项”对话框，如图2-78所示。

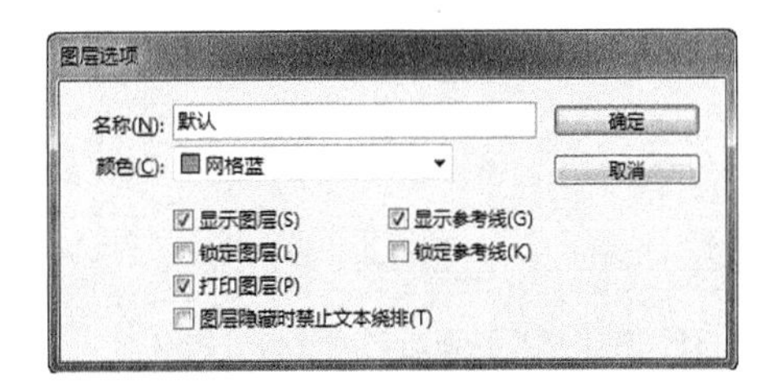

图2-78 “新建图层”对话框

“图层选项”对话框中的选项设置与“新建图层”对话框中的参数基本，此处不再赘述。

2.4 拓展练习——利用替代版面设计多样化版面方案

源 文 件:	源文件\第2章\2.4拓展练习.indd
视频文件:	视频\2.4.avi

本例将利用替代版面功能，制作多样化的版面设计方案。

01 打开随书所附光盘中的文件“源文件\第2章\2.4拓展练习-素材.indd”，如图2-79所示。

02 显示“页面”面板，在其中的跨页上单击鼠标右键，在弹出的快捷菜单中执行“创建替代版面”命令。在弹出的对话框中，输入新版面的名称，如图2-80所示，其他参数保持默认即可。

图2-79 素材图像

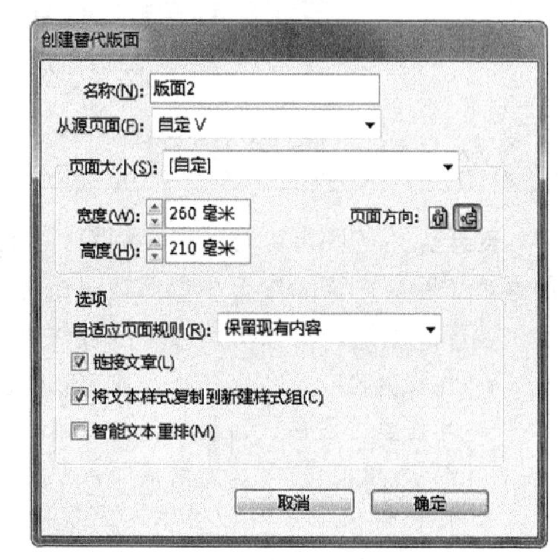

图2-80 “创建替代版面”对话框

03 单击“确定”按钮，即可创建完成替代版面，此时的“页面”面板如图2-81所示。

04 双击“版面2”区域中的2-3页，以进入其编辑状态，如图2-82所示。

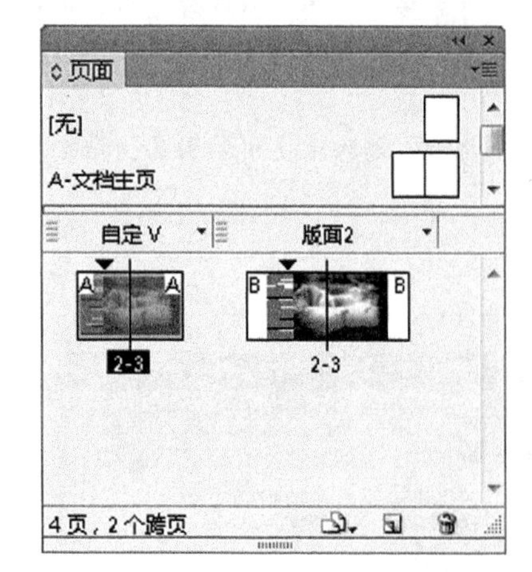

图2-81 创建替代版面后的“页面”面板

图2-82 替代的版面效果

05 使用“选择工具”选中左侧及页眉上的文本块，然后拖动四角的控制句柄，以调整其大小，直至得到类似如图2-83所示的效果。

图2-83　调整文本块

06 下面调整图像的大小。使用“选择工具”单击选中右侧的照片，将光标置于右侧中间的控制句柄上，如图2-84所示。

图2-84　摆放光标的位置

07 按住鼠标左键向右侧拖动，直至拖至右侧的文档边缘上，如图2-85所示。

图2-85　调整照片大小

08 释放鼠标左键后，单击“控制”面板中的按比例填充框架按钮，得到如图2-86所示的效果，对应的“页面”面板如图2-87所示。

图2-86　最终效果

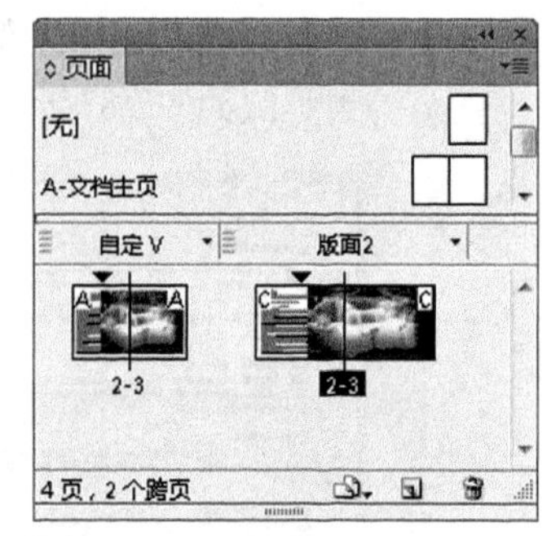

图2-87　对应的“页面”面板

2.5 本章小结

本章主要介绍了页面、主页及图层的相关操作。通过本章的学习，读者应熟练掌握选择、插入、复制、移动、删除以及设置页面、主页属性等操作。同时，还应该对创建、选择、复制、显示、隐藏、删除、合并图层等操作，有较深入的了解。

2.6 课后习题

1. 单选题

（1）如果把一个新主页应用到一个使用了默认主页的页面上，将会（　）。

A. 新主页覆盖默认设置

B. 弹出提示框：无法应用该主页

C. 默认主页的内容变为新主页的内容，页面不变

D. 无法为已经应用了主页的页面应用新主页

（2）有一个20页的文档中，需要在第10页和第11页间一次性添加3个页面，可以直接使用（　）命令。

A. 文档设置　　B. 新建页面

C. 创建新页面　　D. 插入页面

2. 多选题

（1）在当前文件中添加新的空白页面的方法有（　）。

A. 执行“页面”面板菜单中的“插入页面”命令

B. 用鼠标单击“页面”面板下方的“新建”按钮

C. 按Ctrl+Shift+P组合键

D. 按Ctrl+Alt+P组合键

（2）下列有关“图层”面板描述正确的是（　）。

A. “图层”面板左侧的眼睛图标可以控制一个层的显示与隐藏

B. 隐藏图层可以使图层上的对象处于隐藏状态

C. 图层是不可以合并在一起的

D. 按住Shift键新建图层，可以在当前层的上方新建一个新图层

（3）下列有关主页的描述正确的是（　）。

A. 只能在文件中建立单一的主页

B. 可以在文件中建立多个主页

C. 文件中的左右页必须使用相同的主页

D. 同一折页中的左右页可以使用不同的主页

3. 填空题

（1）要显示“图层”面板，可以按________键。

（2）要选中多个连续页面，在选择时需要按住________键；或要选择非连续的页面，在选择时需要按住________键。

4. 判断题

（1）InDesign的主页可以删除，直至仅剩余“无”为止。（　）

（2）隐藏图层中的对象无法进行打印输出。（　）

5. 上机操作题

（1）打开随书所附光盘中的文件“源文件\第2章\上机操作题\2.6素材1.indd”，如图2-88所示。通过设置自适应版面功能，将文档尺寸设置为150*150后，仍然保持页面中的元素充满版面。

图2-88　素材

（2）打开随书所附光盘中的文件“源文件\第2章\上机操作题\2.6素材2.indd”，如图2-89所示。通过调整图层顺序，制作得到如图2-90所示的效果。

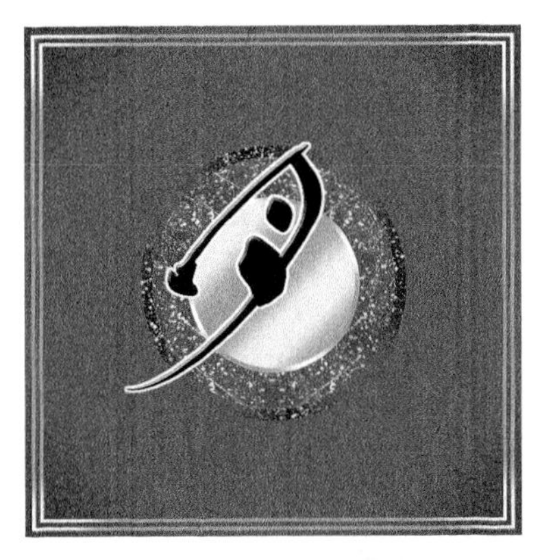

图2-89　素材图像

图2-90　最终效果

第 3 章 输入与格式化文本

在版面设计与编排的过程中，文字是不可或缺的一部分。作为一款专业的排版软件，InDesign 提供了很丰富的文本控制功能，例如丰富的字符与段落属性设置，用于控制大段文本属性的字符与段落样式，以及首字下沉、制表符等特殊属性，以利于更好地对大段文本进行控制。本章介绍创建与编辑文本属性的方法。

学习要点

- 掌握获取文本的方法
- 掌握格式化字符属性的方法
- 掌握格式化段落属性的方法
- 掌握查找与更改文本及其格式的方法
- 掌握字符样式的用法
- 掌握段落样式的用法

3.1 获取文本

3.1.1 直接横排或直排输入文本

要输入文本，首先要选择“文字工具”T或者“直排文字工具”IT，此时光标变为状态，在文档中绘制一个文本框，此时文本框中就会出现相应的光标，然后输入需要的文本即可。

文本框架有两种类型：即框架网格和纯文本框架。框架网格是亚洲语言排版特有的文本框架类型，其中字符的全角字框和间距都显示为网格；纯文本框架是不显示任何网格的空文本框架。

提 示

在拖动鼠标时按住Shift键，可以创建正方形文本框架；按住Alt键拖动，可以从中心创建文本框架；按Shift+Alt组合键拖动，可以从中心创建正方形文本框架。

如果在页面中存在文本框，要添加文字时，可以使用“选择工具”在现有文本框架内双击目标位置双击或者选择“文字工具”T插入文字光标，然后输入文本。

3.1.2 粘贴文本

除了输入文本外，粘贴文本也是 InDesign 中获取文本的另一个重要的方式，可以从 Word、记事本或网页中复制文本，然后粘贴到 InDesign 中来。下面介绍 InDesign CS6 中粘贴文本的几种方法。

1. 直接粘贴文本

选中需要添加的文本，执行“编辑”|“复制”命令，或者按 Ctrl+C 组合键，然后在指定的位置插入文字光标。再执行“编辑”|“粘贴”命令，或者按 Ctrl+V 组合键即可。

提 示

如果将文本粘贴到 InDesign 中时，插入点不在文本框架内，则会创建新的纯文本框架。

2. 粘贴时不包含格式

选中需要添加的文本，执行“编辑”|“复制”命令，或者按 Ctrl+C 组合键，然后在指定的位置插入文字光标。再执行“编辑”|“粘贴时不包含格式”命令，或者按 Shift+Ctrl+V 组合键即可。

提 示

执行“粘贴时不包含格式”命令，可以清除所粘贴文字的颜色、字号和字体等，而使用当前文本的格式效果。

3.粘贴时不包含网格格式

复制文本后，执行“编辑”|“粘贴时不包含网格格式”命令，或者按 Alt+Shift+Ctrl+V 组合键可以在粘贴文本时不保留其源格式属性。通常可以随后通过执行“编辑”|“应用网格格式”命令，以应用网格格式。

3.1.3 导入Word文件

InDesign 可以很好地支持导入其他文档类型，其中导入 Word 文档就是最典型功能之一，下面介绍其具体的操作方法。

01 执行“文件”|“新建”|“文档”命令，创建一个空白的InDesign CS6文档。

02 执行“文件”|“置入”命令，在弹出的“置入”对话框中将“显示导入选项”复选框选中，然后选择要导入的Word文档，如图3-1所示。

“置入”对话框中各选项的解释如下。

- 显示导入选项：选中此复选框，将弹出包含所置入文件类型的“导入选项”对话框。单击“打开”按钮后，将打开“Microsoft Word 导入选项”对话框，在此对话框中设置所需的选项，单击“确定”按钮即可置入文本。
- 替换所选项目：选中此复选框，所置入的文本将替换当前所选文本框架中的内容。否则，所置入的文档将排列到新的框架中。
- 创建静态题注：选中此复选框，可以在置入图像时生成基于图像元数据的题注。
- 应用网格格式：选中此复选框，所置入的文本将自动带有网格框架。

03 单击“打开”按钮，将弹出“Microsoft Word 导入选项”对话框，如图3-2所示。

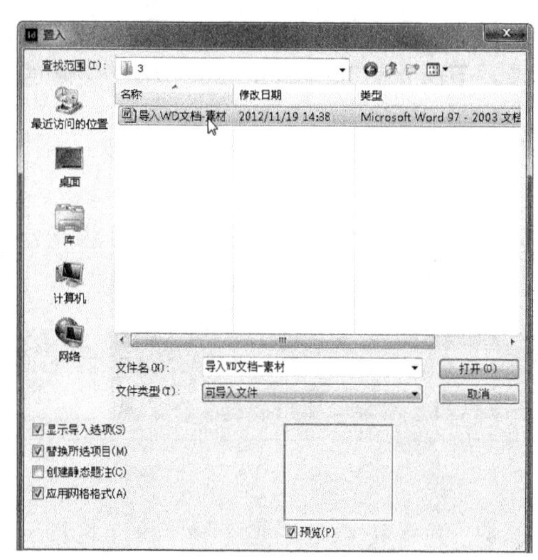

图3-1 “置入”对话框

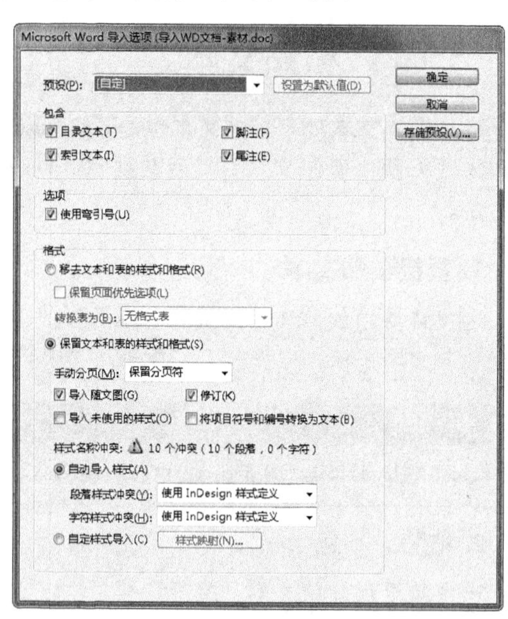

图3-2 “Microsoft Word 导入选项”对话框

“Microsoft Word 导入选项”对话框中各选项的解释如下。

- 预设：在此下拉列表中，可以选择一个已有的预设。若想自行设置可以选择“自定”选项。
- “包含”选项组：用于设置置入所包含的内容。选中“目录文本”复选框，可以将目录作为纯文本置入到文档中；选中“脚注”复选框，可以置入 Word 脚注，但会根据文档的脚注设置重新编号；选中“索引文本”复选框，可以将索引作为纯文本置入到文档中；选中“尾注”复选框，可以将尾注作为文本的一部分置入到文档的末尾。

提 示

如果 Word 脚注没有正确置入，可以尝试将Word 文档另存储为 RTF 格式，然后置入该 RTF 文件。

- 使用弯引号：选中此复选框，可以使置入的文本中包含左右引号(“ ”)和单引号（’），而不包含英文的引号（""）和单引号（'）。
- 移去文本和表的样式和格式：选中此单选按钮，所置入的文本将不带有段落样式和随文图。选中“保留页面优先选项”复选框，可以在选择删除文本和表的样式和格式时，保持应用到段落某部分的字符格式，如粗体和斜体。若取消选中该复选框可删除所有格式。在选中“移去文本和表的样式和格式”单选按钮时，启用“转换表为”选项，可以将表转换为无格式表或无格式的制表符分隔的文本。

提 示

如果希望置入无格式的文本和格式表，则需要先置入无格式文本，然后将表从Word粘贴到InDesign。

- 保留文本和表的样式和格式：选中此单选按钮，所置入的文本将保留Word文档的格式。选中“导入随文图”复选框，将置入Word文档中的随文图；选中“修订”复选框，会将Word文档中的修订标记显示在InDesign文档中；选中“导入未使用的样式”复选框，将导入Word文档的所有样式，即包含全部使用和未使用过的样式；选中“将项目符号和编号转换为文本”复选框，可以将项目符号和编号作为实际字符导入，但如果对其进行修改，则不会在更改列表项目时自动更新编号。
- 自动导入样式：选中此单选按钮，在置入Word文档时，如果样式的名称同名，在“样式名称冲突”右侧将出现黄色警告三角形，此时可以从“段落样式冲突”和“字符样式冲突”下拉列表中选择相关的选项进行修改。如果选择“使用InDesign样式定义”选项，将置入的样式基于InDesign样式进行格式设置；如果选择“重新定义InDesign样式”选项，将置入的样式基于Word样式进行格式设置，并重新定义现有的InDesign文本；如果选择“自动重命名”选项，可以对导入的Word样式进行重命名。
- 自定样式导入：选中此单选按钮后，可以单击“样式映射”按钮，弹出“样式映射”对话框，如图3-3所示。在此对话框中可以选择导入文档中的每个Word样式，应该使用哪个InDesign样式。

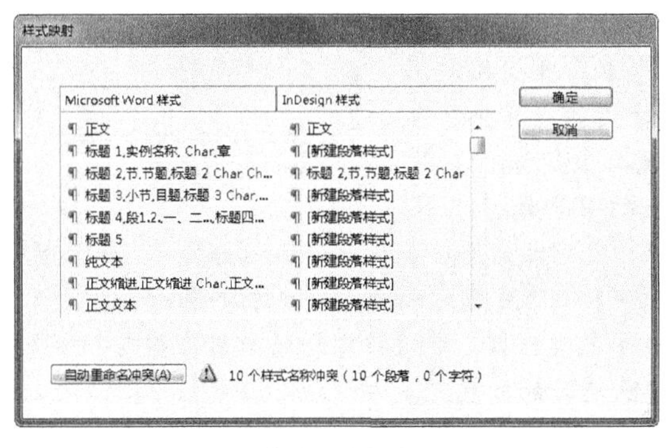

图3-3 “样式映射”对话框

- 存储预设：单击此按钮，将存储当前的Word导入选项以便在以后的置入中使用，更改预设的名称，单击“确定”按钮即可。下次导入Word样式时，可以从“预设”下拉列表中选择存储的预设。

04 设置好所有的参数后，单击“确定”按钮退出即可。此时会开始读取word文档中的内容，根据内容的多少，读取的时间不定。

05 读取完毕后，光标将变为状态，此时在页面中合适的位置单击，即可将Word文档置入到

InDesign中，如图3-4所示。

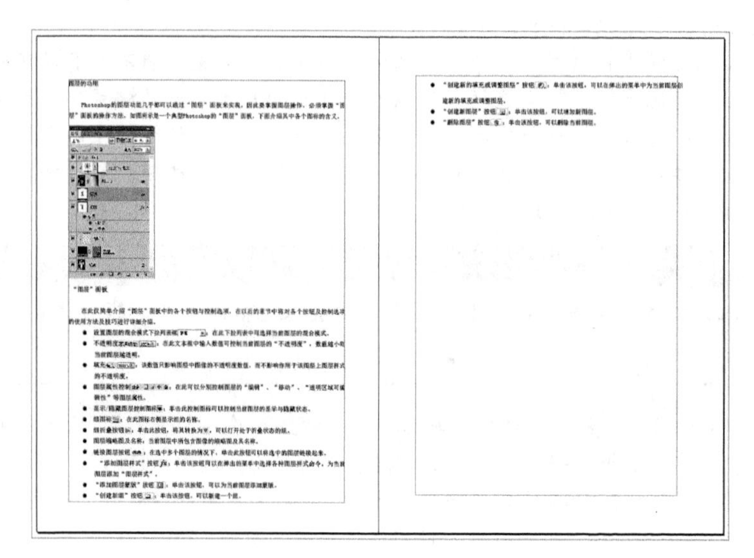

图3-4　置入的Word文档

3.1.4　导入记事本

导入记事本的方法与导入 Word相近，执行“文件”|“置入”命令后，选择要导入的记事本文件，若选中了“显示导入选项”复选框，将弹出如图3-5所示的“文本导入选项”对话框。

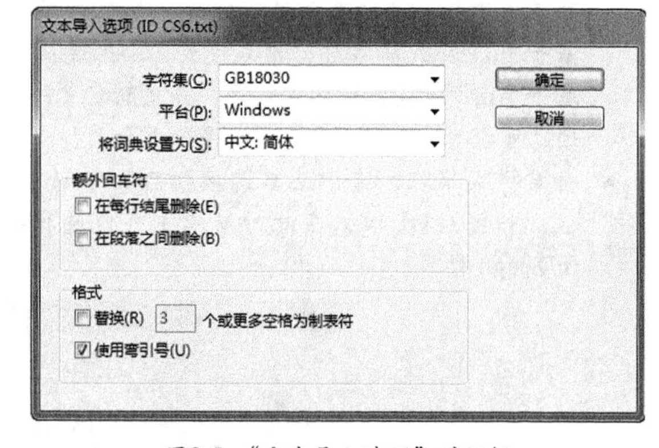

图3-5　“文本导入选项”对话框

“文本导入选项”对话框中各选项的解释如下。

- 字符集：在此下拉列表中可以指定用于创建文本文件时使用的计算机语言字符集。默认选择是与 InDesign 的默认语言和平台相对应的字符集。
- 平台：在此下拉列表中可以指定文件是在 Windows 还是在 Mac OS 中创建文件。
- 将词典设置为：在此下拉列表中可以指定置入文本使用的词典。
- 在每行结尾删除：选中此复选框，可以将额外的回车符在每行结尾删除。图8-26和图8-27所示为不选中与选中此复选框时的效果。
- 在段落之间删除：选中此复选框，可以将额外的回车符在段落之间删除。
- 替换：选中此复选框，可以用制表符替换指定数目的空格。
- 使用弯引号：选中此复选框，可以使置入的文本中包含左右引号(“ ”)和单引号（’），而不包含英文的引号（""）和单引号（'）。

3.2 设置排文方式

InDesign中主要包括手动、半自动、自动和固定页面自动排文4种排文方式，其中以手动和自动排文方式最为常用，下面就详细介绍其具体的使用方法。

3.2.1 手动排文

按照上一节中的方法导入文档后，指针为载入文本图符形状时，可以执行以下操作之一。

- 将载入的文本图符置于现有框架或路径内的任何位置并单击，文本将自动排列到该框架及其他任何与此框架串接的框架中。

提 示

文本总是从最左侧的栏的上部开始填充框架，即便单击其他栏时也是如此。

- 将载入的文本图符置于某栏中，以创建一个与该栏的宽度相符的文本框架，则框架的顶部将是单击的地方。
- 拖动载入的文本图符，以定义区域的宽度和高度创建新的文本框架。

如果要置入的文本无法在当前页中完全展开，则会在文本框右下角位置显示一个红色的标识 ⊞（如图 3-6 所示）单击该标识，指针再次变为载入文本图符，再在下一页面或栏中单击，直到置入所有文本，如图 3-7 所示。

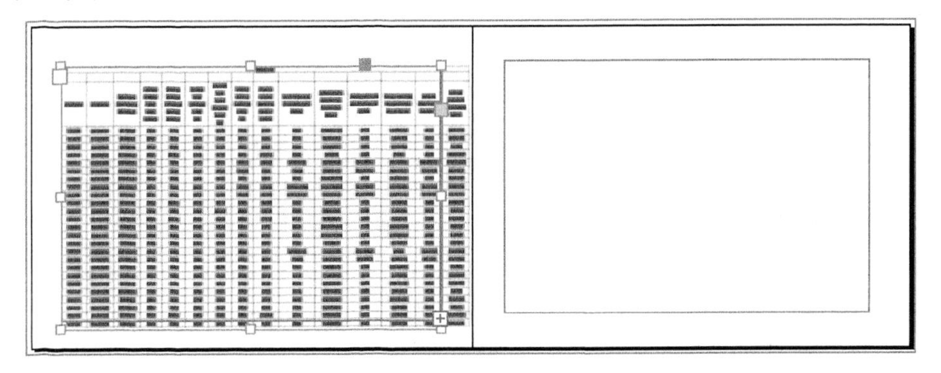

图3-6　未显示完全的文本框

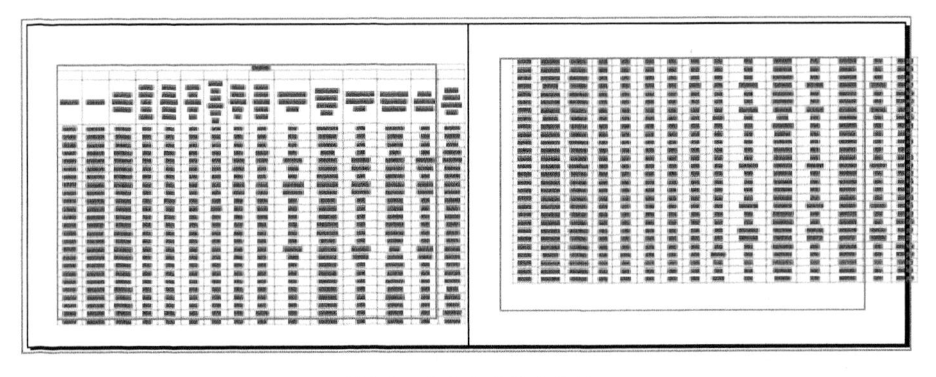

图3-7　完全显示的文本框

提 示

如果将文本置入与其他框架串接的框架中，则不论选择哪种文本排文方法，文本都将自动排文到串接的框架中。

3.2.2 自动排文

相对于手动排文，自动排文方式更适用于将文本填充满当前的页面或分栏中。当指针为载入文本图符形状时，在默认的手动置入情况下，按住Shift键后在页面或栏中单击可以一次性将所有的文档按页面置入，并且当InDesign CS6当前的页面数不够时，会自动添加新的页面，直至所有的内容全部显示。

3.3 格式化字符属性

3.3.1 了解设置字符属性的方法

使用“字符”面板可以精确控制文本的属性，包括字体、字号、行距、垂直缩放、水平缩放、字偶间距、字符间距、比例间距、网格指定格数、基线偏移、字符旋转、倾斜等。可以在输入新文本前设置文本属性，也可以选择文本重新更改文本的属性。

按Ctrl+T组合键或执行“窗口”|“文字和表”|“字符”命令，即可调出“字符”面板，如图3-8所示。

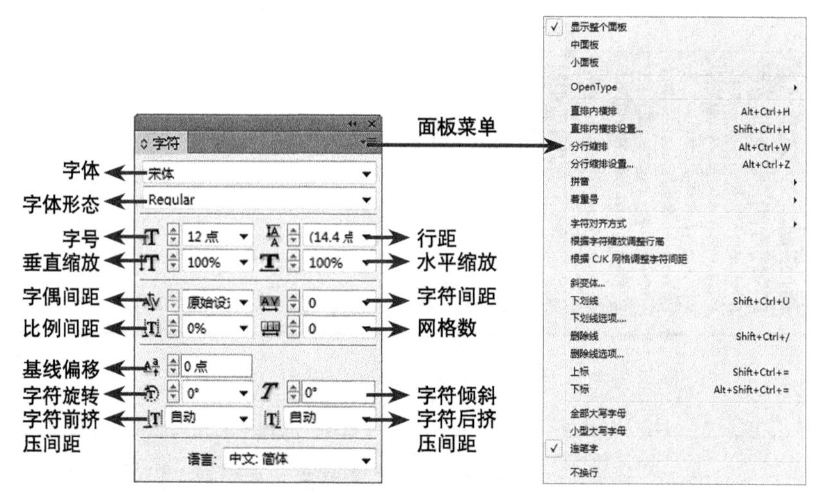

图3-8 “字符”面板

另外，对于一些基本的字符属性，也可以在“控制”面板中完成。在选中文本块或刷黑选中文本时，即可在“控制”面板中进行设置，如图3-9所示。

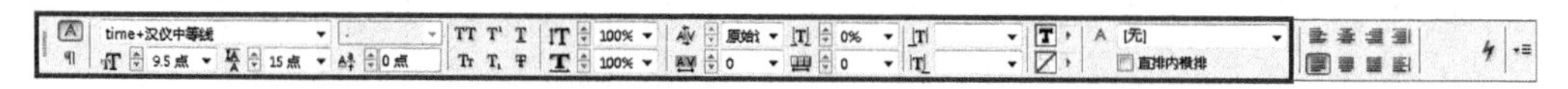

图3-9 “控制”面板中的字符属性控制

由于“字符”面板与“控制”面板中可控制的参数是相同的，且“字符”面板中可以设置的字符属性更多，因此下面将以“字符”面板为主，介绍各参数的含义。

3.3.2 字体

字体是排版中最基础、最重要的组成部分。设置字体的方式有很多，可以直接在“控制”面板上进行设置，也可以使用更改字体的菜单命令，还可以使用前面介绍的“字符”面板进行设置。

使用“字符”面板上方的字体下拉列表中的字体，可以为所选择的文本设置一种新的字体。图 3-10 所示为不同字体的效果。

图3-10　设置不同字体时的效果

3.3.3　字体形态

对于“Times New Roman”等标准英文字体，在“字体形态”下拉列表中还提供了4种设置字体的形状，如图3-11所示。

- Regular：选择此选项，字体将呈正常显示状态，无特别效果。
- Italic：选择此选项，所选择的字体呈倾斜显示状态。
- Bold：选择此选项，所选择的字体呈加粗状态。
- Bold Italic：选择此选项，所选择的字体呈加粗且倾斜的显示状态。

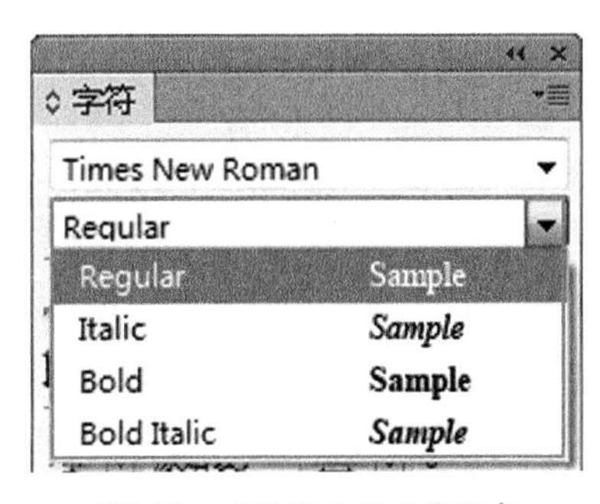

图3-11　不同字体的文字形态

3.3.4　字号

在“字号”下拉列表中选择一个数值，或者直接在文本框中输入数值，可以控制所选择文本的大小。图 3-12 所示为不同字号的文本。

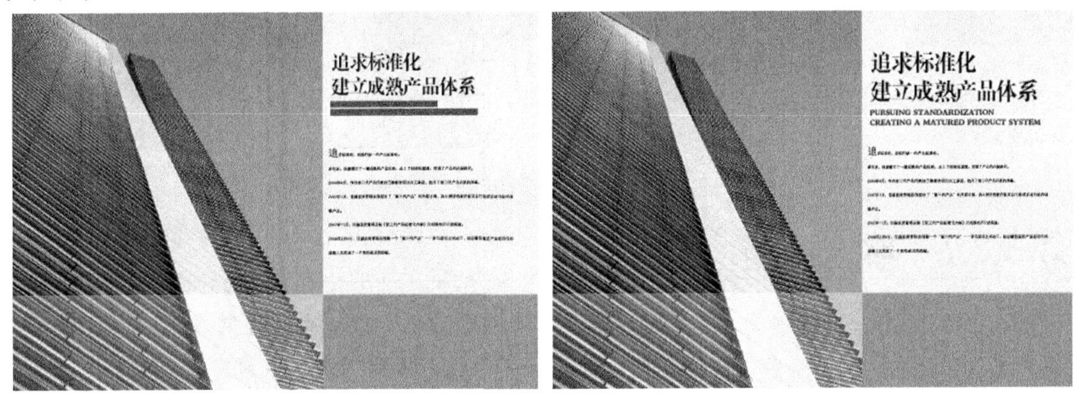

图3-12　设置不同字号时的效果

提 示

如果选择的文本包含不同的字号大小，则文本框显示为空白。

3.3.5 行距

在“行距”下拉列表中选择一个数值，或者直接在文本框中输入数值，可以设置两行文字之间的距离，数值越大行间距越大。图3-13所示为同一段文字应用不同行间距后的效果。

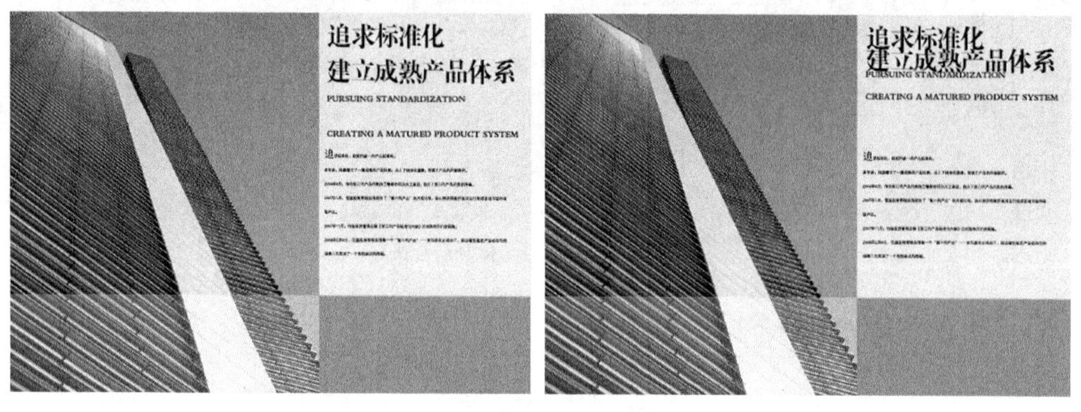

图3-13　设置不同行距时的效果

3.3.6 垂直、水平缩放

在“水平缩放”和“垂直缩放”下拉列表中选择一个数值，或者直接在文本框中输入数值（取值范围为1%~1000%），能够改变被选中的文字的垂直及水平缩放比例，得到较“高”或较“宽”的文字效果。图3-14所示为垂直及水平缩放前后的对比效果。

图3-14　垂直及水平缩放前后对比效果

3.3.7 字偶间距

在“字体”面板中 原始设 的下拉列表中选择一个数值，或者直接在文本框中输入数值，可以控制两个字符的间距。数值为正数时，可以使字符间的距离扩大；数值为负数时，可以使字符间的距离缩小。

3.3.8 字符间距

在"字符间距"文本框中输入数值，可以控制所有选中的文字间距，数值越大间距越大。图3-15所示是设置不同文字间距的效果。

图3-15 设置不同文字间距的对比

3.3.9 比例间距

在"字体"面板中 0% 的下拉列表中选择一个数值，或者直接在文本框中输入数值，可以使字符周围的空间按比例压缩，但字符的垂直和水平缩放则保持不变。

3.3.10 网格数

在"网格数"下拉列表中选择一个数值，或者直接在文本框中输入数值，可以对所选择的网格字符进行文本调整。

3.3.11 基线偏移

在"字体"面板中 0点 的文本框中直接输入数值，可以用于设置选中的文字的基线值，正数向上移，负数向下移。图3-16所示为设置基线值前后的对比效果。

图3-16 设置基线值前后的对比效果

3.3.12 字符旋转

在“字符旋转”下拉列表中选择一个选项，或在其文本框中输入数值（取值范围为-360°~360°），可以对文字进行一定角度的旋转。输入正数，可以使文字向右方倾斜；输入负数，可以使文字向左方倾斜，如图3-17所示。

图3-17 设置不同字符旋转的对比

3.3.13 字符倾斜

在“字符倾斜”文本框中直接输入数值，可以对文字进行一定角度的倾斜。输入正数，可以使文字向左方倾斜；输入负数，可以使文字向右方倾斜，如图3-18所示。

图3-18 设置不同字符倾斜的对比

3.3.14 经验之谈——设计中字号的运用

文字内容通常可以分为两种类型，一类是具有提示和引导功能的文字，如书刊的题名篇目、广告和宣传品的导语口号等；另一类是篇幅较长的阅读材料和说明性的文字，如书刊的正文、图版说明和广告的文案、包装盒上的商品介绍等。前者必须诱发不同程度的视觉关注，后者则对易读性有较高的要求。

因此题名、篇目、广告文字、宣传语等需要引起读者注意的文字必须使用较大的字号来编排，而内文或说明性的文字，则可以使用较小、阅读性较好的文字来编排。例如在图3-19所示的广告中，所有用于说明汽车性能的数字均使用了较大的字号，以吸引浏览者的注意力，当浏览者对广告发生了兴趣后，自然会转而阅读字号较小、内容较丰富的说明性文字。

按文字的重要程度，将文字编排成为大小不一、错落有致的文字组合，是需要设计师长时间练习的一种基本技能，无法轻松驾驭文字的排列、组合，不可能成为一个好的设计师。图3-20所示的广告均在字号方面有出色设计。

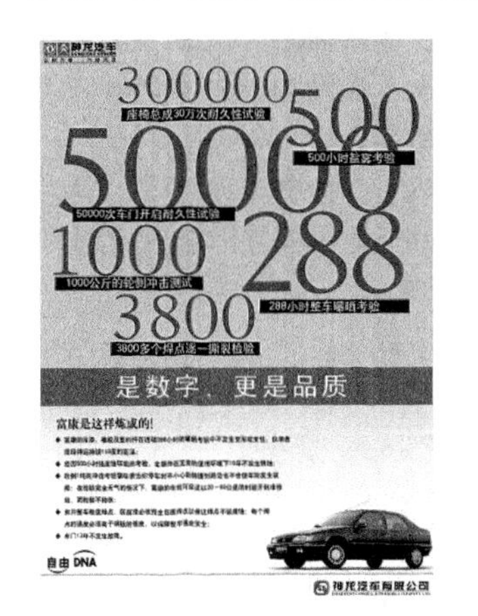

图3-19　字号运用得当的广告

图3-20　字号运用得当的广告欣赏

为了醒目标题，用字的字号一般在14点以上，而正文用字一般为9~12点。文字多的版面，字号可为7~8点，字越小精密度越高，整体性越强，但阅读效果也越差。

当然，上面所指出的数值也需要根据具体的版面大小而灵活变化。

3.3.15　经验之谈——设计中中文字体的运用

字体是文字的外观表象，不同的字体能够通过不同的表象为读者带去不同的情感体验。设计领域的专家们发现，由细线构成的字体易让人联想到纤维制品、香水、化妆品等物品，笔画拐角圆滑的文字易让人联想到香皂、糕点和糖果等物品，而笔画具有较多角形的字体让人联想到机械类、工业用品类的产品，不同的文字在被设置为不同的字体后，由于具有了不同笔画外观或整体外形，因此能够传达出不同的理念。

由于每一个设计作品都有相应的主题及特定的浏览人群，因此在作品中设置文字的字体时，也应该慎重考虑。字体选择是否得当，将直接影响到整个作品的视觉效果与主题传达效果。

下面简述中文字体中常见常用的若干种字体特点。

- 隶书：特点是将小篆字形改为方形，笔画改曲为直，结构更趋向简化。横、点、撇、挑、钩等笔画开始出现，后来又增加了具有装饰味的“波势”和“挑脚”，从而形成一种具有特殊风格的字体，其整体效果平整美观、活泼大方、端庄稳健、古朴雅致，是在设计中用于体现古典韵味时最常用的一种字体，其效果如图3-21所示。
- 小篆：秦始皇统一六国后，李斯等人对秦文收集、整理、简化，称为小篆。小篆是古文字史上第一次文字简化运动的总结。小篆的特征是字体竖长、笔画粗细一致、行笔圆转、典雅优美。缺点是线条用笔书写起来很不方便，所以在汉代以后就很少使用了，但在书法印章等方面却得到发扬，其效果如图3-22所示。

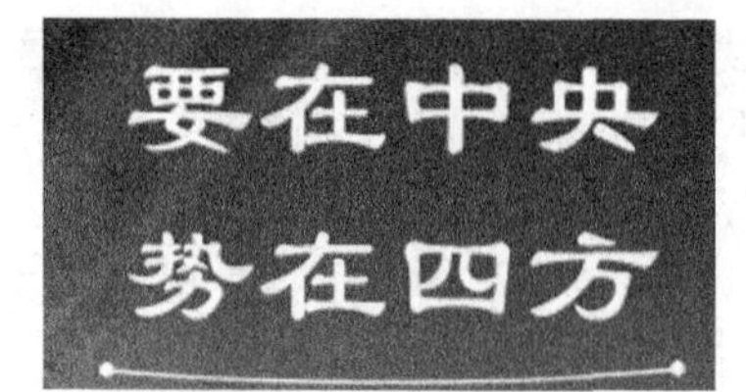

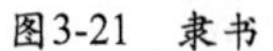
图3-21　隶书

图3-22　小篆

- 楷书：即楷体书，又称“真书”、“正书”、“正楷”，最初用于书体的名称。楷书在西汉时开始萌芽，东汉末成熟，魏以后兴盛起来，到了唐代楷书进入了鼎盛时期。楷书的特点是字体端正、结构严谨、笔画工整、多用折笔、挺拔秀丽，如图3-23所示。
- 草书：即草体书，包括章草、今草、行草等。章草是由隶书演变而来，始创于东汉草，是从楷书演化而成的，发展到现在，草书又分小草、大草和狂草等。由于草书字字相连变化多端较难辨认，有的风驰电掣，因此在设计中多将其作为装饰图形来处理。
- 行书：即行体书，是兴于东汉介于草书和楷书之间的一种字体，行书作为一种书体，在风格上行书灵活自然、气脉相通，在设计中也很常用，如图3-24所示。

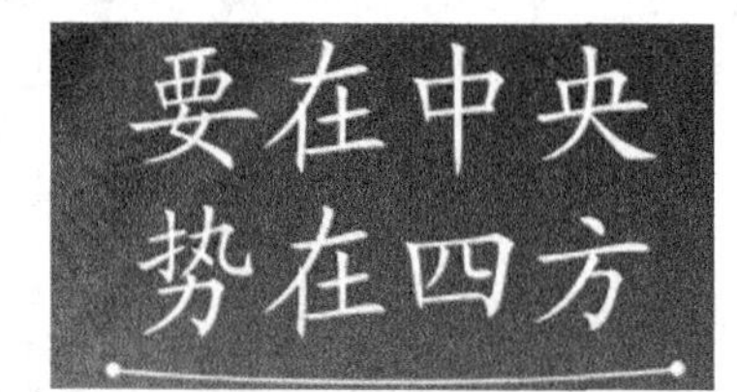

图3-23　楷书

图3-24　行书

- 黑体：因笔画较粗而得名，它的特点是横竖笔画精细一致，方头方尾。黑体字在风格上显得庄重有力、朴素大方，多用于标题、标语、路牌等的书写。许多字库中提供了大黑、粗黑、中黑三种黑体字体，应用了大黑体的文字如图3-25所示。
- 圆体：是近代发展出来的一种印刷字体，由于圆体文字圆头圆尾，笔画转折圆润，因此许多人都感觉准圆体较贴近女性特有的气质，同样可以在中圆、准圆、细圆三种圆体变体中选择其中的一种应用在作品中，应用了准圆体的文字效果如图3-26所示。

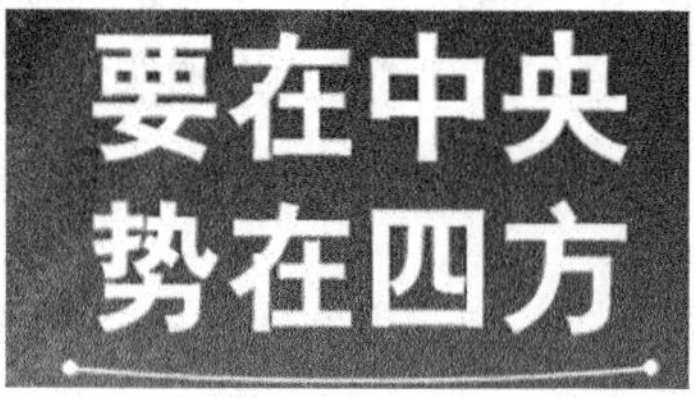

图3-25　黑体

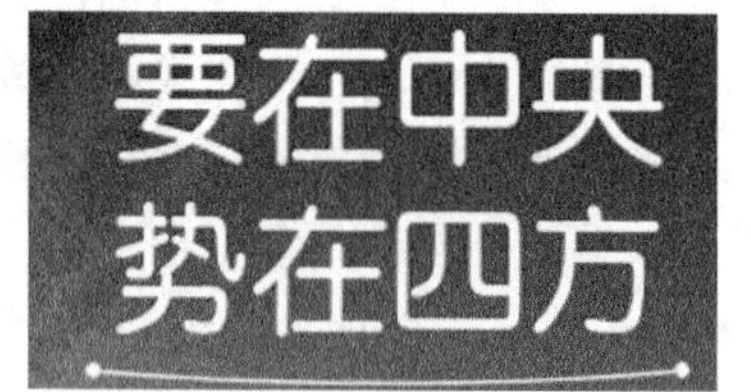

图3-26　准圆体

除上述字体外，琥珀体、综艺体、金书体等字体开发商提供的计算机字体（如图3-27）也由于各具不同特色，因此能够应用在不同风格的版面中。

琥珀体

综艺体

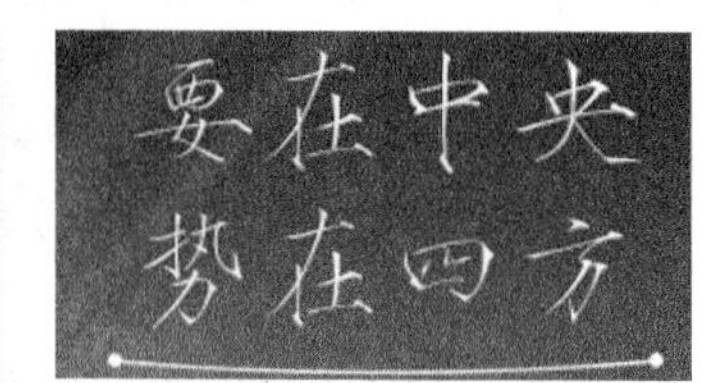

金书体

图3-27　其他计算机字体

注意：在一个版面中，选用2到3种以内的字体为版面最佳视觉效果。超过3种以上则显得杂乱，缺乏整体感。要达到版面视觉上的丰富与变化，可将有限的字体加粗、变细、拉长、压扁，或调整行距的宽窄，或变化字号大小。

3.3.16 经验之谈——设计中英文字体的运用

与中文字体相比，英文的字体数量多如天上的星星。其中的原因很简单，英文只有26个字母，因此每一款英文字体在制作时间方面与中文字库的制作根本不在一个量级上，一个设计师只要掌握了方法，一天就可以设计出一款新的英文字体，而花一年时间也未必能够完成一个新的中文字体库的创作。

安装在所使用的机器上的英文字库的数量是600多种，而中文字体的数量只有36种。与中文字体一样，不同的英文字体也能够展现出或浪漫、或庄重、或规正、或飘逸等不同的气质，因此在选择字体方面同样需要根据作品的气氛而定。

图3-28中英文所应用的字体名称为“Exmouth”，这种字体能够展示出一种浪漫的气息。

图3-29中英文所应用的字体名称为“Times New Roman”，这种字体是最为常用而且也最为规正的一种字体，常用于英文的正文。

图3-30中英文所应用的字体名称为“Impact”，这种字体由于其笔画较粗，因此在使用方面有些近似于中文字体中的黑体。

图3-28 Exmouth字体效果

图3-29 Times New Roman字体效果

图3-30 Impact字体效果

从上面的实例可以看出，相对中文字体而言，英文字体的选择性更丰富，这就要求版式设计师不仅要见过丰富的字体类型，更要知道在哪一种情况下，使用哪一种英文字体，以增强版面的表达力。

3.4 格式化段落属性

使用“段落”面板可以精确控制文本段落的对齐方式、缩进、段落间距、连字方式等属性，对出版物中的文章段落进行格式化，以增强出版物的可读性和美观性。

按Ctrl+M组合键、Ctrl+Alt+T组合键，或执行“窗口”|“文字和表”|“段落”命令，调出“段落”面板，如图3-31所示。

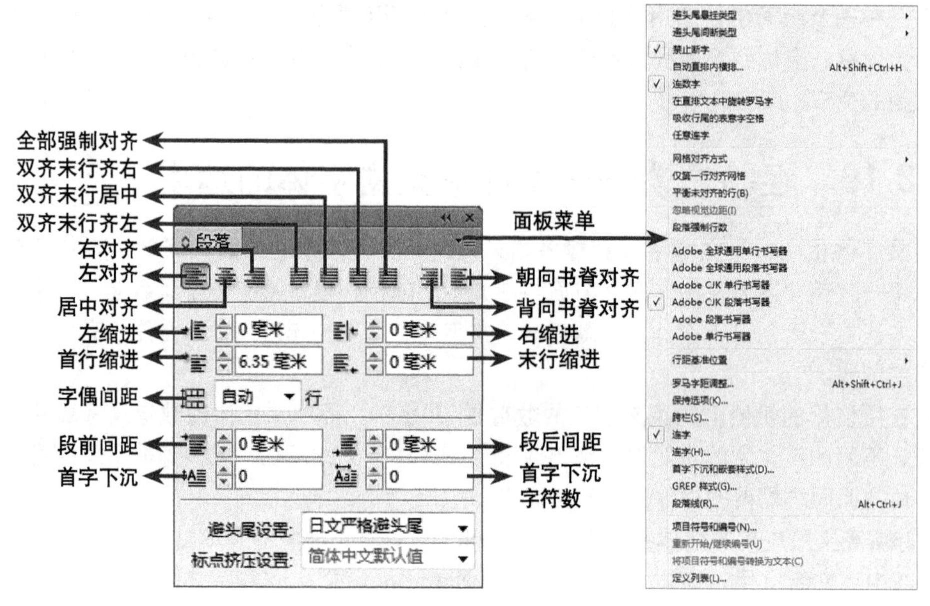

图3-31 “段落”面板

在“控制”面板中，也可以设置段落的对齐方式，如图 3-32 所示。

图3-32 “控制”面板中的段落属性控制

下面将以“段落”面板为例，介绍各段落属性的作用。

3.4.1 对齐方式

InDesign 提供了 9 种不同的段落对齐方式，以供在不同的需求下使用。下面分别对 9 种对齐方式进行详细介绍。

- 左对齐：单击此按钮，可以使所选择的段落文字沿文本框左侧对齐。图 3-33 所示为原图，图 3-34 所示为左对齐时的效果。

图3-33 原图

图3-34 左对齐

- 居中对齐：单击此按钮，可以使所选择的段落文字沿文本框中心线对齐，如图 3-35 所示。
- 右对齐：单击此按钮，可以使所选择的段落文字沿文本框右侧对齐，如图 3-36 所示。

图3-35　居中对齐

图3-36　右对齐

- 双齐末行齐左：单击此按钮，可以使所选择的段落文字除最后一行沿文本框左侧对齐外，其余的行将对齐到文本框的两侧，如图 3-37 所示。
- 双齐末行居中：单击此按钮，可以使所选择的段落文字除最后一行沿文本框中心线对齐外，其余的行将对齐到文本框的两侧，如图 3-38 所示。

图3-37　双齐末行齐左

图3-38　双齐末行居中

- 双齐末行齐右：单击此按钮，可以使所选择的段落文字除最后一行沿文本框右侧对齐外，其余的行将对齐到文本框的两侧，如图 3-39 所示。
- 全部强制对齐：单击此按钮，可以使所选择的段落文字沿文本框的两侧对齐，如图 3-40 所示。

图3-39　双齐末行齐右

图3-40　全部强制对齐

- 朝向书脊对齐：单击此按钮，可以使所选择的段落文字在书脊那侧对齐。
- 背向书脊对齐：单击此按钮，可以使所选择的段落文字背向书脊那侧对齐。

3.4.2 缩进

段落缩进就是可以使文本段落每一行的两端向内移动一定的距离，或为段落的第一行设置缩进量，以实现首行缩进两字的格式。可以应用“控制”面板、“段落”面板或“定位符”面板来设置缩进，还可以在创建项目符号或编号列表时设置缩进。下面对各个缩进进行详细介绍。

- 左缩进：在此文本框中输入数值，可以控制文字段落的左侧对于左定界框的缩进值，如图 3-41 所示。
- 右缩进：在此文本框中输入数值，可以控制文字段落的右侧对于右定界框的缩进值，如图 3-42 所示。

图3-41　左缩进效果

图3-42　右缩进效果

- 首行左缩进：在此文本框中输入数值，可以控制选中段落的首行相对其他行的缩进值，如图 3-43 所示。

如果在首行左缩进文本框中输入一个负数，且此数值不大于段落左缩进的数值，则可以创建首行悬挂缩进的效果。

- 末行右缩进：在此文本框中输入数值，可以在段落末行的右边添加悬挂缩进。
- 强制行数：在此文本框中输入数值或选择一个选项，会使段落按指定的行数居中对齐。

图3-43　首行左缩进效果

3.4.3 段落间距

通过设置段落间距，可以使同一个文本框中的每个段落之间有一定的距离，以便于突出重点段落。下面对“段落”面板中的两种文本段落间距进行详细介绍。

- 段前间距：在此文本框中输入数值，可以控制当前文字段与上一文字段之间的垂直间距。图 3-44 所示是设置不同段前间距时的效果。
- 段后间距：在此文本框中输入数值，可以控制当前文字段与下一文字段之间的垂直间距。

提　示

在段前间距和段后间距文本框中不可以输入负数，且取值范围在0~3048毫米。

图3-44　设置文段前间距

3.4.4　首字下沉

通过设置首字下沉，可以使所选择段落的第一个文字或多个文字放大后占用多行文本的位置，起到吸引读者注意力的作用。下面对“段落”面板中的首字下沉行数和首字下沉一个或多个字符进行详细介绍。

- 首字下沉行数 0：在此文本框中输入数值，可以控制首字下沉的行数。
- 首字下沉一个或多个字符 0：在此文本框中输入数值，可以控制需要下沉的字母数。

图 3-45 所示为设置一个字符和多个字符后的效果。

图3-45　设置一个字符和多个字符后的效果

3.4.5　经验之谈——段落格式的重要性

理解段落格式与理解文字格式具有相同的重要性，因为在不同的设计作品中应该为文字段落赋予不同的段落格式，只有这样才能够使文字段落为整个设计作品服务。

段落格式包括段落的对齐方式、段落间距等段落特征，其中以段落的对齐方式尤其值得学习与注意，因为段落的对齐方式会影响阅读者的阅读方式，因此为不同的版面选择不同的文字段落对齐方式也非常重要。下面介绍应用最多的3种段落对齐方式。

3.4.6　经验之谈——左右均齐的用法

文字从左端到右端的长度均齐，字群显得端正、严谨、美观。此排列方式是目前书籍、报刊较常用的一种，如图 3-46 所示。

图3-46　左右均齐

3.4.7　经验之谈——居中对齐的用法

以中心为轴线，两端字距相等。其特点是视线更集中，中心更突出，整体性更强。用文字居中排列的方式配置图片时，文字的中轴线最好与图片的中轴线对齐，以取得版面视线的统一，如图 3-47 所示。

图3-47　居中对齐

3.4.8　经验之谈——齐左或齐右的用法

齐左或齐右的排列方式有松有紧、有虚有实、有节奏感。齐左或齐右排列文字后，行首或行尾自然出现一条清晰的垂直线，在与图形的配合上易协调并可取得同一视点。

齐左显得自然，符合阅读时视线移动的习惯；相反，齐右就不太符合阅读的习惯及心理，因而较少使用，但齐右的文字编排方式会使文字段落显得较为新颖。

齐左与齐右的版面效果如图 3-48 和图 3-49 所示。

图3-48　左对齐

图3-49　右对齐

除上述三种文字的排列形式外，也可以按图3-50所示的段落自由排列文本段落。

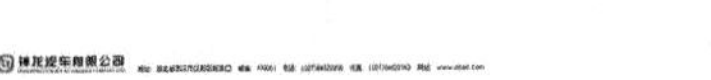

图3-50　自由排列文本段落

3.5 创建与编辑目录

使用目录功能，可以将应用了指定样式的正文（通常是不同级别的标题）提取出来，常用于书籍、杂志等长文档中。

作为一个排版软件，InDesign提供了非常完善的创建与编辑目录功能。条目及页码直接从文档内容中提取，并可以随时更新，甚至可以跨越同一书籍文件中的多个文档进行该操作。且一个文档可以包含多个目录。

下面就来介绍InDesign中目录的创建与编辑方法。

3.5.1 设置及排入目录

在创建目录之前，首先要确定哪些内容是要包括在目录中的，并根据目录等级为其应用样式，通常这些内容都是文章的标题，且较为简短。

提 示

关于样式的讲解，请参见本章第3.13和3.14节。

下面将通过一个实例，将应用了“标题”样式的文字生成为目录，其操作步骤如下所述。

01 打开随书所附光盘中的文件“源文件\第3章\3.5.1-素材.indd”，其中包含了3个页面，如图3-51和图3-52所示。

图3-51　文档第1页

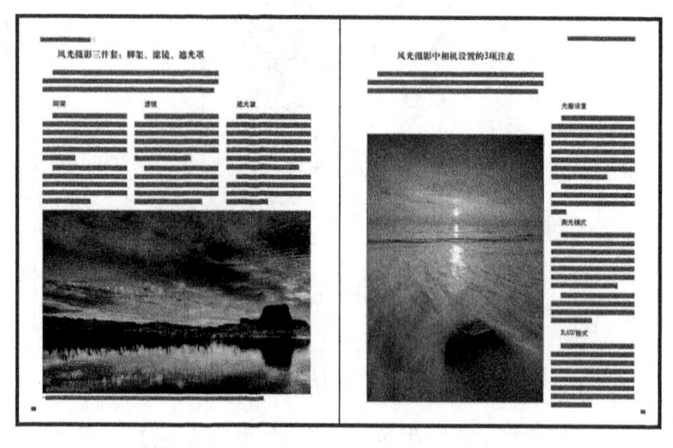

图3-52　文档第2～3页

02 首先，创建一个目录样式。执行“版面”|“目录样式”命令，则弹出如图3-53所示的对话框。

> **提　示**
>
> 通过创建目录样式，可以在以后生成目录时反复调用该目录样式生成目录。若只是临时生成目录，或生成目录操作执行的比较少，也可以跳过此步骤。

03 单击对话框右侧的“新建”按钮，则弹出如图3-54所示的对话框。

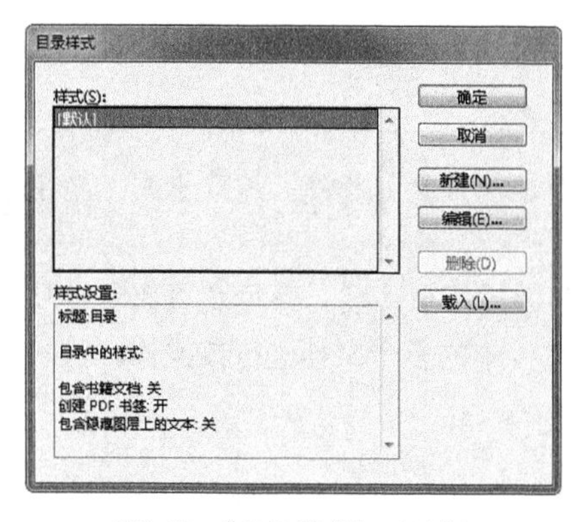

图3-53　“目录样式”对话框

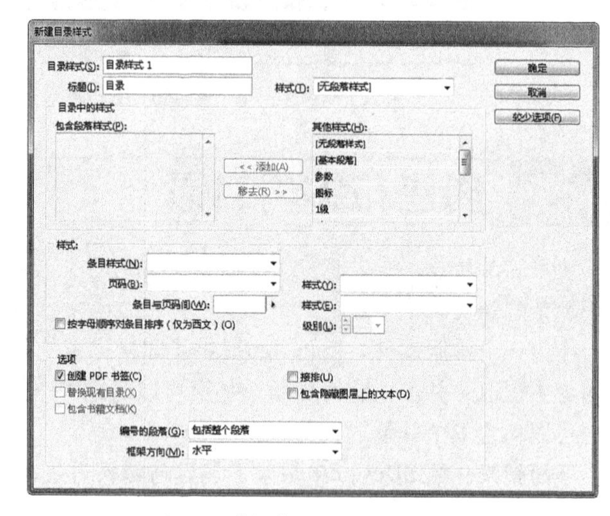

图3-54　“新建目录样式”对话框

在“新建目录样式”对话框中，其重要参数解释如下。

- 目录样式：在该文本框中可以为当前新建的样式命名。
- 标题：在该文本框中可以输入出现在目录顶部的文字。
- 样式：在位于标题选项右侧的样式下拉列表中，可以选择生成目录后，标题文字要应用的样式名称。

在“目录中的样式”选项组中包括“包含段落样式”和“其他样式”两个列表框，其含义如下所述。

- 包含段落样式：在该列表框中显示的是希望包括在目录中的文字所使用的样式。它是通过右侧“其他样式”列表框中添加得到的。
- 其他样式：该列表框中显示的是当前文档中的所有样式。
- 条目样式：在该下拉列表中可以选择与“包含段落样式”列表框中相应的、用来格式化目录条目的段落样式。
- 页码：在该下拉列表中可以指定选定的样式中，页码与目录条目之间的位置，依次为“条目后”、“条目前”及“无页码”3个选项。通常情况下，选择的是“条目后”选项。在其右侧的“样式”下拉列表中还可以指定页码的样式。
- 条目与页码间：在此可以指定目录的条目及其页码之间希望插入的字符，默认为^t（即定位符，尖号^+t）。在其右侧的样式下拉列表中还可以为条目与页码之间的内容指定一个样式。
- 按字母顺序对条目排序：选中该复选框后，目录将会按所选样式，根据英文字母的顺序进行排列。
- 级别：默认情况下，添加到“包含段落样式”列表框中的每个项目都比它之前的目录低一级。
- 创建PDF书签：选中该复选框后，在输出目录的同时将其输出成为书签。
- 接排：选中该复选框后，则所有的目录条目都会排在一段，各个条目之间用分号进行间隔。
- 替换现有目录：如果当前已经有一份目录，则此会被激活，选中后新生成的目录会替换旧的目录。
- 包含隐藏图层上的文本：选中该复选框后，则生成目录时会包括隐藏图层中的文本。
- 包含书籍文档：如果当前文档是书籍文档中的一部分，则此选项会被激活。选中该复选框后，可以为书籍中的所有文档创建一个单独的目录，并重排书籍的页码。

04 在“新建目录样式”对话框中的“目录样式”文本框中输入样式的名称为Content。

05 在“其他样式”列表框中双击“1级”样式，从而将其添加至左侧的“包含段落样式”列表中。

06 在下面的“条目样式”下拉列表中选择“目录 标题”样式，从而在生成目录后，为1级标题生成的目录应用“目录 标题”样式，如图3-55所示。

07 按照第5~6步的方法，继续设置“2级”和“3级”样式。

08 单击“确定”按钮返回“目录样式”对话框，此时该对话框中已经存在了一个新的目录样式，如图3-56所示。单击“确定”按钮退出对话框即可。

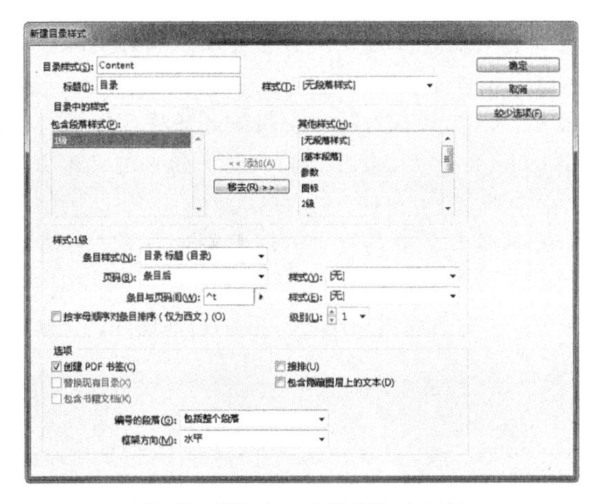

图3-55 “新建目录样式”对话框

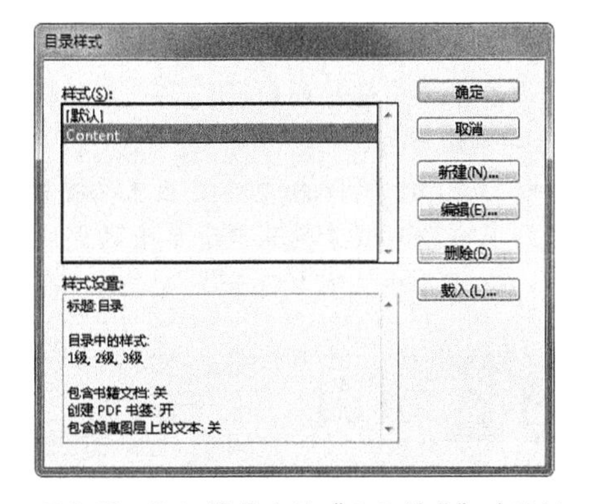

图3-56 添加样式后的“目录样式”对话框

09 切换至文档第1页左侧的空白位置，执行“版面”|“目录”命令，由于前面已经设置好了相应的参数，此时弹出的对话框如图3-57所示。

10 单击“确定”按钮退出对话框即开始生成目录，生成目录完毕后，光标将变为状态，单击鼠标即可得到生成的目录。使用“选择工具”将生成的目录缩放成适当的大小后置于如图3-58所示的位置。

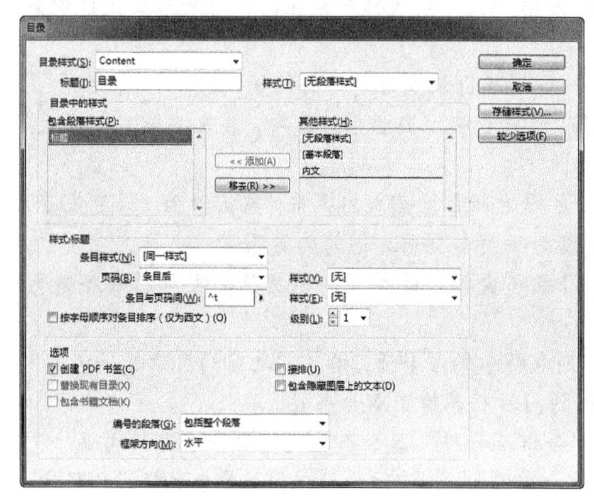

图3-57 “目录”对话框

目录

Chapter 07 [风景]摄影解析 131
风光摄影三件套：脚架、滤镜、遮光罩 132
脚架 132
滤镜 132
遮光罩 132
风光摄影中相机设置的3项注意 133
光圈设置 133
测光模式 133
RAW格式 133

图3-58 生成的目录

3.5.2 更新目录

在生成目录且又对文档编辑后，文档中的页码、标题或与目录条目相关的其他元素可能会发生变化，此时就需要更新目录。

更新目录的方法非常简单，即首先选中目录内容文本框或将光标插入目录内容中，然后执行“版面”|“更新目录”命令即可。

3.5.3 经验之谈——为书籍创建目录时的注意事项

要想获得最佳目录效果，在为书籍文件创建目录之前，必须确认以下几点内容。

- 所有文档已全部添加到“书籍”面板中，且文档的顺序正确，所有标题以正确的段落样式统一了格式。
- 避免使用名称相同但定义不同的样式创建文档，以确保在书籍中使用一致的段落样式。如果有多个名称相同但样式定义不同的样式，InDesign CS6将会使用当前文档中的定义或者在书籍中第一次出现时的定义。
- “目录”对话框中要显示出必要的样式。如果未显示必要的样式，则需要对书籍进行同步，以便将样式复制到包含目录的文档中。
- 如果希望目录中显示页码前缀（如1-1、1-3等），需要使用节编号，而不是章编号。

3.6 索引

索引与目录的功能较为相近，都是将指定的文字（可以是人名、地名、词语、概念或其他事项）提取出来，给人以引导，常见于各种工具书中。不同的是，索引是通过在页面中定义关键字，最终将内容提取出来的。下面介绍其相关操作。

3.6.1 创建索引

要创建索引，首先需要将索引标志符置于文本中，将每个索引标志符与要显示在索引中的单词（称作主题）建立关联。具体创建步骤如下所述。

01 创建主题列表。执行“窗口”|“文字和表”|“索引”命令，以显示“索引”面板，如图3-59所示。

02 选择“主题”模式，单击“索引”面板右上角的面板按钮，在弹出的菜单中执行“新建主题”命令，或者单击“索引”面板底部的“创建新索引条目”按钮，弹出“新建主题”对话框，如图3-60所示。

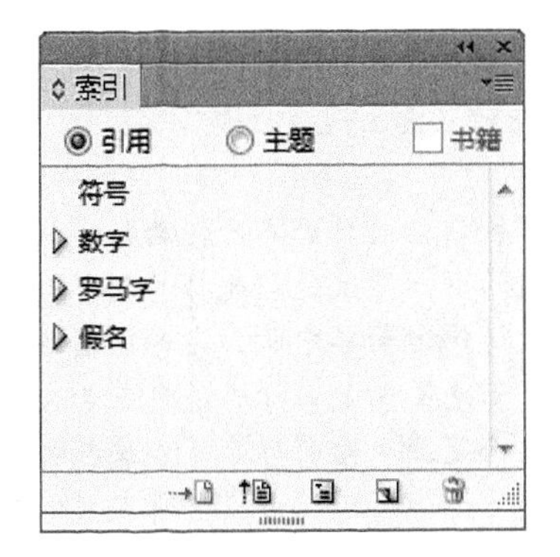

图3-59 “索引”面板

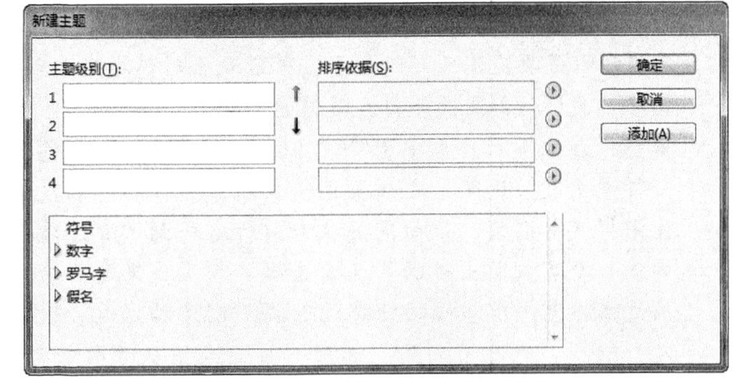

图3-60 “新建主题”对话框

在“索引”面板中包含两个模式，即“引用”和“主题”，含义如下所述。

- 在“引用”模式中，预览区域显示当前文档或书籍的完整索引条目，主要用于添加索引条目。
- 在“主题”模式中，预览区域只显示主题，而不显示页码或交叉引用，主要用于创建索引结构。

03 在“主题级别”下的第一个文本框中键入主题名称（如：标题一）。在第二个文本框中输入副主题（如：标题二）。在输入“标题二”时相对于“标题一”要有所缩进。如果还要在副主题下创建副主题，可以在第三个文本框中输入名称，依此类推。

04 设置好后，单击“添加”按钮以添加主题，此主题将显示在“新建主题” 对话框和“索引”面板中，单击“完成”按钮退出对话框。

05 添加索引标志符。在工具箱中选择“文字工具”T，将光标插在希望显示索引标志符的位置，或在文档中选择要作为索引引用基础的文本。

提 示

当选定的文本包含随文图或特殊字符时，某些字符（例如索引标志符和随文图）将会从“主题级别”框中删除。而其他字符（例如全角破折号和版权符号）将转换为元字符（例如，^_ 或^2）。

06 在“索引”面板中，选择“引用”模式。如果添加到“主题”列表的条目没有显示在“引用”中，此时可以单击“索引”面板右上角的面板按钮，在弹出的菜单中执行“显示未使用的主题”命令，随后就可以在添加条目时使用那些主题。

提 示

如果要从书籍文件中任何打开的文档查看索引条目，可以选择“书籍”模式。

07 单击“索引”面板右上角的面板按钮，在弹出的菜单中执行“新建页面引用”命令，弹出如图3-61所示的对话框。

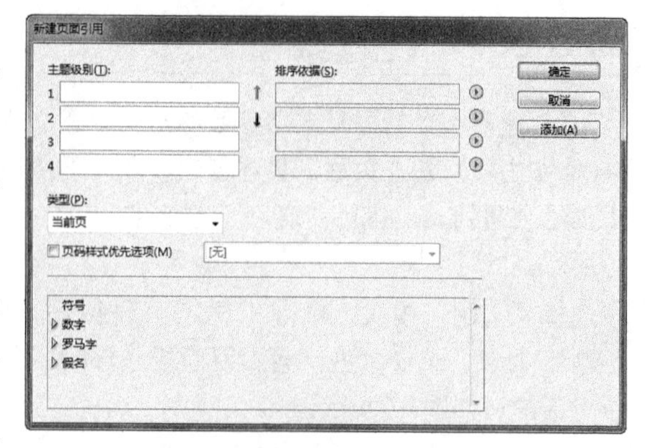

图3-61 “新建页面引用”对话框

“新建页面引用”对话框中各选项的含义如下所述。

- 主题级别：如果要创建简单索引条目，可以在第一个文本框中输入条目名称（如果选择了文本，则该文本将显示在“主题级别”框中）；如果要创建条目和子条目，可以在第一个文本框中输入父级名称，并在后面的文本框中键入子条目；如果要应用已有的主题，可以双击对话框底部列表框中的任意主题。
- 排序依据：控制更改条目在最终索引中的排序方式。
- 类型：在此下拉列表中选择“当前页”选项，页面范围不扩展到当前页面之外；选择“到下一样式更改”选项，更改页面范围从索引标志符到段落样式的下一更改处；选择“到下一次使用样式”选项，页面范围从索引标志符到“邻近段落样式”弹出菜单中所指定的段落样式的下一个实例所出现的页面；选择“到文章末尾”选项，页面范围从索引标志符到包含文本的文本框架当前串接的结尾；选择“到文档末尾”选项，页面范围从索引标志符到文档的结尾；选择“到章节末尾”选项，页面范围从索引标志符扩展到“页面” 面板中所定义的当前章节的结尾；选择“后 # 段”选项，页面范围从索引标志符到“邻近”文本框中所指定的段数的结尾，或是到现有的所有段落的结尾；选择“后 # 页”选项，页面范围从索引标志符到“邻近”文本框中所指定的页数的结尾，或是到现有的所有页面的结尾；选择“禁止页面范围”选项，即关闭页面范围；如果要创建引用其他条目的索引条目，可以一个交叉引用选项，如“参见此处，另请参见此处”、“[另请]参见，另请参见”或“请参见”，然后在“引用”文本框中输入条目名称，或将底部列表中的现有条目拖到“引用” 框中；如果要自定交叉引用条目中显示的“请参见”和“另请参见”条目，可以选择“自定交叉引用”选项。
- 页码样式优先选项：选中此复选框，可以在右侧的下拉列表中指定字符样式，以强调特定的索引条目。
- 添加按钮：单击此按钮，将添加当前条目，并使此对话框保持打开状态以添加其他条目。

08 设置好后，单击“添加”按钮，然后单击“确定”按钮退出。

09 生成索引。单击“索引”面板右上角的面板按钮，在弹出的菜单中执行“生成索引”命令，弹出如图3-62所示的对话框。

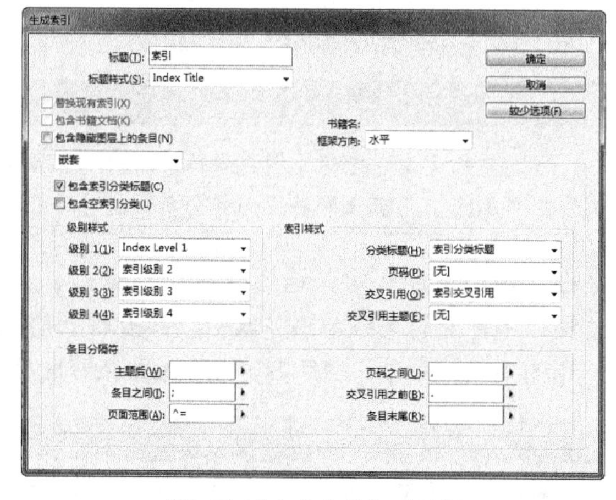

图3-62 “生成索引”对话框

“生成索引”对话框中的各选项的含义如下所述。

- 标题：在此文本框中可以输入将显示在索引顶部的文本。
- 标题样式：在此下拉列表中选择一个选项，用于设置标题格式。
- 替换现有索引：选中此复选框，将更新现有索引。如果尚未生成索引，此选项呈灰显状态；如果取消选中此复选框，则可以创建多个索引。

- 包含书籍文档：选中此复选框，可以为当前书籍列表中的所有文档创建一个索引，并重新编排书籍的页码。如果只想为当前文档生成索引，则取消选中此复选框。
- 包含隐藏图层上的条目：选中此复选框，可以将隐藏图层上的索引标志符包含在索引中。

提 示

以下选项，需要单击“更多选项”按钮才能显示出来。

- 嵌套：选择此选项，可以使用默认样式设置索引格式，且子条目作为独立的缩进段落嵌套在条目之下。
- 接排：选择此选项，可以将条目的所有级别显示在单个段落中。
- 包含索引分类标题：选中此复选框，将生成包含表示后续部分字母字符的分类标题。
- 包含空索引分类：选中此复选框，将针对字母表的所有字母生成分类标题，即使索引缺少任何以特定字母开头的一级条目也会如此。
- 级别样式：对每个索引级别，选择要应用于每个索引条目级别的段落样式。在生成索引后，可以在“段落样式”面板中编辑这些样式。
- 分类标题：在此下拉列表中可以选择所生成索引中的分类标题外观的段落样式。
- 页码：在此下拉列表中可以选择所生成索引中的页码外观的字符样式。
- 交叉引用：在此下拉列表中可以选择所生成索引中交叉引用前缀外观的字符样式。
- 交叉引用主题：在此下拉列表中可以选择所生成索引中被引用主题外观的字符样式。
- 主题后：在此文本框中，可以输入或选择一个用来分隔条目和页码的特殊字符。默认值是两个空格，通过编辑相应的级别样式或选择其他级别样式，确定此字符的格式。
- 页码之间：在此文本框中，可以输入或选择一个特殊字符，以便将相邻页码或页面范围分隔开。默认值是逗号加半角空格。
- 条目之间：如果选择“嵌套”，在此文本框中，可以输入或选择一个特殊字符，以决定单个条目下的两个交叉引用的分隔方式。如果选择了“接排”，则决定条目和子条目的分隔方式。
- 交叉引用之前：在此文本框中，可以输入或选择一个在引用和交叉引用之间显示的特殊字符。默认值是句点加空格，通过切换或编辑相应的级别样式来决定此字符的格式。
- 页面范围：在此文本框中，可以输入或选择一个用来分隔页面范围中的第一个页码和最后一个页码的特殊字符。默认值是半角破折号，通过切换或编辑页码样式来决定此字符的格式。
- 条目末尾：在此文本框中，可以输入或选择一个在条目结尾处显示的特殊字符。如果选择了“接排”，则指定字符将显示在最后一个交叉引用的结尾。默认值是无字符。

10 排入索引文章。使用载入的文本光标将索引排入文本框中，然后设置页面和索引的格式。

提 示

多数情况下，索引需要开始于新的页面。另外，在出版前的索引调整过程中，这些步骤可能需要重复若干次。

3.6.2 管理索引

在设置索引并向文档中添加索引标志符之后，便可通过多种方式管理索引。可以查看书籍中的所有索引主题、从“主题”列表中移去“引用”列表中未使用的主题、在“引用”列表或“主题”列表中查找条目以及从文档中删除索引标志符等。

1. 查看书籍中的所有索引主题

打开书籍文件及“书籍”面板中包含的所有文档，然后在“索引”面板中选择“书籍”模式，即可显示整本书中的条目。

2. 移去未使用的主题

创建索引后，通过单击“索引”面板右上角的面板按钮，在弹出的菜单中执行“移去未使用的主题”命令，可以移去索引中未包含的主题。

3. 查找条目

单击“索引”面板右上角的面板按钮，在弹出的菜单中执行“显示查找栏”命令，然后在“查找”文本框中，输入要查找的条目名称，然后按向下箭头↓或向上箭头↑键开始查找。

4. 删除索引标志符

在“索引”面板中，选择要删除的条目或主题，然后单击“删除选定条目”按钮，即可将选定的条目或主题删除。

提 示

如果选定的条目是多个子标题的上级标题，则会删除所有子标题。另外，在文档中，选择索引标志符，按 Backspace 键或 Delete 键也可以将选定的索引标志符删除。

5. 定位索引标志符

要定位索引标志符，可按照下面的步骤进行操作。

01 执行“文字”|“显示隐含的字符”命令，使文档中显示索引标志符。

02 在“索引” 面板中，选择“引用”模式，然后选择要定位的条目。

03 单击“索引”面板右上角的面板按钮，在弹出的菜单中执行“转到选定标志符”命令，此时插入点将显示在索引标志符的右侧。

3.7 设定复合字体

为了对中、英文字符分别应用相应的中文或英文字体，InDesign 提供了非常方便的复合字体功能。简单来说，其作用就是将任意一种中文字字体和英文字体混合在一起，作为一种复合字体来使用。

3.7.1 创建复合字体

要创建复合字体，可以按照以下方法进行操作。

01 执行“文字”|“复合字体”命令，弹出“复合字体编辑器”对话框，如图3-63所示。

02 在弹出的对话框右侧单击“新建”按钮，弹出的“新建复合字体”对话框，如图3-64所示。

03 在“新建复合字体”对话框的“名称”文本框中输入复合字体的名称，然后在“基于字体”文本框中指定作为新复合字体基础的复合字体。

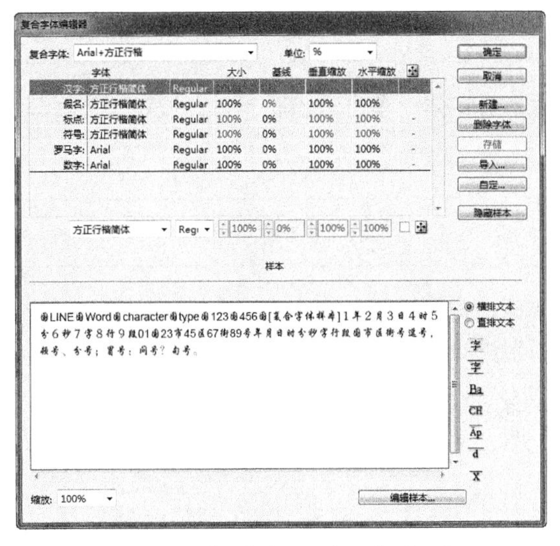

图3-63 “复合字体编辑器”对话框

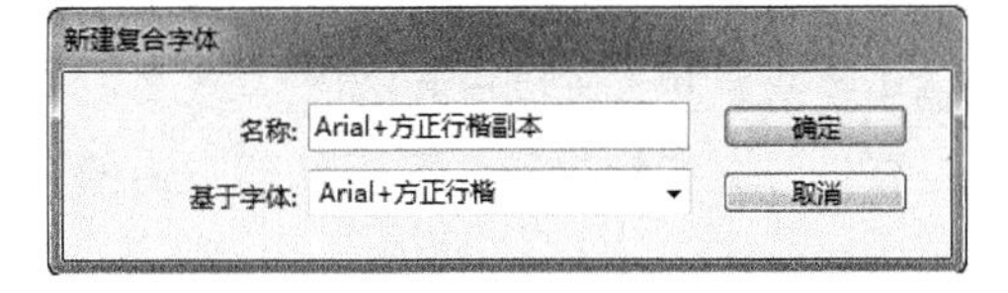

图3-64 “新建复合字体”对话框

04 单击“确定”按钮返回到“复合字体编辑器”对话框，然后在列表框下指定字体属性，如图3-65和图3-66所示。

05 单击“存储”按钮以存储所创建的复合字体的设置，然后单击“确定”按钮退出对话框。创建好的复合字体就会显示在字体列表的最前面。

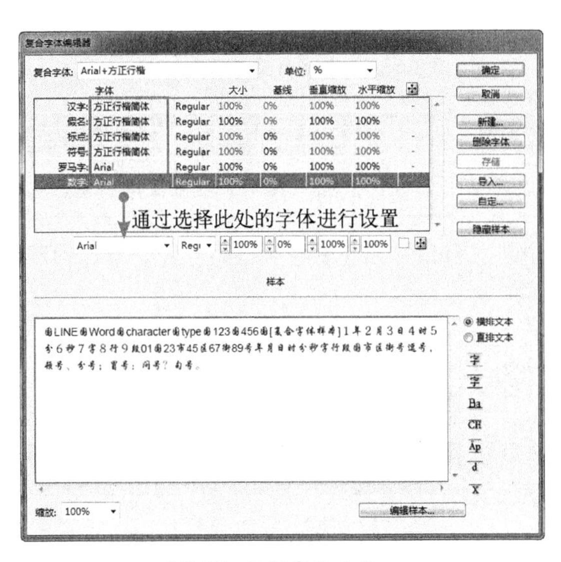

图3-65 设置字体属性

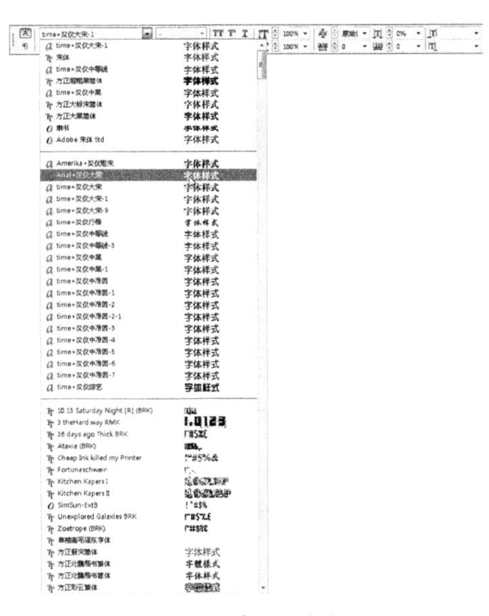

图3-66 创建的复合字体

可以尝试在书籍中添加两个InDesign文档。在其中一个文档中创建复合字体，然后利用书籍的同步功能将其同步至另外一个文档中。

3.7.2 导入复合字体

在“复合字体编辑器”对话框中单击“导入”按钮，然后在“打开文件”对话框中双击包含要导入的复合字体的InDesign文档即可。

3.7.3 删除复合字体

在“复合字体编辑器”对话框中选择要删除的复合字体，单击“删除字体”按钮，然后单击“是”按钮即可。

3.8 文章编辑器

在 InDesign CS6中，可以在页面中或文章编辑器窗口中编辑文本。在文章编辑器窗口中输入和编辑文本时，将按照“首选项”对话框中指定的字体、大小及间距显示整篇文章，而不会受到版面或格式的干扰。并且还可以在文章编辑器中查看对文本所执行的修订。

要打开文章编辑器，可以按照下面的步骤进行操作。

01 在页面中选择需要编辑的文本框架，然后在文本框架中单击一个插入点，或从不同的文章选择多个框架。

02 执行“编辑”|“在文章编辑器中编辑”命令，将打开文章编辑器窗口，所选择的文本框架内的文本（包含溢流文本）也将显示在文章编辑器内，如图3-67所示。

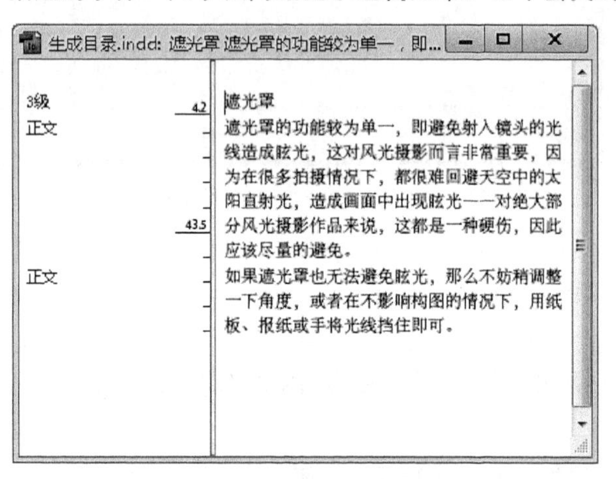

图3-67 打开文章编辑器窗口

提 示

在文章编辑器窗口中，垂直深度标尺指示文本填充框架的程度，直线指示文本溢流的位置。

编辑文章时，所做的更改将反映在版面窗口中。“窗口”菜单将会列出打开的文章，但不能在文章编辑器窗口中创建新文章。

3.9 查找与更改文本及其格式

使用“查找/更改”功能，可以非常方便地查找多种对象，并将其替换为指定的属性，其中以查找与更改文本功能最为常用。本节就来介绍相关的知识。

按 Ctrl+F 组合键或执行“编辑”|“查找/更改”命令，即可弹出“查找/更改”对话框，如图 3-68 所示。

在此对话框中，基本参数如下所述。

- 查询：在此下拉列表中，可以选择查找与更改的预设。可以单击后面的“保存”按钮，在弹出的对话框中输入新预设的名称，单击“确定”按钮退出对话框，即可在以后查找/更改同类内容时，直接在此下拉列表中选择之前保存的预设；对于自定义的预设，将其选

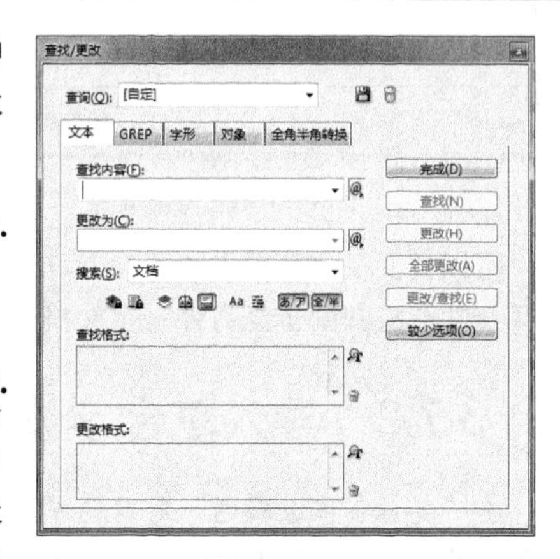

图3-68 “查找/更改”对话框

中后，可以单击“删除”按钮，在弹出的对话框中单击“确定”按钮以将其删除。

- 选项卡：在“查询”下拉列表下，可以选择不同的选项卡，以定义查找与更改的对象。
- 完成：单击此按钮，将完成当前的查找与更改，并退出对话框。
- 查找：单击此按钮，可以根据所设置的查找条件，在指定的范围中查找对象。当执行一次查找操作后，此处将变为“查找下一个”按钮。
- 更改：对于找到满足条件的对象，可以单击此按钮，从而将其替换为另一种属性；若“更改为”区域中设置完全为空，则将其替换为无。
- 全部更改：将指定范围中所有找到的对象，替换为指定的对象。
- 更改/查找：单击此按钮，将执行更改操作，并跳转至下一个满足搜索条件的位置。

3.9.1 了解“查找/更改”的对象

InDesign中提供了非常强大的查找与更改功能，其范围包含了文本、GREP、字形、对象以及全角半角转换等，可以在“查找/更改”对话框中选择不同的选项卡，来切换查找与更改的范围。

在“查找/更改”对话框中，各选项卡的含义如下所述。

- 文本：此选项卡用于搜索特殊字符、单词、多组单词或特定格式的文本，并进行更改。还可以搜索特殊字符并替换特殊字符，比如符号、标志和空格字符。另外，通配符选项可帮助扩大搜索范围。
- GREP：此选项卡使用基于模式的高级搜索方法，搜索并替换文本和格式。
- 字形：此选项卡使用 Unicode 或 GID/CID 值搜索并替换字形，特别是对于搜索并替换亚洲语言中的字形非常有用。
- 对象：此选项卡用于搜索并替换对象和框架中的格式效果和属性。比如，可以查找具有 4 点描边的对象，然后使用投影替换描边。
- 全角半角转换：此选项卡也可以转换亚洲语言文本的字符类型。比如，可以在日文文本中搜索半角片假名，然后用全角片假名替换。

3.9.2 查找和更改文本

在选中“文本”选项卡的情况下（如图3-69所示）可以根据需要查找与更改文字的内容及字符、段落等属性。其操作步骤如下所述。

01 选择要搜索一定范围的文本或文章，或将插入点放在文章中。如果要搜索多个文档，需要打开相应文档。

02 执行“编辑”|“查找/更改”命令，在弹出的对话框中单击“文本” 选项卡。

03 从“搜索”下拉列表中指定搜索范围，然后单击相应图标以包含锁定对象、主页、脚注以及其他的搜索项目。

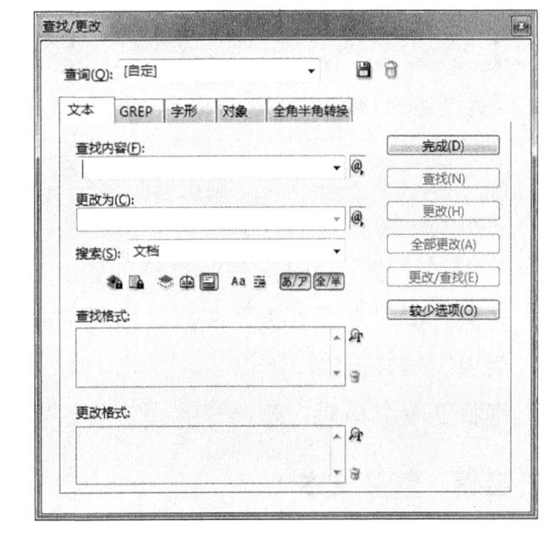

图3-69 “查找/更改”对话框

- 所有文档：选择此选项，可以对打开的所有文档进行搜索操作。
- 文档：选择此选项，可以在当前操作的文档内进行搜索操作。

- 文章：选择此选项，可以将当前文本光标所在的整篇文章作为搜索范围。
- 到文章末尾：选择此选项，可以从当前光标所在的位置开始至文章末尾作为查找的范围。
- 选区：当在文档中选中了一定的文本时，此选项会显示出来。选择此选项后，将在选中的文本中执行查找与更改操作。

“搜索”下方一排图标的含义如下所述。

- 包括锁定图层：单击此按钮，可以搜索已使用“图层选项”对话框锁定的图层上的文本，但不能替换锁定图层上的文本。
- 包括锁定文章：单击此按钮，可以搜索InCopy工作流中已签出的文章中的文本，但不能替换锁定文章中的文本。
- 包括隐藏图层：单击此按钮，可以搜索已使用“图层选项”对话框隐藏的图层上的文本。找到隐藏图层上的文本时，可看到文本所在处被突出显示，但看不到文本。可以替换隐藏图层上的文本。
- 包括主页：单击此按钮，可以搜索主页上的文本。
- 包括脚注：单击此按钮，可以搜索脚注上的文本。
- 区分大小写Aa：单击此按钮，可以在查找字母时只搜索与“查找内容”文本框中字母的大写和小写准确匹配的文本字符串。
- 全字匹配：单击此按钮，可以在查找时只搜索与“查找内容”文本中输入的文本长度相同的单词。如果搜索字符为罗马单词的组成部分，则会忽略。
- 区分假名あ/ア：单击此按钮，在搜索时将区分平假名和片假名。
- 区分全角/半角全/半：单击此按钮，在搜索时将区分半角字符和全角字符。

04 在“查找内容”文本框中，输入或粘贴要查找的文本，或者单击文本框右侧的“要搜索的特殊字符”按钮，在弹出的菜单中选择具有代表的字符，如图3-70所示。

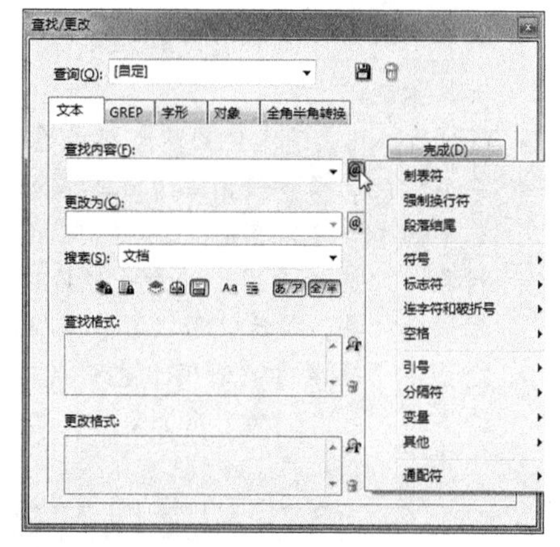

图3-70 选择要搜索的特殊字符

提 示

在“查找/更换”对话框中，还可以通过选择“查询”下拉列表中的选项进行查找。

05 确定要搜索的文本后，然后在“更改为”文本框中，输入或粘贴替换文本，或者单击文本框右侧的“要搜索的特殊字符”按钮，在弹出的菜单中选择具有代表的字符。

06 单击“查找”按钮。若要继续搜索，可单击“查找下一个”按钮、“更改”按钮（更改当前实例）、“全部更改”按钮（出现一则消息，指示更改的总数）或“查找/更改”按钮（更改当前实例并搜索下一个）。

07 查找更改完毕后，单击“完成”按钮退出对话框。

实例：替换文本

源 文 件:	源文件\第3章\3.9.indd
视频文件:	视频\3.9.avi

本例将以一段总经理致辞文字为例，将其中的“我们”替为换公式名称“吉林腾达”，其操

作步骤如下所述。

01 打开随书所附光盘中的文件“源文件\第3章\3.9-素材.indd”，如图3-71所示。

02 按Ctrl+F组合键调出“查找/更改”对话框，分别在“查找内容”和“更改为”文本框中输入“我们”和“吉林腾达”，如图3-72所示。

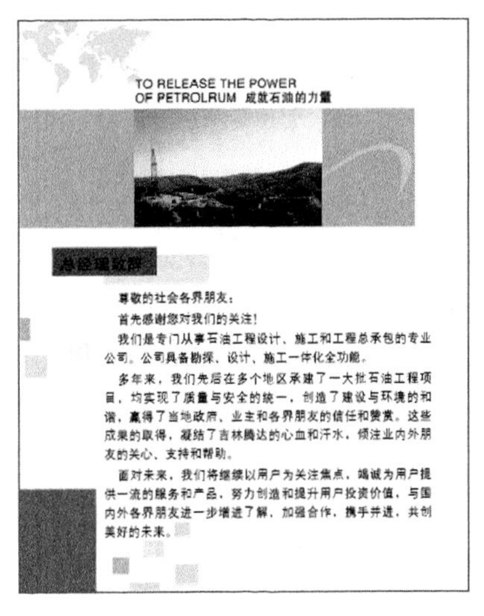

图3-71　原文档

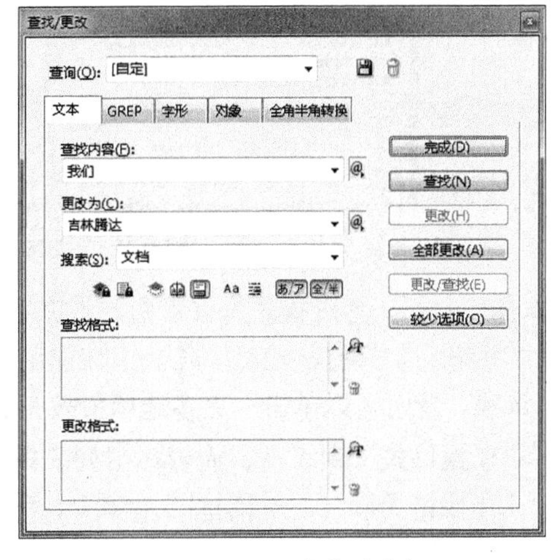

图3-72　设置查找的参数

03 单击“全部更改”按钮，即可进行替换。

04 完成替换后，将会弹出提示框，告诉用户替换的数量，如图3-73所示。

05 单击“确定”按钮退出对话框，即可完成替换，如图3-74所示。

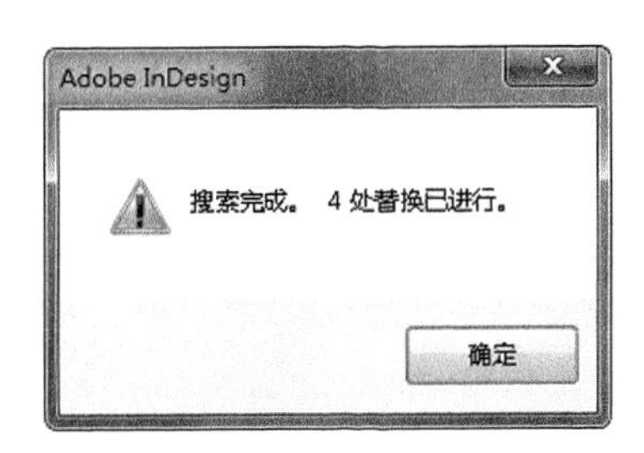

图3-73　提示框

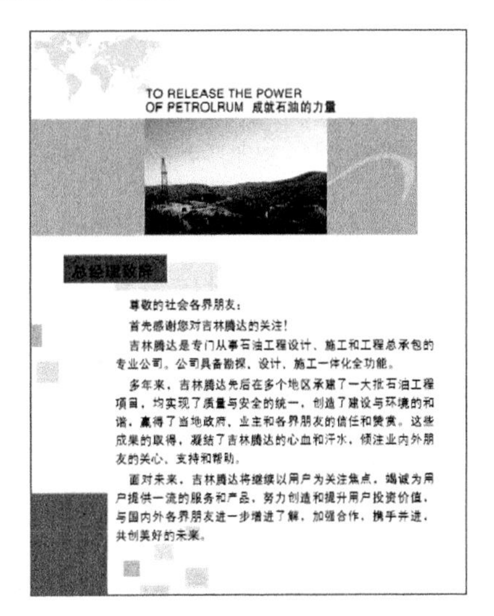

图3-74　替换后的文档效果

3.9.3　查找并更改带格式文本

在“查找格式”列表框中单击“指定要查找的属性”按钮，或在其下面的框中单击，可弹出“查找格式设置”对话框，如图3-75所示。在此对话框中可以设置要查找的文字或段落的属性。

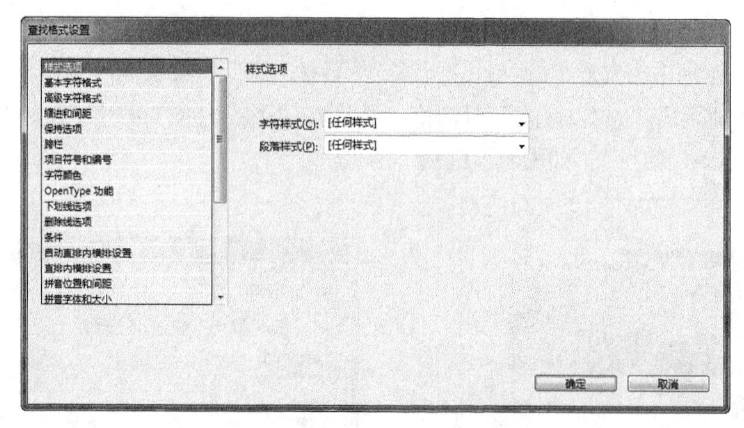

图3-75 “查找格式设置”对话框

下面具体介绍如何查找并更改带格式的文本，操作步骤如下所述。

01 执行“编辑”|“查找/更改”命令，在弹出的对话框中如果未出现“查找格式”和“更改格式”选项，此时可以单击“更多选项”按钮。

02 单击“查找格式”列表框，或者单击列表框右侧的“指定要查找的属性”按钮。然后在弹出的“查找格式设置”对话框的左侧设置所搜索文字的格式及样式属性，最后单击“确定”按钮退出对话框。

提 示

如果仅搜索（或替换为）格式，需要使“查找内容” 或“更改为”文本框保留为空。

03 如果要对查找到的文本应用格式，需要单击“更改格式”列表框，或者单击列表框右侧的“指定要更改的属性”按钮，然后在弹出的“更改格式设置”对话框的左侧设置所搜索文字的格式及样式属性，单击“确定”退钮退出。

04 单击“全部更改”按钮，更改文本的格式。

提 示

如果为搜索条件指定格式，则在“查找内容”或“更改为”框的上方将出现信息图标。这些图标表明已设置格式属性，查找或更改操作将受到相应的限制。

要快速清除“查找格式设置”或“更改格式设置”区域的所有格式属性，可以单击“清除指定的属性”按钮。

可以尝试将前面实例中的“吉林腾达”文字替换为“红色”，字体为“黑体”。

3.9.4 使用通配符进行搜索

所谓的通配符搜索，就是指定“任意数字” 或“任意空格”等通配符，以扩大搜索范围。例如，在“查找内容”文本框中输入“z^?ng”，表示可以搜索以“z”开头且以“ng”结尾的单词，如“zing”、“zang”、“zong” 和“zung”。当然，除了可以输入通配符，也可以单击“查找内容”文本框右侧的“要搜索的特殊字符”按钮，在弹出的下拉列表中选择一个选项。

3.9.5 替换为剪贴板内容

可以使用复制到剪贴板中的带格式内容或无格式内容来替换搜索项目，甚至可以使用复制的图形替换文本。只需复制对应项目，然后在“查找/更改”对话框中，单击“更改为”文本框右侧的“要搜索的特殊字符”按钮，在弹出的下拉列表中选择一个选项。

3.9.6 通过替换删除文本

要删除不想要的文本，在“查找内容”文本框中定义要删除的文本，然后将“更改为” 文本框保留为空（确保在该框中没有设置格式）。

3.10 输入沿路径绕排的文本

沿路径绕排文本是指在当前已有的图形上输入文字，从而使文字能够随着图形的形态及变化而排列文字。

需要注意的是，路径文字只能是一行，任何不能排在路径上的文字都会溢流。另外，不能使用复合路径来创建路径文字。如果绘制的路径是可见的，在向其中添加了文字后，它仍然是可见的。如要隐藏路径，需要使用“选择工具”或“直接选择工具”选中它，然后对填色和描边应用无。

实例：输入路径文字

源 文 件:	源文件\第3章\3.10.indd
视频文件:	视频\3.10.avi

下面介绍制作输入路径文字的具体操作步骤。

01 在工具箱中选择“椭圆工具”，在页面中绘制路径，如图3-76所示。

02 在工具箱中选择“路径文字工具”，将此工具放置在路径上，直至光标变为形状，如图3-77所示，单击在路径上插入一个文字光标。

03 在文字光标的后面输入所需要的文字，即可得到文字沿着路径进行排列的效果，如图3-78所示。

图3-76 绘制圆形

图3-77 摆光标的位置

图3-78 创建路径文字

3.10.1 路径文字基本编辑处理

对于已经创建的路径绕排文本，原来的路径与文字是结合在一起的，但二者仍可以单独设置其属性。例如对于文字仍然可以设置其字体、字号、间距、行距、对齐方式等，如图3-79所示；而对于路径，也可以为其指定描边颜色、描边粗细、描边样式以及填充色等。除此之外，还可以通过修改绕排文字路径的曲率、节点的位置等来修改路径的形状，从而影响文字的绕排效果，如图3-80所示。

图3-79 更改字体、字号及颜色后的效果

图3-80 编辑路径后的效果

3.10.2 路径文字特殊效果处理

选中当前的路径文字，然后执行“文字”|“路径文字”|“选项”命令，或双击“路径文字工具”，在弹出的对话框中可以为路径文字设置特殊效果，如图3-81所示。

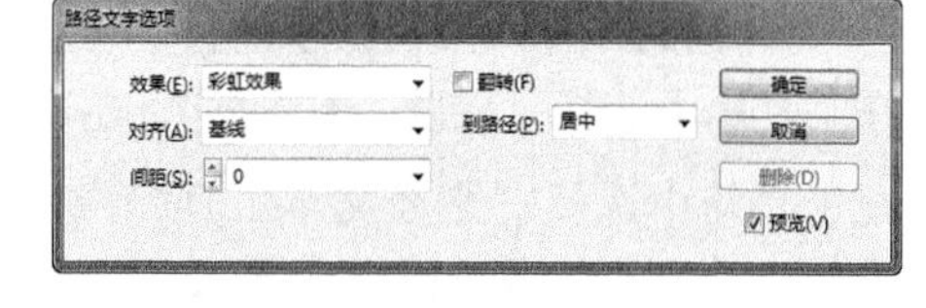

图3-81 “路径文字选项”对话框

在该对话框中，各选项的含义如下所述。

- 效果：此下拉列表中的选项，用于设置文本在路径上的分布方式。包括彩虹效果、倾斜、3D带状效果、阶梯效果和重力效果。图3-82所示为对路径文字应用的不同特殊效果。

彩虹效果

倾斜

阶梯效果

图3-82 不同特殊效果

- 翻转：选中此复选框，可以用来翻转路径文字。
- 对齐：此下拉列表中的选项用于选择路径在文字垂直方向的位置。
- 到路径：此下拉列表中的选项用于指定从左向右绘制时，相对于路径的描边粗细来说，在哪一位置将路径与所有字符对齐方式。
- 间距：在此下拉列表中选择一个或直接输入数值，可控制文字在路径急转弯或锐角处的水平距离，如图3-83所示。

图3-83　设置不同“间距”数值时的效果

- 删除：单击此按钮，或在选中路径文字的情况下，执行“文字”|“路径文字”|“删除路径文字”命令，即可删除当前的路径文字效果。

3.11 制作异形文本块

使用“文本工具”在一个图形中单击即可在其中添加文本，这就是制作异形文本块的基本技术，可以说非常简单，但通过适当的设置，可以设计得到非常丰富的版面效果。下面就通过一个实例来介绍其具体制作方法。

实例：为产品广告设计异形版面

源 文 件:	源文件\第3章\3.11.indd
视频文件:	视频\3.11.avi

通过在路径中键入文字以制作异形文本块的具体步骤如下所述。

01 打开随书所附光盘中的文件“源文件\第3章\3.11-素材.indd”，如图3-84所示。在工具箱中选择“钢笔工具”，通过连续单击的方式，在画布中绘制一条如图3-85所示的路径。

02 要将路径连接起来，可以将光标置于起始的锚点上，如图3-86所示。

03 单击鼠标左键，即可绘制得到一个完整的闭合路径，如图3-87所示。

04 在工具箱中选择“横排文字工具”，在工具选项栏中设置适当的字体和字号，将鼠标指针放置在所绘制的路径中，直至鼠标指针转换为形状，如图3-88所示。

05 在状态下，用鼠标指针在路径中单击，从而插入文字光标，如图3-89所示。

图3-84　素材文档

图3-85　绘制路径

图3-86　摆放光标位置

图3-87　绘制闭合路径

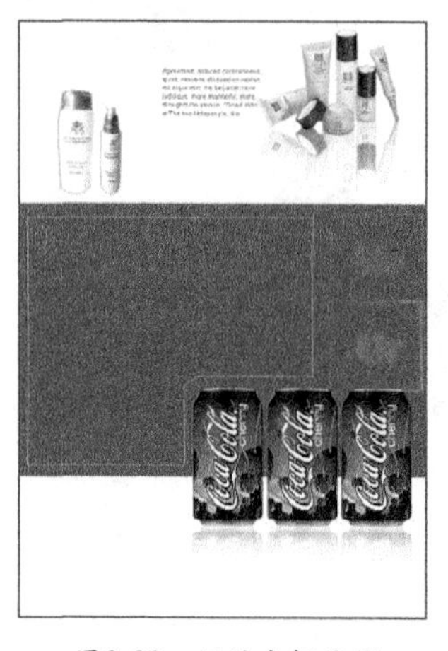

图3-88　摆放光标位置

图3-89　插入光标

06 在路径中输入或粘贴文字即可。可以复制左侧空白区域的文字至路径区域中，得到如图3-90所示的效果。

可以尝试使用“直接选择工具”选中路径，然后拖动其中的各个锚点，以调整路径的形态，缩小其字号、行间距并更改其字体，得到类似如图3-91所示的效果。

图3-90　输入得到的文字效果

图3-91　拓展效果

在制作图文绕排效果时，路径的形状起到了关键性的作用，因此要得到不同形状的绕排效果，只需要绘制不同形状的路径即可。

3.12 将文本转换为路径

通过前面的介绍可以知道，文本可以设置很多种属性，以丰富其形态，但无法将其像编辑普通路径那样进行处理。此时就要执行“创建轮廓”命令，将其文字转换成为一组复合路径，从而使其具有路径的所有特性，像编辑和处理任何其他路径那样编辑和处理这些复合路径。

按Ctrl+Shift+O组合键或执行“文字”|“创建轮廓”命令即可将文字转换为路径。

提 示

“创建轮廓”命令一般用于为大号显示文字制作效果时使用，很少用于正文文本或其他较小号的文字。但要注意的是，一旦将文本转换为路径后，就无法再为其设置文本属性了。

将文字转换为路径后，可以使用“直接选择工具”拖动各个锚点改变文字的形状；可以复制轮廓，然后执行“编辑”|“贴入内部”命令将图像粘贴到已转换的轮廓来给图像添加蒙版；可以将已转换的轮廓当作文本框，以便在其中输入或放置文本；可以更改字体的描边属性；可以使用文本轮廓创建复合形状。

实例：制作字中画效果

源 文 件:	源文件\第3章\3.12.indd
视频文件:	视频\3.12.avi

下面介绍在将文字转换为图形后，在其中粘贴图像，从而制作得到字中画效果的方法。

01 打开随书所附光盘中的文件“源文件\第3章\3.12-素材1.indd”，如图3-92所示。

02 使用“文本工具”在文档中输入文字“要在中央 势在四方”，并适当调整其大小及颜色，如图3-93所示。

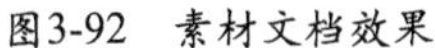
图3-92 素材文档效果

图3-93 输入文字

03 使用“选择工具”选中上一步输入的文字，按Ctrl+Shift+O组合键将其转换为路径。

04 保持转换为路径后的文字为选中状态，然后按Ctrl+D组合键，在弹出的“置入”对话框中打开随书所附光盘中的文件“源文件\第3章\3.12-素材2.png”，如图3-94所示，得到如图3-95所示的效果。

图3-94 素材图像

图3-95 置入后的效果

05 在工具箱中选择“直接选择工具”，单击文字内部以选中刚刚置入的图像，如图3-96所示。

06 按住Shift键向右上方拖动右上角的控制句柄，以增加图像的大小，直至填满文字，如图3-97所示。

图3-96 选中图像

图3-97 调整图像大小及位置

3.13 字符样式

3.13.1 了解样式

在InDesign CS6中，样式分为很多类，如用于控制字符属性的字符样式、控制段落的段落样式，以及控制对象属性的对象样式等，它们的原理都非常相近，即将常用的属性设置成为一个样式，以便于进行统一、快速的设置。

要使用和控制样式，可以显示对应的面板，例如“字符样式”面板就可以控制与字符样式相关的所有功能。新建的样式将随文档一起保存，当打开相关的文档时，样式都会显示在相对应的面板中，当选择文字或插入光标时，应用于文本的任何样式都将突出显示在相应的样式面板中，除非该样式位于折叠的样式组中。如果选择的是包含多种样式的一系列文本，则样式面板中不突出显示任何样式；如果所选一系列文本应用了多种样式，样式面板将显示混合。

3.13.2 创建字符样式

在控制文本时，主要应用的是字符与段落样式两种。本节就来介绍字符样式的创建与编辑用法。要控制字符样式，首先要按照以下方法来调出“字符样式”面板。

- 执行“窗口”|“样式”|“字符样式”命令。
- 执行“文字”|“字符样式”命令。
- 按Shift+F11组合键。

执行上述任意一个操作后，都将显示如图3-98所示的“字符样式”面板。

“字符样式”面板是文字控制灵活性的集中表现，它可以轻松控制标题、正文文字、小节等频繁出现的相同类别文字的属性。要创建字符样式，可以执行以下操作之一。

- 单击“字符样式”面板底部的“创建新样式”按钮，即可按照默认的参数创建一个字符样式。若选中了文字，将依据选中文字的属性创建新字符样式。
- 按住Alt键单击“字符样式”面板底部的“创建新样式”按钮，或在“字符样式”面板中单击右上角的“面板”按钮，在弹出的菜单中执行“新建字符样式”命令，弹出“新建字符样式”对话框，如图3-99所示。

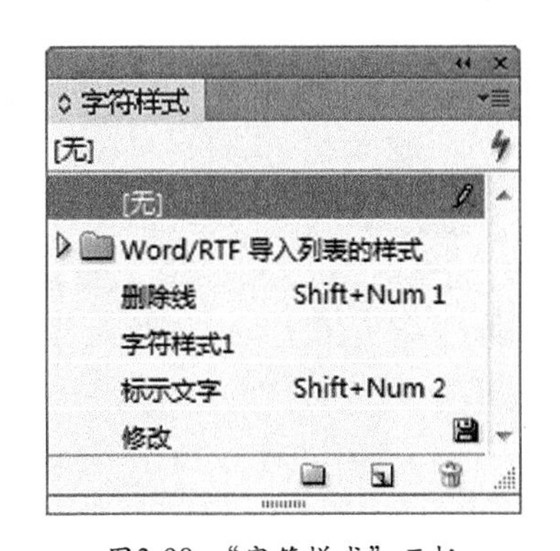

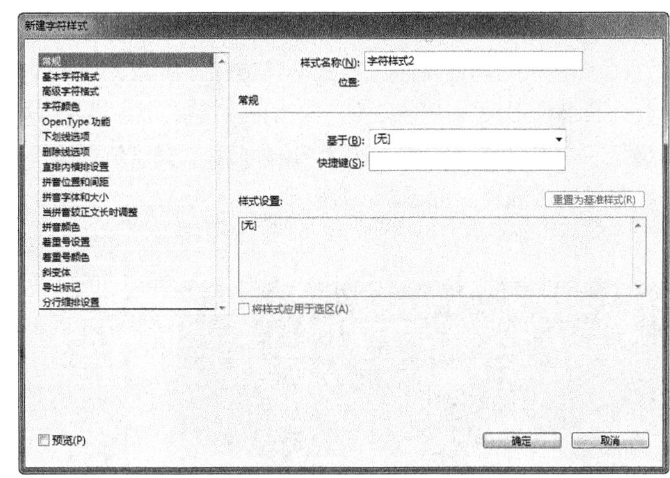

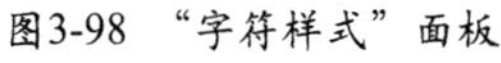
图3-98 “字符样式”面板

图3-99 “新建字符样式”对话框

“新建字符样式”对话框中各选项的含义如下所述。

- 样式名称：在此文本框中可以输入文本以命名新样式。
- 基于：在此下拉列表中列有当前出版物中所有可用的文字样式名称，可以根据已有的样式为基础父样式来定义子样式。如果需要建立的文字样式与某一种文字样式的属性相近，则可以将此种样式设置为父样式，新样式将自动具有父样式的所有样式。当父样式发生变化时，所有以此为父样式的子样式的相关属性也将同时发生变化。默认情况下为“无”文字样式选项。
- 快捷键：在此文本框中用于输入键盘中的快捷键。按数字小键盘上的Num Lock键，使数字小键盘可用。按Shift、Ctrl、Alt键中的任何一个键，并同时按数字小键盘上的某数字键即可。
- 样式设置：在此列表框中详细显示了样式定义的所有属性。
- 将样式应用于选区：选中此复选框，可以将新样式应用于选定的文本。

对于左侧的其他选项，主要就是各种字符属性，根据需要进行设置。设置完成后，单击“确定”按钮退出对话框，即可创建得到相应的字符样式。

3.13.3 编辑字符样式

若要改变字符样式的设置，可以先执行以下操作之一。

- 双击创建的字符样式名称。要注意的是，若当前选择了文本，将会应用该字符样式。

- 在要编辑的字符样式上单击鼠标右键，在弹出的快捷菜单中执行“编辑‘***’”命令。其中的 *** 代表当前样式的名称。

执行上述操作后，将弹出“字符样式选项”对话框，在其中设置新的字符属性，然后单击“确定”按钮退出对话框即可。

3.13.4 应用字符样式

创建完成字符样式后，需要将样式应用到文本，可以在工具箱中选择“文字工具” T，选中需要应用新样式的文本，然后在“字符样式”面板中单击新样式的名称即可。

实例：突出显示广告中的重要字符

源 文 件:	源文件\第3章\3.13.indd
视频文件:	视频\3.13.avi

下面介绍创建和应用字符样式的具体操作步骤，从而为广告中的重要字符设置特殊属性。

01 打开随书所附光盘中的文件“源文件\第3章\3.13-素材.indd”，如图3-100所示。

02 显示“字符样式”面板，按住Alt键单击“创建新样式”按钮，在弹出的对话框中设置样式的名称等基本属性，如图3-101所示。

图3-100　素材文档

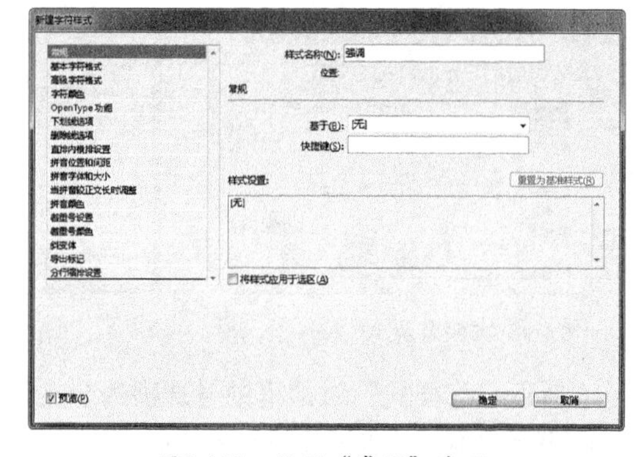

图3-101　设置“常规”选项

03 选择“基本字符格式”选项，然后在右侧指定文字 的字体、字形、字号及下画线，如图3-102所示。

04 选择“高级字符格式”选项，在其中设置“垂直缩放”及“基线偏移”参数，如图3-103所示。

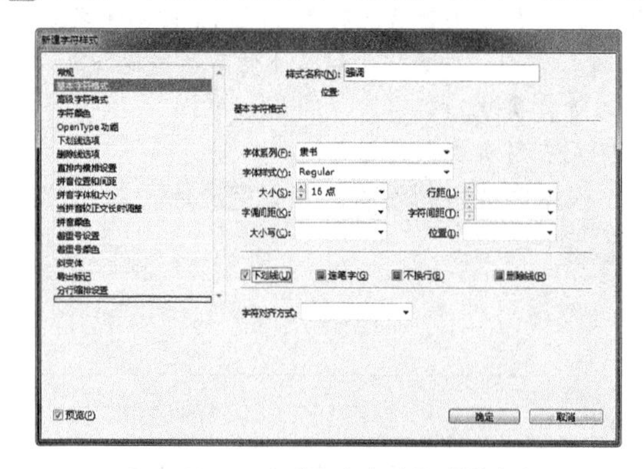

图3-102　设置“基本字符格式”参数

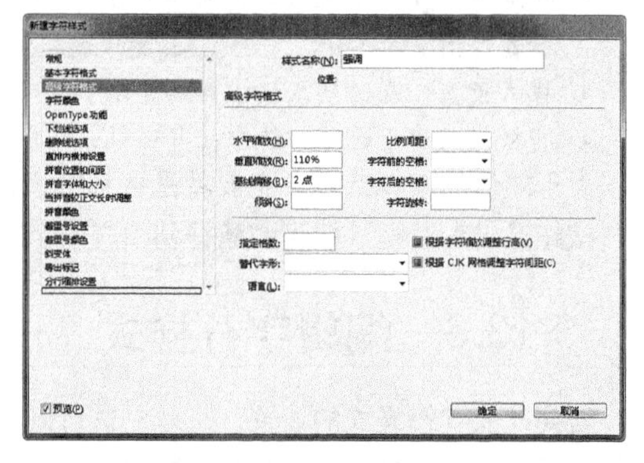

图3-103　设置“高级字符格式”参数

05 选择“字符颜色”选项，在其中为文字指定新的填充颜色，如图3-104所示。

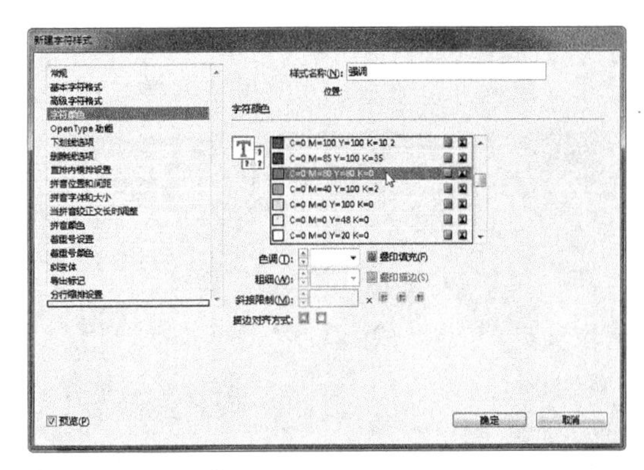
图3-104　设置“字符颜色”参数

06 设置完成后，单击“确定”按钮退出对话框即可，从而创建得到名为“强调”的字符样式，此时的“字符样式”面板如图3-105所示。

07 在文档中使用“文本工具”刷黑选中要设置特殊格式的文本，然后单击“字符样式”面板中的“强调”字符样式，得到如图3-106所示的效果。

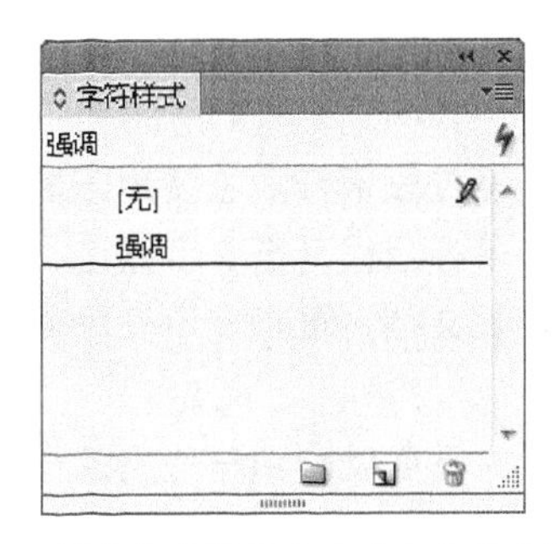

图3-105　创建字符样式后的“字符样式”面板

图3-106　最终效果

3.13.5　覆盖与更新样式

当应用了某样式的文字属性被修改后，在选中或将光标置于该文本中时，在面板的样式上显示一个“+”，此时就表示当前文字的属性与样式中定义的属性有所不同，就可以对样式执行覆盖或更新操作。

以上面的实例为例，是将文字“梅苑小区项目”选中并缩小字号后的效果，此时“字符样式”面板中的“强调”将显示一个“+”，如图3-107和图3-108所示。

图3-107　缩小字号后的效果

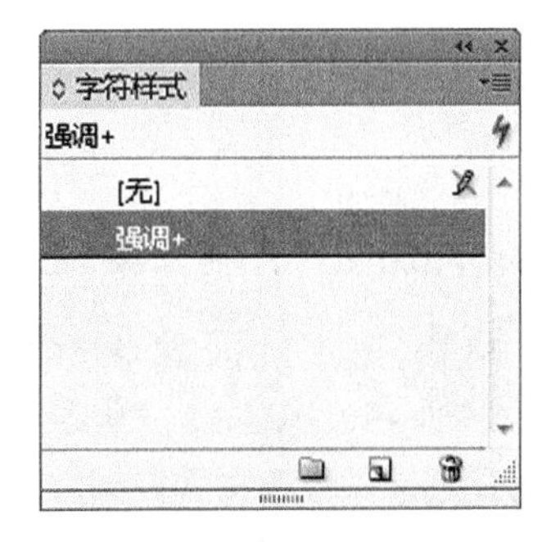

图3-108　带有“+”的“强调”样式

此时，在“强调”样式上单击鼠标右键，在弹出的快捷菜单中执行“重新定义样式”命令，

则可以依据当前的字符属性重新定义该字符样式，如图3-109所示；若在弹出的快捷菜单中执行“应用‘强调’”命令，则使用字符样式中设置的属性，应用给选中的文字，如图3-110所示。

图3-109　重新定义样式后的效果

图3-110　应用样式后的效果

3.14 段落样式

创建、编辑与应用段落样式的方法与字符样式基本相同，只不过段落样式主要用于控制段落的属性，使用它可以控制缩进、间距、首字下沉、悬挂缩进、段落标尺线甚至文字颜色、高级文字属性等诸多参数。在文档量较大时，尤其是各种书籍、杂志等长文档，更是离不开段落样式的控制。

由于前面已经介绍过字符样式以及段落属性的相关知识，因此下面就介绍一些段落样式中独有的且比较重要的功能。

3.14.1 常规

在“新建段落样式”对话框中选择“常规”选项，对话框将变为如图3-111所示的状态。

相对于“新建字符样式”对话框，此处多了一个“下一个样式”参数，在此下拉列表框中可以选择一个样式名称，此样式将作为从当前段落用户回车另起一个新段落后该段落自动应用样式。

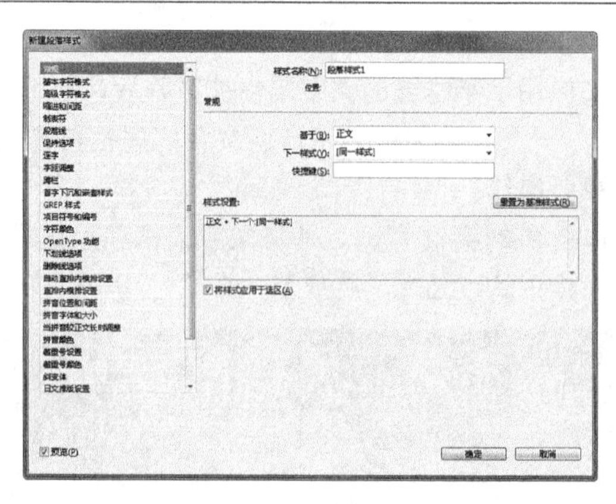

图3-111　选择“常规”选项

实例：为房地产广告文案设置统一的属性

源 文 件:	源文件\第3章\3.14-1.indd
视频文件:	视频\3.14-1.avi

下面介绍通过段落样式控制广告中文案统一属性的方法。

01 打开随书所附光盘中的文件“源文件\第3章\3.14-1-素材.indd”，如图3-112所示。使用“选择工具”按住Shift键分别单击其中的3个文本块，以将其选中。

02 在“段落样式”面板中，按住Alt键单击“创建新样式”按钮，在弹出的对话框中选择“常规”选项，设置新样式的名称等基本参数，如图3-113所示。

图3-112　素材文档

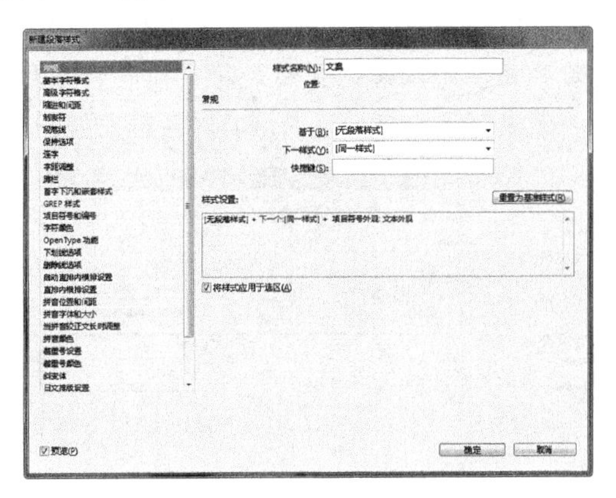

图3-113　选择“常规”选项

03 选择“基本字符格式”选项，然后设置其字体、字号等属性，如图3-114所示。

04 选择“缩进和间距”选项，然后设置其对齐方式及段前距等参数，如图3-115所示。

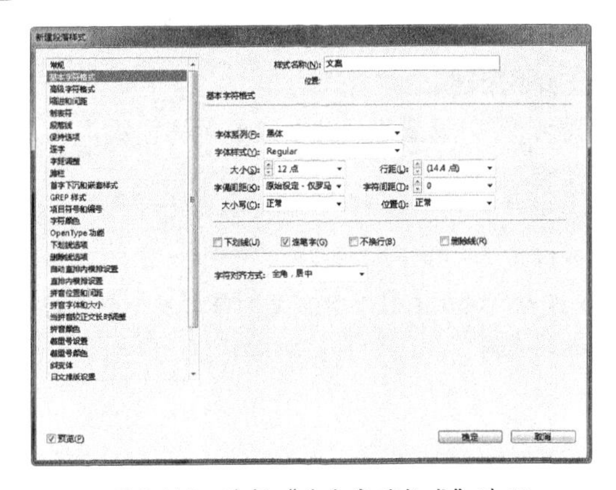

图3-114　选择“基本字符格式”选项

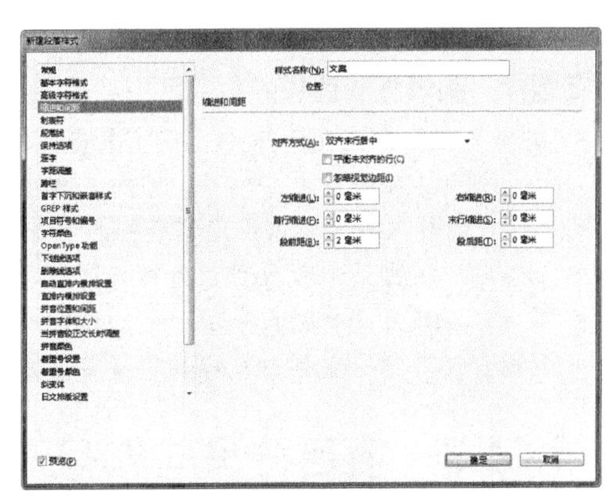

图3-115　选择“高级字符格式”选项

05 选择“字符颜色”选项，然后设置其字符颜色，如图3-116所示。

06 设置完成后，单击“确定”按钮退出即可，此时文档中选中的文本就已经发生了相应的变化，如图3-117所示。

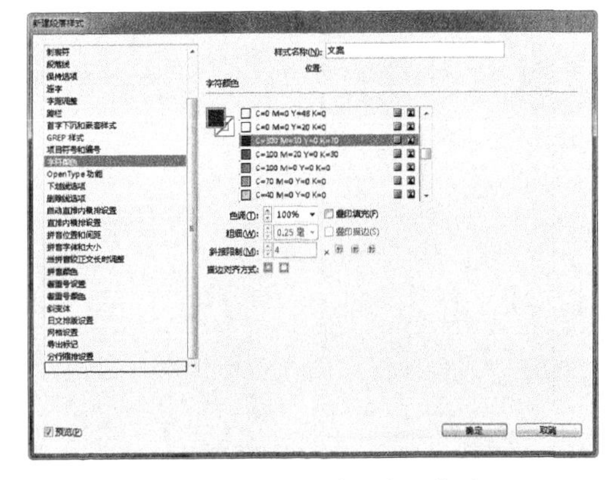

图3-116　选择“字符颜色”选项

图3-117　设置段落样式后的效果

3.14.2 制表符

在“新建段落样式”对话框中选择“制表符”选项，对话框将变为如图3-118所示的状态。若要直接为段落设置制表符，而不使用段落样式，可以按Ctrl+Shift+T组合键或执行“文字”|“制表符”命令，以调出其对话框，如图3-119所示。

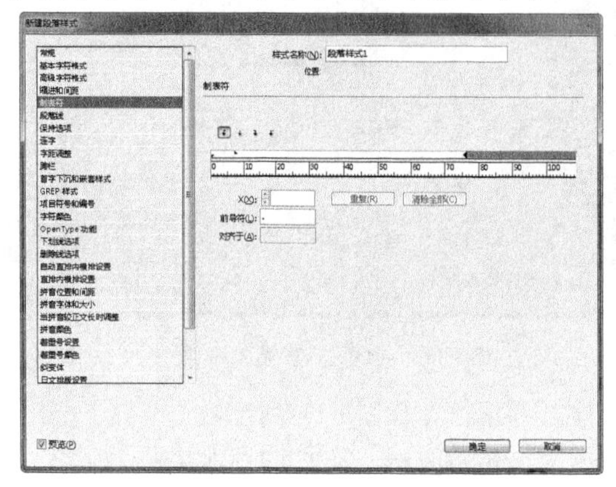

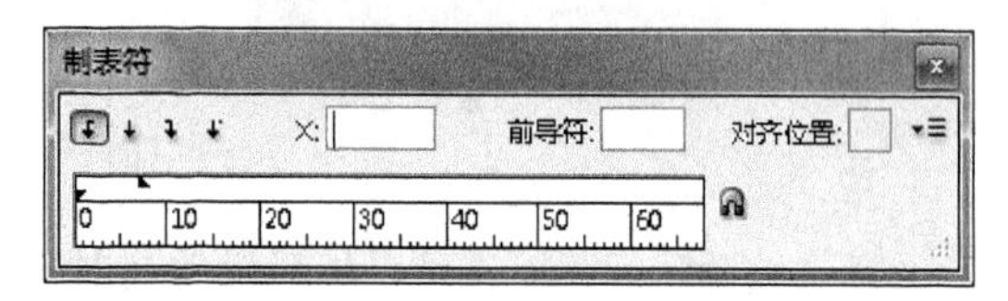

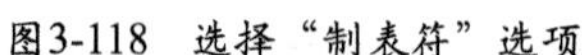
图3-118 选择“制表符”选项

图3-119 “制表符”对话框

在选择“制表符”选项的参数区中，重要的参数如下所述。

- 制表符对齐方式：在此单击不同的图标，可以设置不同的制表符对齐方式，从左至右分别为左对齐、居中对齐、右对齐和小数点对齐。
- X：在此输入数值可以设定制表符的水平位置。
- 前导符：在此可以设置目录条目与页码之间的内容。
- 重复：在设置一个制表符后，单击此按钮可以依据当前的制表符参数，复制得到多个制表符。
- 清除全部：单击该按钮可以清除当前设置的所有制表符。

3.14.3 项目符号与编号

在“新建段落样式”对话框中选择“项目符号与编号”选项，对话框将变为如图3-120所示的状态。若要直接设置段落的项目符号与编号，而不使用段落样式，在选中段落文本后，执行“文字”|“项目符号列表和编号列表”子菜单中的相应命令。

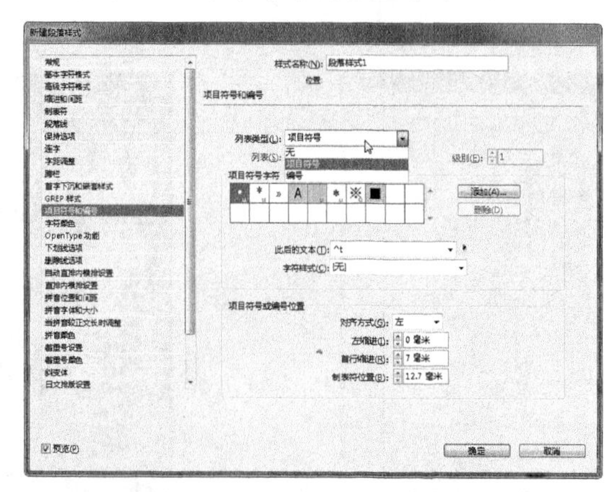

图3-120 选择“项目符号与编号”选项

在选择“项目符号与编号”选项的参数区中，重要的参数如下所述。

- 列表类型：在该下拉菜单中可以选择是为文字添加“项目符号”、“编号”，或选择“无”选项，即什么都不添加。
- 项目符号字符：当在类型下拉菜单中选择“项目符号”选项时则会显示出该区域。在该区域中可以选择要为文字添加的项目符号类型。如果需要更多的项目符号，可以单击右侧的“添加”按钮，在弹出的对话框中添加新的项目符号即可。
- 编号：当在类型下拉菜单中选择“编号”时则会显示出该区域，在该区域中可以设置编号的样式、起始编号、字体、大小及文字颜色等属性。

3.14.4 首字下沉

首字下沉功能已经在前面介绍设置段落属性时提到，还可以单击“段落”面板右上角的面板按钮，在弹出的菜单中执行“首字下沉和嵌套样式”命令，弹出如图3-121所示的对话框；如果要将创建的字符样式添加到段落样式中，可以双击该段落样式名称，在弹出的对话框中选择“首字下沉和嵌套样式”选项，以显示其参数区，如图3-122所示。

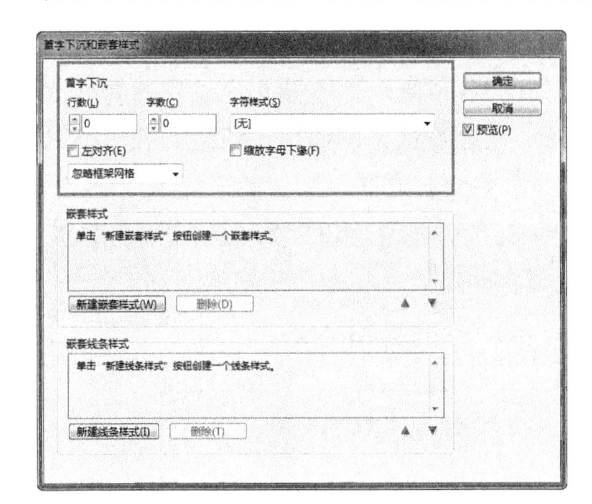

图3-121 “首字下沉和嵌套样式”对话框

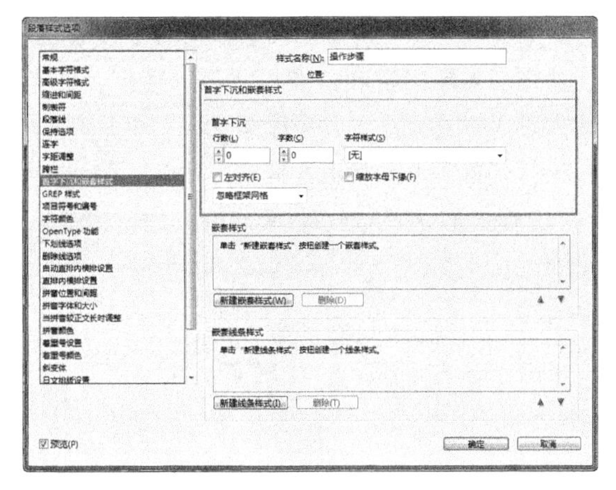

图3-122 “首字下沉和嵌套样式”参数区

“首字下沉和嵌套样式”对话框或参数区“首字下沉”选项组中各选项的含义如下所述。

- 行数：在此文本框中输入数值，用于控制首字下沉的行数。
- 字数：在此文本框中输入数值，用于控制首字下沉的字数。
- 字符样式：选择此下拉列表中的选项，可以为首字下沉的文字指定字符样式。
- 左对齐：选择此选项，可以使对齐后的首字下沉字符与左边缘对齐。
- 缩放字母下缘：选择此选项，可以使首字下沉字符与其下方的文本重叠。
- 忽略框架网格：选择此选项，将不调整首字下沉字符和绕排文本，因而文本可能与框架网格不对齐。
- 填充到框架网格：选择此选项，将不缩放首字下沉字符并将文本与网格对齐，因而在首字下沉字符和其绕排文本之间可能会留出多余的空格。
- 向上扩展到网格：选择此选项，可以使首字下沉字符更宽（对于横排文本）或更高（对于直排文本），从而使文本与网格对齐。
- 向下扩展到网格：选择此选项，可以使首字下沉字符更窄（对于横排文本）或更矮（对于直排文本），从而使文本与网格对齐。

图3-123所示为创建首字下沉效果前后的对比。

图3-123　设置首字下沉前后的对比效果

3.14.5　嵌套样式

简单来说，嵌套样式就是指在段落样式嵌套字符样式，从而控制段落中部分字符的属性。例如，可以对段落的第一个字符直到第一个冒号（：）应用字符样式，区别冒号以后的字符，起到醒目的效果。对于每种嵌套样式，可以定义该样式的结束字符，如制表符或单词的末尾。

选择“首字下沉和嵌套样式”选项后，其对话框如图3-124所示。若要直接设置嵌套样式而不使用段落样式，可以选中段落文本，然后单击“段落”面板右上角的面板按钮，在弹出的菜单中执行“首字下沉和嵌套样式”命令，弹出如图3-125所示的对话框。

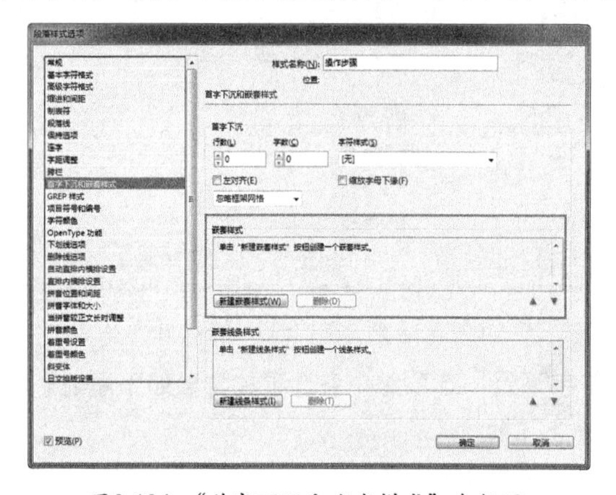

图3-124　“首字下沉和嵌套样式”参数区

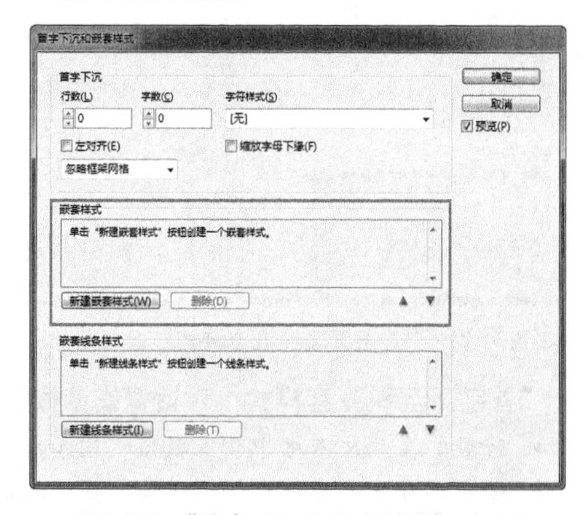

图3-125　“首字下沉和嵌套样式”对话框

可单击一次或多次“新建嵌套样式”按钮。单击一次后的选项区域将发生变化，如图3-126所示。

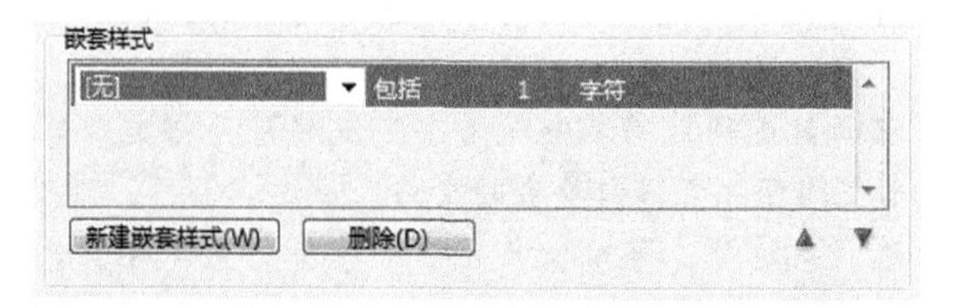

图3-126　单击一次后的“嵌套样式”显示状态

该选项组中各选项的含义如下所述。

- 单击“无”右侧的三角按钮，可以在下拉列表中选择一种字符样式，以决定该部分段落的外观。如果没有创建字符样式，可以选择“新建字符样式”选项，然后设置要使用的格式。

- 如果选择“包括”选项，将包括结束嵌套样式的字符；如果选择“不包括”选项，则只对此字符之前的那些字符设置格式。
- 在“数字”列表框中可以指定需要选定项目（如字符、单词或句子）的实例数。
- 在“字符”列表框中可以指定结束字符样式格式的项目。还可以键入字符，如冒号 (:) 或特定字母或数字，但不能键入单词。
- 当有两种或两种以上的嵌套样式时，可以单击“向上”按钮▲或“向下”按钮▼以更改列表中样式的顺序。样式的顺序决定格式的应用顺序，第二种样式定义的格式从第一种样式的格式结束处开始。

提 示

如果将字符样式应用于首字下沉，则首字下沉字符样式充当第一种嵌套样式。

实例：为项目符号增加特殊效果

源 文 件:	源文件\第3章\3.14-2.indd
视频文件:	视频\3.14-2.avi

下面介绍使用嵌套样式功能，为项目文字中冒号以前的内容增加特殊效果的方法。

01 打开随书所附光盘中的文件“源文件\第3章\3.14-2-素材.indd”，如图3-127所示。本例将利用嵌套样式制作出段落中大部分文字显示为较淡的灰色，而其中冒号以前的文字则显示为黑色并使用较重的字体效果。

02 显示“段落样式”面板，在“分析”样式上单击鼠标右键，在弹出的快捷菜单中执行“编辑‘分析’”命令，在弹出的对话框中选择“字符颜色”选项，并设置其颜色。单击“确定”按钮退出对话框，得到如图3-128所示的效果。

图3-127 素材文档

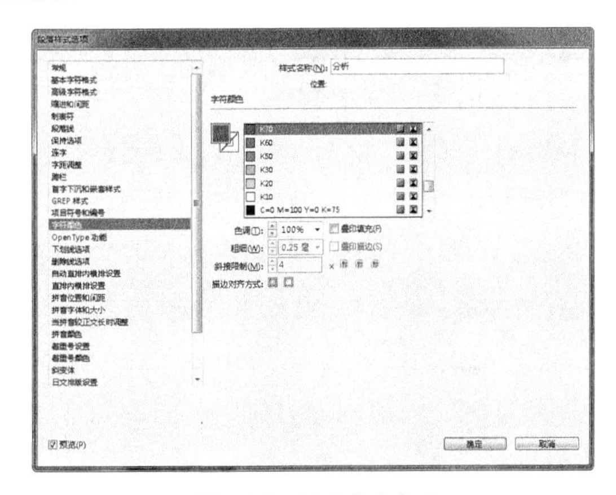

图3-128 设置字符颜色

03 下面定义一个新的字符样式。按住Alt键单击“字符样式”面板中的“创建新样式”按钮，在弹出的对话框中设置其名称为“特殊字符”，然后在左侧选择“基本字符格式”，并设置其字体，如图3-129和图3-130所示。

04 选择“字符颜色”选项，在其中设置其颜色，如图3-131所示。设置完成后，单击“确定”按钮退出对话框即可。

05 下面为分析文字设置嵌套样式。在“段落样式”面板中双击“分析”样式，在弹出的对话框中，选择“首字下沉和嵌套样式”选项，在“嵌套样式”列表框中，单击“新建嵌套样式”按钮，并在左侧选择刚刚创建的“特殊字符”样式，如图3-132所示。

图3-129　设置字符颜色后的效果

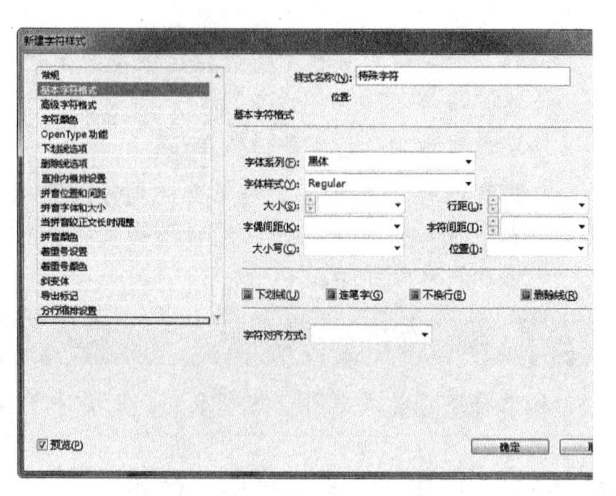

图3-130　设置基本字符格式

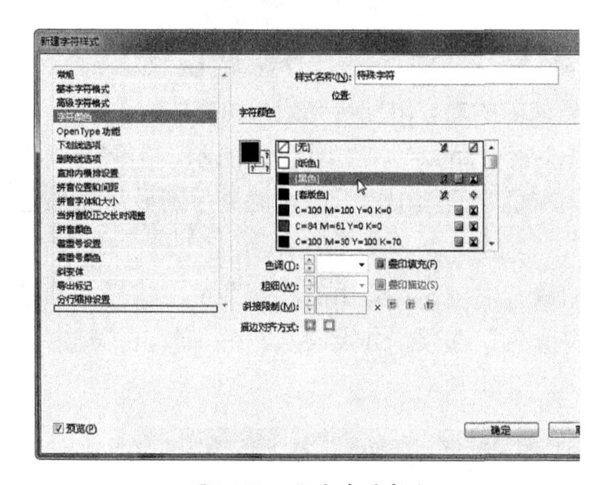

图3-131　指定字符颜色

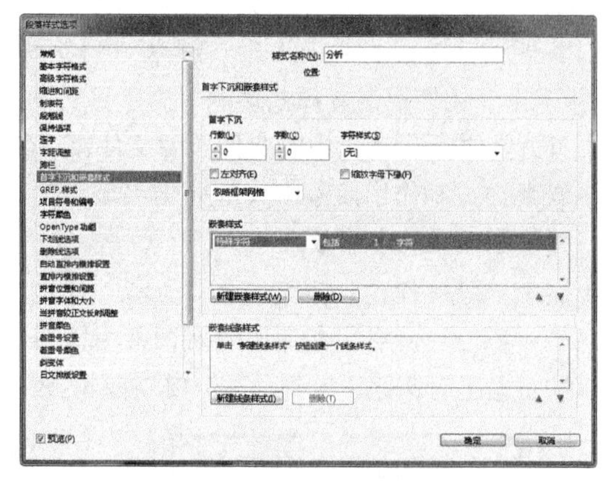

图3-132　新建嵌套样式

06 单击右侧的“字符”文字，然后在其中输入“：”，从而确定要应用字符样式的范围，如图3-133所示。

07 设置完成后，单击“确定”按钮退出对话框，得到如图3-134所示的效果。

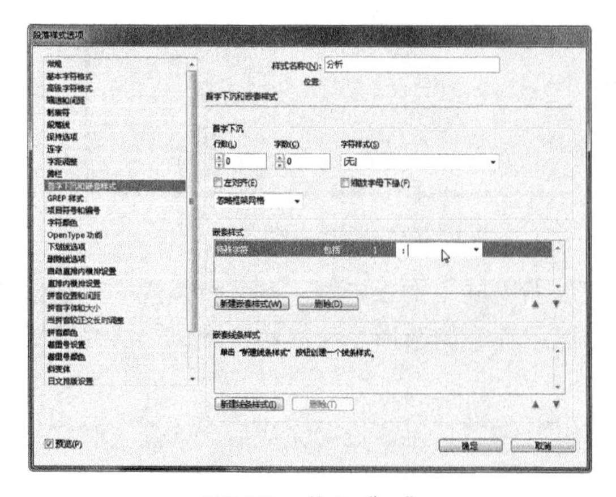

图3-133　输入“：”

图3-134　嵌套样式后的效果

可以尝试将上面实例中的项目符号应用“特殊字符”样式，从而得到如图3-135所示的效果。也可以尝试通过修改嵌套样式的参数，实现将每个段落前5个字应用“特殊字符”样式，得到如图3-136所示的效果。

图3-135 拓展效果1

图3-136 拓展效果2

3.14.6 嵌套线条样式

嵌套线条样式功能与嵌套样式功能是基本相同的，只不过嵌套线条样式专门用于为文字增加线条效果。可以创建一个带有下画线或删除线的字符样式，然后在此指定给字符。图3-137所示就是添加了不同嵌套线条样式后的效果。

可以尝试为文字增加点状下画线以及删除线效果，如图3-138和图3-139所示。

图3-137 嵌套线条样式的效果

图3-138 点状下画线效果

图3-139 删除线效果

3.15 导入样式

3.15.1 导入Word样式

将 Word 文档导入 InDesign 时，可以将 Word 中使用的每种样式映射到 InDesign 中的对应样式。这样就可以指定使用哪些样式来设置导入文本的格式。每个导入的 Word 样式的旁边都会显示一个磁盘图标，在 InDesign 中编辑该样式后，此图标将自动消失。导入 Word 样式的具体操作方法如下所述。

01 执行“文件”|“置入”命令，或按Ctrl+D组合键，在弹出“置入”对话框中将“显示导入选项”复选框选中，如图3-140所示。

02 在“置入”对话框中选择要导入的Word文件，单击“打开”按钮，将弹出“Microsoft Word 导入选项”对话框，如图3-141所示。在该对话框中设置包含的选项、文本格式以及随文图等。

图3-140 “置入”对话框

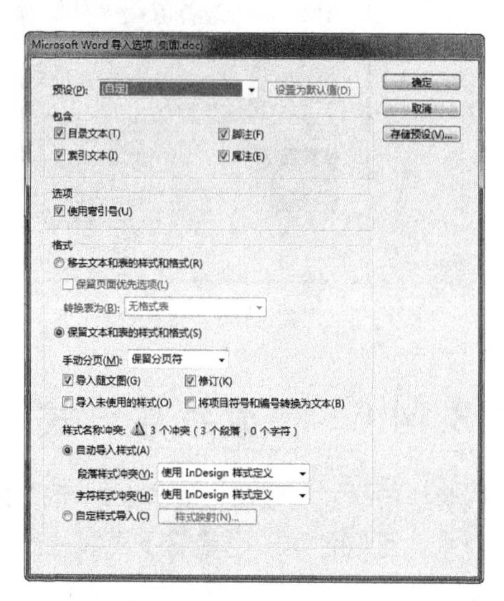

图3-141 “Microsoft Word 导入选项”对话框

03 如果不想使用Word中的样式，则可以选择“自定样式导入”选项，然后单击“样式映射”按钮，将弹出“样式映射”对话框，如图3-142所示。

在“样式映射”对话框中，当有样式名称冲突时，对话框的底部将显示出相关的提示信息。可以通过以下三种方式来处理这个问题。

- 在“InDesign 样式”下方的对应位置中，单击该名称，在弹出的下拉列表中选择“重新定义 InDesign 样式”选项，如图3-143所示。然后输入新的样式名称即可。

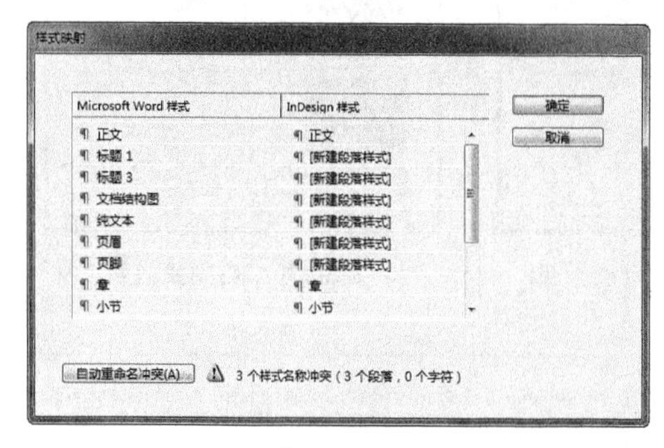

图3-142 “样式映射”对话框

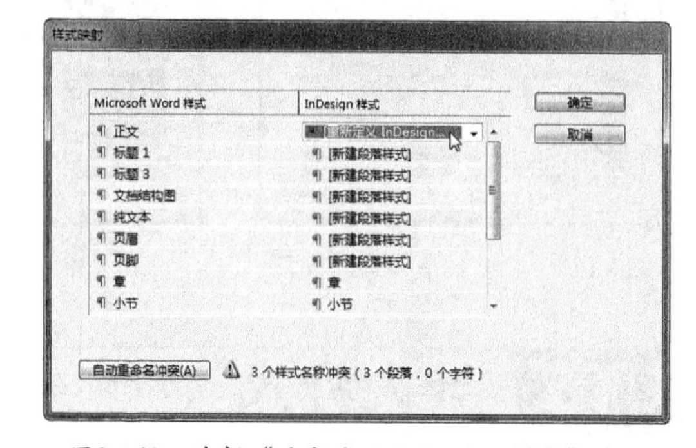

图3-143 选择“重新定义 InDesign 样式”选项

- 在“InDesign 样式”下方的对应位置中，单击该名称，在弹出的下拉列表中选择一种现有的 InDesign 样式，以便使用该 InDesign 样式设置导入的样式文本的格式。
- 在“InDesign 样式”下方的对应位置中，单击该名称，在弹出的下拉列表中选择“自动重命名”以重命名 Word 样式。

提 示

如果有多个样式名称发生冲突，可以直接单击对话框下方的“自动重命名冲突”按钮，以将所有发生冲突的样式进行自动重命名。

在“样式映射”对话框中，如果没有样式名称冲突，可以选择“新建段落样式”、“新建字符样式”或选择一种现有的InDesign样式名称。

04 设置好各选项后，单击“确定”按钮退回到“Microsoft Word 导入选项”对话框，单击“确定”按钮，然后在页面中单击或拖动鼠标，即可将Word文本置入到当前的文档中。

3.15.2 载入InDesign样式

在InDesign CS6中，可以将另一个 InDesign 文档（任何版本）的段落样式载入到当前文档中。在载入的过程中，可以决定载入哪些样式以及在载入与当前文档中某个样式同名的样式时应做何响应。具体的操作方法如下所述。

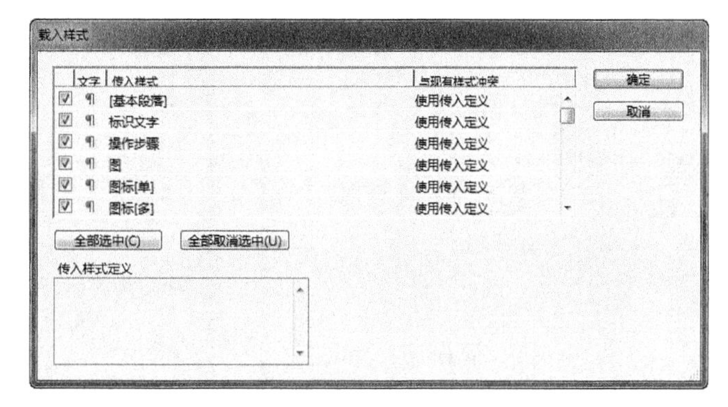

图3-144 “载入样式”对话框

01 单击“段落样式”面板右上角的面板按钮，在弹出的菜单中执行“载入段落样式”命令，在弹出的“打开文件”对话框中选择要载入样式的InDesign文件。

02 单击“打开”按钮，弹出“载入样式”对话框，如图3-144所示。

03 在“载入样式”对话框中，指定要导入的样式。如果任何现有样式与其中一种导入的样式名称一样，就需要在“与现有样式冲突”下方选择下列选项之一。

- 使用传入定义：选择此选项，可以用载入的样式优先选择现有样式，并将它的新属性应用于当前文档中使用旧样式的所有文本。传入样式和现有样式的定义都显示在“载入样式”对话框的下方，以便看到它们的区别。
- 自动重命名：选择此选项，用于重命名载入的样式。例如，如果两个文档都具有“注意”样式，则载入的样式在当前文档中会重命名为“注意副本”。

04 单击“确定”按钮退出对话框。图3-145所示为载入段落样式前后的面板状态。

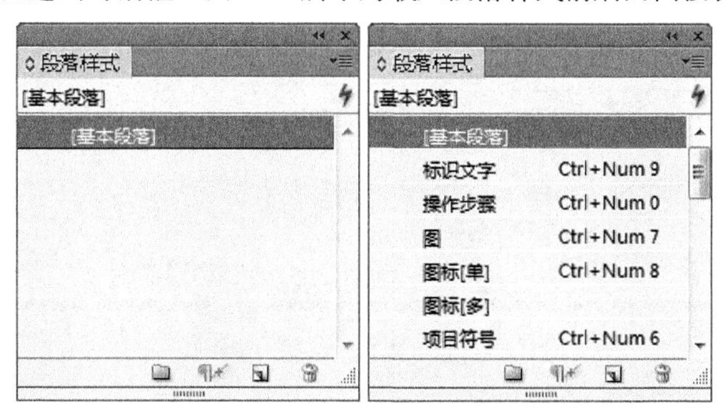

图3-145 载入段落样式前后的面板状态

3.16 自定义样式映射

在InDesign CS6中，在将其他文档以链接的方式置入到当前的文档中后，可以通过自定义样式映射功能将源文档中的样式映射到当前文档中，从而将当前文档中的样式自动应用于链接的内容。下面就来介绍其操作方法。

01 打开随书所附光盘中的文件“源文件\第3章\3.16-素材.indd”，执行“窗口”|“链接”命令，调出“链接”面板，然后单击其右上角的面板按钮，在弹出的菜单中执行“链接选项”命令。

02 在弹出的“链接选项”对话框中选中“定义自定样式映射”复选框，如图3-146所示。

03 单击“设置”按钮，弹出“自定样式映射”对话框，如图3-147所示。

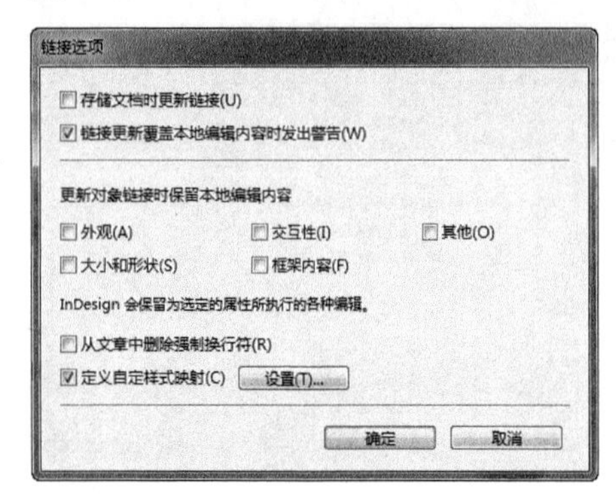

图3-146 “链接选项”对话框

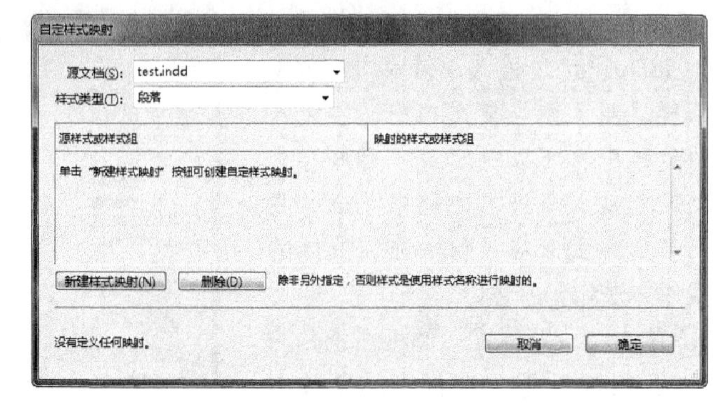

图3-147 “自定样式映射”对话框

“自定样式映射”对话框中重要选项如下所述。

- 源文档：在此下拉列表中可以选择打开的文档。
- 样式类型：在此下拉列表中可以选择样式类型为段落、字符、表或单元格。
- 新建样式映射：单击此按钮，此时的“自定样式映射”对话框如图3-148所示。单击“选择源样式或样式组”后的三角按钮，在弹出的下拉列表中可以选择“源文档”中所选择的文档的样式，然后单击“选择映射的样式或样式组”后的三角按钮，在弹出的下拉列表中选择当前文档中的样式。

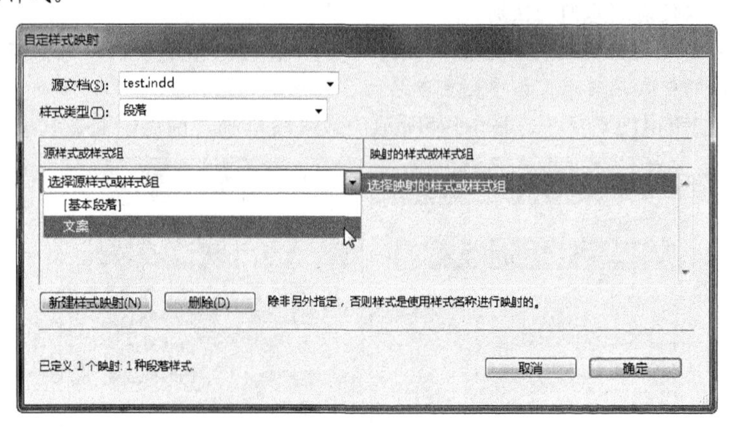

图3-148 “自定样式映射”对话框

04 设置完成后，单击“确定”按钮退出。

3.17 拓展练习——格式化房地产广告方案

源 文 件:	源文件\第3章\3.17.indd
视频文件:	视频\3.17.avi

下面介绍为房地产广告文案添加项目符号的具体操作步骤。

01 打开随书所附光盘中的文件“源文件\第3章\3.17拓展练习-素材.indd”，使用“选择工具”选中右下方的文本块，如图3-149所示。

02 在“段落样式”面板中，按住Alt键单击“创建新样式”按钮，在弹出的对话框中选择“常规”选项，设置新样式的名称等基本参数，如图3-150所示。

图3-149　素材文档

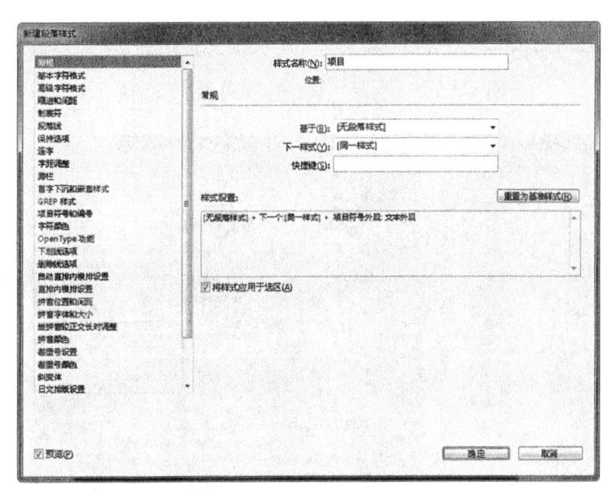

图3-150　选择“常规”选项

03 选择“字符颜色”选项，然后设置应用此段落样式时的文字颜色，如图3-151所示。

04 选择“基本字符格式”选项，然后设置其字体、字号等属性，如图3-152所示。

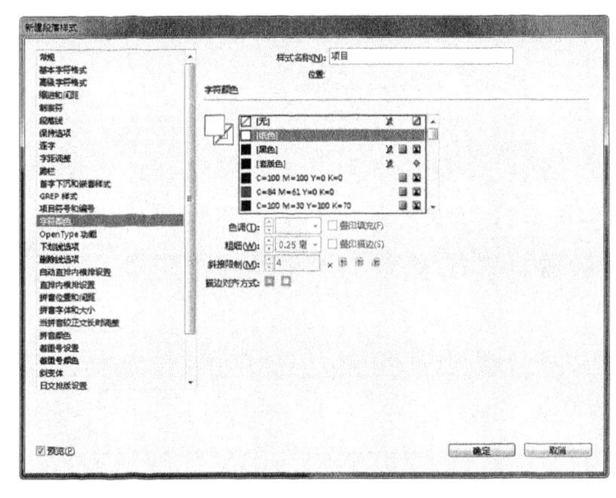

图3-151　选择“字符颜色”选项

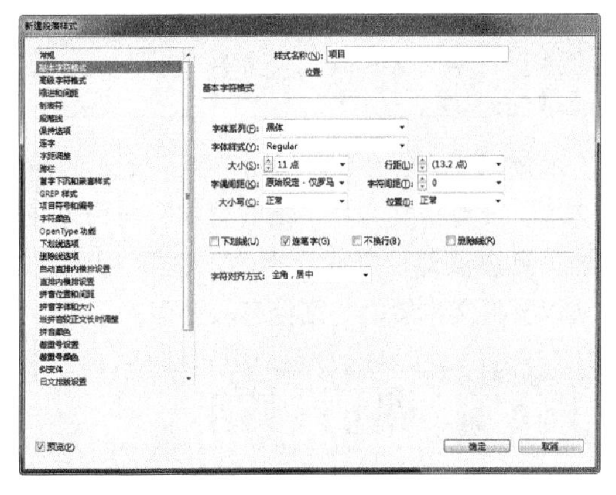

图3-152　选择“基本字符格式”选项

05 选择“缩进和间距”选项，然后设置其对齐方式、段前距等属性，如图3-153所示。

06 选择“项目符号和编号”选项，在其中设置“列表类型”为“项目符号”，然后选择一个项目符号的样式及制表符位置，如图3-154所示。

07 设置完成后，单击“确定”按钮退出对话框，同时会将该样式应用于选中的文本，如图3-155所示。

可以尝试通过编辑“项目”样式，将其项目符号处理为如图 3-156 所示的效果。

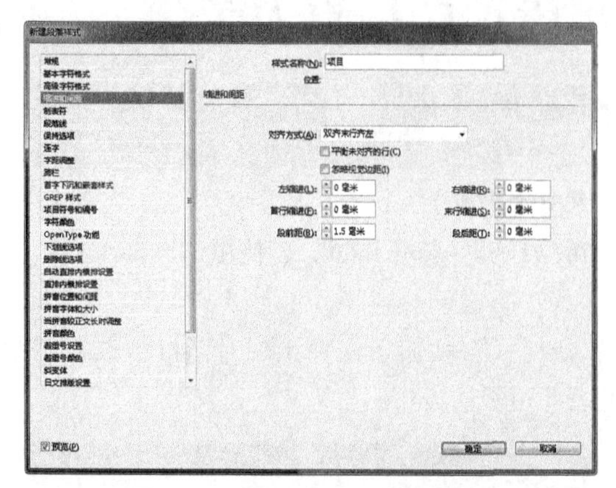

图3-153　选择“缩进与间距”选项

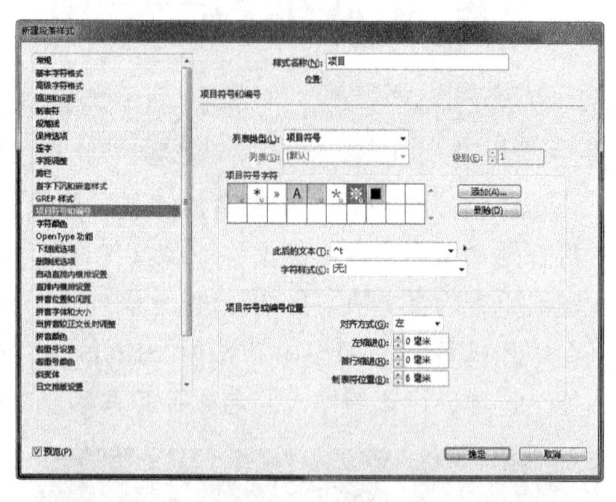

图3-154　选择“项目符号与编号”选项

图3-155　项目符号效果

图3-156　拓展效果

3.18 本章小结

本章主要介绍了InDesign中关于文本的相关知识。通过本章的学习，读者能够熟练掌握对获取文本、设置排文方式、格式化字符与段落属性、字符与段落样式等控制文本属性方面的功能。另外，还应该对设定复合字体、设置索引、文章编辑器、查找/更改、沿路径绕排文本、异形文本块以及将文本转换为路径有较全面的了解。

3.19 课后习题

1. 单选题

（1）对于文本，下列操作不能实现的是（　　）。

A. 为文本设置渐变填充

B. 为个别字符应用不同的色彩

C. 为个别字符设置透明效果

D. 为个别字符设置不同大小

(2) Adobe InDesign中针对文字描述正确的是（　）。

A. 输入文字用“文字工具”在画面上单击拖动绘制文本框后，再去输入文字，中文还要注意使用中文字体

B. 输入文字用“文字工具”在画面上单击拖动绘制文本框后，再去输入文字，中文不用注意使用中文字体

C. 不管中英文只要选中“文字工具”后在画面单击插入光标就可输入文字

D. 使用“矩形选框”绘制路径后再用“文字工具”输入文字，如果文字没放下是不能进行链接的

(3) 在文本框右下角出现红色加号表示该文本框（　）。

A. 文本框中还有没有装下的文本

B. 后面已没有文本、文本框到此结束

C. 后面已没有文本

D. 文本框中还有没有装下的文本，且文本的颜色为红色

(4) 使用文本工具不能完成的操作有（　）。

A. 选中多段文本

B. 选中文本框

C. 选中指定文本

D. 插入文本插入点

2. 多选题

(1) InDesign中置入文本的方式有（　）。

A. 用“文件”菜单下的置入命令

B. 从其他的文字处理程序中复制、粘贴

C. 通过Ctrl+D组合键

D. 直接输入

(2) 下列关于InDesign生成目录的说法正确的是（　）。

A. 生成目录的依据是段落样式

B. 生成目录的依据是目录对话框中设置的字符属性

C. 可以把目录的设置保存为目录样式，方便以后使用

D. 生成目录时，可以为条目指定段落样式，但无法指定字符样式

(3) 使用样式的优点在于（　）。

A. 为了更好地进行目录编排

B. 避免文字及段落的重复设置

C. 可以统一编辑文字及段落格式

D. 修改时减少对文字及段落的重复操作

(4) InDesign中将文字转换为图形的方法是（　）。

A. “文件”|“创建轮廓”命令

B. “文字”|“创建轮廓”命令

C. 按Ctrl+Shift+O组合键

D. 按Alt+Shift+O组合键

（5）在“字符”面板中包含了多种文字规格的设定，下列（　　）选项可以在“字符”面板中设定。

A. 字符大小　　　　B. 字符行距

C. 缩进　　　　D. 字间距

3. 填空题

（1）要创建目录，应执行______________命令。

（2）“查找/更改”命令的快捷键为______________。

（3）在输入路径绕排文字时，可以在______________或______________路径上输入。

4. 判断题

（1）在路径中输入文本时，必须为闭合路径才可以输入。（　）

（2）导入样式时，将自动替换同名的样式。（　）

（3）将路径转换为图形后，还可以设置其颜色、描边属性，但不可以设置字体、字号等文字属性。（　）

5. 上机操作题

（1）创建一个InDesign文档，然后将“源文件\第3章\上机操作题\3.19-素材1.doc”导入到其中，并采用自动排文的方式，一次性将其中的内容全部展开。

（2）打开随书所附光盘中的文件“源文件\第3章\上机操作题\3.19-素材2.indd”，如图3-157所示，输入文字并将其格式化为如图3-158所示的效果。

图3-157　素材文件

图3-158　最终效果

第 4 章 绘制与格式化图形

InDesign 虽然不是专门用于图形绘制与处理的软件，但为了满足多样化的版面设计需求，也提供了大量的图形绘制与格式处理功能。本章针对软件中关于图形方面的知识进行详细介绍。

学习要点

- 掌握使用“直线工具”绘制线条的方法
- 掌握使用工具绘制几何图形的方法
- 掌握使用工具绘制任意图形的方法
- 掌握格式化颜色属性的方法
- 掌握格式化渐变属性的方法
- 掌握为图形设置描边的方法
- 掌握复制对象属性的方法

4.1 了解位图与矢量图

4.1.1 位图图像

位图图像是由像素点来表达、构成图形的。即所有位图图像都是由一个个颜色不同的颜色方格组成的。不同的颜色方格排列在不同的位置上便形成了不同的图像。图 4-1 所示为原位图图像，图 4-2 所示为放大显示的情况下位图显示出的马赛克，可清晰地看到组成图像的像素点。

图4-1　原位图图像

图4-2　放大情况下显示出的颜色方格（像素）

4.1.2 矢量图形

矢量是由一系列由数学公式代表的线条所构成的图形。构成图形的线条所具有的颜色、位置、曲率、粗细等属性，都由许多复杂的数学公式来表达，因此其文件可以非常小，而且图形线条非常光滑、流畅，且具有优秀的缩放平滑性，如图 4-3 所示，即当用户对矢量图形进行缩放时，线条依然能够保持非常好的光滑性及比例相似性，从而在整体上保持了图形不变形。

用于生成矢量图形的软件，通常被称为矢量软件，常用的矢量处理软件有 CorelDRAW、Illustrator 等。

图4-3　矢量图形放大操作示例

4.2 使用“直线工具”绘制线条

使用“直线工具”绘制线条的方法非常简单。在选中此工具后，当鼠标指针变为 -¦- 状态，在页面中确定合适的位置，然后按住鼠标拖动到需要的位置释放鼠标，即可绘制一条任意角度的直线。

在绘制时，若按住Shift键后再进行绘制，即可绘制出水平、垂直或45°角及其倍数的直线；按住Alt键可以以单击点为中心绘制直线；按Shift+Alt组合键则可以单击点为中心绘制出水平、垂直或45°角及其倍数的直线。

实例：为版面绘制装饰线

源 文 件:	源文件\第4章\4.2.indd
视频文件:	视频\4.2.avi

下面介绍使用“直线工具”绘制装饰线的方法。

01 打开随书所附光盘中的文件“源文件\第4章\4.2-素材.indd”，如图4-4所示。

02 选择“直线工具”，并在其“控制”面板上设置其粗细数值，如图4-5所示。

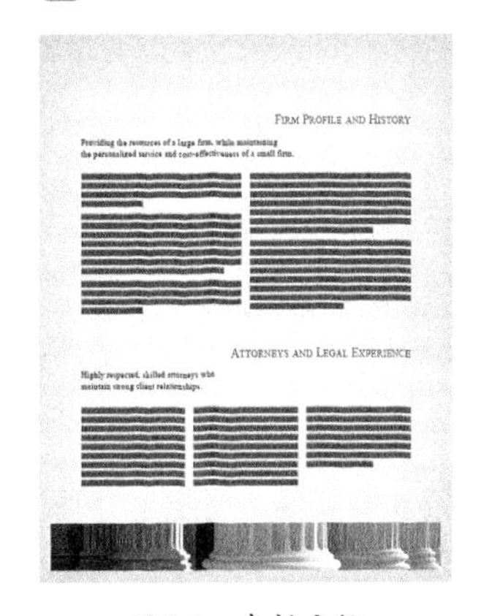

图4-4 素材文档

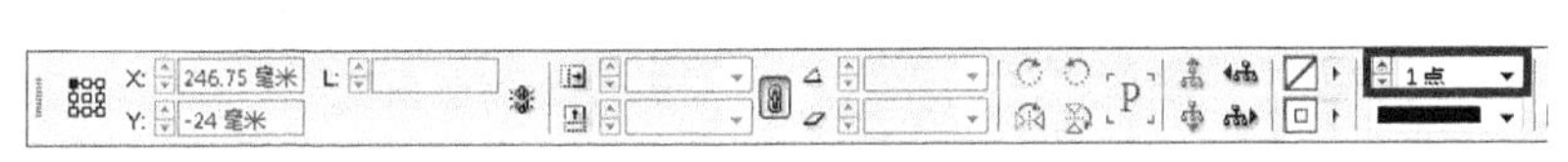

图4-5 设置线条粗细

03 按D键将填充与描边颜色复位为默认，将光标置于文档右下角的位置，按住Shift键向上拖动以绘制直线，如图4-6所示。

04 释放鼠标后，得到如图4-7所示的线条。

图4-6 绘制线条

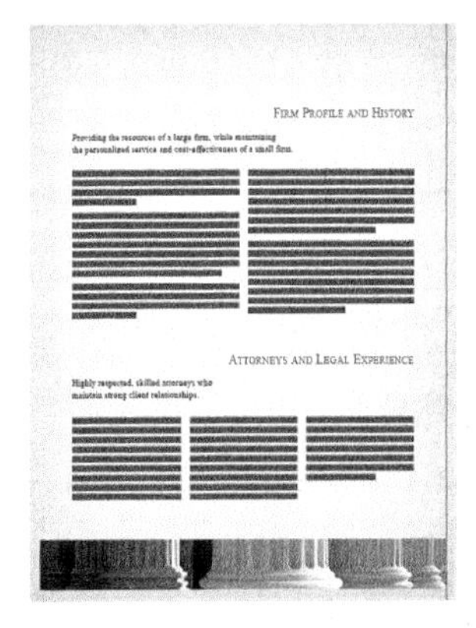

图4-7 绘制得到的线条

05 按F6键显示“颜色”面板，然后双击其中的描边颜色块，在弹出的对话框中设置颜色值，如图4-8所示。

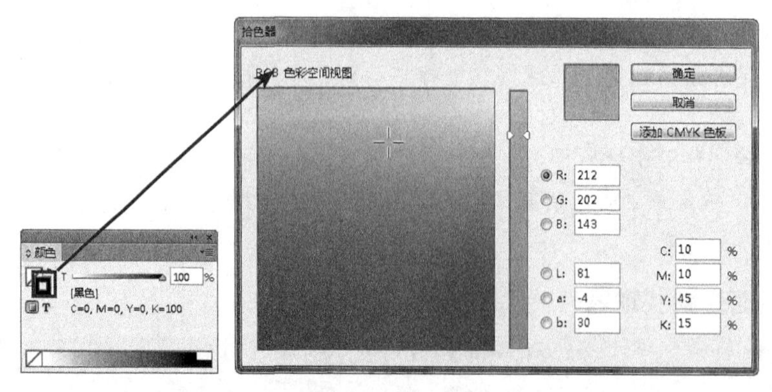

图4-8 设置颜色

06 单击“确定”按钮退出对话框，得到如图4-9所示的线条效果。

07 按照第3~6步的方法，在左侧位置再绘制一个线条，如图4-10所示。

可以尝试按照上面实例介绍的方法，为文档绘制横线线条，如图4-11所示。

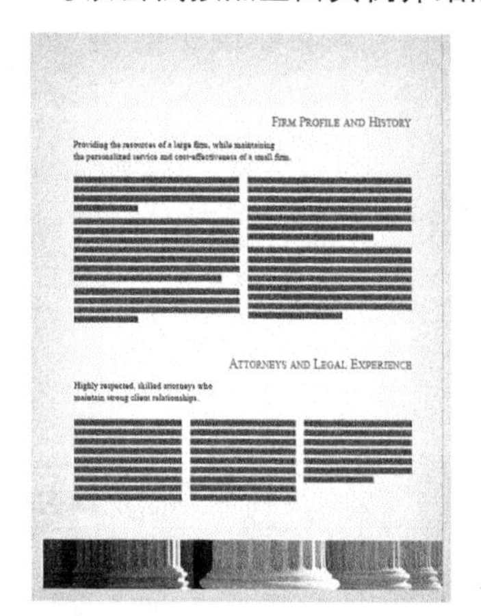

图4-9 设置颜色后的线条

图4-10 绘制另外一条线条

图4-11 拓展效果

4.3 使用工具绘制几何图形

4.3.1 矩形工具

在工具箱中选择“矩形工具”，在工作页面上向任意方向拖动，即可创建一个矩形图形。矩形图形的一个角由开始拖动的点所决定，而对角的位置则由释放鼠标键的点确定。

1. 绘制任意矩形

选择“矩形工具”后，光标变为 -¦- 状态，在页面中按住鼠标左键拖动，即可绘制一个矩形，如图4-12所示。

若按住Shift键后再进行绘制，即可创建一个正方形；按住Alt键可以单击点为中心绘制矩形；

按Shift+Alt组合键则可以单击点为中心绘制正方形。

2. 精确绘制矩形

选择“矩形工具”，然后在页面上单击，弹出“矩形”对话框，如图4-13所示。在“宽度”和“高度”文本框中分别输入数值，单击“确定”按钮，将得到一个矩形。

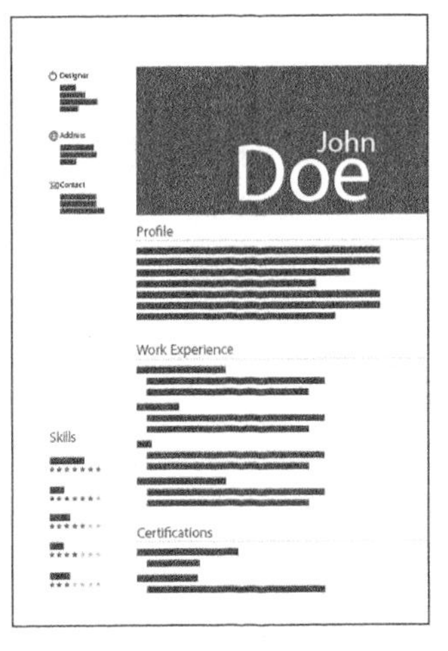

图4-12 绘制矩形

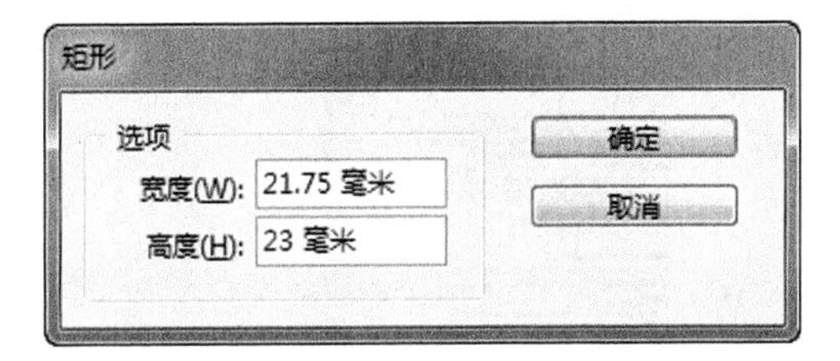

图4-13 “矩形”对话框

提 示

在创建一个矩形后，如果需要微调矩形的宽度和高度，可以通过工具选项栏中的宽度微调框 W: 64.648 毫米 和高度微调框 H: 26.62 毫米 来控制。

4.3.2 椭圆工具

“椭圆工具”可以绘制正圆或椭圆形，其使用方法与矩形工具基本相同，故不再详细介绍。图 4-14 所示就是在文档中绘制了一个椭圆形后的效果。

可以尝试在文档中绘制一个正圆形，得到如图 4-15 所示的效果。

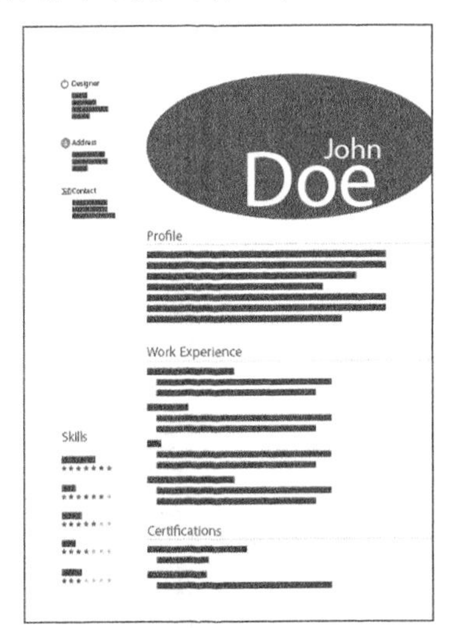

图4-14 绘制椭圆形

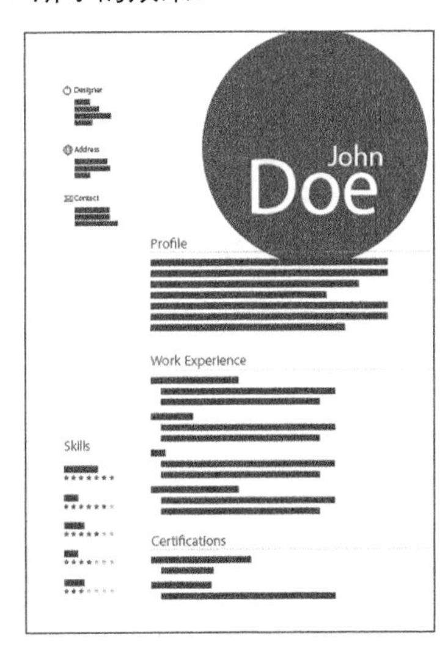

图4-15 拓展效果

4.3.3 多边形工具

使用“多边形工具”在页面上拖动可以创建多边形，拖动时的起点与终点决定了所绘的多边形的大小及位置。若按住 Shift 键后再进行绘制，即可创建一个正多边形；按住 Alt 键可以单击点为中心绘制多边形；按 Shift+Alt 组合键则可以单击点为中心绘制正多边形。

图 4-16 所示是绘制得到的多边形图形。

若是使用“多边形工具”在页面上单击，可弹出“多边形”对话框，如图 4-17 所示。在此对话框中可以设置多边形的宽度、高度以及边数以及星形内陷，单击“确定”按钮，将得到一个多边形。

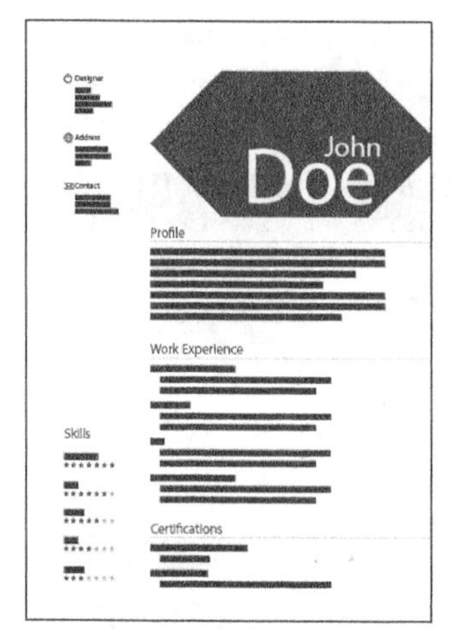

图4-16 绘制多边形

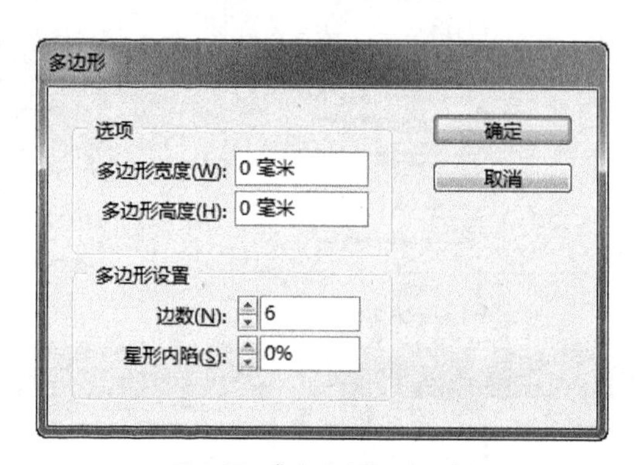

图4-17 “多边形”对话框

该对话框中各选项的功能如下所述。

- 多边形宽度：在该文本框中输入数值，以控制多边形的宽度，数值越大，多边形的宽度就越大。
- 多边形高度：在该文本框中输入数值，以控制多边形的高度，数值越大，多边形就越高。
- 边数：在该文本框中输入数值，以控制多边形的边数。但输入的数值必须介于 3~100 之间。
- 星形内陷：在该文本框中输入数值，以控制多边形角度的锐化程度。数值越大，两条边线间的角度越小；数值越小，两条边线间的角度越大。当数值为 0% 时，显示为多边形；数值为 100% 时，显示为直线。图 4-18 所示为所绘制的不同星形。

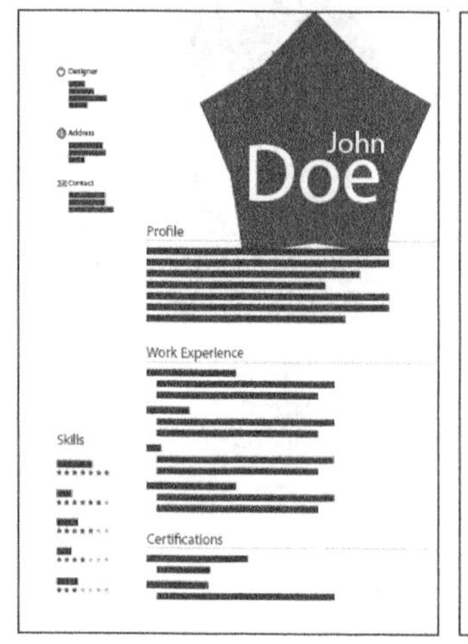

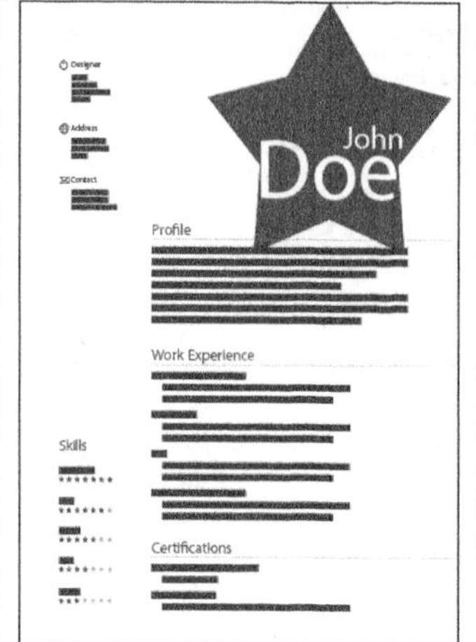

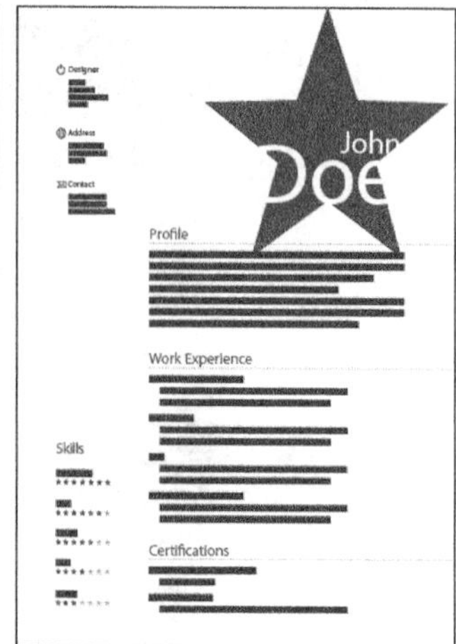

图4-18 边数为5，星形内陷为10%、30%和50%时的效果

在选中多边形的情况下，双击工具箱中的“多边形工具”，弹出“多边形设置”对话框，如图4-19所示。在对话框中可以通过设置“边数”和“星形内陷”的参数来修改多边形。

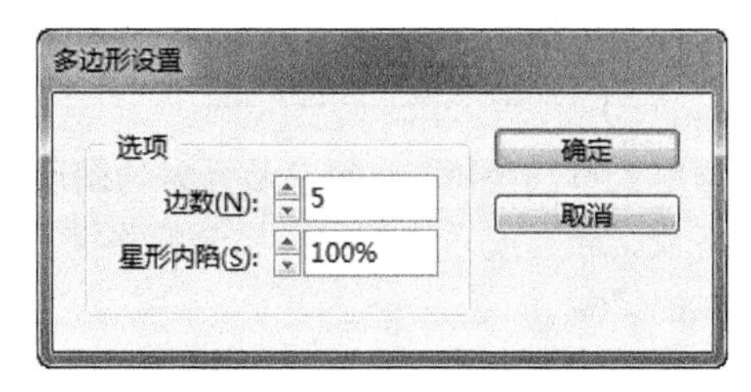

图4-19 “多边形设置”对话框

4.4 使用工具绘制任意图形

4.4.1 铅笔工具

铅笔工具的特点就是，可以按照拖动的轨迹绘制图形，也可以绘制开放路径和闭合路径，实现手工绘图与电脑绘图的平滑过渡。另外，使用“铅笔工具”还可以设置它的保真度以及平滑度等属性，使用其绘图便更加方便、灵活。

在工具箱中双击“铅笔工具”图标，弹出“铅笔工具首选项”对话框，如图4-20所示。其中的参数控制了“铅笔工具”对鼠标或所用光笔的响应速度，以及在路径绘制之后是否仍然被选定。

“铅笔工具首选项”对话框中各选项的含义如下所述。

- 保真度：此选项控制了在使用“铅笔工具”绘制曲线时对路径上各点的精确度。数值越高，路径就越平滑，复杂度就越低；数值越低，曲线与指针的移动就越匹配，从而将生成更尖锐的角度。其取值范围介于0.5～20像素之间。
- 平滑度：此选项控制了在使用“铅笔工具”绘制曲线时所产生的平滑效果。百分比越低，路径越粗糙；百分比越高，路径越平滑。其取值范围介于0%～100%之间。
- 保持选定：选中此复选框，可以使“铅笔工具”绘制的路径处于选中的状态。
- 编辑所选路径：选中此复选框，可以确定当与选定路径相距一定距离时，是否可以更改或合并选定路径（通过“范围：_像素”选项指定）。
- 范围：_像素：决定鼠标或光笔与现有路径必须达到多近距离，才能使用“铅笔工具”对路径进行修改。此选项仅在选中了“编辑所选路径”复选框时可用。

通常情况下，使用“铅笔工具”绘制出的都是开放路径，如果想绘制出一条闭合路径，可以绘制开始后按住Alt键，此时光标将变为状。然后，在创建想要的路径后先释放鼠标按钮，再释放Alt键，则路径的起始点与终点之间会出现一条边线闭合路径，如图4-21所示。

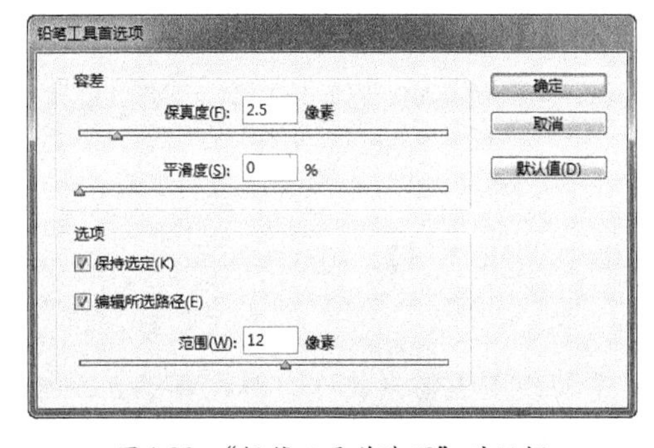

图4-20 “铅笔工具首选项”对话框

(a) 光标状态　　(b) 绘制的闭合路径

图4-21 绘制路径

4.4.2 使用“钢笔工具”绘制图形

“钢笔工具”是InDesign中最强大的图形绘制工具，使用它可以根据需要自定义绘制直线、曲线、开放、闭合或多种形式相结合的路径。在使用“钢笔工具”绘制时，需要对路径的组成有一个基本的了解。

一条路径由路径线、锚点、控制句柄3个部分组成，锚点用于连接路径线，锚点上的控制句柄用于控制路径线的形状。图4-22所示为一条典型的路径，图中使用小圆标注的是锚点，而使用小方块标注的是控制句柄，锚点与锚点之间则是路径线。

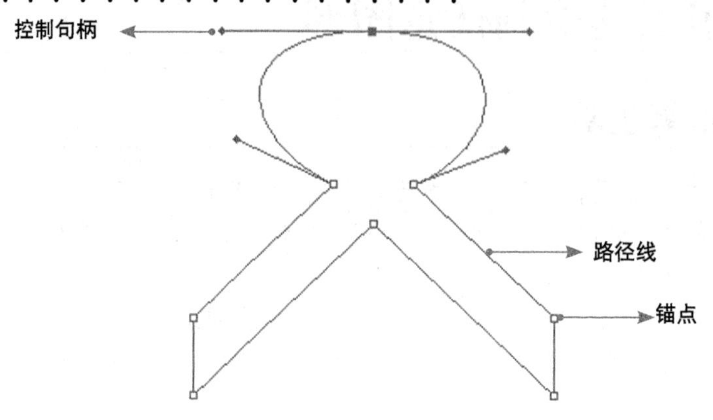

图4-22　路径示意图

1. 绘制直线图形

最简单的路径是直线型路径，构成此类路径的锚点都没有控制手柄。

在绘制此类路径时，先将鼠标指针放置在绘制直线路径的起始点处，单击以定义第一个锚点的位置，在直线结束的位置处再次单击以定义第二个锚点的位置，两个锚点之间将创建一条直线型路径，如图4-23和图4-24所示。

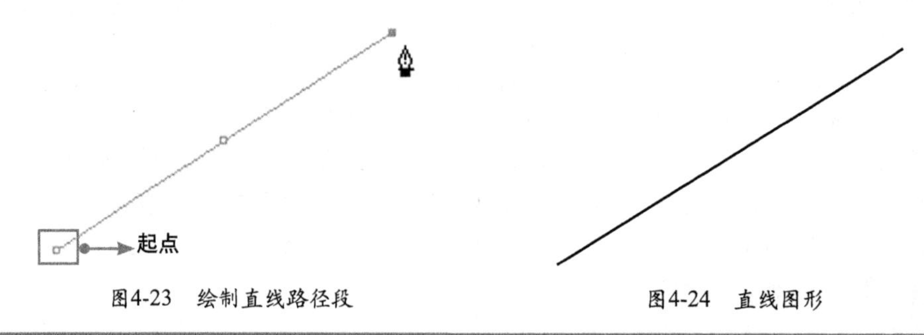

图4-23　绘制直线路径段　　　　图4-24　直线图形

提 示

在绘制直线路径时，使用“钢笔工具”确定一个点后，按住Shift键，则可以绘制出水平、垂直或45°角的线段。

2. 绘制曲线路径

如果某一个锚点有两个位于同一条直线上的控制手柄，则该锚点被称为曲线型锚点。相应地，包含曲线型锚点的路径被称为曲线型路径。制作曲线型路径的步骤如下所述。

01 在绘制时，将钢笔光标放置在要绘制路径的起始点位置，单击鼠标左键以定义第一个点作为起始锚点，此时钢笔光标变成箭头形状。

02 当单击鼠标左键以定义第二个锚点时，按住鼠标左键并向某方向拖动鼠标指针，此时在锚点的两侧出现控制手柄，拖动控制手柄直至路径线段出现合适的曲率，按此方法不断进行绘制，即可绘制出一段段相连接的曲线路径。

在拖动鼠标指针时，控制手柄的拖动方向及长度决定了曲线段的方向及曲率。图4-25所示为不同控制手柄的长度及方向对路径效果的影响。

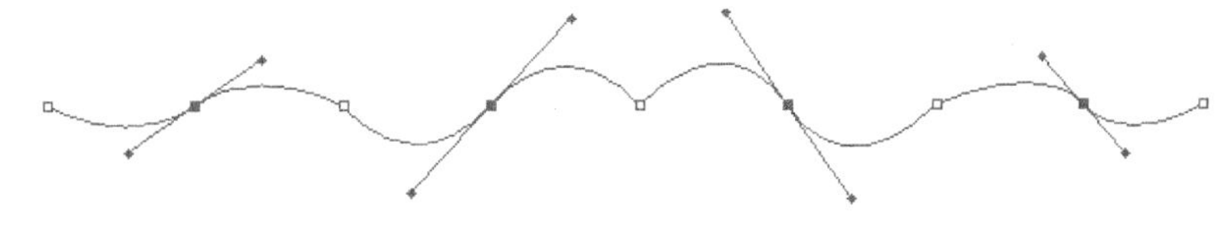

图4-25　影响效果

3. 绘制直线后接曲线路径

在使用“钢笔工具”绘制一条直线路径后，如图4-26所示，可以将光标移至下一个位置，按住鼠标左键，向任意方向拖动即可绘制曲线路径，如图4-27所示。

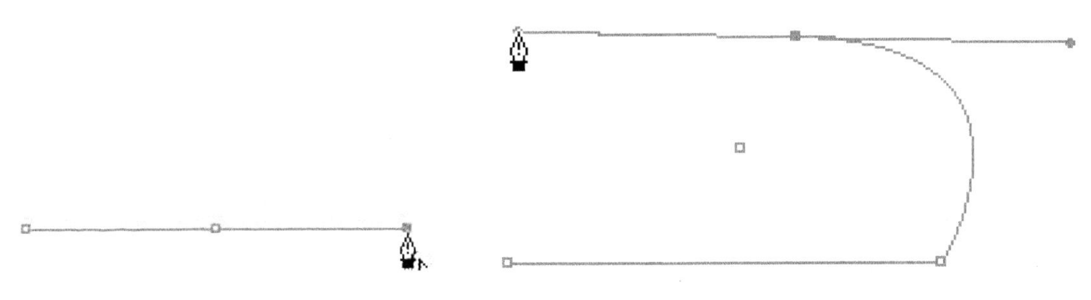

图4-26　绘制直线路径　　图4-27　接曲线路径

4. 绘制曲线后接直线路径

绘制曲线路径后的效果如图4-28和图4-29所示。若要接曲线路径，首先要将其一端的控制句柄去除，可以将光标置于最后一次绘制的锚点附近，当光标成时单击一下，此时则收回了一侧的控制句柄，然后继续绘制直线路径即可。

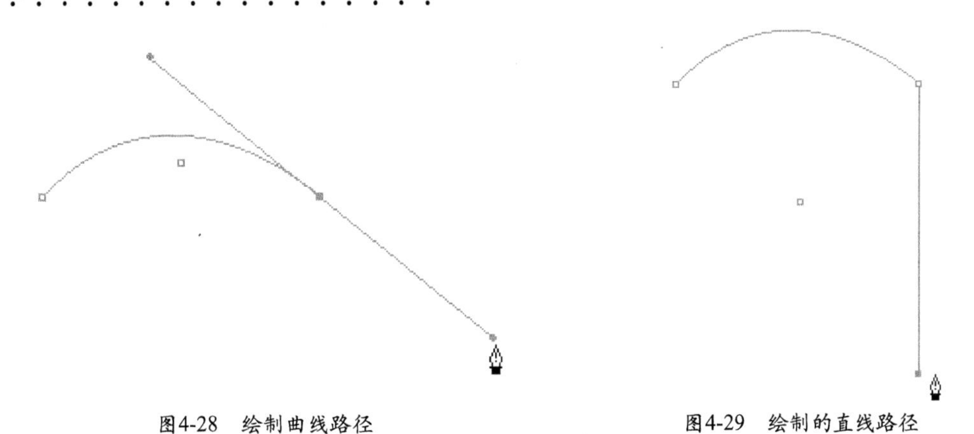

图4-28　绘制曲线路径　　图4-29　绘制的直线路径

5. 绘制拐角型路径

拐角型锚点具有两个控制手柄，但两个控制手柄不在同一条直线上。通常情况下，如果某锚点具有两个控制手柄，则两个控制手柄在一条水平线上并且会相互影响，即当拖动其中一个手柄时，另一个手柄将向相反的方向移动，在此情况下无法绘制出如图4-30所示的包含拐角型锚点的拐角型路径。

绘制拐角型路径的步骤如下所述。

01 按照绘制曲线型路径的方法定义第二个锚点，如图4-31所示。

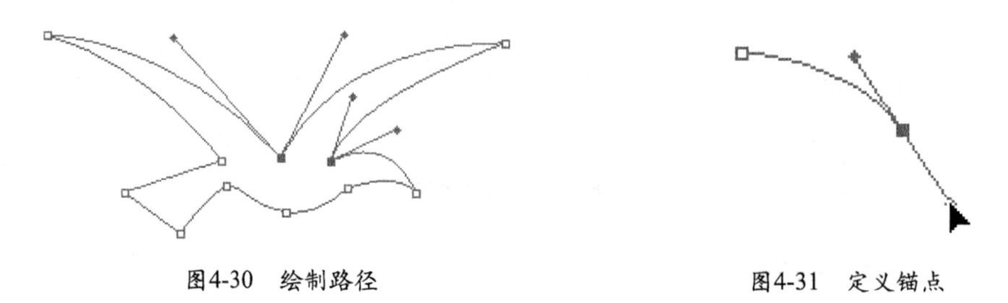

图4-30 绘制路径　　图4-31 定义锚点

02 在未释放鼠标左键前按住Alt键，此时仅可以移动一侧手柄而不会影响到另一侧手柄，如图4-32所示。

03 先释放鼠标左键再释放Alt键，绘制第三个锚点，如图4-33所示。

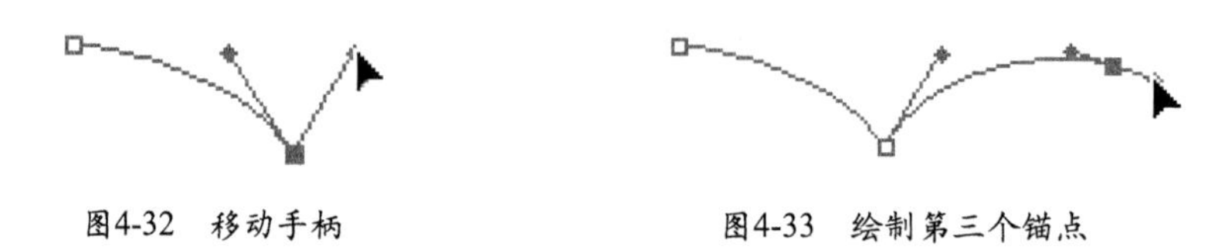

图4-32 移动手柄　　图4-33 绘制第三个锚点

6. 绘制开放型路径

如果需要绘制开放型路径，可以在得到所需要的开放型路径后，按Esc键放弃对当前路径的选定；也可以随意再向下绘制一个锚点，然后按Delete键删除该锚点。与前一种方法不同的是，使用此方法得到的路径将保持被选择的状态。

7. 绘制闭合型路径

如果需要绘制闭合型路径，必须使路径的最后一个锚点与第一个锚点相重合，即在绘制到路径结束点处时，将鼠标指针放置在路径起始点处，此时在钢笔光标的右下角处显示一个小圆圈，如图4-34所示，单击该处即可使路径闭合，如图4-35所示。

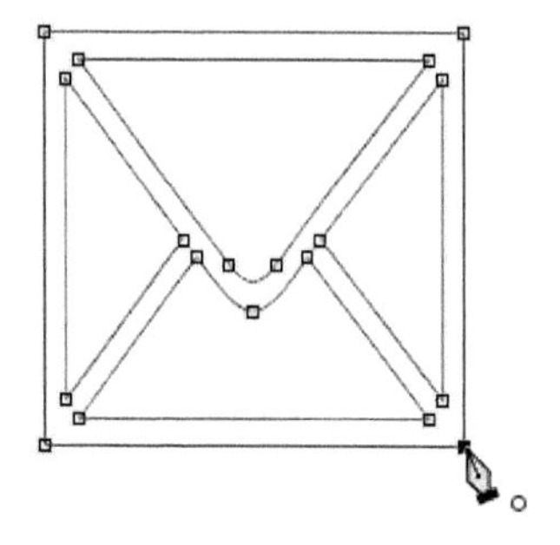

图4-34 摆放光标位置

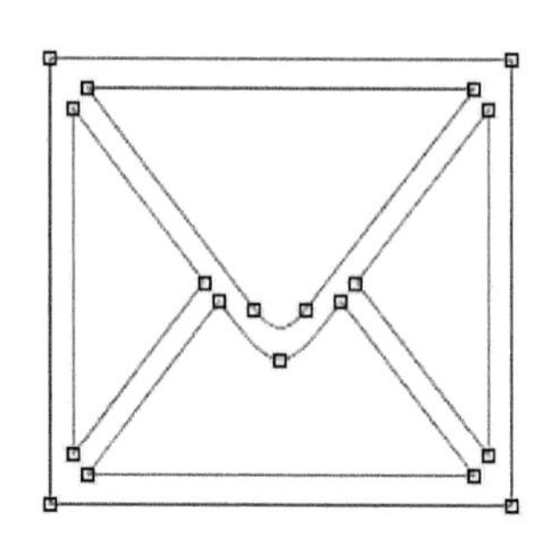

图4-35 绘制的闭合路径

8. 将闭合路径转换为开放路径

要将闭合路径转换为开放路径，可以按照以下方法进行操作。

- 使用“直接选择工具”选中要断开路径的锚点，然后按Delete键将其删除即可。
- 使用“直接选择工具”选中要断开路径的锚点，如图4-36所示。然后选择“剪刀工具”将光标置于锚点上，当成中间带有小圆形的十字架时（如图4-37所示），单击鼠标左键，按Ctrl键拖动断开的锚点，此时状态如图4-38所示。

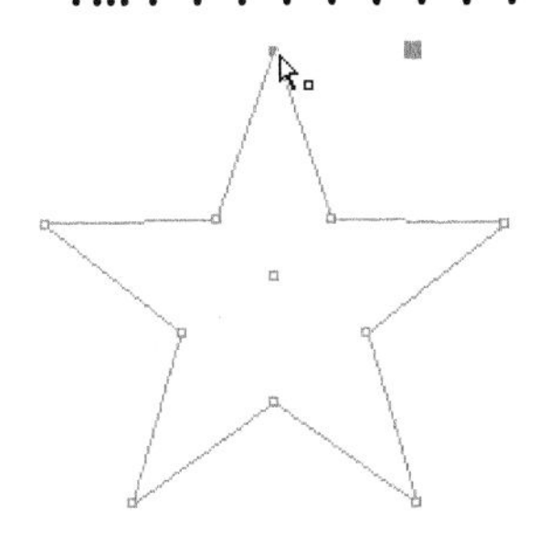

图4-36 选中锚点

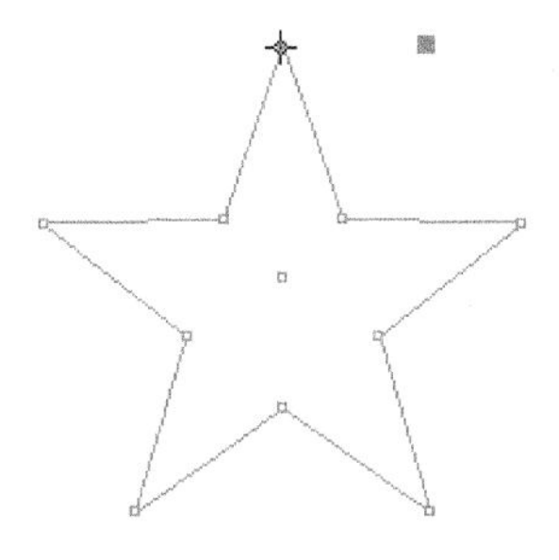
图4-37 光标状态

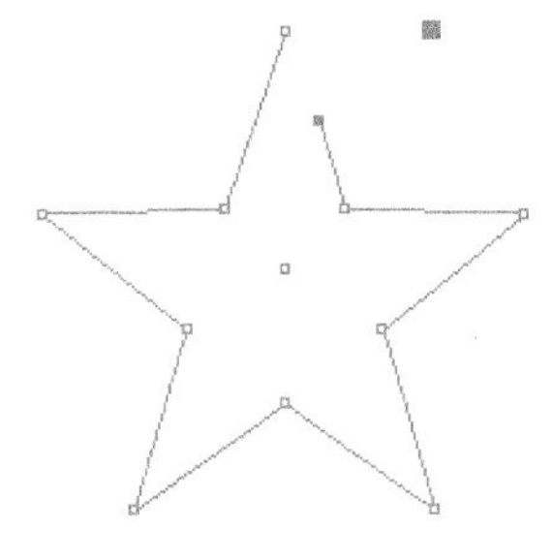
图4-38 断开后的路径状态

- 使用“直接选择工具”选择一个闭合的路径，如图4-39所示。执行“对象”|“路径”|“开放路径”命令，即可将闭合的路径断开，其中呈选中状态的锚点就是路径的断开点，如图4-40所示。通过拖动该锚点的位置以断开路径，如图4-41所示。

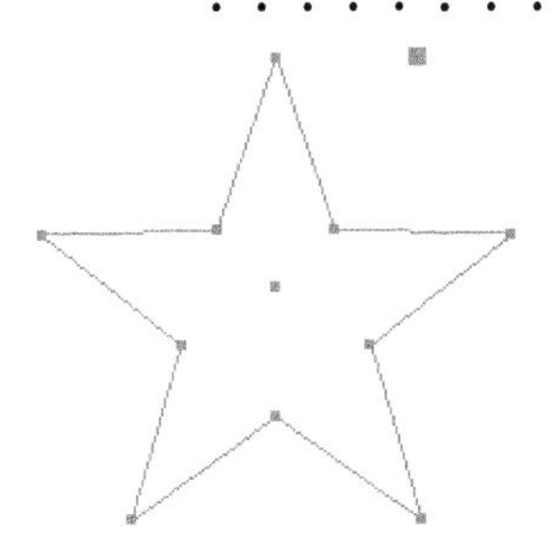
图4-39 选中闭合路径

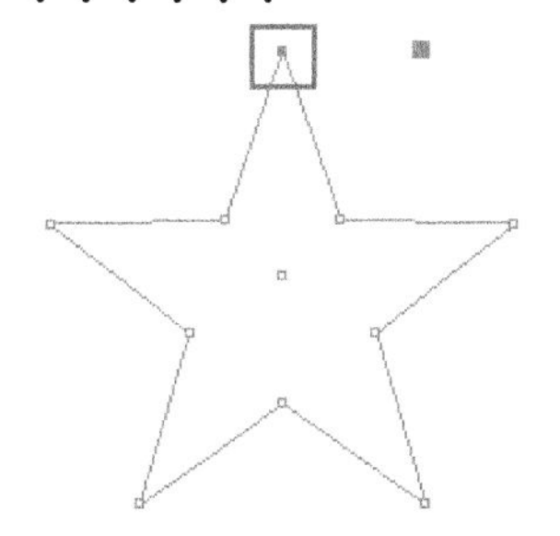
图4-40 断开点

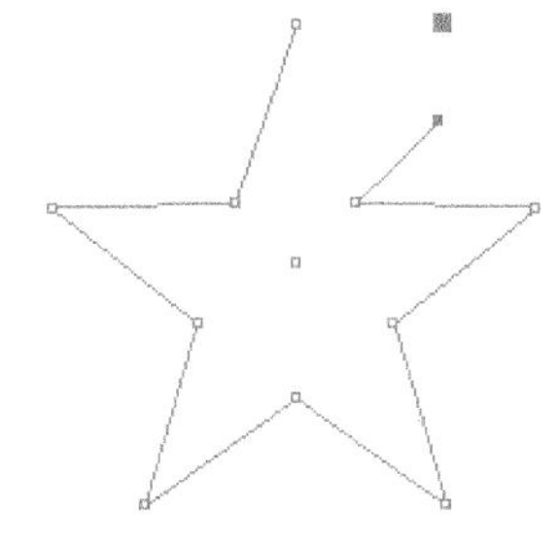
图4-41 断开后的路径状态

9. 连接路径

要将开放的路径连接起来，可以按照以下方法操作。

- 将“钢笔工具”置于其中一条开放路径的一个端，当光标变为时（如图4-42所示），单击该锚点将其激活，接着将“钢笔工具”移至另外一条开放路径的起始点位置上，当光标变为时（如图4-43所示），单击该锚点可将两条开放路径连接成为一条路径，如图4-44所示。

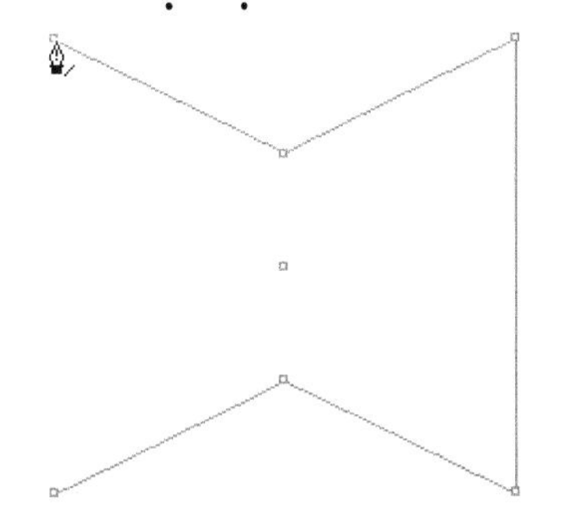
图4-42 终点位置的光标状态

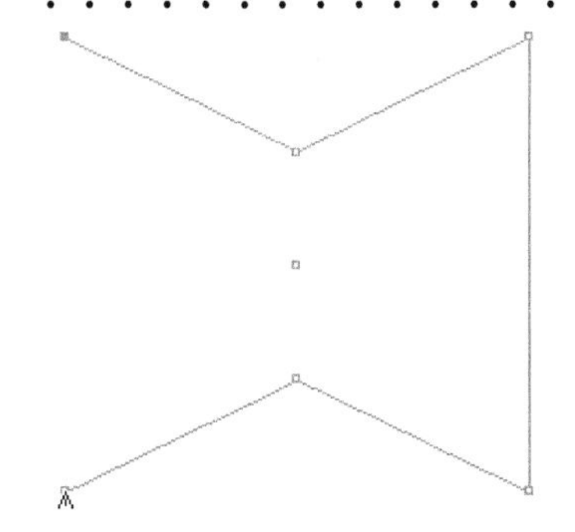
图4-43 起点位置的光标状态

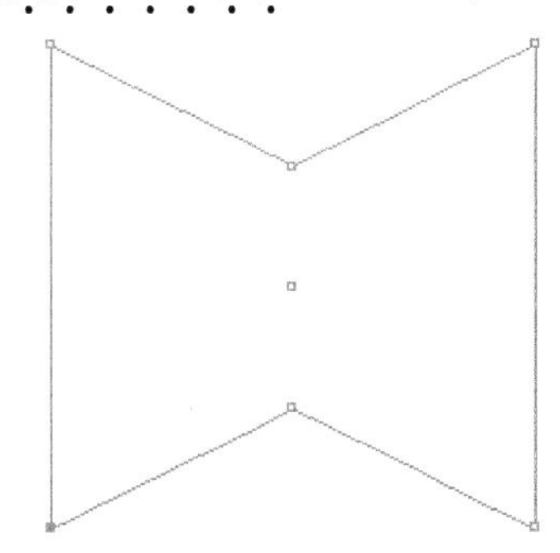
图4-44 连接后的状态

- 使用“直接选择工具”将要连接的两个锚点选中，如图4-45所示，然后执行“对象”|“路径”|“连接”命令，即可在两个锚点间自动生成一条线段并将两条路径边接在一起，如图4-46所示。

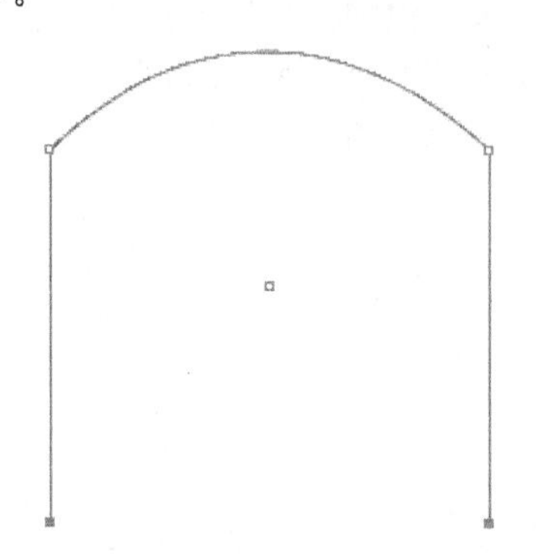
图4-45 选中要连接的两个锚点

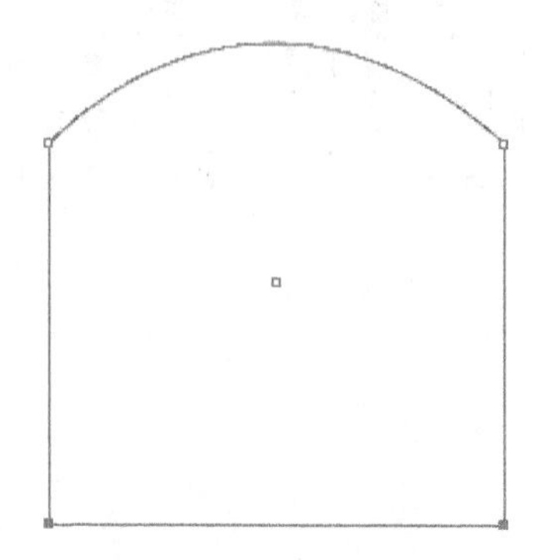
图4-46 连接后的路径状态图

10. 添加锚点

选择“添加锚点工具”可以在已绘制完成的路径上增加锚点。在路径被激活的状态下，选用“添加锚点工具”直接单击要增加锚点的位置，即可增加一个锚点，如图4-47和图4-48所示。

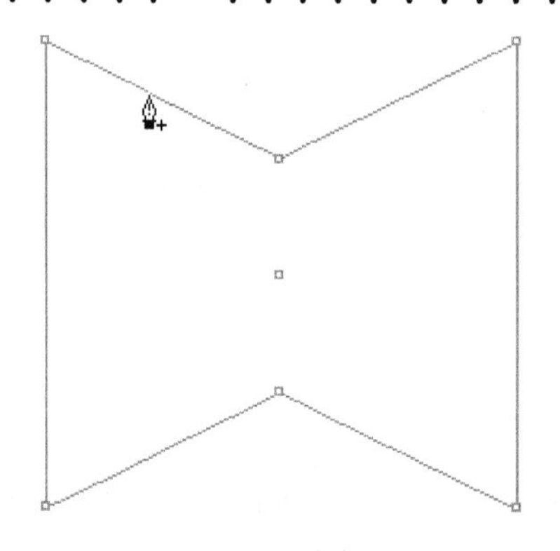
图4-47 摆放光标位置

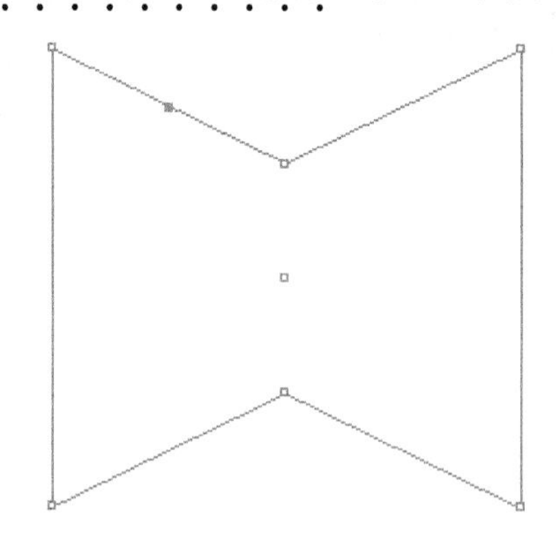
图4-48 添加锚点后的状态

11. 删除锚点

要删除锚点，选择“删除锚点工具”，将光标放在要删除的锚点上，当光标变为删除锚点钢笔图标时，如图4-49所示，单击一下即可删除锚点，如图4-50所示。

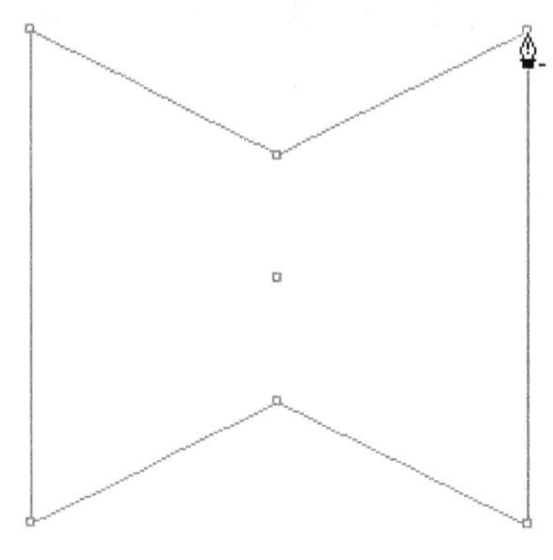
图4-49 摆放光标位置

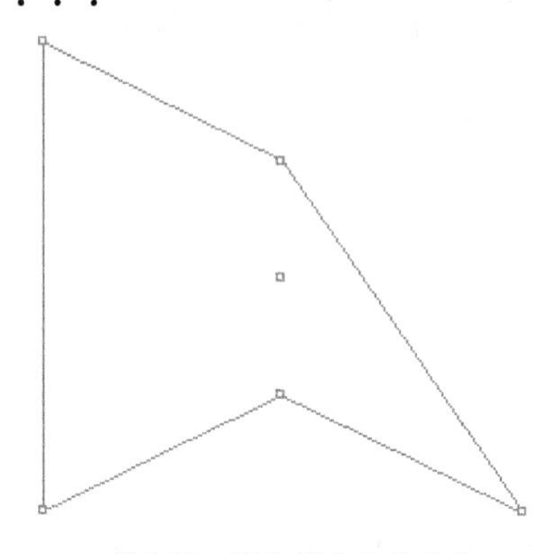
图4-50 删除锚点后的状态

12. 将曲线锚点转换为尖角锚点

要将曲线锚点转换为尖角锚点，可以在选择“钢笔工具”时，按住Alt键单击，或直接使用“转换方向点工具”单击曲线锚点，如图4-51所示，释放鼠标左键后即可将其转换为尖角锚点，如图4-52所示。图4-53所示是将其他3个锚点也转换后的效果。

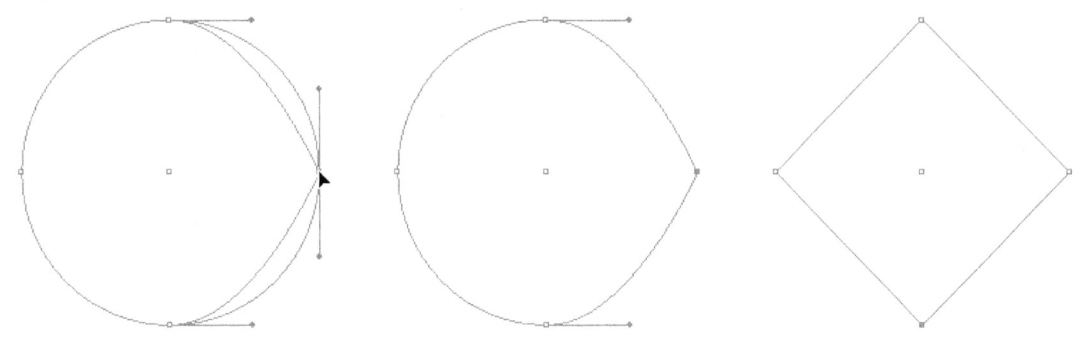

图4-51　按住Alt键单击　　图4-52　转换后的锚点　　图4-53　转换其他锚点后的效果

13. 将尖角锚点转换为曲线锚点

对于尖角形态的锚点，也可以根据需要将其转换成为曲线类型的。此时可以在选择“钢笔工具”时，按住Alt键单击，或直接使用“转换方向点工具”拖动尖角锚点，如图4-54所示，释放鼠标左键后即可将其转换为曲线锚点，如图4-55所示。图4-56所示是将其他锚点也转换后的效果。

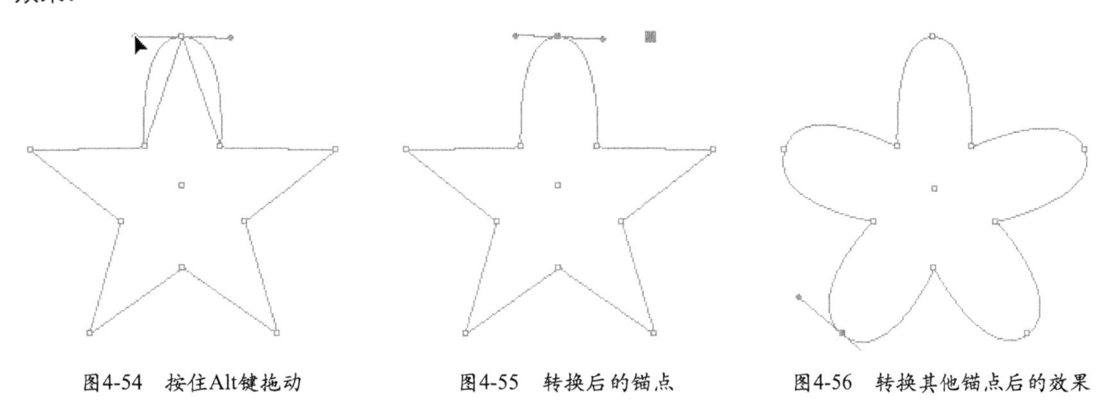

图4-54　按住Alt键拖动　　图4-55　转换后的锚点　　图4-56　转换其他锚点后的效果

4.5 图形修饰处理

4.5.1　平滑工具

顾名思义，“平滑工具”就是用于对图形进行平滑处理的工具，它可以对任意一条路径进行平滑处理，移去现有路径或某一部分路径中的多余尖角，最大程度地保留路径的原始形状，一般平滑后的路径具有较少的锚点。

在工具箱中双击“平滑工具”，弹出“平滑工具首选项”对话框，如图4-57所示。其中的参数控制了平滑路径的程度以及是否在路径绘制之后仍然被选中。

“平滑工具首选项”对话框中各选项的含义如下所述。

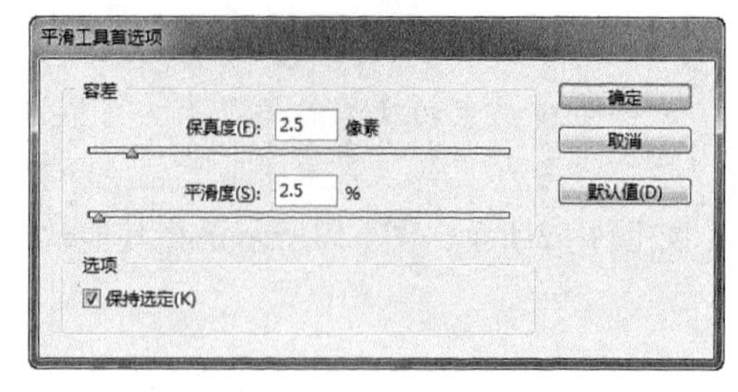

图4-57 “平滑工具首选项”对话框

- 保真度：此选项控制了在使用“平滑工具”平滑时对路径上各点的精确度。数值越高，路径就越平滑；数值越低，路径越粗糙。其取值范围介于0.5～20像素之间。
- 平滑度：此选项控制了在使用“平滑工具”对修改后路径的平滑度。百分比越低，路径越粗糙；百分比越高，路径越平滑。其取值范围介于0%～100%之间。
- 保持选定：选中此复选框，可以使平滑时的路径处于选中的状态。

以图4-58所示的路径为例，使用“平滑工具”在路径上沿需要平滑的区域拖动，如图4-59所示，图4-60所示是平滑后的效果，可以看出，路径变得更为平滑，而且锚点也少了很多。

如果一次不能达到满意效果，可以反复拖动将路径平滑，直至达到满意的平滑度为止。

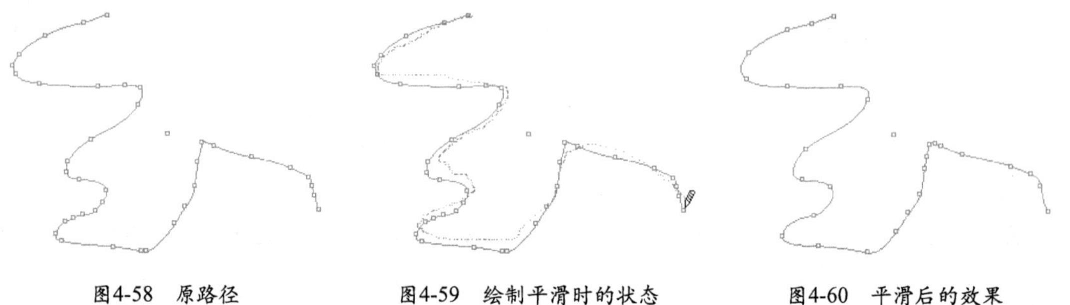

图4-58 原路径　　图4-59 绘制平滑时的状态　　图4-60 平滑后的效果

提 示

如果当前选择的是“铅笔工具”，要实现“平滑工具”的功能，可以在平滑路径时按住Alt键。

4.5.2 涂抹工具

“涂抹工具”可以清除路径或笔画的一部分。在工具箱中选择“涂抹工具”，在需要清除的路径区域拖动即可清除所拖动的范围，如图4-61所示。图4-62所示为清除部分路径后的效果。

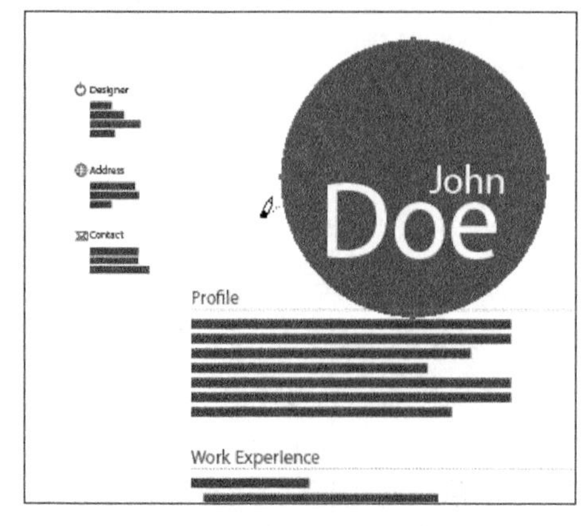

图4-61 涂除时的状态

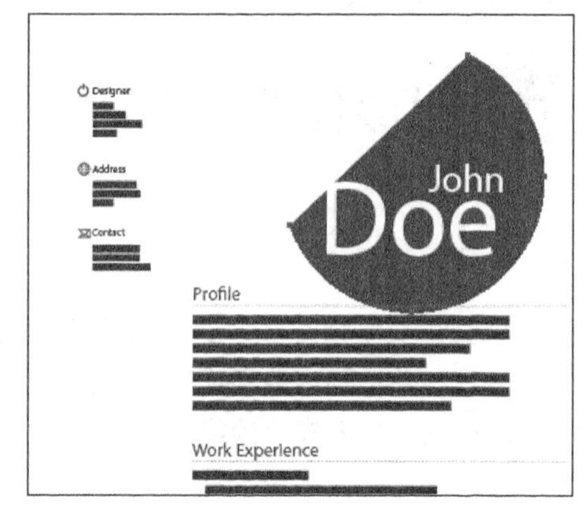

图4-62 涂除后的效果

4.5.3 剪刀工具

在前面介绍将闭合路径转换为开放路径时，就已经提到了“剪刀工具”，其功能就是可以将对象上的锚点变为开放路径，并可移动锚点随意拖动。如果要使剪切对象保持一条路径状态，只能剪切一个锚点；如果要将剪切对象变成两条路径时，则需要剪切两个锚点。

若要使剪切对象变为两条路径，可以先在对象的一个锚点上单击，然后再移至另外一个锚点上单击，该对象就会被两个锚点之间形成的直线分开。例如图4-63所示是单击圆形上、下两个锚点后的状态，此时该圆形就已经被分开。图4-64所示是将右一半圆形向右移动后的效果。

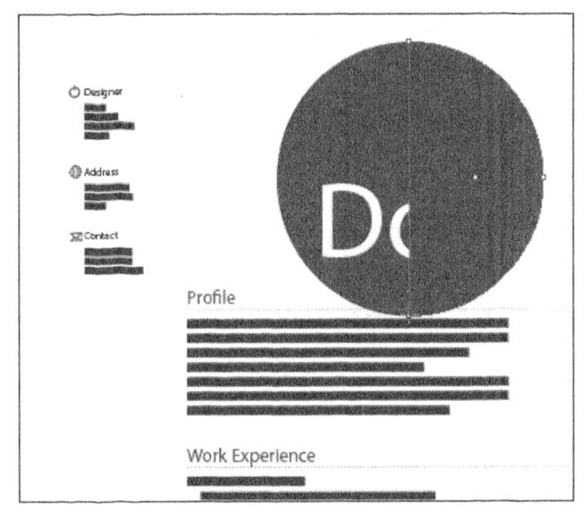

图4-63 剪开后的状态

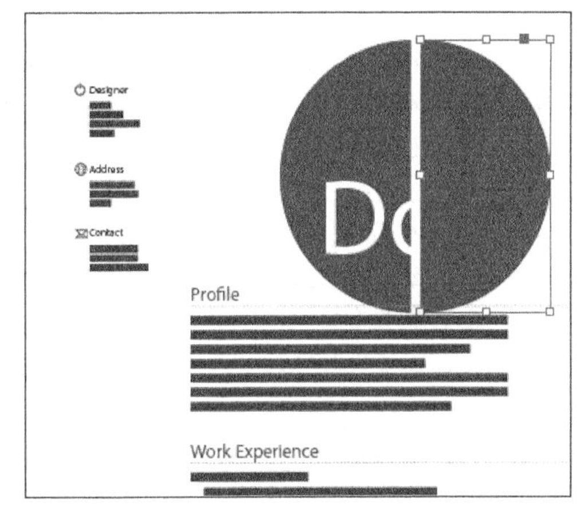

图4-64 移动右侧半圆后的状态

提 示

将剪切对象无论剪切成多少个单独对象，每一个单独对象将保持原有的属性，如线型、内部填充和颜色等。

4.6 格式化颜色属性

色彩，是平面设计中最为重要的要素之一，好的色彩能够在第一时间抓住观者的注意力，甚至传递给观者一种情感。本节就来介绍色彩的特性、使用提示以及在InDesign中设置颜色的方法。

4.6.1 经验之谈——色彩的意象

当看到色彩时，除了会感受到其物理方面的影响外，心里也会立即产生感觉，称这种感觉为色彩意象。下面简单介绍几种常见、常用颜色的色彩意象。

- 红色是太阳的颜色，是一种热情奔放，活力四射的暖色。它象征着欢乐、祥和、幸福……如表示喜庆的灯笼、喜字、彩带等，同时它也象征着革命与危险，容易使人产生焦虑和不安，如各类警示牌的颜色、消防车的颜色等。
- 黄色也是一种暖色。在其色系中金黄色象征着财富与辉煌，是历代帝王的专用颜色，也象征着权利和地位。黄色是各种色彩中最容易改变的一种颜色，在黄色中少量混入其他任何一种颜色，都会使其色相发生较大程度变化。

- 橙色的可见度相当高，因此在工业安全用色中，常被用于警戒色，如火车头、登山服装、背包、救生衣等。
- 蓝色是最容易使人安静下来的冷色，在商业设计中强调科技、效率的商品或企业形象，大多选用为标准色，如计算机、汽车、影印机、摄影器材等。在情感上蓝色有一种忧郁的感觉，因此也常被运用在感性诉求的商业设计中。
- 绿色是一种最接近自然的颜色，象征着生命、成长与和平，是农、林、畜牧业的象征颜色。在商业设计中绿色传达出清爽、希望、生长的意象，因此符合服务业、卫生保健业的诉求，常被应用在这些领域的商业设计作品中。
- 紫色是一种很容易产生高贵、典雅、神秘的心理感受的颜色，具有强烈的女性化特征，较受女士们的喜爱，因为它能更好地衬托出她们的迷人、丰韵和娇艳。
- 白色给人寒冷、严峻的感觉，纯白色的使用情况不太多。通常在使用白色时都会掺一些其他色彩，如常见的象牙白、米白、乳白、苹果白等。它也是一种较容易搭配的颜色，是永远流行的主色之一，可以与其他任何颜色搭配使用。
- 黑色给人高贵、稳重的感觉，生活用品和服饰设计大多利用黑色来塑造高贵的形象，它也是一种永远流行的主色，适合与其他任何颜色搭配使用。
- 灰色具有柔和、高雅的感觉，属于典型的中性色，男女老少都很容易接受，因此也是流行色之一，在使用时也应该与其他颜色一起搭配使用，才不会在颜色方面显得单调。

4.6.2 经验之谈——色彩的冷暖感

人们对色彩的冷暖感受不是先天形成的，而是后天的经验积累。例如，每当看到火红的太阳与橙红色的火焰时都能够感受到其自身发出的热量，每当身处皑皑白雪中与蓝色的大海边都会感受到凉爽，这些感受经过一段时间的积累后就形成后天的条件反射，从而使人们在看到红色、橙色、黄色时从心里感受到温暖。同样，当看到青色、蓝色、绿色、白色时会感觉到凉意。

如果要深究为什么这些颜色会使人感受到冷暖，可以从人的生理这个角度进行分析。在看到红色、橙色、黄色时，血压会升高，心跳也会加快，因此会产生热的心理感受；当看到青色、蓝色、绿色、白色时，血压会降低，心跳也会变慢，因此会产生冷的心理感受。

4.6.3 经验之谈——色彩的进退与缩胀感

从色相方面来看，暖色给人前进膨胀的感觉，而冷色则给人后退收缩的感觉。

从明度方面来看，明度高给人前进膨胀的感觉，而明度低则给人后退收缩的感觉。

从纯度方面来看，纯度高给人前进膨胀的感觉，而纯度低则给人后退收缩的感觉。

4.6.4 经验之谈——色彩的轻重与软硬感

决定色彩轻重感觉的主要因素是明度，明度高的色彩感觉轻，反之，明度低的颜色感觉较重。纯度也能够影响色彩的轻重感觉，纯度高给人感觉轻，而纯度低则给人感觉重。

同样，不同的颜色也能够给人不同的软硬感，一般情况下，轻的色彩给人感觉较软，而重的色彩给人感觉较硬。

4.6.5 经验之谈——色彩的华丽与朴素感

从色相方面来看，暖色给人感觉华丽，而冷色则给人感觉朴素。

从明度方面来看，明度高给人感觉华丽，而明度低则给人感觉朴素。

从纯度方面来看，纯度高给人感觉华丽，而纯度低则给人感觉朴素。

4.6.6 经验之谈——如何使用色彩表现味觉

在平面设计中，如果设计作品的内容是食品，则客户通常会要求设计师在设计时充分考虑色彩在表现食品味觉方面的影响。

简单总结起来，在使用色彩表现味觉时具有以下一些规律。

- 由于红色的水果通常给人甜美的口感回忆，因此，红色用在设计中能够传递甘甜的感觉。
- 中国传统节日的主要用色为喜庆的红色，因此在食品、烟、酒上使用红色，能够表现喜庆、热烈、甜美的感觉。
- 火辣辣是人们通常形容食品过于辣的词汇，因此在表现辣味时也通常使用红色。超市中经常可以看到红色包装设计的辣椒酱。
- 刚烘焙出炉散发着诱人香味的糕点通常为黄色，故表现烘焙类食品的香味时多用黄色。
- 橙黄色能够传递的味觉甜而略带酸味，让人联想到橙子。
- 如果希望表现嫩、脆、酸等口感与味觉，一般可以使用绿色系列的色彩。
- 深棕色（俗称咖啡色）是咖啡、巧克力一类食品的专用色。

4.6.7 经验之谈——颜色的搭配

在设计的过程中除考虑色彩意象外，还要掌握颜色的搭配提示，只有组合使用不同色相、明度、色度的颜色才能够表达出各种丰富的视觉感受。下面就几种常见颜色搭配进行介绍。

1. 红色搭配

在红色中加入少量的黄色，会使其表现的暖色感觉升级，产生浮躁、不安的心理感受。

在红色中加入少量的蓝色，会使其表现的暖色感觉降低，产生静雅、温和的心理感受。

在红色中加入少量的白色，会使其明度提高，产生柔和、含蓄、羞涩、娇嫩的心理感受。

在红色中加入少量的黑色，会使其明度与纯度同时降低，产生沉重、质朴、结实的心理感受。

2. 黄色搭配

在黄色中加入少量的红色，会使其倾向于橙色，产生活泼、甜美、敏感的心理感受。

在黄色中加入少量的蓝色，会使其倾向一种稚嫩的绿色，产生娇嫩、润滑的感觉。

在黄色中加入少量的白色，会使其明度降低，产生轻松、柔软的心理感受。

3. 绿色搭配

在绿色中加入少量的黑色，产生稳重、老练、成熟的心理感受。

在绿色中加入少量的白色，产生洁净、清爽、娇嫩的心理感受。

4. 紫色搭配

在紫色中红色的成分较多时，会使其压抑感与华丽感并存，不同的表现手法与搭配提示产生的效果也有所不同。

在紫色中加入少量的黑色，就会使其感觉趋于沉闷、悲伤和恐怖。

在紫色中加入白色会明显提高其明度，会使其产生风雅、别致、娴静的心理感受，是一种明显的女性色彩。

5. 白色搭配

在白色中混入少量的红色，就变为淡粉色，给人以浪漫、轻柔的感受。

在白色中混入少量的黄色，则成为乳黄色，给人一种香甜、细腻的感觉。

在白色中混入少量的蓝色，会产生凉爽、舒缓的感觉。

可以看出，细微的颜色变化就会使人产生无数联想的空间，加之组合搭配就可使其传达的信息更加丰富微妙，如果想得到更好的画面效果，则依赖于个人的艺术修养、自我感觉以及经验与想象力，希望在制作中细心体会。

4.6.8 在工具箱中设置颜色

在工具箱底部有一个颜色控制区，其中包括对文本或容器等对象填充单色、渐变、填充色、描边色等功能，如图4-65所示。

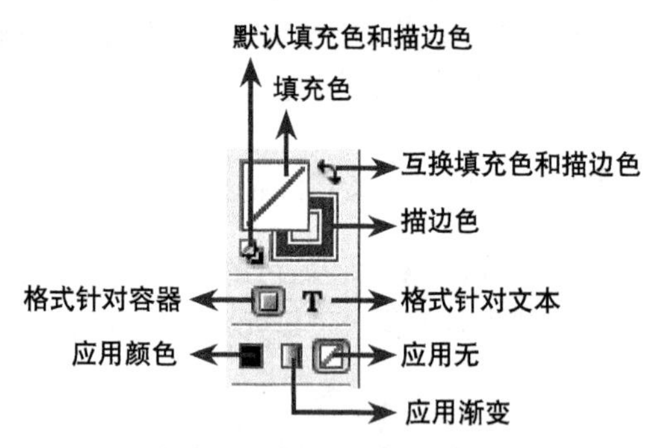

图4-65 工具箱底的颜色控制区

颜色控制区的各部分功能解释如下。

- 填充色：双击此按钮，可以为对象进行颜色填充。
- 描边：双击此按钮，可以为对象的边框色进行填充。
- 互换填充色和描边色：单击此按钮，可以交换填充色与描边色的内容。
- 默认填充色和描边色：单击此按钮，可以恢复至默认的填充色与描边色，即填充色为无，描边色为黑色。
- 格式针对容器：单击此按钮时，颜色的设置只针对容器。
- 格式针对文本：单击此按钮时，颜色的设置只针对文本。
- 应用颜色、渐变、无：分别单击这3个按钮，可以为选中的对象设置单色、渐变或无色。

提 示

在设置颜色时，若未选中对象，则设置的颜色作为下次绘制对象时的默认色。

实例：为宣传页中的图形设置颜色

源 文 件:	源文件\第4章\4.6.indd
视频文件:	视频\4.6.avi

下面介绍为宣传页中图形设置颜色的操作方法。

01 打开随书所附光盘中的文件“源文件\第4章\4.6-素材.indd”，如图4-66所示。

02 使用“选择工具”选中中间的矩形。

03 在工具箱中双击填充色，在弹出的对话框中设置其颜色，如图4-67所示。

图4-66 素材文档

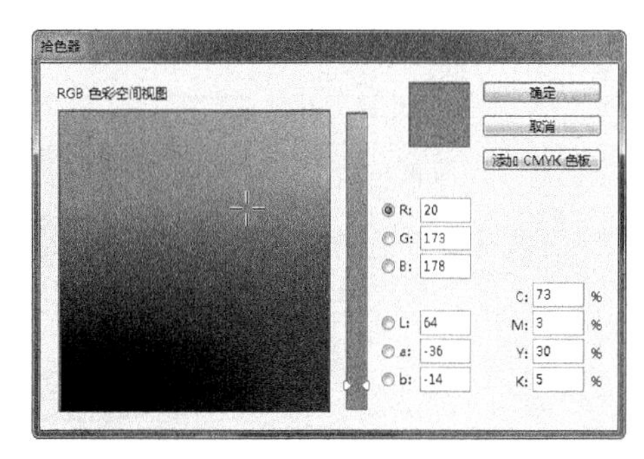

图4-67 设置颜色

04 设置完成后，单击“确定”按钮退出对话框，得到如图4-68所示的效果。

05 按照第3~4步的方法，分别选中左右的矩形以及四角的小三角形，并分别为其设置填充色，如图4-69和图4-70所示，得到如图4-71所示的效果。

图4-68 设置颜色后的效果

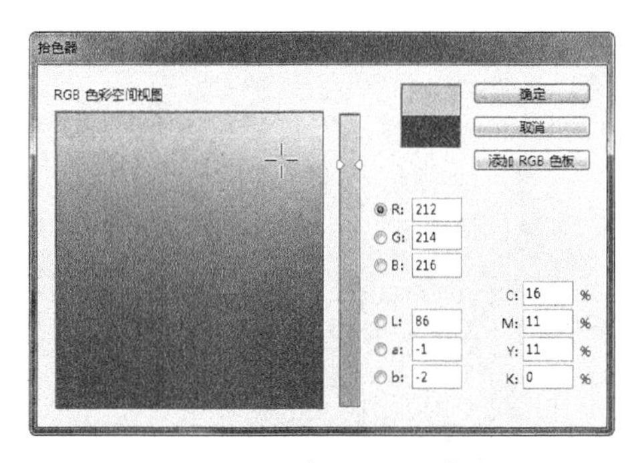

图4-69 设置左右矩形的颜色

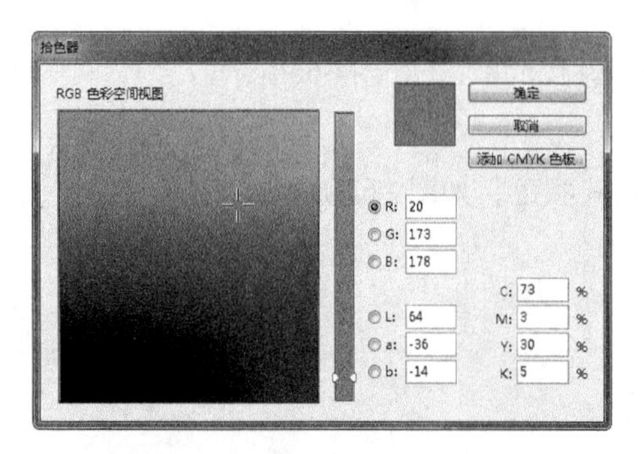

图4-70 设置四角小三角形的颜色

图4-71 设置颜色后的效果

可以尝试在前面实例的基础上，为其中的图形设置描边色，直至得到如图4-72所示的效果。

图4-72 拓展效果

4.6.9 使用快捷键设置颜色

在使用“选择工具”或选中对象的状态下，利用下面的快捷键，可以快速设置填充色与描边色进行设置。

- D键：按该键，可以使对象的“填充色”与“描边色”快速恢复到默认状态。即填充色为“无”，描边色为黑色。
- X键：按该键，可以快速地将“填充色”或“描边色”按钮置前。当“填充色”或“描边色”色块置前时，在“色板”面板以及“颜色”面板中，可以选择或调整得到新的颜色。
- Shift+X键：按该键，可以快速地互换“填充色”与“描边色”的颜色。此时在“颜色”或“色板”面板中设置的颜色指定给置前的“填充色”或“描边色”色块。
- /键：按主键盘或小键盘上的“/”键，可以应用“无”颜色。
- .：按主键盘上的“.”键，可以为选中的对象应用渐变色。

- ;: 按主键盘上的“,”键，可以为选中的对象应用单色。

4.6.10 使用“颜色”面板设置颜色

“颜色”面板中InDesign中最重要的颜色设置面板，使用它可以根据不同的颜色模式，精确设置得到所需要的颜色。执行“窗口”|“颜色”|“颜色”命令，调出“颜色”面板，如图4-73所示。

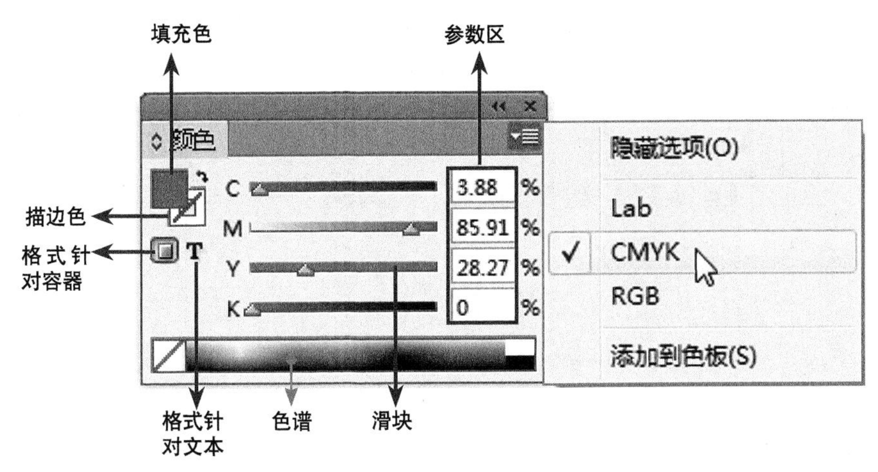

图4-73 “颜色”面板

在“颜色”面板中各选项的含义解释如下，其中与工具箱底部相同的功能不再介绍。

- 参数区：在此文本框中输入参数可对颜色进行设置。
- 颜色模式：在“面板”菜单中，可对颜色模式进行切换，如图4-74所示。

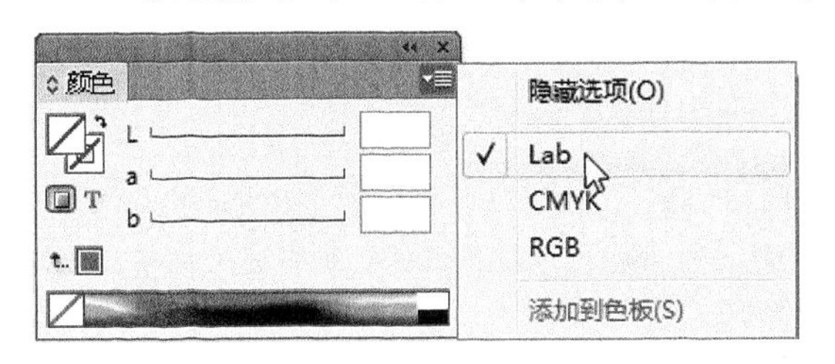

Lab模式

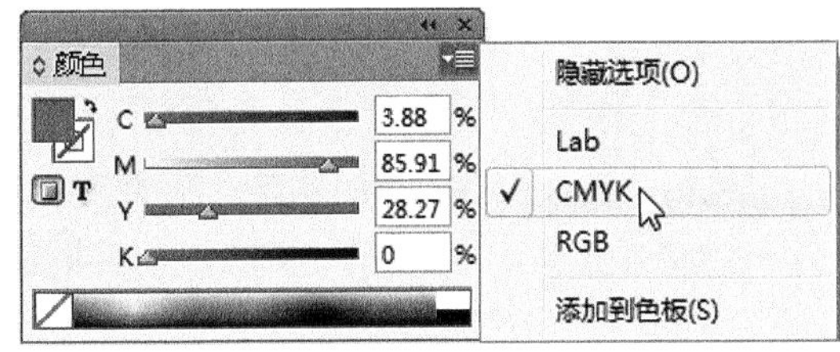

CMYK模式

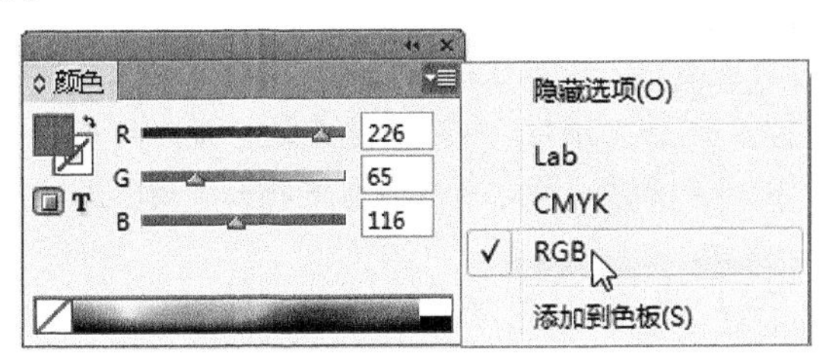

RGB模式

图4-74 颜色模式菜单

- 添加到色板：执行该命令，可快速将设置好的颜色添加到“色板”面板中。
- 色谱：当鼠标在该色谱上移动时，光标会变成✐状态，表示可以在此读取颜色，在该状态下单击鼠标左键即可读取颜色。
- 滑块：移动该滑块，可对颜色进行设置。

4.6.11 使用"色板"面板设置颜色

1. 了解"色板"面板

"色板"面板的主要作用在于，将设置好的颜色或渐变保存起来，以便于以后反复使用，当修改了其中某个颜色时，则所有应用了此颜色的对象都会随之发生变化。还可以通过导出、导入的方式，调用已有的色板，从而提高工作效率。

执行"窗口"|"颜色"|"色板"命令，即可调出"色板"面板，如图4-75所示。

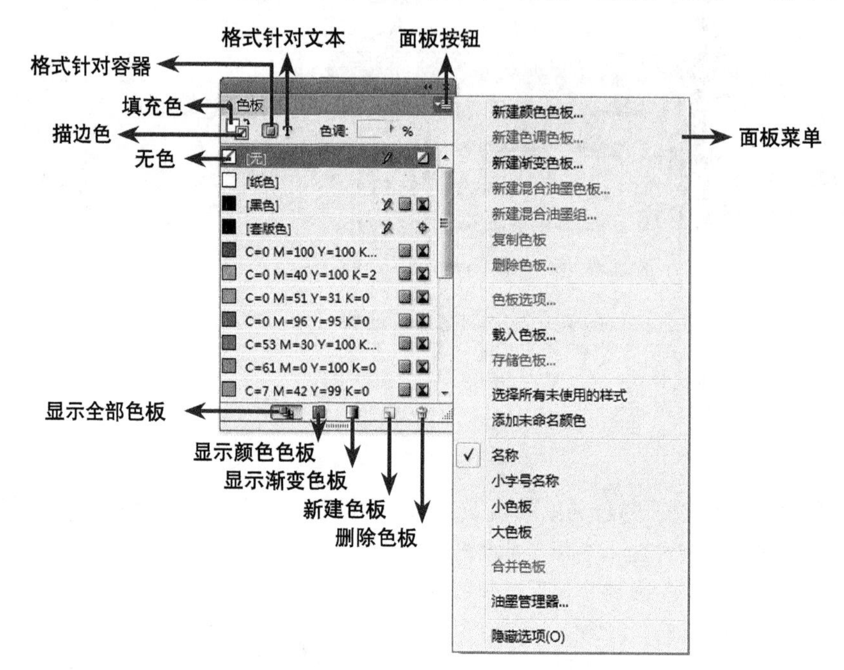

图4-75 "色板"面板及其面板菜单

"色板"面板中各部分的功能介绍如下，其中前面已经介绍过的内容将不再重述。

- 色调：在此文本框中输入数值，或单击其右边的三角按钮，在弹出的滑块中进行拖移，可以对色调进行改变。
- "显示全部色板"按钮：单击此按钮，将显示全部的色板。
- "显示颜色色板"按钮：单击此按钮，仅显示颜色色板。
- "显示渐变色色板"按钮：单击此按钮，仅显示渐变色色板。
- "新建色板"按钮：单击此按钮，可以新建色板，新建的色板为所选色板的副本。
- "删除色板"按钮：单击此按钮，可以将选中的色板删除。

2. 创建色板

要创建色板，可以按照以下方法进行操作。

- 拖动工具箱底部或"颜色"面板中的填充色、描边色至"色板"面板中，如图4-76所示，释放鼠标即可创建得到新的颜色，如图4-77所示。
- 工具箱底部或"颜色"面板中，将要保存的填充色、描边色置前，然后在"色板"面板中单击"新建色板"按钮，再单击"色板"面板右上角的面板按钮，在弹出的菜单中执行"新建颜色色板"命令，即可创建以当前选择的对象的颜色为基础，创建一个新的色板。

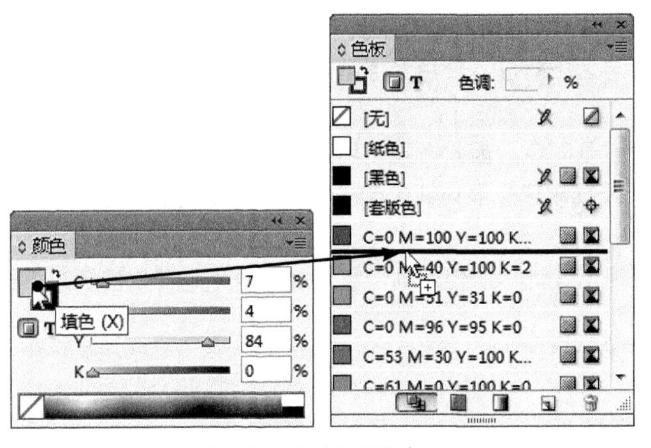

图4-76 拖动中的状态

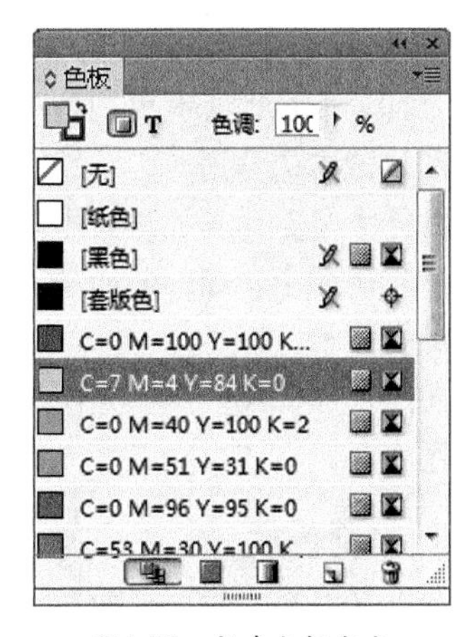

图4-77 新建色板完成

在上面的操作中，若是执行“色彩”面板菜单中的“新建色板”命令创建新色板，会弹出如图4-78所示的对话框，在其中设置参数后，单击“确定”按钮即可创建新色板；若是单击“添加”按钮，则在不退出对话框的情况下，将当前设置的颜色添加至色板，可以在对话框中继续编辑并添加其他的颜色。

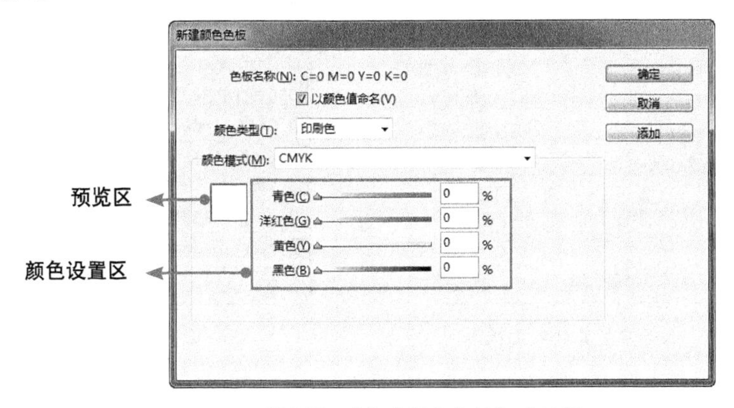

图4-78 “新建颜色色板”对话框

“新建颜色色板”对话框中各选项的含义如下所述。

- 色板名称：如果在“颜色类型”下拉列表中选择了“印刷色”，且选中“以颜色值命名”复选框时，色板名称会自动命名为参数值；在未选中“以颜色值命名”复选框时，用户则可以自己创建色板名称；如果在“颜色类型”下拉列表中选择了“专色”，则可以直接在“色板名称”文本框中输入当前颜色的名称。
- 颜色类型：选择此下拉列表中的选项，用于指定颜色的类型为印刷色或专色。
- 颜色模式：在此下拉列表中，可选择CMYK、Lab、RGB等颜色模式。
- 预览区：在颜色设置区所编辑的颜色可在该区域显示。
- 颜色设置区：在该区域移动小三角滑块或在文本框中输入参数，均可以对颜色进行更改与编辑。
- 添加：单击此按钮，可以将新建好的色板直接添加到色板中，从而可以继续进行新建色板。

可以尝试将实例“为宣传页中的图形设置颜色”中为图形设置的3种颜色保存至“色板”面板中。

4.6.12 经验之谈——专色与专色印刷

专色是指在印刷时，不是通过印刷C、M、Y、K四色合成的一种特殊颜色，这种颜色是由印刷厂预先混合好或油墨厂生产的专色油墨来印刷的。

在印刷专色时都有专门的一个色版与之相对应，使用专色可使颜色更准确，并且还能够起到节省印刷成本的作用。

由于大多数计算机屏幕不能准确地表示颜色，因此需要使用标准颜色色样卡查看该颜色在纸张上的准确颜色，如Pantone彩色匹配系统就创建了很详细的色样卡，同样要选择专色也需要使用专用的色样卡。

由于部分印刷厂不一定能准确地表现出设计中所使用的专色，因此若不是特殊的需求不要轻易使用专色。

1. 复制色板

要复制色板，可以按照以下方法进行操作。

- 在“色板”面板中选择需要复制的色板，按住左键拖动鼠标，此时光标状态为 。按住鼠标移至“新建色板”按钮 上，手形光标会在右下角显示一个小田字标记 ，如图4-79所示。释放鼠标，即可得到该色板的副本，如图4-80所示。

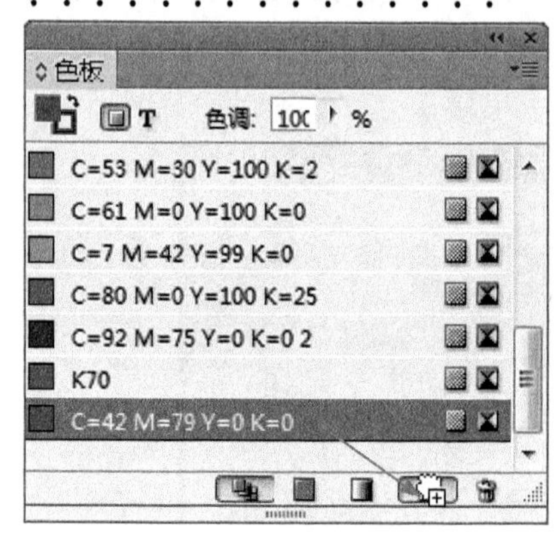

图4-79　选择需要复制的色板

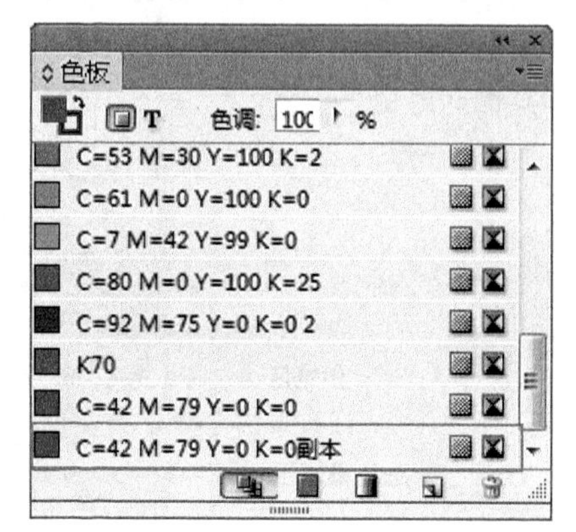

图4-80　完成复制色板操作

- 选择需要复制的色板，单击鼠标右键，在弹出的快捷菜单中执行“复制色板”命令即可。
- 选择需要复制的色板，单击“色板”面板右上角的面板按钮 ，在弹出的菜单中执行“复制色板”命令，完成复制色板的操作。
- 选择“色板”面板中的任意色板，单击“色板”面板底部的“新建色板”按钮 ，即可创建所选色板的副本。

2. 编辑色板

要修改色板的属性，可双击该色板，在弹出的“色板选项”对话框中设置参数，完成后单击“确定”按钮退出即可，如图4-81所示。

> **提 示**
>
> 在“色板”面板中，色板右侧如果有 图标，表示此色板不可被编辑。

3. 删除色板

要删除色板，可以按照以下方法进行操作。

- 选中一个或多个不需要的色板，拖移到“删除色板”按钮 上即可删除选中的色板。
- 选中一个或多个不需要的色板，单击鼠标右键，在弹出的快捷菜单中执行“删除色板”命令将其删除。

- 选择要删除的色板，单击“色板”面板右上角的面板按钮，在弹出的菜单中执行“删除色板”命令即可其选中的色板删除。

当删除的色板在文档中使用时，会弹出“删除色板”对话框，如图4-82所示。在该对话框中可以设置需要替换的颜色，以达到删除该色板的目的。

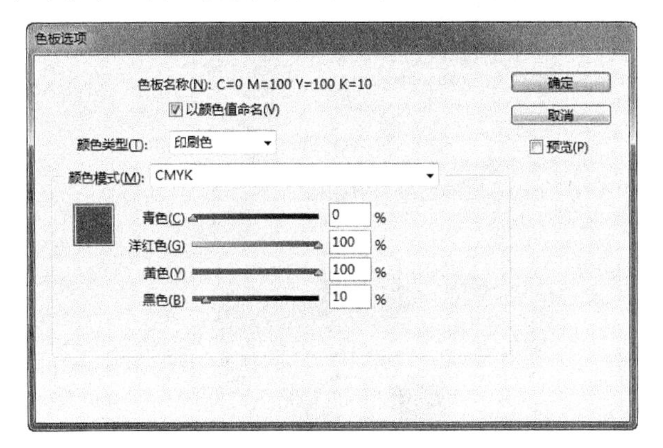

图4-81 “色板选项”对话框

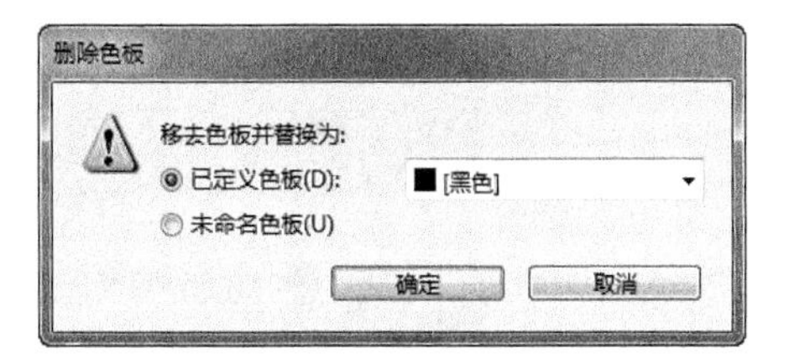

图4-82 “删除色板”对话框

提 示

单击“色板”面板右上角的面板按钮，在弹出的菜单中执行“选择所有未使用的样式”命令，然后单击面板底部的“删除色板”按钮，即可将多余的颜色删除。

4. 存储色板

要将色板存储为单独的文件，以便于调用，可以按照以下方法操作。

01 在“色板”面板中，按住Ctrl键单击，选择多个不连续的色板，或按Shift键单击，选择多个连续的色板。

02 单击“色板”面板右上角的面板按钮，在弹出的菜单中执行“存储色板”命令。

03 在弹出的对话框中指定名称及位置，单击“保存”按钮退出对话框，从而将其保存为扩展名为.ase的文件。

5. 载入色板

若要载入其他文档中的色板，可以按照以下方法操作。

01 单击“色板”面板右上角的面板按钮，在弹出的菜单中执行“载入色板”命令。

02 在弹出的“打开文件”窗口中选择目标文件。

03 单击“打开”按钮，即可将该目标文件的色板载入到当前文档中（打开“色板”面板即可看到）。

若要载入色板文件，可以执行“文件”|“打开”命令，在弹出的对话框中选择要打开的.ase文件即可。

6. 设置色板显示方式

根据工作需要，可以设置不同的色板显示方式。单击“色板”面板按钮，在弹出的菜单中执行“名称”、“小字号名称”、“小色板”、“大色板”等命令，即可改变其显示方式，如图4-83所示。

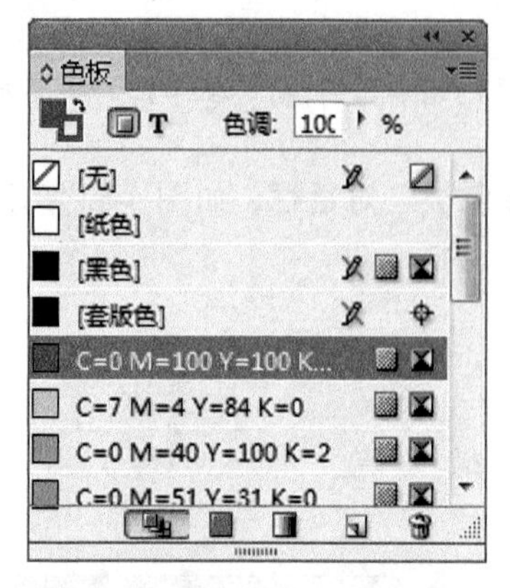

名称

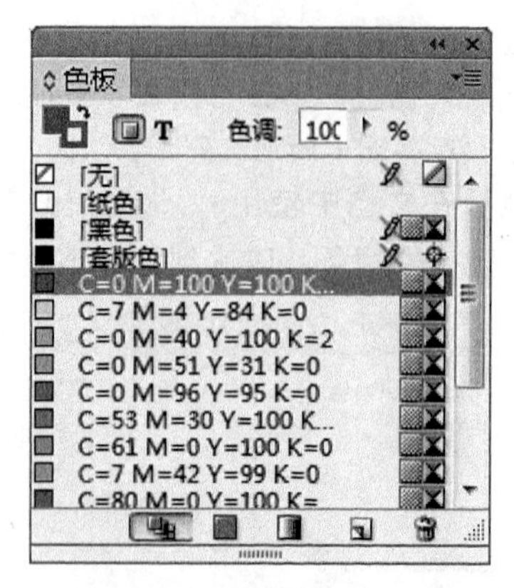

小字号名称

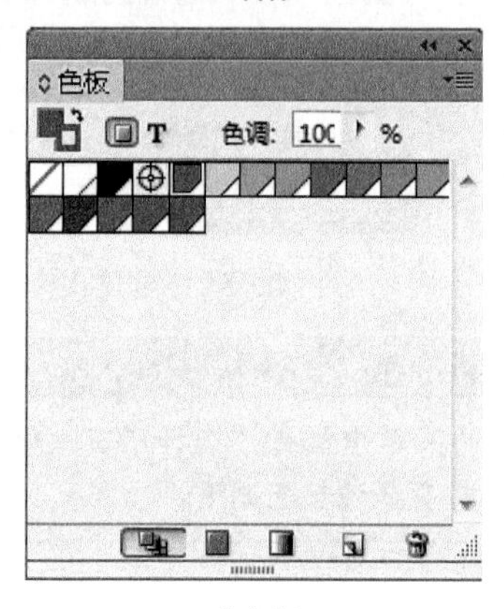

小色板

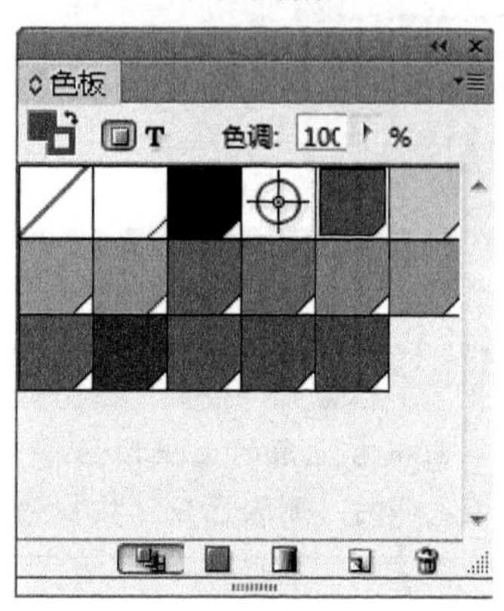

大色板

图4-83　色板不同的显示方式

4.6.13　将颜色应用于对象

在前面已经学习了使用工具箱底部的颜色控制区为对象设置颜色，而使用“颜色”和“色板”面板设置颜色并应用于对象的方法与之相仿。

在使用“颜色”面板设置颜色时，可以先选中要设置颜色的对象，并选择是设置填充色或描边，然后拖动滑块调整颜色即可

使用“色板”面板为对象应用颜色的方法更为简单，即选择设置填充色或描边色后，在其中单击要应用的色块即可。

可以尝试通过先创建色板再应用颜色的方法，为实例“为宣传页中的图形设置颜色”中的图形应用相同的颜色。

4.7　格式化渐变属性

渐变，是指两个或更多个颜色之间的过滤。在InDesign中，可以使用“渐变”面板来设置一个渐变，并应用于对象上，也可以使用“渐变色板工具”与“渐变羽化工具”应用渐变。本节就来介绍与渐变相关的功能。

4.7.1 在“渐变”面板中创建渐变

执行“窗口”|“颜色”|“渐变”命令，或双击工具箱中的“渐变色板工具”，弹出“渐变”面板，如图4-84所示。

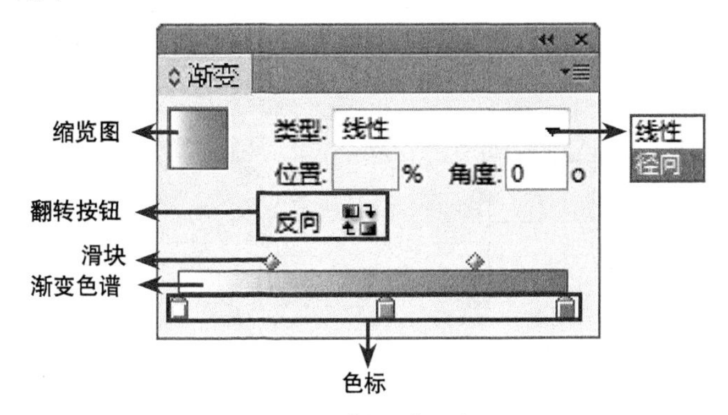

图4-84 “渐变”面板

“渐变”面板中各选项的含义如下所述。

- 缩览图：在此可以查看到当前渐变的状态，它将随着渐变及渐变类型的变化而变化。
- 反向：单击此按钮，可以将渐变进行反复的水平翻转。
- 类型：在此下拉列表中可以选择线性和径向两种渐变类型。
- 位置：当选中一个滑块时，该文本框将被激活，拖曳滑块或在文本框中输入数值，即可调整当前色标的位置。
- 角度：在此文本框中输入数值可以设置渐变的绘制角度。
- 渐变色谱：此处可以显示出当前渐变的过渡效果。
- 滑块：表示起始颜色所占渐变面积的百分率，可调整当前色标的位置。
- 色标：用于控制渐变颜色的组件。其中位于最左侧的色标称为起始色标；位于最右侧的色标称为结束色标。

实例：为宣传页设置渐变背景

源 文 件:	源文件\第4章\4.7.indd
视频文件:	视频\4.7.avi

本节将以制作宣传册背景为例，介绍渐变的创建及其使用方法。

01 打开随书所附光盘中的文件“源文件\第4章\4.7-素材.indd”，如图4-85所示。

图4-85 素材文档

02 选中背景中的矩形块，然后执行“窗口”|“颜色”|“渐变”命令，以显示“渐变”面板。单击面板底部的渐变色谱，从而激活渐变默认的编辑状态，如图4-86所示。图4-87所示是应用了默认渐变后的效果。

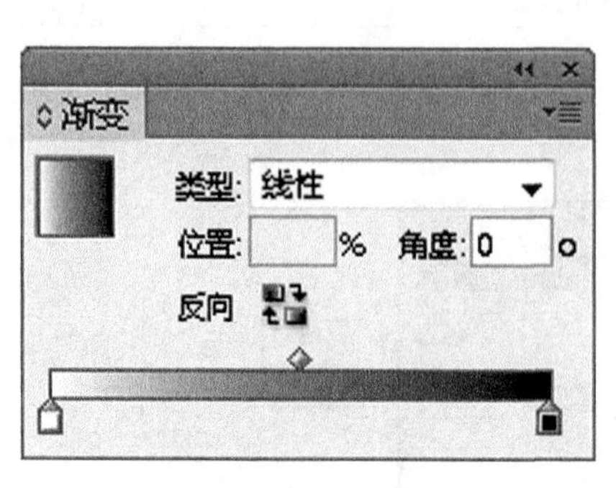

图4-86 激活状态

图4-87 渐变效果

03 使用鼠标单击最左侧的白色色标，执行“窗口”|“颜色”|“颜色”命令，弹出“颜色”面板，在此面板中设置颜色值，如图4-88所示。此时的“渐变”面板如图4-89所示。

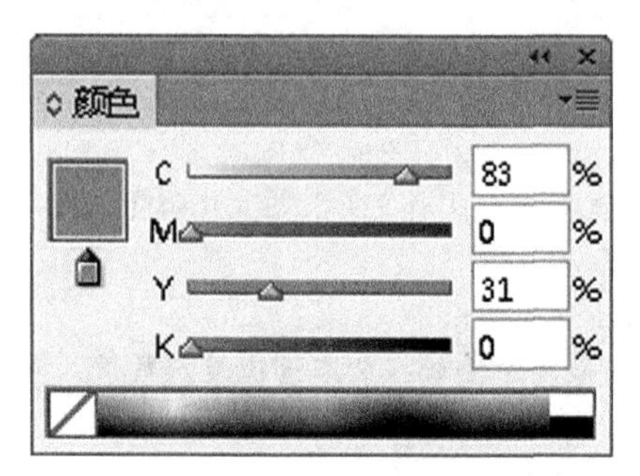

图4-88 设置颜色值

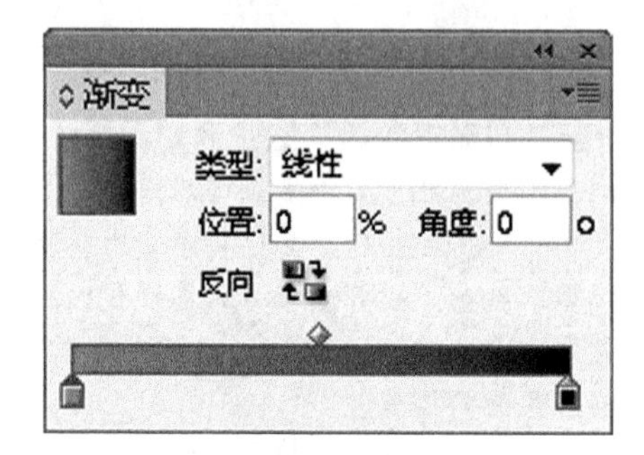

图4-89 “渐变”面板

04 按照上一步的方法，单击选中右侧的黑色色标，此时的“颜色”面板如图4-90所示。单击其“面板”按钮，在弹出的菜单中选择“CMYK”选项，如图4-91所示。

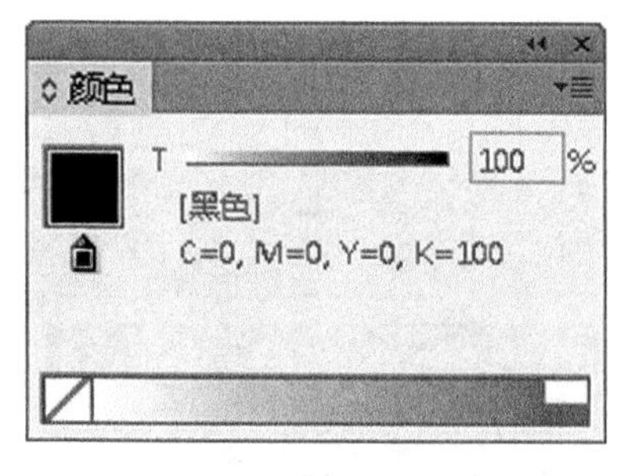

图4-90 “颜色”面板

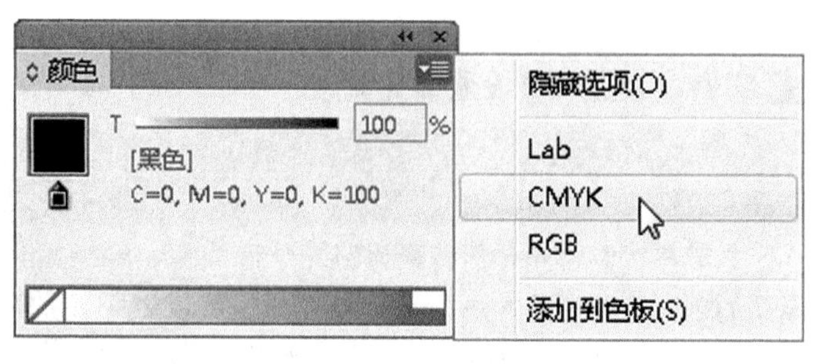

图4-91 选择选项

05 在“颜色”面板中设置原来黑色滑块的颜色值，如图4-92所示。此时的“渐变”面板如图4-93所示，得到如图4-94所示的效果。

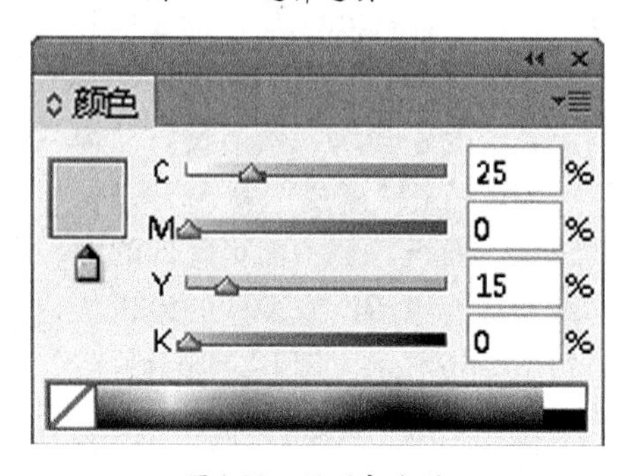

图4-92 设置颜色值

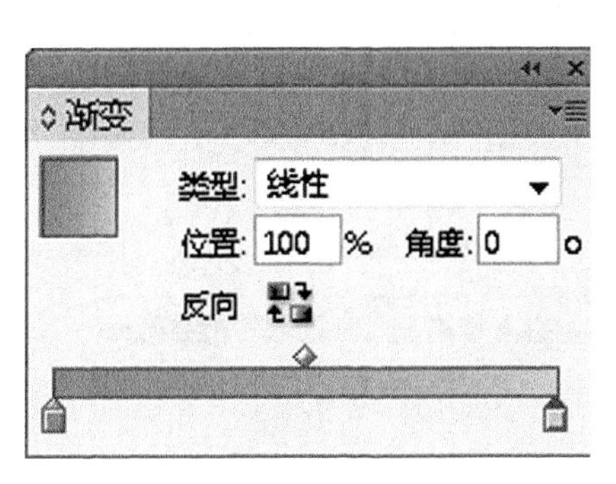

图4-93 “渐变”面板

图4-94 效果

06 为了得到从上至下的渐变效果，下面需要在“渐变”面板中设置一下其角度数值，如图4-95所示，得到如图4-96所示的效果。

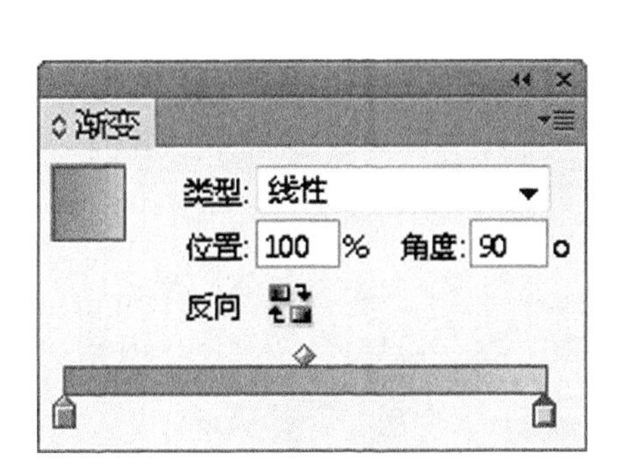

图4-95 设置角度值

图4-96 效果

07 为了使渐变效果更丰富，下面来为其再添加一个渐变色标。首先，向右侧拖动最左侧的色标，如图4-97所示，此时的渐变效果如图4-98所示。

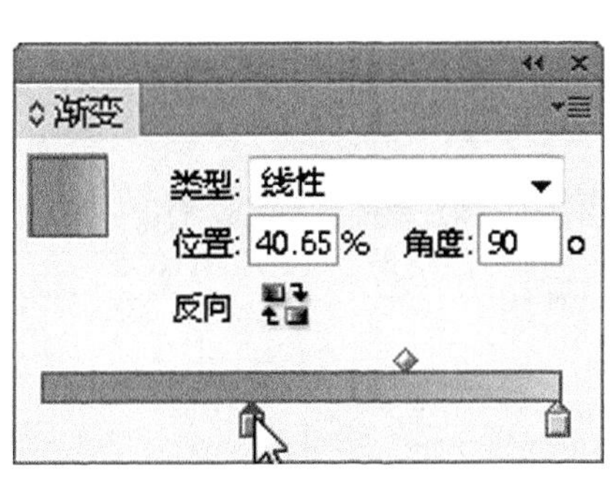

图4-97 拖动色标

图4-98 渐变效果

08 在色谱最左侧的位置单击添加一个色标，如图4-99所示，然后在“颜色”面板中设置其颜色值，如图4-100所示。

09 更改颜色值后的“渐变”面板如图4-101所示，得到如图4-102所示的效果。

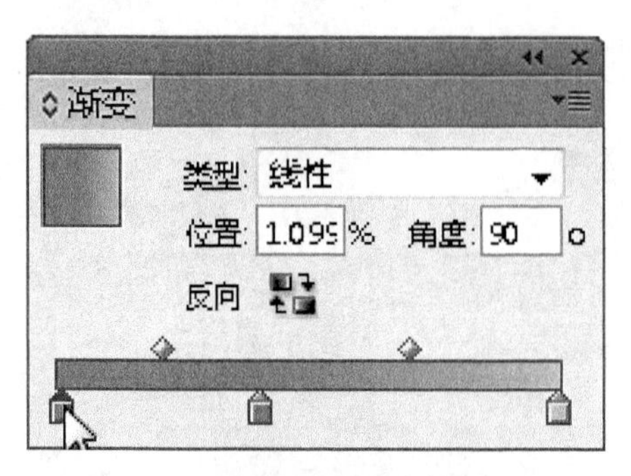

图4-99　添加色标

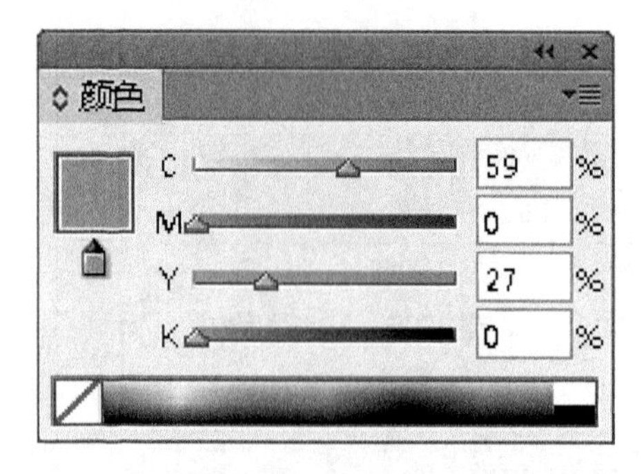

图4-100　设置数值

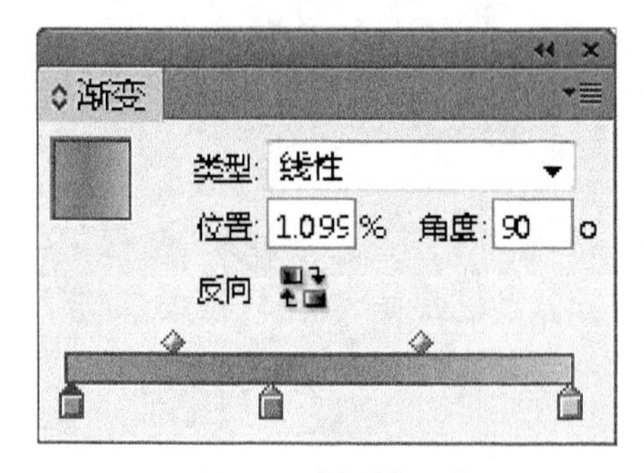

图4-101　“渐变”面板

图4-102　效果

可以尝试将本例渐变中用到的3个颜色定义为色板，然后从“色板”面板中拖动滑块至“渐变”面板上，以创建渐变，并应用于背景上。

还可以尝试在上面实例的基础上，为其中的4个圆角矩形设置渐变，直至得到如图4-103所示的效果。

图4-103　设置渐变

4.7.2　在“色板”面板中创建渐变

在“色板”面板中，可以通过创建“渐变”色板来获得渐变，并将其应用于对象。可以像创建“颜色”色板那样创建得到一个“渐变”色板，然后对其进行编辑处理，或在创建“渐变”色板时，按住Alt键单击“新建色板”按钮，在弹出的对话框中设置渐变，如图4-104所示。

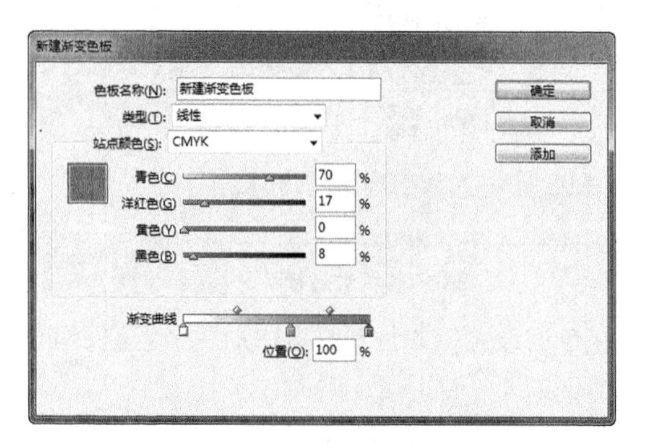

图4-104　“新建渐变色板”对话框

在“新建渐变色板”对话框中，也可以像在“渐变”面板中一样，设置渐变的颜色等属性，设置完成后单击“确定”按钮退出对话框即可。

4.7.3 使用“渐变色板工具”绘制渐变

使用“渐变色板工具”可以随意绘制各种角度的渐变，使渐变的填充效果更为多样化。其使用方法非常简单，在设置了一个渐变并选中要应用的对象后，使用“渐变色板工具”在对象内拖动即可。以图4-105所示的渐变为例，图4-106所示是拖动过程中的状态，图4-107所示是绘制渐变后的效果。

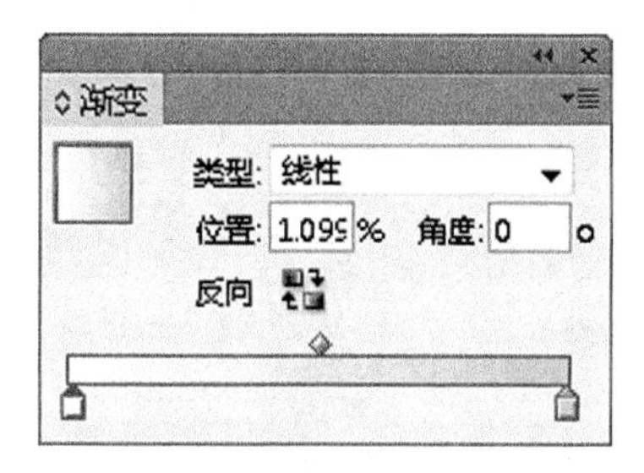

图4-105 “渐变”面板

图4-106 拖动状态

图4-107 渐变效果

提 示

在绘制渐变时，起点、终点位置的不同，得到的效果也不同。按住Shift键拖曳，可以保证渐变的方向水平、垂直或成45°的倍数进行填充。

4.7.4 将渐变应用于多个对象

在对多个对象应用渐变时，默认情况下，会分别对各个对象应用当前的渐变。以图4-108中选中的4个对象为例，此时在“渐变”面板中为其设置渐变，将得到如图4-109所示的效果。

图4-108 素材

图4-109 效果

若要使上面4个对象共用一个渐变，此时就需要使用“渐变色板工具”绘制渐变，如图4-110所示。图4-111所示是绘制渐变后的效果。

图4-110 素材

图4-111 渐变效果

另外，若是选中的多个对象利用复合路径功能，被复合在一起，那么在绘制渐变时，就会将其视为一个对象，从而使多个对象共用一个渐变。

提 示

关于“复合路径”功能的介绍，请参见本书第4章的内容。

可以尝试选中上面4个气泡对象与背景，然后使用“渐变色板工具”绘制渐变，得到类似如图4-112所示的效果。

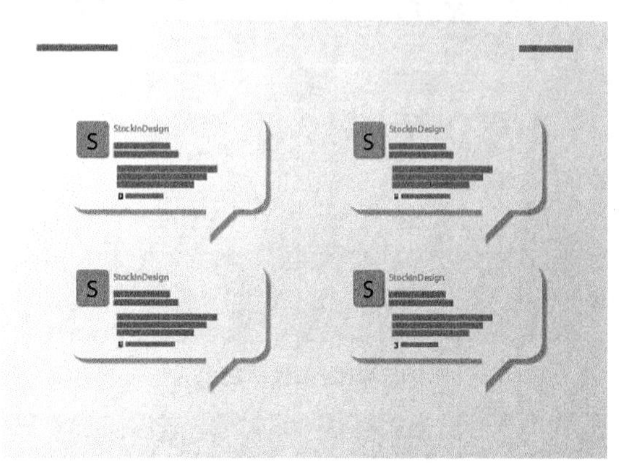

图4-112 最终效果

4.8 为图形设置描边

在InDesign中，除了设置填充属性外，还可以设置各种描边属性，其中包括描边的颜色、粗细、斜接限制、对齐描边和描边类型等属性，除了描边颜色外，其他属性主要都是在“描边”面板中实现的。本节就来介绍其相关设置方法。

4.8.1 使用“描边”面板改变描边属性

按F10键或执行“窗口”|“描边”命令，即可调出“描边”面板，如图4-113所示。

此面板各选项的功能介绍如下。

- 粗细：在此文本框中输入数值可以指定笔画的粗细程度，也可以在弹出的下拉列表框中选择一个值以定义笔画的粗细。数值越大，线条越粗；数值越小，线条越细；当数值为0时，即没有描边效果。图4-114所示为设置不同描边粗细时的效果。
- “平头端点”按钮：单击此按钮可定义描边线条为方形末端。
- “圆头端点”按钮：单击此按钮可定义描边线条为半圆形末端。

- "投射末端"按钮：单击此按钮定义描边线条为方形末端，同时在线条末端外扩展线宽的一半作为线条的延续。

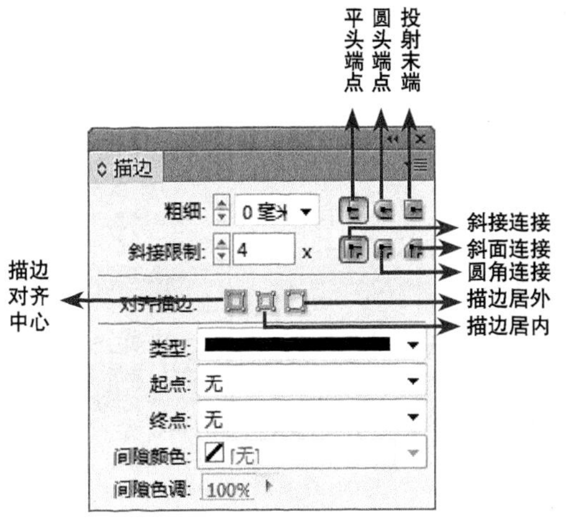

图4-113 "描边"面板

图4-114 不同描边效果

图4-115所示为3种不同的端点状态。

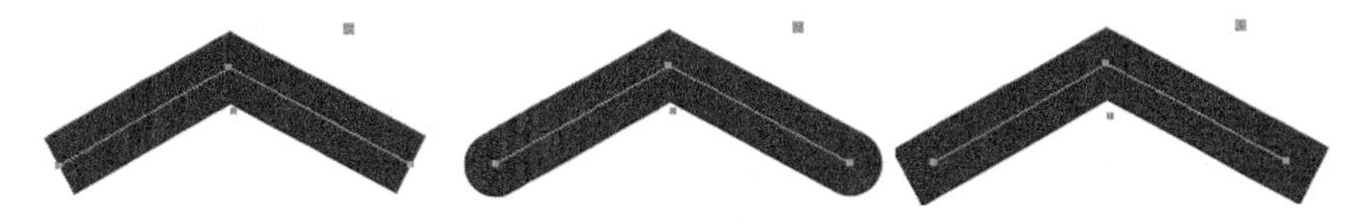

图4-115 不同的端点状态

- 斜接限制：在此可以输入1到500之间的一个数值，以控制什么时候程序由斜角合并转成平角。默认的斜角限量是4，意味着线条斜角的长度达到线条粗细4倍时，程序将斜角转成平角。
- "斜接连接"按钮：单击此按钮可以将图形的转角变为尖角。
- "圆角连接"按钮：单击此按钮可以将图形的转角变为圆角。
- "斜面连接"按钮：单击此按钮可以将图形的转角变为平角。

图4-116所示为3种不同的转角连接状态。

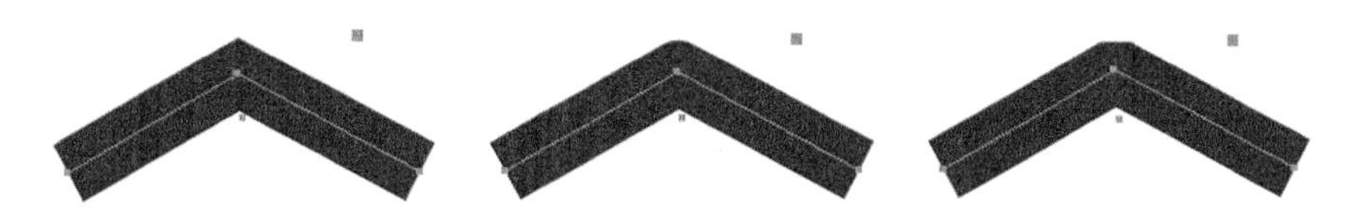

图4-116 3种不同的转角连接状态

- "描边对齐中心"按钮：单击此按钮则描边线条会以图形的边缘为中心内、外两侧进行绘制。
- "描边居内"按钮：单击此按钮则描边线条会以图形的边缘为中心向内进行绘制。
- "描边居外"按钮：单击此按钮则描边线条会以图形的边缘为中心向外进行绘制。

图 4-117 所示为 3 种不同的描边对齐状态。

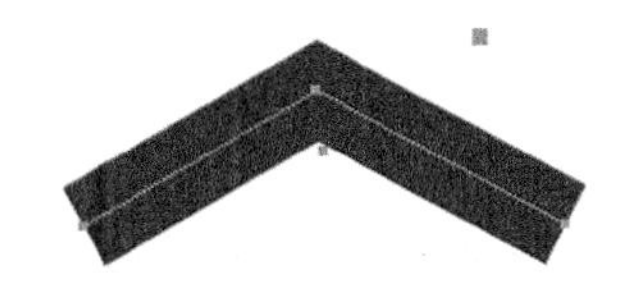

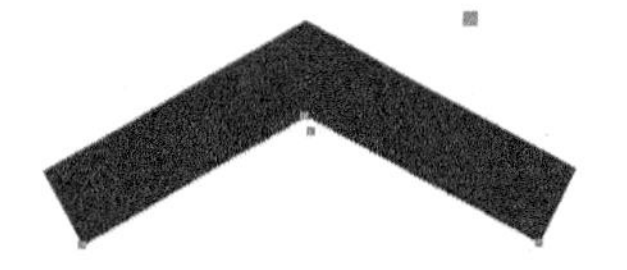

图4-117 描边对齐状态

- 类型：在该下拉列表框中可以选择描边线条的类型，如图4-118所示。
- 起点：在该下拉列表框中可以选择描边开始时的形状。
- 终点：在该下拉列表框中可以选择描边结束时的形状。

图4-119所示为线条起点和终点的下拉表框。

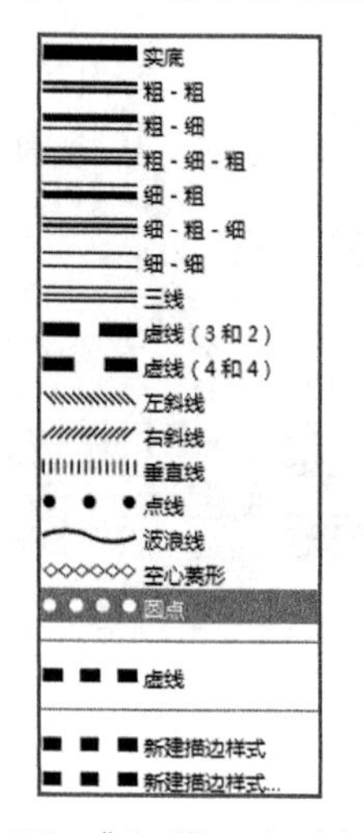

图4-118 “类型”下拉列表框

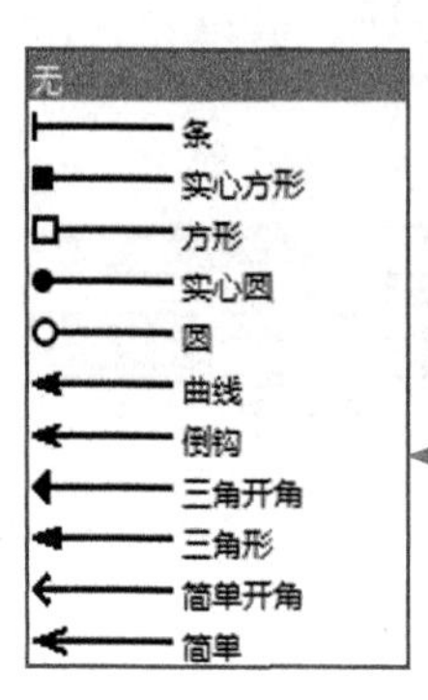

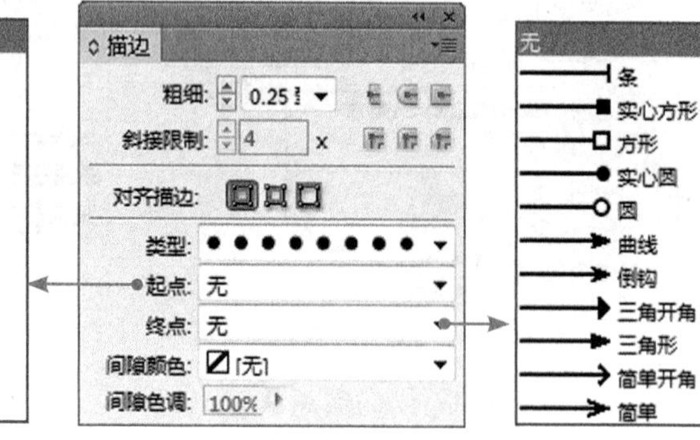

图4-119 起点和终点下拉列表框

- 间隙颜色：该颜色是用于指定虚线、点线和其他描边图案间隙处的颜色。该下拉列表框只有在类型下拉列表框中选择了一种描边类型后才会被激活。
- 间隙色调：在设置了一个间隙颜色后，该输入框才会被激活，输入不大于100的数值即可设置间隙颜色的淡色。

图4-120所示为创建间隙颜色和间隙色调后的效果。

可以尝试通过设置描边属性，将上面素材下方的两条竖线处理为如图4-121所示的效果。

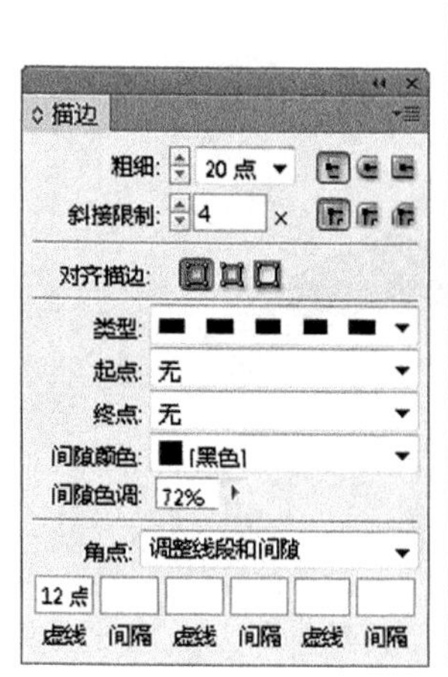

图4-120 效果

图4-121 处理效果

4.8.2 自定义描边线条

在 InDesign 中，若预设的描边样式无法满足需求，也可以根据需要进行自定义设置。下面就来介绍其具体的操作方法。

01 单击“描边”面板右上角的面板按钮，在弹出的菜单中执行“描边样式”命令，将弹出“描边样式”对话框，如图4-122所示。

02 单击“描边样式”对话框中的“新建”按钮，弹出“新建描边样式”对话框，如图4-123所示。在该对话框中对描边线条进行设置，单击“确定”按钮退出，即可完成自定义描边线条操作。

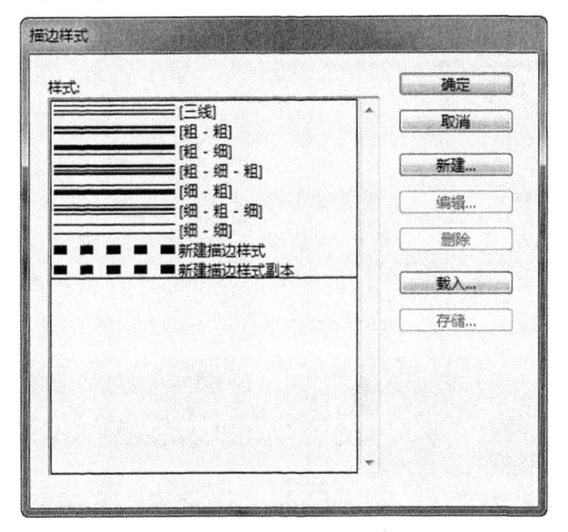

图4-122 “描边样式”对话框

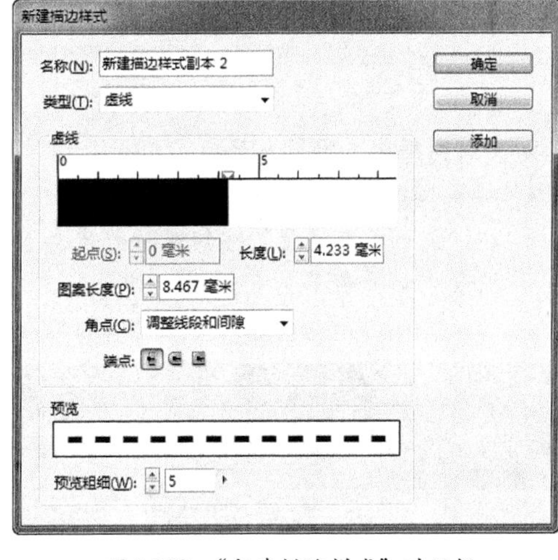

图4-123 “新建描边样式”对话框

图4-124所示为按照上面的操作方法，在其他参数不变的情况下，设置不同粗细数值时的不同效果。

可以尝试定义一个新的虚线型描边样式，使之得到类似如图4-125所示的效果。

图4-124 不同的效果

图4-125 描边效果

4.9 设置图形角效果

通过上面的方法绘制矩形后，执行“对象”|“角选项”命令，弹出“角选项”对话框，如图4-126所示。

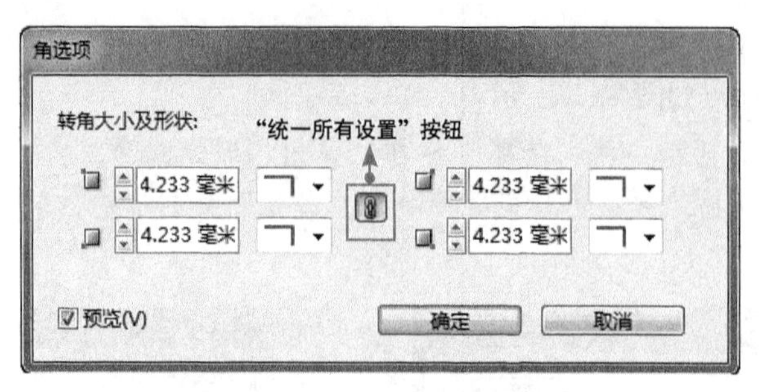

图4-126 “角选项”对话框

对该对话框中的解释如下。

- 四个小矩形图标分别代表了矩形的左上角、右上角、左下角以及右下角位置。
- 在“统一所有设置”按钮激活的状态下，单击任意小矩形图标右侧的三角按钮，即可在下拉列表中选择需要的角效果，如果在文本框中输入数值则可以控制角效果到每个角的扩展半径。图4-127所示为使用“角选项”制作的多种边缘效果。

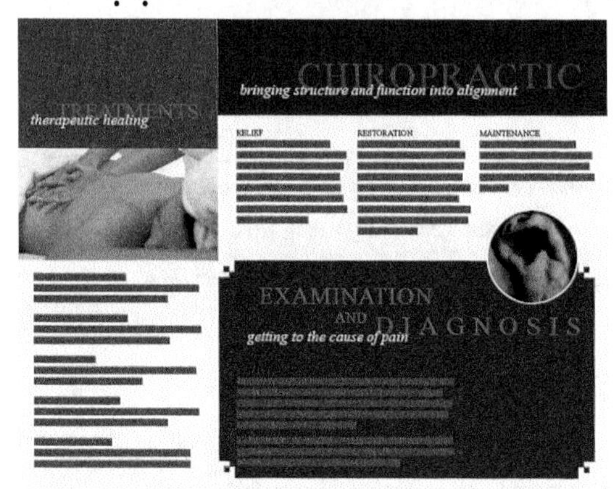

花式效果

斜角效果

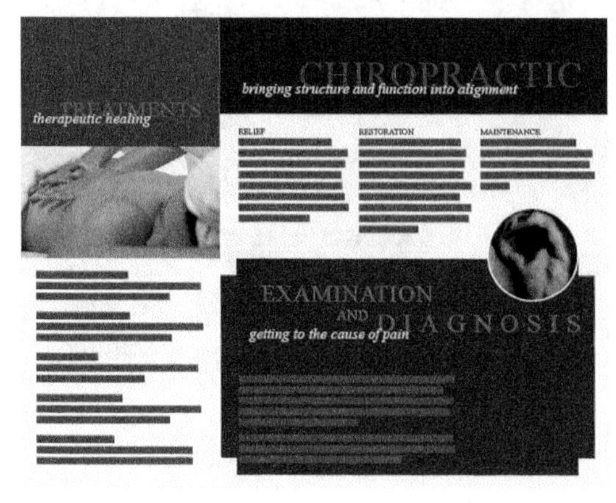

内陷效果

圆角效果

图4-127 矩形的不种边缘效果

- 在“统一所有设置”按钮未激活的状态下，以上图中的“圆角效果”为例，设置左上角的角效果为“花式”，如图4-128所示。

可以尝试执行“角选项”命令，制作得到如图4-129所示的效果。

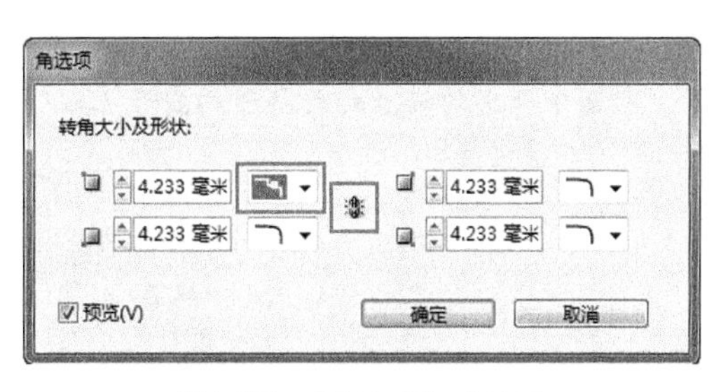

图4-128 “角选项”对话框

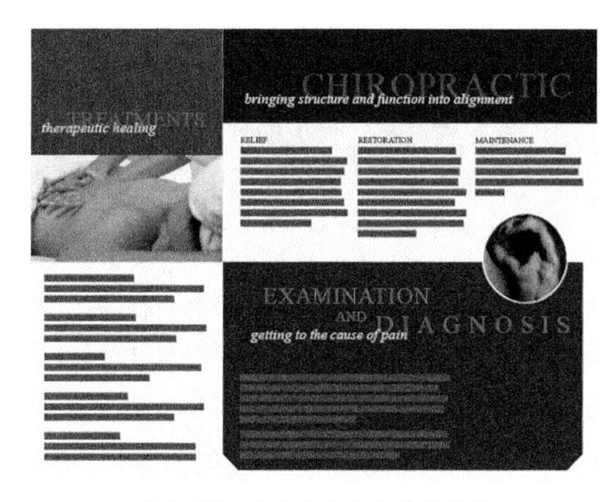

图4-129 改变底部两个角的效果

4.10 复制对象的属性

在 InDesign中，使用“吸管工具”可以复制对象中的填充及描边属性，并将其应用于其他对象中，以便于为多个对象应用相同的属性。其使用方法较为简单，可以使用以下两种方法进行复制。

- 使用“吸管工具”在所需要的对象上单击。此时光标变成状态，证明已读取对象的属性，此时可以单击要复制样式的对象，即可将样式复制到该对象上。
- 使用“选择工具”选中要复制样式的对象，然后使用“吸管工具”在要获取样式的源对象上单击即可。

提 示

“吸管工具”读取颜色后，按住Alt键在光标变成状态时则可以重新进行读取。

4.11 图形运算与转换

4.11.1 了解“路径查找器”面板

在InDesign中，“路径查找器”面板可以执行对路径、路径点及形状之间的运算与转换等处理工作。执行“窗口”|“对象和版面”|“路径查找器”命令，弹出“路径查找器”面板，如图4-130所示。

下面将按照“路径查找器”面板的分布，来分别介绍各部分的功能。

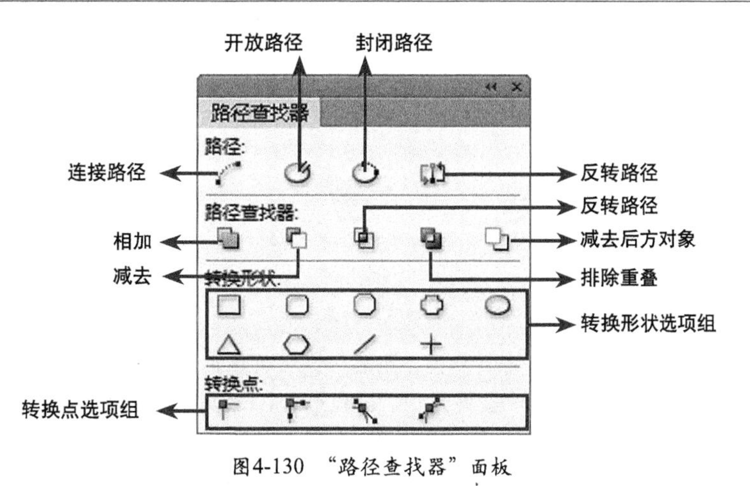

图4-130 “路径查找器”面板

4.11.2 转换路径

在“路径查找器”面板的“路径”选项组中，可对路径进行“连接”、“开放”或“封闭”等转换路径操作。其中各个按钮的功能如下所述。

- “连接路径”按钮：可以将两条开放的路径连接成一条路径。
- “开放路径”按钮：可以用来将封闭的路径断开，呈选中状态的锚点就是路径的断开点。
- “封闭路径”按钮：可以将开放的一条路径闭合。
- “反转路径”按钮：可以用来反转路径的起点和终点。

4.11.3 路径查找器

在“路径查找器”选项组中，其按钮可用来对图形对象进行相加、减去、交叉、重叠以及减去后方对象操作，以得到更复杂的图形效果。例如相加、减去等。下面将以图4-131所示的原图形为例，分别介绍其具体用法。

- 相加：单击“路径查找器”选项组中的“相加”按钮，可以将两个或多个形状复合成为一个形状，得到如图4-132所示的效果。

图4-131　选中的对象

图4-132　相加后的效果

- 减去：单击“路径查找器”选项组中的“减去”按钮，则前面的图形挖空后面的图形，得到如图4-133所示的效果。
- 交叉：单击“路径查找器”选项组中的“交叉”按钮，则按所有图形重叠的区域创建形状，得到如图4-134所示的效果。

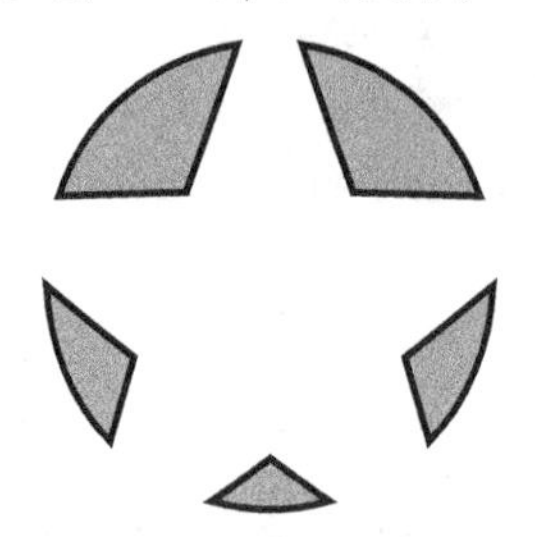
图4-1133　减去后的效果

图4-134　交叉后的效果

- 排除重叠：单击“路径查找器”选项组中的“排除重叠”按钮，即所有图形相交的部分被挖空，保留未重叠的图形，得到如图4-135所示的效果。
- 减去后方对象：单击“路径查找器”选项组中的“减去后方对象”按钮，则后面的图形挖空前面的图形，得到如图4-136所示的效果。

图4-135　排除重叠后的效果

图4-136　减去后方对象后的效果

4.11.4　转换形状

单击此区域中的各个按钮，可以将当前图形转换为对应的图形，例如在当前绘制了一个矩形的情况下，单击“转换为椭圆形”按钮○后，该矩形就会变为椭圆形。

4.11.5　转换点

此区域中的按钮用来对锚点进行转换。其中包括普通、角点、平滑、对称。单击“路径查找器”面板“转换形状”选项组中的各个按钮，可以将当前图形转换为对应的图形。例如在当前绘制了一个多边形的情况下，单击“转换为三角形”按钮△后，该多边形就会变为三角形。

提　示

当水平线或垂直线转换为图形时，会弹出如图4-137所示的提示框。

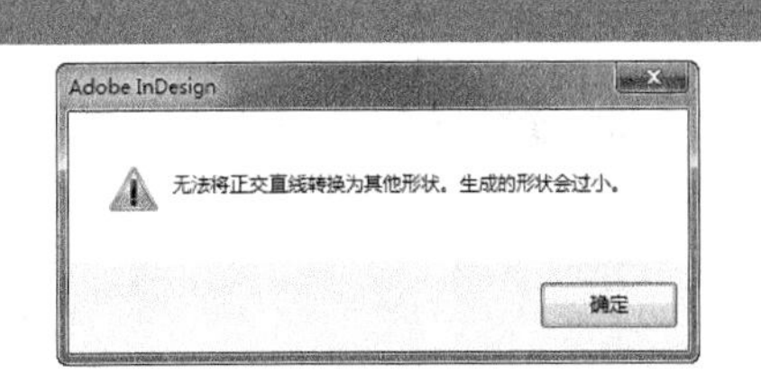

图4-137　提示框

4.12 复合路径

简单来说，复合路径功能与“路径查找器”中的排除重叠运算方式相近，都是将两条或两条以上的多条路径创建出镂空效果，相当于将多个路径复合起来，可以同时进行选择和编辑操作。二者的区别就在于，复合路径功能制作的镂空效果，可以释放复合路径，从而恢复原始的路径内容，而使用排除重叠运算方式，则无法进行恢复。

下面介绍复合路径的操作方法。

4.12.1　创建复合路径

制作复合路径，首先选择需要包含在复合路径中的所有对象，然后执行“对象”|“路径”|“建立复合路径”命令，或按Ctrl+8组合键即可。选中对象的重叠之处，将出现镂空状态，如图4-138所示。

图4-138　创建复合路径前后对比效果

> **提　示**
>
> 创建复合路径时，所有最初选中的路径将成为复合路径的子路径，且复合路径的描边和填充会使用排列顺序中最下层对象的描边和填充色。

4.12.2　释放复合路径

释放复合路径非常简单，可以通过执行“对象”|“路径”|“释放复合路径”命令，或按Ctrl+Shift+Alt+8组合键即可。

> **提　示**
>
> 释放复合路径后，各路径不会再重新应用原来的路径。

4.13　拓展练习——为多个价签设置相同的图形属性

源 文 件:	源文件\第4章\4.13.indd
视频文件:	视频\4.13.avi

下面介绍通过复制对象的方法，使多个价格标签拥有相同的属性。

01 打开随书所附光盘中的文件“源文件\第4章\4.13-素材.indd”，如图4-139所示。

02 选中中间顶部的图形，如图4-140所示，选择“吸管工具”并将光标置于左侧标签的顶部，如图4-141所示。

图4-139　素材

图4-140　选中图形

03 单击鼠标以吸取对象属性，得到如图4-142所示的效果。

图4-141　使用“吸管工具”

图4-142　吸取对象

04 按照第2~3步的方法，为中间下方的图形吸取图形属性，得到如图4-143所示的效果。

05 下面使用另外一种方法，为右侧的标签复制属性。选择“吸管工具”，并在左侧顶部的图形上单击，如图4-144所示。

图4-143　吸取图形属性

图4-144　复制属性

06 单击后，光标将变为 状态，然后在右侧标签的顶部图形上单击，得到如图4-145所示的效果。

07 按照第5~6步的方法，再为右侧中间的图形复制属性，得到如图4-146所示的最终效果。

图4-145　复制标签

图4-146　最终效果

4.14 本章小结

本章主要介绍在InDesign中绘制与格式化图形对象的相关知识。通过本章的学习，读者熟练掌握对使用各种常用工具绘制图形并设置其填充及描边属性等知识，并能够为对象创建与应用对象样式，以及创建复合路径、执行路径运算等操作。

4.15 课后习题

1. 单选题

（1）下列有关钢笔工具的描述不正确的是（　）。

A. 使用“钢笔工具”绘制直线路径时，单击放置起始锚点后，需要拖曳鼠标，拉出方向线后，再确定下一个锚点

B. 选择工具箱中的“钢笔工具”，将光标移到页面上，“钢笔工具”右下角显示“X”符号，表示将开始绘制一条新路径

C. “钢笔工具”绘制出的曲线，曲线上锚点的方向线和方向点的位置确定了曲线段的形状

D. 在使用“钢笔工具”绘制直线的过程中，按住Shift键，可以得到0°或45°的整数倍方向的直线

（2）下列不可以绘制闭合图形的工具是（　）。

A. 钢笔工具

B. 直线工具

C. 矩形工具

D. 多边形工具

2. 多选题

（1）下列关于描边的说法，错误的是（　）。

A. 颜色设置为无时，描边宽度为0

B. 描边宽度只能均匀分布在路径两侧

C. 描边不能用渐变颜色

D. 同一条路径上描边的宽度处处相等

（2）在“描边”面板中可以对当前选中的路径执行的操作有（　）。

A. 可以改变路径的宽度

B. 可以改变路径转角的方式

C. 可以控制路径转角斜接的角度

D. 可以自定义路径的种类

（3）关于图形的填充和描边下列叙述正确的有（　）。

A. 使用“缩放工具”可以同步缩放图形的大小和边线的宽度

B. 可以分别为图形的填充和边线设置不同的透明效果

C. 可以使用“吸管工具”将一个图形的填充和边线属性复制给另外一个图形即使不转

换为曲线

D. 也可以为文字设置边线色

3. 填空题

（1）使用________按住________键可以绘制正三角形。

（2）使用________工具可以复制对象的填充、描边等属性。

（3）在“描边”面板中，可以设置描边的对齐方式为中心、________和________。

4. 判断题

（1）位于最左侧的色标称为起始色标；位于最右侧的色标称为结束色标。（ ）

（2）在使用“吸管工具”时，在对象上单击后，光标变成 状态，证明已读取对象的属性，此时可以单击要复制样式的对象，即可将样式复制到该对象上。（ ）

（3）在InDesign中，仅包含线性和径向两种渐变类型。（ ）

5. 上机操作题

（1）打开随书所附光盘中的文件“源文件\第4章\上机操作题\4.15-素材.indd”，其中包含了4个页面，如图4-147所示。结合本章中介绍的图形绘制功能，以及按Ctrl+D组合键置入随书所附光盘中的文件“源文件\第4章\上机操作题\4.15-素材2.indd”文件夹中的图像，制作如图4-148所示的主页，得到如图4-149所示的页面效果。

图4-147　素材

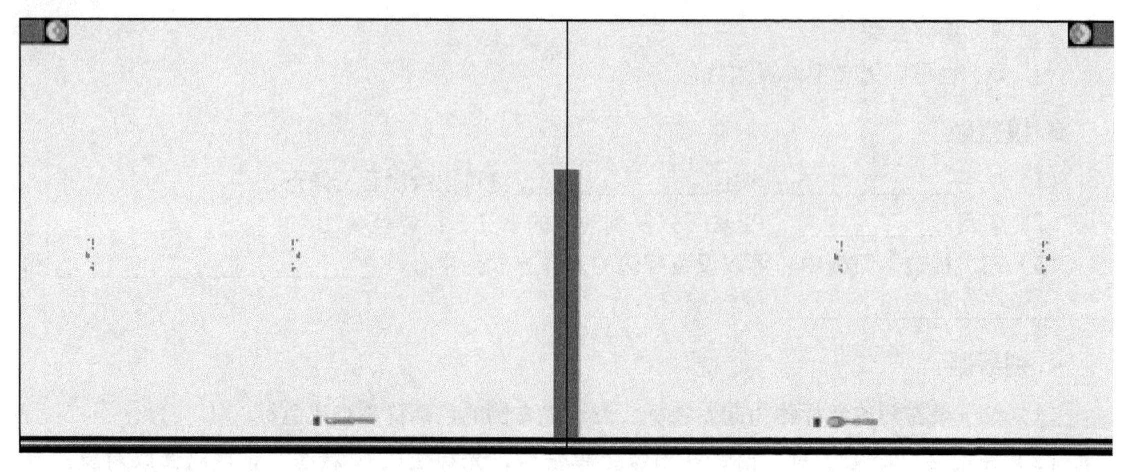

图4-148 主页

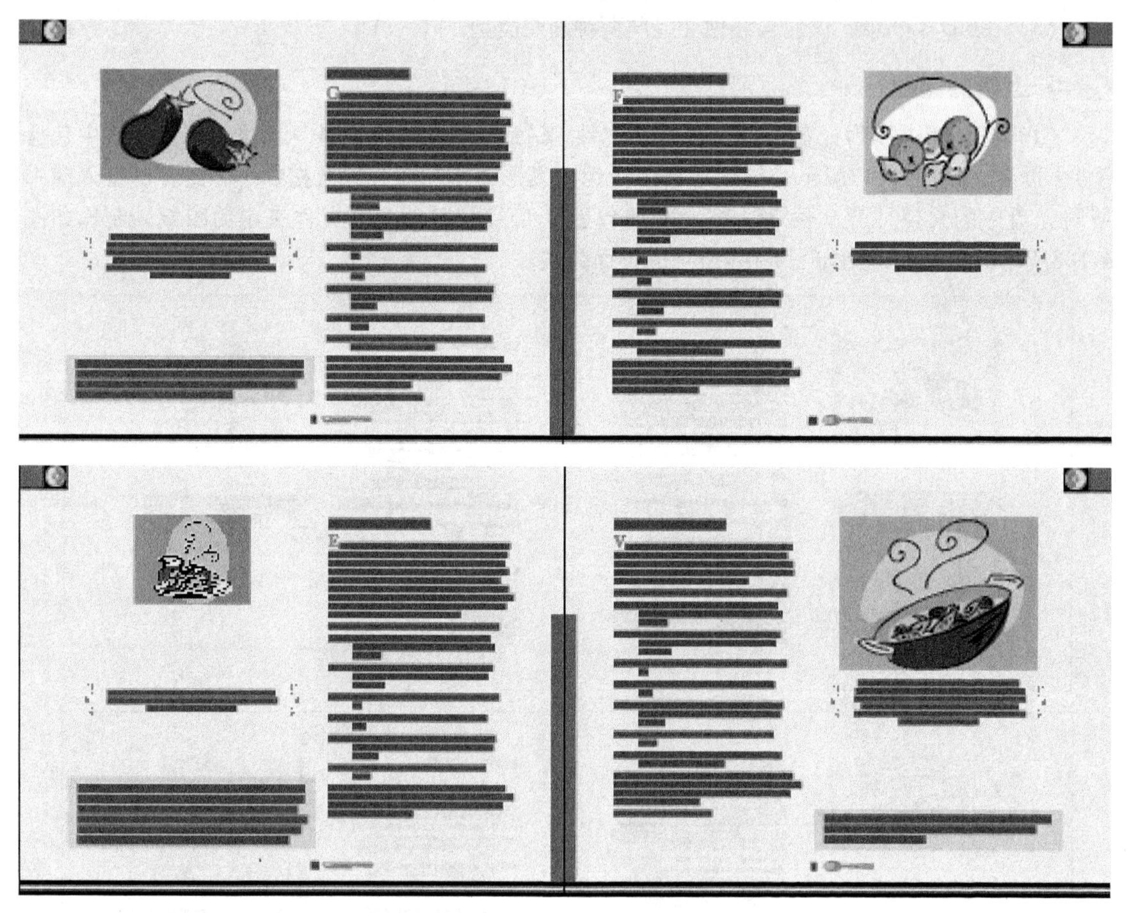

图4-149 最终效果

（2）打开随书所附光盘中的文件“源文件\第4章\上机操作题\4.15-素材3.indd”，如图4-150所示，使用本章介绍的图形绘制工具，在“图层3”中绘制图形，直至得到类似如图4-151所示的效果。

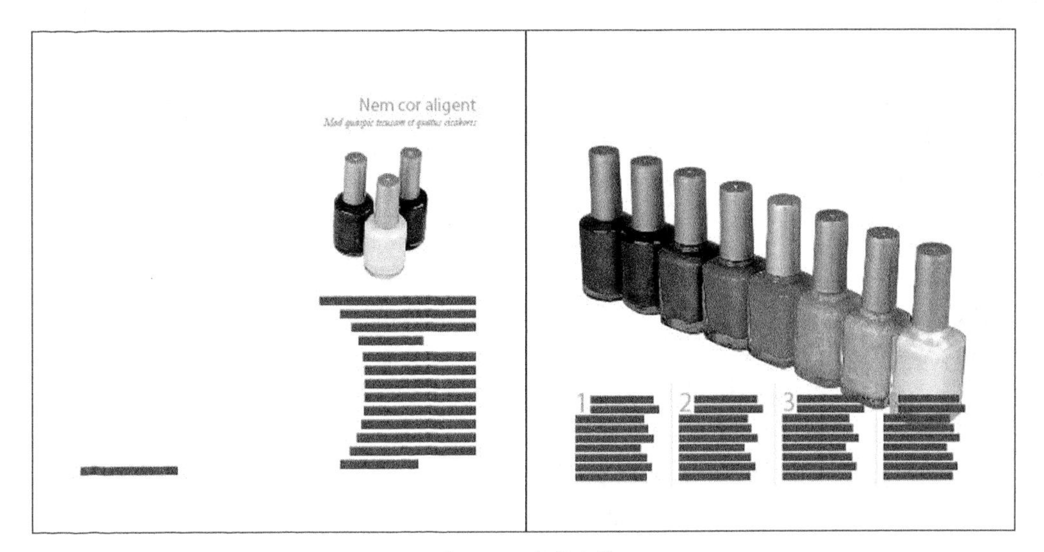

图4-150　素材文件

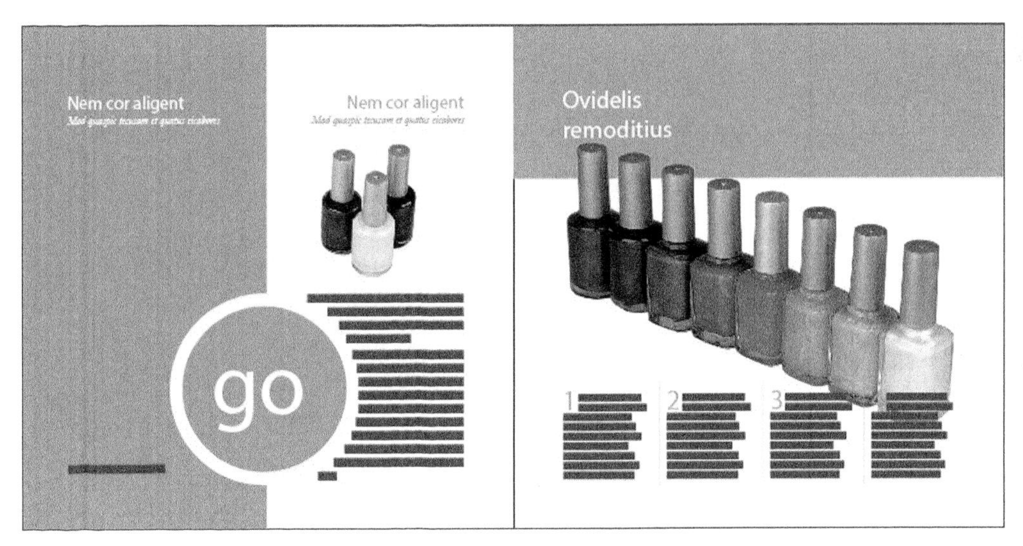

图4-151　最终效果

第 5 章 置入与编辑图像

在很多版面设计作品中，如广告、封面、包装、宣传册等，都离不开将图像作为画布的主体或装饰。在 InDesign 中，用户可以非常方便地对图像进行置入、裁剪、剪切路径等处理操作，从而满足多样化的排版需求。本章就来介绍与图像相关的知识与技巧。

学习要点

- 掌握置入图形与图像的方法
- 掌握裁剪图像的方法
- 熟悉让图像内容适合框架的方法
- 熟悉剪切路径的方法
- 掌握管理链接的方法
- 了解内容收集与置入功能

5.1 置入图形与图像

在设计和编辑出版物的过程中，图形与图像是不可或缺的元素。在InDesign中，提供了完善的图形图像置入、编辑与处理功能，支持置入并处理绝大部分格式的图形图像。如果置入PSD、PNG等包含有透明背景的图像，则可以在置入后保留其透明背景。

在本节中将主要以置入图像为例，讲解置入的操作方法。

5.1.1 置入图像

要置入图像，可以按照以下方法操作。

- 从 Windows 资源管理器中，直接拖动要置入的图像至页面中，释放鼠标即可。
- 按 Ctrl+D 组合键或执行“文件”|“置入”命令，此时将弹出如图 5-1 所示的对话框。

“置入”对话框中各参数的功能解释如下。

- 显示导入选项：选中此复选框后，单击“打开”按钮后，就会弹出图像导入选项对话框。
- 替换所选项目：在应用置入命令之前，如果选择一幅图像，那么选中此复选项并单击“打开”按钮后，就会替换之前选中的图像。
- 创建静态题注：选中此复选框后，可以添加基于图像元数据的题注。
- 应用网格格式：选中此复选框后，导入的文档将带有网格框架。反之，则将导入纯文本框架。
- 预览：选中该复选框后，可以在上面的方框中观看到当前图像的缩览图。

在打开一幅图形或图像后，光标将显示其缩览图，如图 5-2 所示。此时，用户可以使用以下两种方式置入该对象。

- 在页面中拖动以绘制一个容器，用于装载置入的对象。
- 在页面中单击，将按照对象的尺寸将其置入到页面中。

图5-1 “置入”对话框

图5-2 光标状态

5.1.2 置入行间图

所谓的行间图，是指在文本输入状态下置入图片，其特点就是图片会被置入到光标所在的位置，并跟随文本一起移动。在制作各种书籍、手册类的出版物时较为常用。

5.1.3 向路径中置入图像

在InDesign中，可以直接将图像置入到某个路径中，置入图像后，无论是路径还是图形都会被系统转换为框架，并利用该框架限制置入图像的显示范围。

在实际操作时，也可以利用这一特性，先绘制一些图形作为占位，在确定版面后，再向其中置入图像。

5.1.4 置入并替换当前图像

在工具箱中选择"选择工具"，选中要替换的图像，执行"文件"|"置入"命令，在弹出的对话框中打开一幅图像即可。另外，用户也可以按照前面讲解的方法，直接拖动图像至当前图像上，如图5-3所示，即可将其替换掉，效果如图5-4所示。

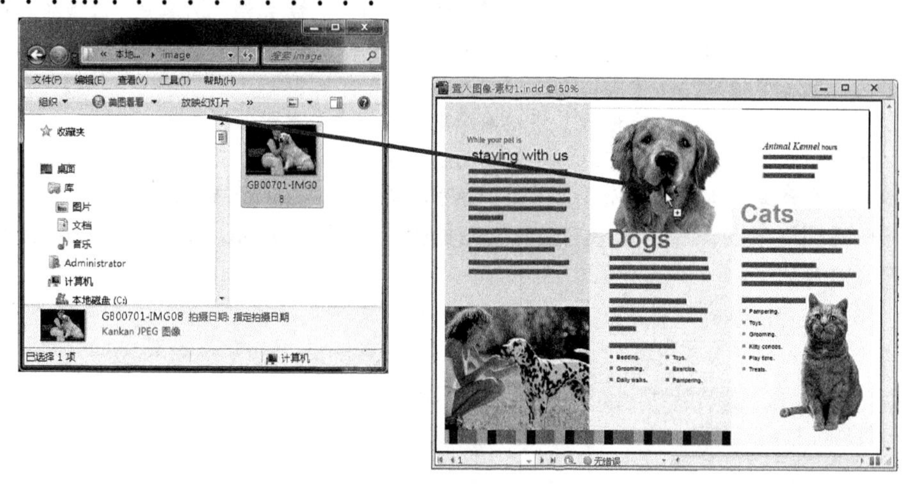

图5-3 拖动图像至当前图像上

图5-4 替换图像

5.1.5 经验之谈——印刷时常用的分辨率

在印刷时往往使用线屏（lpi）而不是分辨率来定义印刷的精度，在数量上线屏是分辨率的2倍。了解这一点有助于在知道图像的最终用途后，确定图像在扫描或制作时的分辨率数值。

例如，如果一个出版物以线屏175做印刷，则意味着出版物中的图像分辨率应该是350dpi，换言之，在扫描或制作图像时应该将分辨率定为350dpi或者更高一些。

下面列举了常见的一些印刷品图像应该使用的分辨率。

- 报纸印刷所用线屏为85lpi，因此报纸用图像的分辨率应该是125dpi~170dpi。
- 杂志／宣传品通常以133lpi或150lpi线屏进行印刷，因此杂志／宣传品的分辨率为300dpi。
- 大多数印刷精美的书籍印刷时用175lpi到200lpi的线屏，因此高品质书籍的分辨率为350dpi~400dpi。
- 对于远看的大幅面图像（如海报），由于观看的距离非常远，可以采用较低的分辨率，例如72dpi~100dpi。

5.2 裁剪图像

对任何置入到InDesign中的图像，实际上都包含了两部分，即容器与内容。容器即指用于装载该图像的框架，而内容则是指图像本身。要裁剪图像，可以编辑其容器，通过改变容器的形态，实现对图像的规则或自由裁剪。

下面就来讲解在InDesign中裁剪图像的方法。

5.2.1 使用“选择工具”进行裁剪

在使用“选择工具”选中图像后，图像周围都会显示相应的控制手柄，用户可以将光标置于控制手柄上，然后拖动即可进行裁剪。

例如，图5-5所示是将光标置于图像右侧中间的控制手柄上，当光标变为↔时向左侧拖动时的状态，图5-6所示是释放鼠标左键后得到的裁剪效果。

图5-5 裁剪图形

图5-6 裁剪效果

5.2.2 使用“直接选择工具”进行裁剪

在上一小节中，讲解的是使用“选择工具”改变容器的形态，从而实现裁剪操作。使用“直接选择工具”，则可以对图像的内容进行编辑，从而实现对图像的裁剪，如图5-7所示。对置入的图像选中后，按住鼠标左键不放进行移动，可对图像进行裁剪，效果如图5-8所示。

图5-7 拖动图像内容

图5-8 裁剪效果

另外，使用“直接选择工具”也可以对图像的容器进行调整，例如用户可以选中其边角上的锚点，如图5-9所示，然后进行拖动以改变容器的形态，效果如图5-10所示，最终实现不规则裁剪图像的处理结果，如图5-11所示。

图5-9　选中锚点

图5-10　改变容器形状

图5-11　最终效果

5.2.3　使用路径进行裁剪

除了前面讲解的编辑图像现有的容器外，用户也可以自定义绘制一个新的容器，例如使用“钢笔工具”或“铅笔工具”绘制一条路径，然后再将图像粘贴至其中即可。

实例：为古董宣传广告抠选图像

源 文 件:	源文件\第5章\5.2.indd
视频文件:	视频\5.2.avi

下面将以为古董宣传广告抠选图像为例，讲解使用路径进行裁剪的方法。

01 打开随书所附光盘中的文件“源文件\第5章\5.2-素材.indd”，效果如图5-12所示。

02 在工具箱中选择“钢笔工具”，在左侧白背景的图像边缘绘制一条路径，效果如图5-13所示。

图5-12　打开素材图像

图5-13　绘制路径

03 使用“直接选择工具”选中白背景的图像，效果如图5-14所示，按下Ctrl+X组合键对图像进行剪切，将图像剪切到剪贴板上。

04 使用“选择工具”选中原来的图像容器，效果如图5-15所示，按Delete键将其删除。

图5-14　选中图像

图5-15　删除图像容器

05 选中第2步中绘制的路径，效果如图5-16所示。

06 选择“编辑”|“贴入内部”命令，得到如图5-17所示的裁剪效果。

图5-16　选中路径

图5-17　裁剪效果

07 下面来解决人物腿部之间的白色图像。按照第2步的方法，在白色的位置绘制路径，效果如图5-18所示。

08 保持上一步的路径为选中状态，然后使用“直接选择工具”，按住Alt+Shift组合键单击兵马俑外部的路径，将二者选中，效果如图5-19所示。

图5-18　绘制路径

图5-19　选择路径

09 显示“路径查找器”面板并在其中单击如图5-20所示的按钮，以实现路径的运算，得到如图5-21所示的效果。

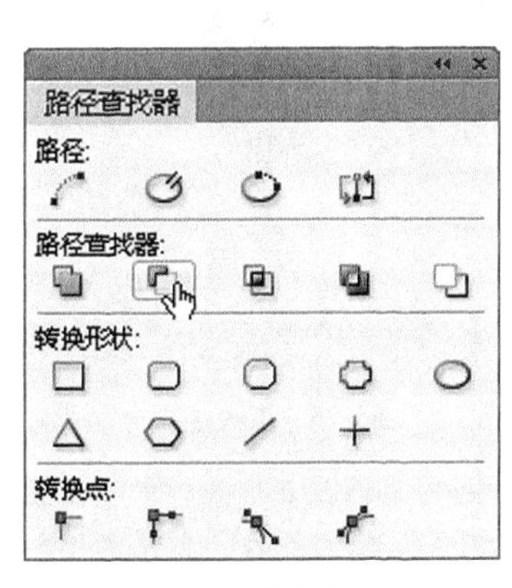

图5-20　单击按钮

图5-21　操作效果

5.3 让图像内容适合框架

在前面已经提到过，每个置入的图像都包含了容器与内容两部分，而这个容器实际就是图像的框架，当内容与框架不匹配时，用户可以使用“对象”|“适合”子菜单中的命令，调整内容与框架位置的命令的匹配，如图5-22所示。

另外，在选中图像后，用户也可以在“控制”面板中使用相应的按钮调整内容与框架，如图5-23所示。

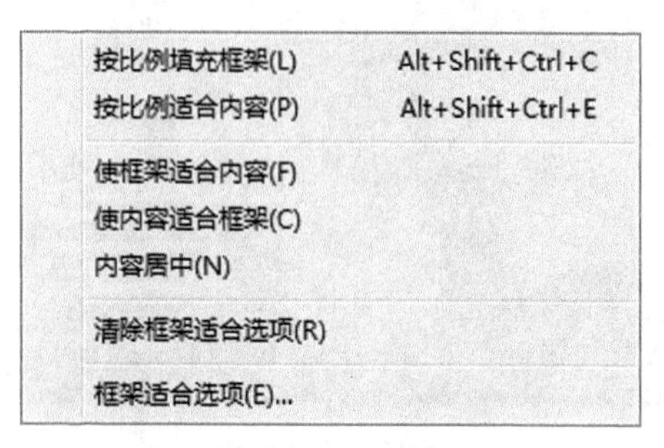

图5-22 “适合”命令的子菜单

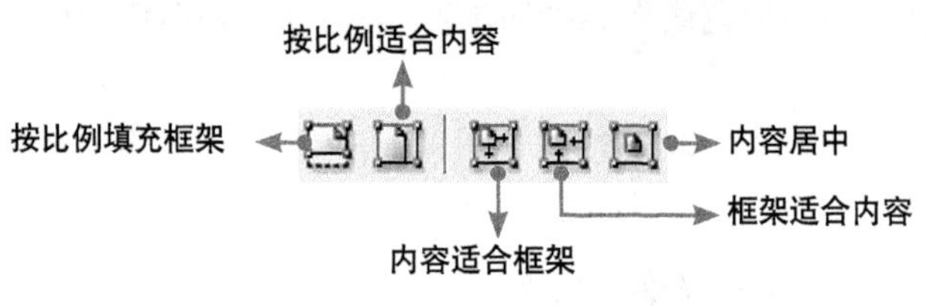

图5-23 “控制”面板中的按钮

下面将以图5-24所示的图像为例，来分别讲解各适合方式的功能。

- 内容适合框架：对内容进行适合框架大小的缩放。该操作下的框架比例不会更改，内容比例则会改变。选择操作对象，单击“内容适合框架”按钮，即可对图像进行内容适合框架操作，效果如图5-25所示。
- 框架适合内容：对框架进行调整以适合内容大小。该操作下的内容大小、比例不会更改，框架则会根据内容的大小进行适合内容的调整。选择操作对象，单击“框架适合内容”按钮，即可对图像进行框架适合内容的操作，如图5-26所示。

图5-24 原图像

图5-25 内容适合框架

图5-26 框架适合内容

- 内容居中：在保持内容和框架比例、尺寸大小不变的状态下，将内容摆放在框架的中心位置。选择操作对象，单击“内容居中”按钮，即可对图像进行内容居中的操作，效果如图5-27所示。

提 示

如果内容和框架比例不同，进行按比例填充框架的操作时，效果图像将会根据框架的外框对内容进行一部分的裁剪。

- 按比例适合内容：在保持内容比例与框架尺寸不变的状态下，调整内容大小以适合框架，如果内容和框架的比例不同，将会导致一些空白区。选择操作对象，单击“按比例适合内容”按钮，即可对图像进行按比例适合内容的操作，效果如图5-28所示。

提 示

如果内容和框架比例不同，进行按比例适合内容的操作时，将会存在一些空白区。

- 按比例填充框架：在保持内容比例与框架尺寸不变的状态下，将内容填充框架。选择操作对象，单击“按比例填充框架”按钮，即可对图像进行按比例填充框架的操作，效果如图5-29所示。

图5-27 内容居中

图5-28 按比例适合内容

图5-29 按比例填充框架

5.4 剪切路径

剪切路径功能可以通过检测边缘、使用路径/通道等方式，去除图像的背景，以隐藏图像中不需要的部分；通过保持剪切路径和图形框架彼此分离，可以使用“直接选择工具”和工具箱中的其他绘制工具自由地修改剪切路径，而不会影响图形框架。

执行“对象”|“剪切路径”|“选项”命令，弹出“剪切路径”对话框，如图5-30所示。

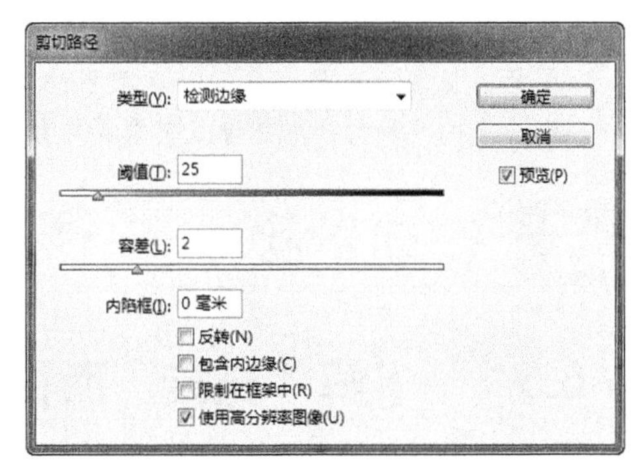

图5-30 “剪切路径”对话框

该对话框中各参数的功能解释如下。

- 类型：在该下拉列表中可以选择创建镂空背景图像的方法。选择“检测边缘”选项，则依靠InDesign的自动检测功能，检测并抠除图像的背景，在要求不高的情况下，可以使用这种方法；选择“Alpha通道”或“Photoshop路径”选项，可以调用文件中包含的Alpha通道或路径，对图像进行剪切设置；若用户选择了“Photoshop路径”选项，并编辑了图像自带的路径，将自动选择“用户修改的路径”选项，以区分选择“Photoshop路径”选项。

以图5-31所示的图像为例，图5-32所示是通过选择“检测边缘”选项，并设置相关参数后，得到的抠除效果。

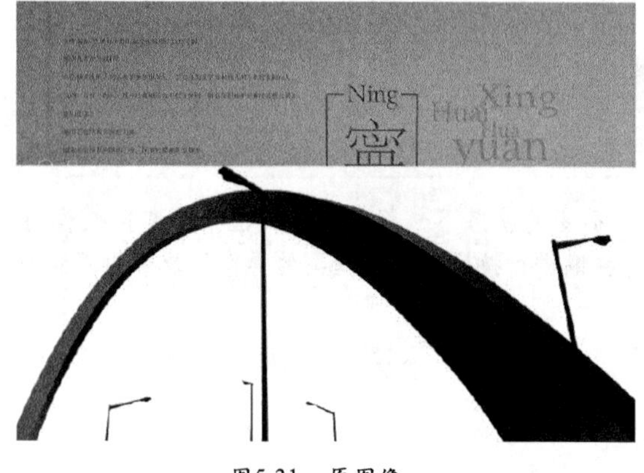

图5-31　原图像

图5-32　抠除效果

- 阈值：此处的数值决定了有多少高亮的颜色被去除，用户在此输入的数值越大，则被去除的颜色从亮到暗依次越多。
- 容差：此参数控制了用户得到的去底图像边框的精确度，数值越小，得到的边框的精确度也越高。因此，在此数值输入框中输入较小的数值有助于得到边缘光滑、精确的边框，并去掉凹凸不平的杂点。
- 内陷框：此参数控制用户得到的去底图像内缩的程度，用户在此处输入的数值越大，则得到的图像内缩程度越大。
- 反转：选中此复选框，得到的去底图像与以正常模式得到的去底图像完全相反，在此选项被选中的情况下，应被去除的部分保存，而本应存在的部分被删除。
- 包含内边缘：在此复选框被选中的情况下，InDesign在路径内部的镂空边缘处也将创建边框并做去底操作。
- 限制在框架中：选中该复选框，可以使剪贴路径停止在图像的可见边缘上，当使用图框来裁切图像时，可以产生一个更为简化的路径。
- 使用高分辨率图像：在此复选框未被选中的情况下，InDesign以屏幕显示图像的分辨率计算生成的去底图像效果，在此情况下用户将快速得到去底图像效果，但其结果并不精确。所以，为了得到精确的去底图像及其绕排边框，应选中此复选框。

5.5 管理链接

5.5.1 了解“链接”面板

对于置入当前文档中的内容（如外部文档、图像、图形等），都会在“链接”面板中显示相应的项目，用户还可以使用此面板方便快速地选择、更新、查看当前文档所有页面中的外部链接图片。

按Ctrl+Shift+D组合键或执行“窗口”|“链接”命令，即可调出如图5-33所示的“链接”面板。

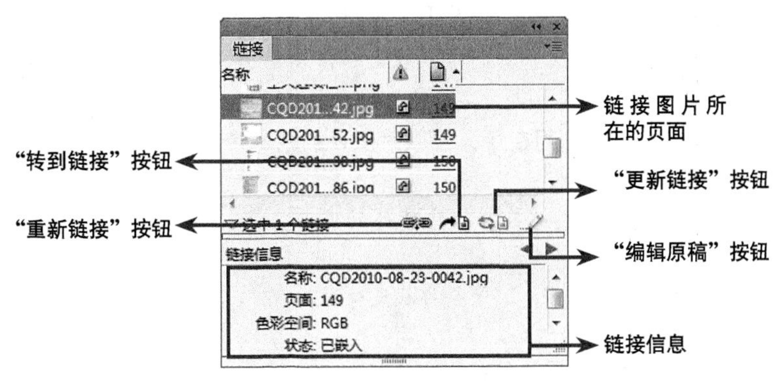

图5-33 “链接”面板

在“链接”面板中各按钮的含义解释如下。

- “转到链接”按钮：在选中某个链接的基础上，单击“链接”面板底部的“转到链接”按钮，可以切换到该链接所在页面进行显示。
- “重新链接”按钮：该按钮可以对已有的链接进行替换。在选中某个链接的基础上，单击“链接”面板中的“重新链接”按钮，弹出“重新链接”对话框，如图5-34所示。在该对话框中选择要替换的图片后单击“打开”按钮，完成替换。
- “更新链接”按钮：链接文件被修改过，就会在文件名称右侧显示一个叹号图标，单击面板底部的“更新链接”按钮或按下Alt键的同时单击鼠标可以更新全部。
- “编辑原稿”按钮：单击此按钮，可以快速转换到编辑图片软件编辑原文件。

提 示

单击“链接”面板右上角的面板按钮，在弹出的菜单中可以调出“链接”面板中的任一个快捷按钮，弹出的菜单如图5-35所示。

图5-34 “重新链接”对话框

图5-35 隐含菜单

5.5.2 查看链接信息

若要查看链接对象的信息，在默认情况下，直接选中一个链接对象，即可在“链接”面板底部显示相关的信息；若下方没有显示，则可以双击链接对象，或单击“链接”面板左下角的三角按钮，以展开链接信息，如图5-36所示。

“链接”面板中的链接信息作用在于，可以对图片的基本信息进行了解。部分参数解释如下。

- 名称：该处显示为图片名称。
- 页面：该处显示的数字为图片在文档中所处的页面位置。
- 状态：该处显示图片是否为嵌入、是否为缺失状态。
- 大小：该处可快速查看图片大小。
- 实际 PPI：该处可快速查看图片的实际分辨率。
- 有效 PPI：该处可快速查看图片的有效分辨率。
- 尺寸：该处可快速查看图片的原始尺寸。
- 路径：该处显示图片所处的文件夹位置，有利于查找缺失的链接。
- 缩放：该处可快速查看图片的缩放比例。
- 透明度：该处可快速查看图片是否应用透明度效果。

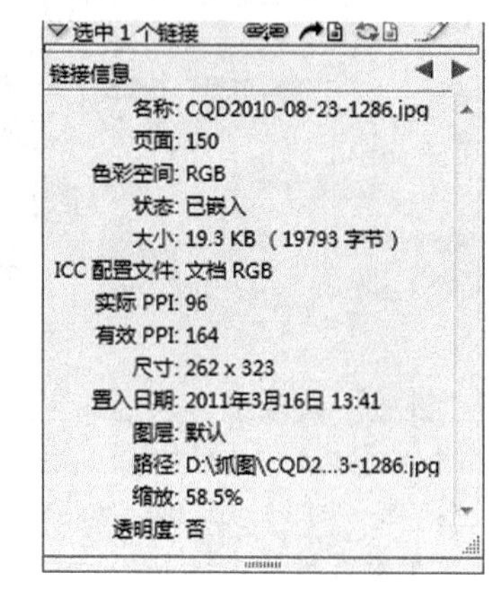

图5-36 链接信息

5.5.3 嵌入与取消嵌入

默认情况下，外部对象被置入到 InDesign 文档中后，会保持为链接的关系，其好处在于当前的文档与链接的文件是相对独立的，可以分别对它们进行编辑处理，但缺点就是，链接的文件一定要一直存在，若移动了位置或删除，则在文档中会提示链接错误，导致无法正确输出和印刷。

相对较为保险的方法，就是将链接的对象嵌入到当前文档中，虽然这样做会导致增加文档的大小，但由于对象已经嵌入，因此无需担心链接错误等问题。而在有需要时，也可以将嵌入的对象取消嵌入，将其还原为原本的文件。

下面就来讲解嵌入与取消嵌入的操作方法。

1. 嵌入对象

要嵌入对象，可以在“链接”面板中将其选中，然后执行以下操作之一。

- 在选中的对象上单击鼠标右键，在弹出的菜单中执行“嵌入链接”命令。
- 单击“链接”面板右上角的面板按钮，从弹出的面板菜单中可以执行“嵌入链接”命令。
- 如果所选链接文件含有多个实例，可以在其上单击鼠标右键或单击“链接”面板右上角的面板按钮，在弹出的面板菜单中执行“嵌入‘***’的所有实例”命令（***代表当前链接对象的名称）。

执行上述操作后，即可将所选的链接文件嵌入到当前出版物中，完成嵌入的链接图片文件名的后面会显示“嵌入”图标，如图 5-37 所示。

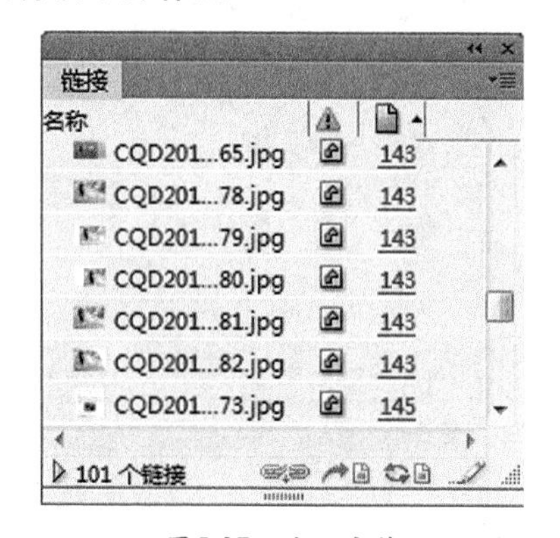

图5-37 嵌入文件

2. 取消嵌入链接图

要取消链接文件的嵌入，可以选中嵌入了链接的对象，然后执行以下操作。

- 在选中的对象上单击鼠标右键，在弹出的菜单中执行“取消嵌入链接”命令
- 单击“链接”面板右上角的面板按钮，从弹出的面板菜单中可以执行“取消嵌入链接”命令。
- 如果所选嵌入文件含有多个实例，可以在其上单击鼠标右键，或单击“链接”面板右上角的面板按钮，在弹出的面板菜单中执行“取消嵌入‘***’的所有实例”命令（***代表当前链接对象的名称）。

执行上面的操作后，会弹出 InDesign 提示框，提示用户是否要链接至原文件，如图 5-38 所示。

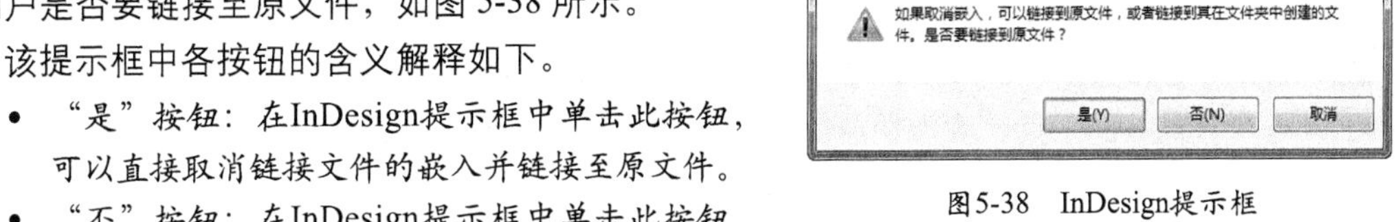

图5-38　InDesign提示框

该提示框中各按钮的含义解释如下。

- “是”按钮：在InDesign提示框中单击此按钮，可以直接取消链接文件的嵌入并链接至原文件。
- “否”按钮：在InDesign提示框中单击此按钮，将打开“选择文件夹”对话框，选择文件夹将当前的嵌入文件作为链接文件的原文件存放到文件夹中。
- “取消”按钮：在InDesign提示框中单击此按钮，将放弃“取消嵌入链接”命令。

5.5.4　将链接对象复制到新位置

对于未嵌入到文档中的对象，可以将其复制到新的位置。其操作方法很简单，用户可以在“链接”面板中选中要复制到新位置的链接对象，然后在其上单击鼠标右键，或单击“链接”面板右上角的面板按钮，从弹出的面板菜单中可以执行“将链接复制到”命令，在弹出的对话框中选择一个新的文件夹，并单击“选择”按钮即可。

在完成复制到新位置操作后，也会自动将链接对象更新至此位置中。

5.5.5　跳转至链接对象所在的位置

要跳转至链接对象所在的位置，可以在“链接”面板中选中该对象，然后单击“链接”面板中的“转到链接”按钮，或在该对象上单击鼠标右键，在弹出的菜单中执行“转到链接”命令，即可快速跳转到链接图所在的位置。

5.5.6　重新链接对象

对于没有嵌入的对象，若丢失链接（在“链接”面板中出现问号图标）或需要链接至新的对象时，可以在该链接对象上单击鼠标右键，或单击单击“链接”面板中的“重新链接”按钮，在弹出的对话框中选择要重新链接的对象，然后单击“打开”按钮即可。

提　示

将丢失的图片文件，移动回该InDesign正文文件夹中，可恢复丢失的链接。对于链接的替换，也可以利用“重新链接”按钮，在打开的“重新链接”对话框中选择所要替换的图片。若要避免丢失链接，可将所有链接对象与InDesign文档放在相同文件夹内，或不随便更改链接图的文件夹。

5.5.7 更新链接

在未嵌入对象时，若链接的对象发生了变化，将在“链接”面板上出现“已修改”图标，此时用户可以选中所有带有此图标的链接对象，然后单击“链接”面板底部的“更新链接”按钮，或单击“链接”面板右上角的面板按钮，在弹出的菜单中选择“更新链接”命令，即可完成链接的更新。

若按下Alt键的同时单击“更新链接”按钮，即可更新全部。

5.6 内容的收集与置入

内容收集与置入是InDesign CS6中新增的功能，简单来说，其作用就是用户可以使用内容收集器工具与内容置入器工具，实现快速的复制与粘贴操作，而且在操作过程中还有更多的选项可以选择，以便于进行编辑处理。下面来分别讲解二者的功能与使用方法。

5.6.1 收集内容

选择“内容收集器工具”后，将显示“内容传送装置”面板，如图5-39所示。

图5-39 “内容传送装置”面板

“内容传送装置”面板中的部分参数解释如下。

- 内容置入器工具：在此处单击该按钮，可以切换至内容置入器工具，并将项目置入到指定的位置，同时面板也会激活相关的参数及按钮。
- 收集所有串接框架：选中此复选框，可以收集文章和所有框架；如果不选中此复选框，则仅收集单个框架中的文章。
- 载入传送装置：单击此按钮，将弹出“载入传送装置”对话框，如图5-40所示。选中“选区”选项，可以载入所有选定项目；选中“页面”选项，可以载入指定页面上的所有项目；选中“包括粘贴板对象的所有页面”选项，可以载入所有页面和粘贴板上的项目。如果需要将所有项目归入单个组中，则选中“创建单个集合”复选框。

要使用“内容收集器工具”收集内容，可以使用它单击页面中的对象，如图形、图像、文本块或页面等，当光标移动至对象上时，将显示蓝色的边框。单击该对象后，即可将其添加到“内容传送装置”面板中，如图5-41所示。

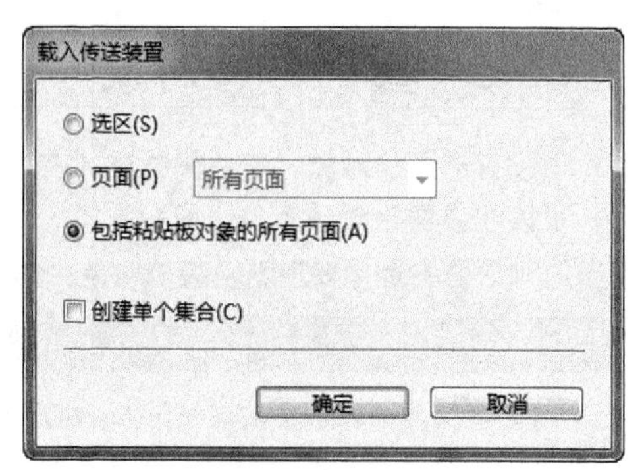

图5-40 “载入传送装置”对话框

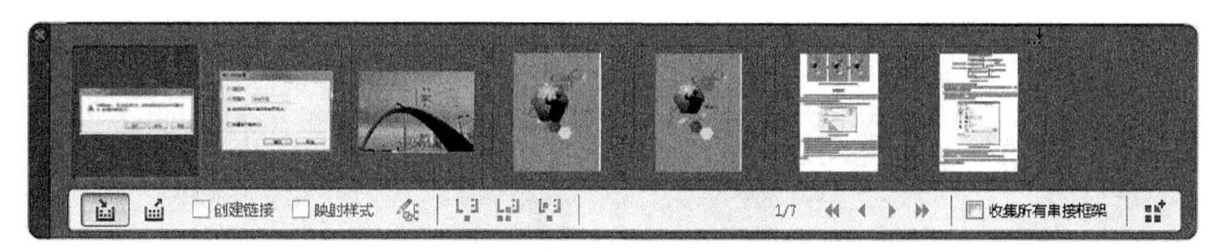

图5-41　添加多个页面及对象后的状态

5.6.2　置入内容

在向“内容传送装置”面板中收集了需要的对象后，即可使用内容置入器工具将其置入到页面中。选择此工具后，“内容传送装置”面板也将显示更多的参数，如图5-42所示。

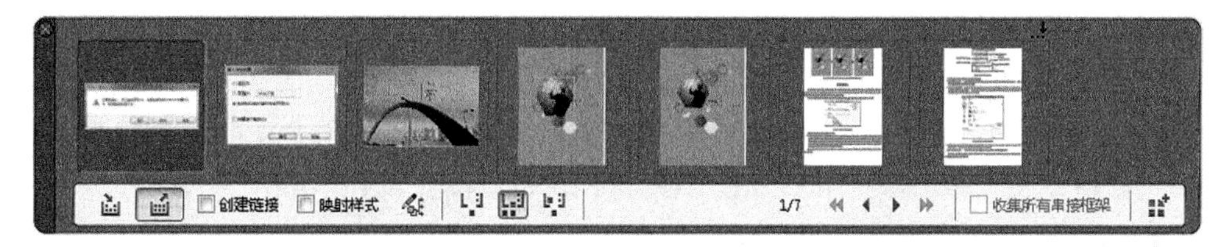

图5-42　“内容传送装置”面板

选择内容置入器工具后，“内容传送装置”面板中新激活的参数讲解如下。

- 创建链接：选中此复选框，将置入的项目链接到所收集项目的原始位置，可以通过“链接”面板管理链接。
- 映射样式：选中此复选框，将在原始项目与置入项目之间映射段落、字符、表格或单元格样式。默认情况下，映射时采用样式名称。
- 编辑自定样式映射：单击此按钮，在弹出的“自定样式映射”对话框中可以定义原始项目和置入项目之间的自定样式映射，以便在置入项目中自动替换原始样式。
- 置入：单击此按钮，在置入项目之后，可以将该项目从“内容传送装置”面板中删除。
- 置入多个：单击此按钮，可以多次置入当前项目，但该项目仍被载入到置入器中。
- 置入并载入：单击此按钮，置入该项目，然后移至下一个项目，但该项目仍保留在“内容传送装置”面板中。
- ◀◀ ◀ ▶ ▶▶：单击相应的三角按钮，可以切换“内容传送装置”面板中要置入的项目。
- 末尾：显示该图标的项目，表示该项目是最后被添加进“内容传送装置”面板的。

若要置入“内容传送装置”面板中的对象，可以将光标移至需要置入项目的位置并单击即可。

5.7　拓展练习——为宣传页添加图像

源 文 件:	源文件\第5章\5.7.indd
视频文件:	视频\5.7.avi

在本例中，将讲解向路径中置入图像的方法。

01 打开随书所附光盘中的文件“源文件\第5章\5.7-素材1.indd”，如图5-43所示。

02 选中左侧的蓝色矩形，效果如图5-44所示。

图5-43 打开素材文件

图5-44 选择矩形

03 按Ctrl+D组合键执行“置入”命令，在弹出的对话框中打开随书所附光盘中的文件“源文件\第5章\ 5.7-素材2.jpg”，得到如图5-45所示的效果。

04 按照上一步的方法，再为右下方和右上角的蓝色图形置入随书所附光盘中的文件“源文件\第5章\5.7-素材3.jpg”和“源文件\第5章\5.7-素材4.eps”，得到如图5-46所示的效果。

图5-45 置入图像

图5-46 置入图像

05 由于右上角的图像大于矩形框，因此图像没有显示完全，此时可以使用“选择工具”将其选中，并单击“控制”面板中的按钮，将图像显示完整，效果如图5-47所示。

06 继续选中右上的矩形块，将其填充色设置为无，得到如图5-48所示的效果。

图5-47 操作效果

图5-48 最终效果

5.8 本章小结

在本章中，主要讲解了在InDesign中置入与管理图像的操作方法，以及InDesign CS6中新增的内容收集与置入功能。通过本章的学习，用户应熟练掌握置入图形图像以及管理相关链接的操作方法，同时还应该掌握裁剪、内容与框架相适应等操作。

5.9 课后习题

1. 单选题

（1）下列不属于InDesign中图像与框架适合选项的是（　）。

A. 内容适合框架　　B. 框架适合内容

C. 内容居中　　D. 按比例适合文本

（2）下列不可以对图像实现裁剪操作的是（　）。

A. 使用“钢笔工具”绘制开放路径，并将图像贴至路径中

B. 使用“钢笔工具”绘制闭合路径，并将图像贴至路径中

C. 使用“选择工具”拖动图像的框架

D. 使用“直接选择工具”拖动图像的框架

2. 多选题

（1）以下可以置入到InDesign中的文件类型有（　）。

A. PSD格式　　B. JPEG格式

C. EPS格式　　D. BMP格式

（2）内容收集工具可以收集的对象有（　）。

A. 图像　　B. 文本块

C. 编组的对象　　D. 图形

3. 填空题

（1）要置入图像，可以按______________键，在弹出的对话框中选择要置入的图像即可。

（2）要利用图像中的Alpha通道限制图像的显示范围，可以使用______________命令。

4. 判断题

（1）在InDesign中置入带有路径的图像文件时，可以将图像中附带的路径作为图像的剪切路径。（　）

（2）使用“选择工具”按住Shift键可以对图像进行等比例缩放。（　）

（3）置入的图像，若不嵌入链接，在移动文档至其他文件夹后，会出现丢失图像链接的问题。（　）

（4）从“链接”面板弹出菜单中选择“重新链接”命令或者在当前图片处于选中状态时置入新图片，都可以用新图片替换当前图片。（　）

5. 上机操作题

（1）打开随书所附光盘中的文件“第5章\上机操作题\5.9-1-素材1.indd”，如图5-49所示。

置入“源文件\第5章\上机操作题\5.9-1-素材2.psd”和“源文件\第5章\上机操作题\5.9-1-素材3.psd”，调整其大小及位置，并将链接嵌入到当前文档中，得到如图5-50所示的效果。

图5-49　打开文件

图5-50　操作结果

（2）打开随书所附光盘中的文件“源文件\第5章\上机操作题\5.9-2-素材.indd”，如图5-51所示，使用裁剪照片功能制作得到如图5-52所示的效果。

图5-51　打开文件

图5-52　操作结果

第6章 编辑与混合对象

通过前面章节的介绍可知，InDesign可以对多种类型的对象进行处理，如字符、文本框、图形以及图像等。本章就来专门介绍编辑与混合这些对象的方法，如选择、移动、复制、变换、混合与对象效果等。

学习要点

- 掌握选择对象的方法
- 掌握调整对象位置的方法
- 掌握调整顺序的方法
- 掌握复制对象的方法
- 掌握变换对象的方法
- 掌握编组与解组的方法
- 掌握对象效果的方法
- 掌握创建与应用对象样式的方法

6.1 选择对象

对任何操作来说，正确地选择对象都是其前提。在InDesign中，选择对象主要使用“选择工具”与“直接选择工具”以及相关的选择命令。在前面章节的讲解中，已经或多或少地接触到了一些选择对象的操作方法，在本节中就来系统地讲解使用它们选择对象的操作方法。

6.1.1 使用工具选择对象

1. 选择工具

使用“选择工具”进行选择操作时，主要是选中对象的整体，其选择方式有 3 种，下面将以图 6-1 所示的图像为例，讲解其操作方法。

01 将“选择工具”的光标移至对象上时，对象中心将显示一个圆环，如图6-2所示，在圆环范围内按住鼠标左键进行拖动，即可调整对象中内容的位置，如图6-3所示。

图6-1 原图像

图6-2 光标状态

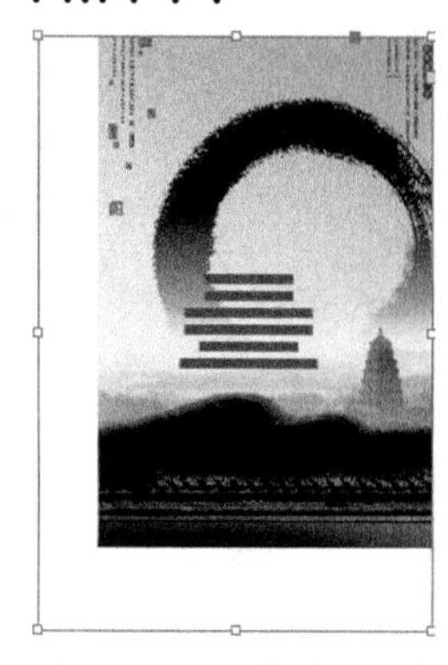

图6-3 裁剪图像后的效果

02 将“选择工具”光标移至对象之上、中心圆环之外时，单击即可选中该对象整体（包含框架及其内容），如图6-4所示。如果需要同时选中多个对象，可以在按住Shift键的同时单击，如图6-5所示就是按住Shift键单击文本块后，将二者选中的状态。另外，若按住Shift键单击处于选中状态的对象，则会取消对该对象的选择。

图6-4 正常状态下的选择

图6-5 选择多个对象

03 使用“选择工具”在对象附近的空白位置按住鼠标左键，拖曳出一个矩形框，以确定将需要的对象选中，如图6-6所示。释放鼠标即可将框选到的图形选中，如图6-7所示。

图6-6　拖曳出一个矩形框

图6-7　选中框选的对象

2. 直接选择工具

“直接选择工具”是InDesign中另一个非常常用的选择工具。与“选择工具”不同的是，“直接选择工具”主要用于选择对象的局部，如单独选中框架、内容或框架与内容的一个与多个锚点等，用户可以使用前面讲解的“选择工具”的工作方法进行选择，如单击选中局部，按住Shift键加选或减选，以及通过拖动的方式进行选择等。

以图6-8所示的图像为例，图6-9所示是单击文本框边缘以激活其边框与锚点时的状态，图6-10所示是单击选中其右上角锚点时的状态，图6-11所示是向右侧拖动锚点以改变文本框形态后的效果。

读者可以尝试选择上面素材中背景图像的左上角和右下角的锚点，并编辑为如图6-12所示的状态。

图6-8　原图像

图6-9　激活边框与锚点

图6-10　单击右上角的锚点

图6-11　改变文本框形态

图6-12　编辑效果

6.1.2　使用命令选择对象

1. 全选

如果要选择页面中的全部对象，可以执行“编辑”|“全选”命令，或按Ctrl+A组合键。

2. 多样化选择功能

执行“对象”|“选择”命令，如图6-13所示，在其子菜单中选择相应的命令，即可完成对图形对象的选择。

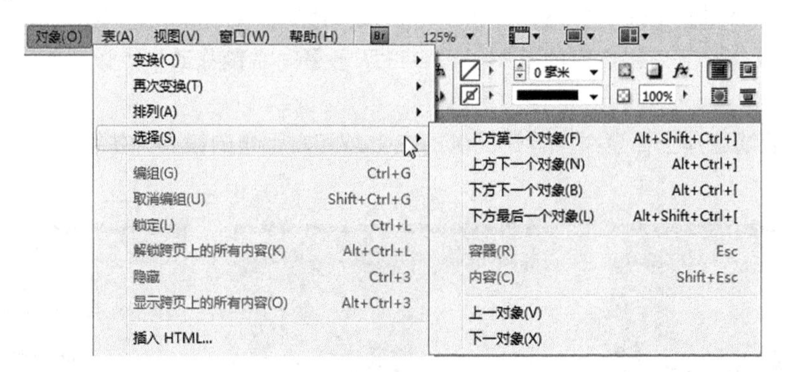

图6-13　“选择”命令的子菜单

6.2　调整对象位置

在InDesign中，要调整对象的位置，可以使用多种方法来实现，在本节中就来讲解其具体的操作方法。

1. 使用工具调整对象位置

在工具箱中有3种移动图形的工具，它们分别是“选择工具”、“直接选择工具”和“自由变换工具”，使用的方法基本相似。

选择适当的移动工具，选中要移动的图形，然后按住鼠标左键并拖动到目标位置，释放鼠标即可完成移动操作。如图6-14所示为移动前后的效果。

图6-14　移动图形前后的对比效果（左图为移动前的效果，右图为移动后的效果）

2. 用“移动”命令调整对象位置

此命令可以对移动对象进行精确移动，选中要移动的对象，然后执行“对象”|“变换”|“移动”命令，弹出“移动”对话框，如图6-15所示。

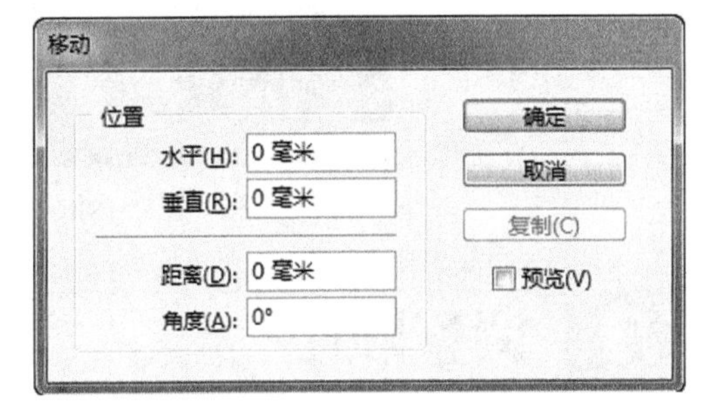

图6-15　“移动”对话框

该对话框中各参数的功能解释如下。

- 水平：在此文本框中输入数值，以控制水平移动的位置。
- 垂直：在此文本框中输入数值，以控制垂直移动的位置。
- 距离：在此文本框中输入数值，以控制输入对象的参考点在移动前后的差值。
- 角度：在此文本框中输入数值，以控制移动的角度。
- “复制”按钮：单击此按钮，可以复制多个移动的对象。

另外，在选中对象后，在“变换”面板与“控制”面板中，也有可以设置水平与垂直位置的参数，即其中的X和Y数值，如图6-16和图6-17所示，在有需要的情况下，可以在其中精确调整对象的位置。

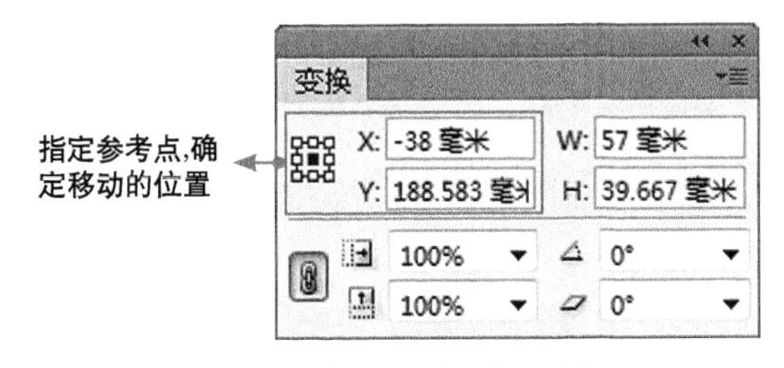

图6-16　“变换”面板

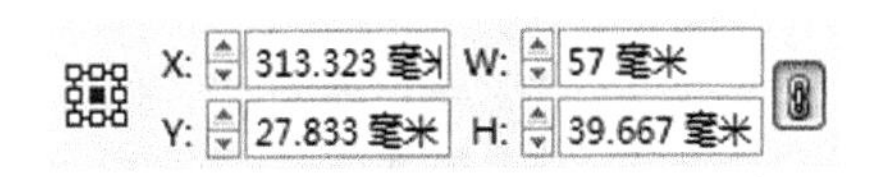

图6-17　“控制”面板

5. 使用键盘调整对象位置

选中要移动的图形，通过按键盘中的“→”、“←”、“↑”、“↓”方向键，可以实现对图形进行向右、向左、向上、向下的移动操作。每单击一次方向键，图形就会向相应的方向移动一个特定的距离。

> **提 示**
>
> 在按方向键的同时，按住Shift键，可以按特定距离的10倍进行移动；如果要持续移动图形，则可以按住方向键直到图形移至所需要的位置，释放鼠标即可。

读者可以尝试以前面演示移动操作的素材为基础，调整文本与图像的位置，制作得到如图6-18所示的效果。

图6-18 制作效果

6.3 调整顺序

在前面讲解图层功能时，已经大致了解了调整图层顺序的作用，而对于同一图层上的对象，也可以调整其顺序，从而改变其相互之间的遮盖关系。

执行“对象”|“排列”命令，此命令下的子菜单命令可以对对象的顺序进行调整，如图6-19所示。

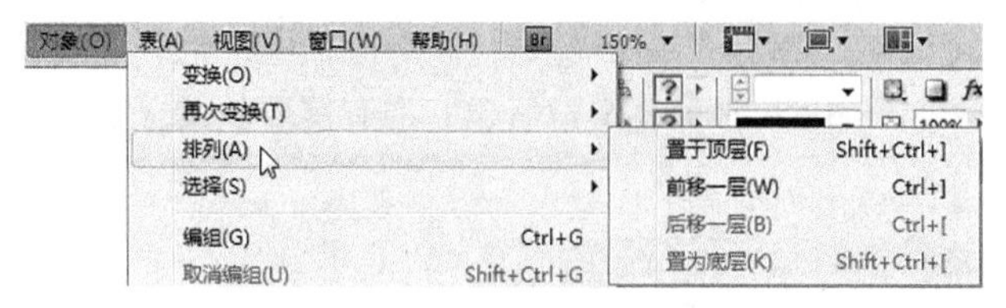

图6-19 “排列”命令的子菜单

- 置于顶层：选择此命令，可将已选中的对象置于所有对象的顶层，也可按Shift+Ctrl+]组合键对该操作进行快速的执行。
- 前移一层：选择此命令，可将已选中的对象在叠放顺序中上移一层，也可按Ctrl+]组合键对该操作进行快速的执行。
- 后移一层：选择此命令，可将已选中的对象在叠放顺序中下移一层，也可按Ctrl+[组合键对该操作进行快速的执行。
- 置于底层：选择此命令，可将已选中的对象置于所有对象的底层，也可按Shift+Ctrl+[组合键对该操作进行快速的执行。

例如对于图 6-20 所示的原图像，是选中了其中右侧和底部的两个图像，图 6-21 所示是按

Ctrl+Shift+] 组合键将其移至顶层后的效果。

图6-20 原图像

图6-21 调整图层顺序的效果

6.4 复制对象

在InDesign CS6中，复制与粘贴在对对象进行编辑时是较为普遍的操作，而且对于粘贴方式的3种选择，使对对象的编辑更为快速与方便。

6.4.1 基本的复制操作

在InDesign中，有很多种复制对象的方法，在选中对象的情况下，可以执行以下操作。

- 执行“编辑”|“复制”命令对对象进行复制。
- 按Ctrl+C组合键。
- 在选中的对象上单击鼠标右键，在弹出的快捷菜单中执行“复制”命令。

若要粘贴复制的对象，可以执行以下操作。

- 执行“编辑”|“粘贴”命令对对象进行复制。
- 按Ctrl+V组合键。
- 在选中的对象上单击鼠标右键，在弹出的快捷菜单中执行“粘贴”命令。

6.4.2 原位粘贴

在复制对象后，执行“编辑”|“原位粘贴”命令，或在画布的空白位置单击鼠标右键，在弹出的菜单中执行“原位粘贴”命令，即可将创建的复制对象与被复制对象相吻合，其位置与原被复制对象的位置完全相同。

如果要简洁方便地得到操作对象原位放大或缩小的复制对象，可利用“编辑”|“原位粘贴”命令得到复制对象，再缩放其整体百分比即可。另外，由于执行“编辑”|“原位粘贴”命令后，在页面上无法识别是否操作成功，在必要的情况下可以选择并移动被操作对象，以识别是否操作成功。

6.4.3 粘贴时不包含格式

按Ctrl+Shift+V组合键或执行“编辑”|“粘贴时不包含格式”命令，可以在粘贴时不包含格

式，并使用目标位置的段落样式。

“粘贴时不包含格式”命令常用于在向文本中复制文本或图形、图像等对象时，为了避免复制对象本身的样式影响粘贴后的效果而使用。

6.4.4 拖动复制

在使用“选择工具”时，按住Alt键置于对象上，此时光标将变为状态，如图6-22所示，拖至目标位置并释放鼠标，即可得到其副本，如图6-23所示。

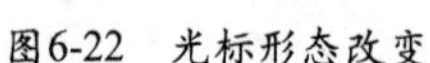
图6-22 光标形态改变

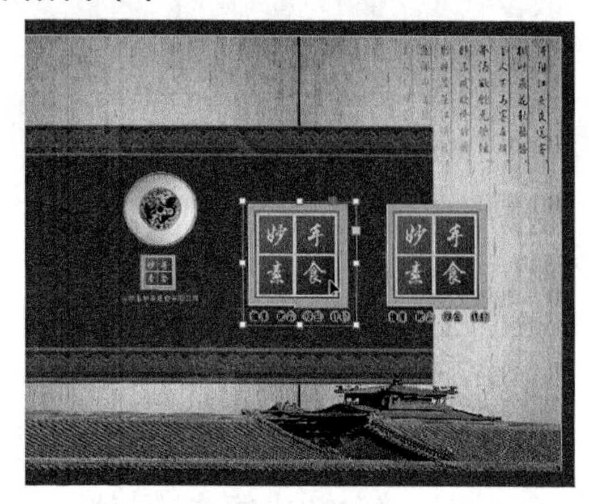

图6-23 操作结果

在使用“直接选择工具”时，按住Alt键拖动对象也可以执行复制操作。

提 示

在复制对象时，按Shift键可以沿水平、垂直或成45°倍数的方向复制对象。

6.4.5 直接复制

按Ctrl+Shift+Alt+D组合键或执行“编辑”|“直接复制”命令，可以直接复制选定的对象，此时将以上一次对对象执行拖动复制操作时移动的位置作为依据，来确定直接复制后得到的副本对象的位置。

实例：为化妆品广告增加具有规律的装饰图形

源 文 件:	源文件\第6章\6.4.indd
视频文件:	视频\6.4.avi

下面来讲解使用直接复制功能，为化妆品广告增加规律图形的方法。

01 打开随书所附光盘中的文件“源文件\第6章\6.4-素材.indd”，如图6-24所示。

02 使用“选择工具”，按住Alt键将顶部的圆形复制一个到左下角的位置，效果如图6-25所示。

03 继续使用“选择工具”，按住Alt+Shift组合键向右侧拖动圆形一段距离，以得到其副本，效果如图6-26所示。

04 连续按Ctrl+Alt+Shift+D组合键，以执行“直接复制”操作，得到如图6-27所示的效果。

图6-24 打开素材文件

图6-25 复制图形

图6-26 继续复制

图6-27 直接复制结果

05 分别选中底部的各个圆形，然后为其设置不同的颜色，以与顶部的装饰图形匹配，效果如图6-28所示。

图6-28 设置不同颜色

6.4.6 多重复制

执行“编辑”|“多重复制”命令，弹出的“多重复制”对话框，如图6-29所示。在此对话框中进行参数设置，可直接将所要复制的对象创建为成行或成列的副本。

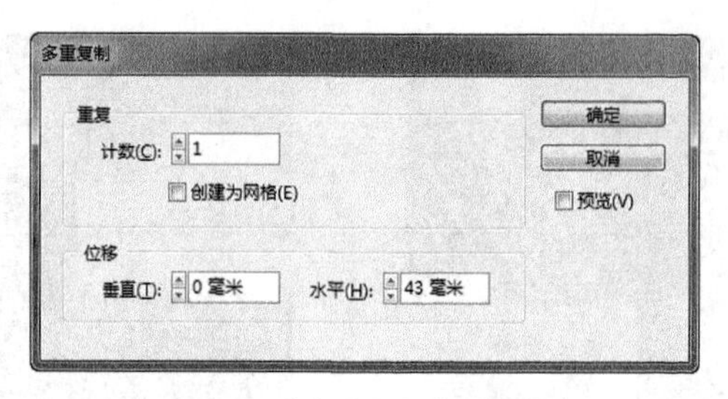

图6-29 “多重复制”对话框

“多重复制”对话框中各参数的含义解释如下。

- **计数**：在此文本框中输入数值，可以控制生成副本的数量（不包括原稿）。
- **创建为网格**：选择此复选框，在水平与垂直的输入框中进行参数设置，对象副本将以网格的模式进行复制。
- **水平**：在此文本框中输入参数，可以控制在X轴上的每个新副本位置与原副本的偏移量。
- **垂直**：在此文本框中输入参数，可以控制在Y轴上的每个新副本位置与原副本的偏移量。

读者可以尝试使用“多重复制”命令，制作得到上一节中为化妆品广告增加的规律图形效果。

6.4.7 在图层中复制与移动对象

在图层中选择了对象后，图层名称后面的灰色方块将会显示为某种颜色（根据图层设置而定），如图6-30所示，即代表当前选中了该图层中的对象，此时可以拖动该方块至其他图层上，如图6-31所示，从而实现在不同图层间移动对象的操作，如图6-32所示。

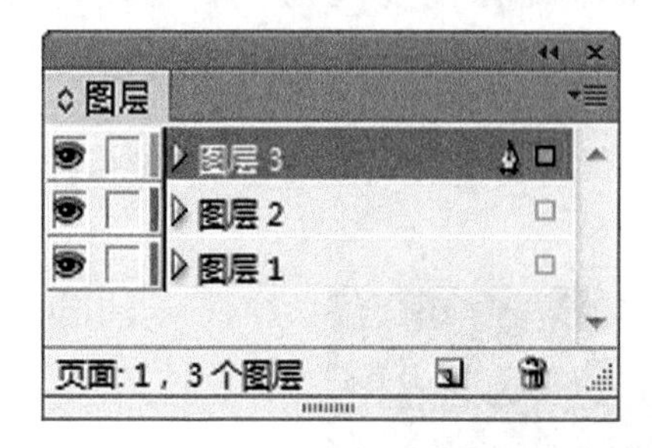

图6-30 彩色方块显示状态

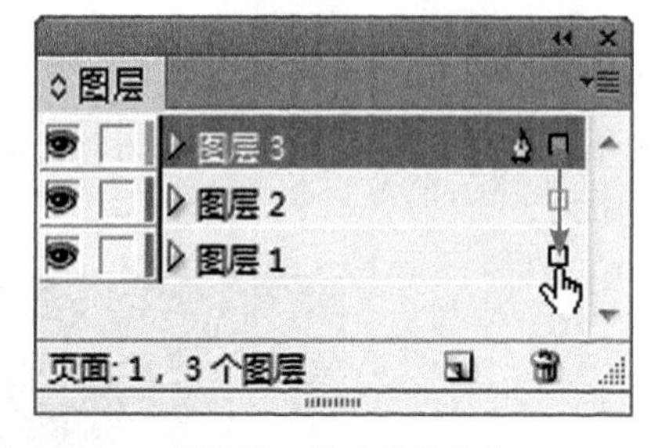

图6-31 拖动时的状态

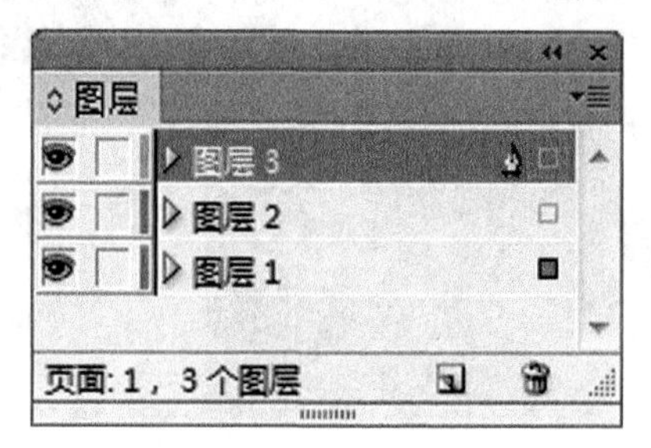

图6-32 移动后的源图层状态

在上述拖动过程中，若按住Alt键，即可将对象复制到目标图层中。

提 示

需要注意的是，使用拖动法移动对象时，目标图层不能为锁定状态。如果一定要用此方法，需要按Ctrl键拖动，从而强制解除目标图层的锁定状态。

6.5 变换对象

在InDesign中，要对图层进行变换，可以有多种实现方法，例如使用“变换”面板、“控制”面板以及“选择工具”、“缩放工具”、“旋转工具”等，都可以实现各种缩放效果。在下面的讲解中，将主要以缩放图像为例，讲解具体的变换方法。

6.5.1 缩放对象

缩放图形的操作方法有很多种，下面来分别讲解各种不同的缩放方法。

1. 使用“选择工具”与“自由变换工具”进行缩放

使用“选择工具”、“自由变换工具”均可以对对象进行缩放处理，在使用它们选中对象后，将在其周围显示控制手柄，将光标置于不同的控制手柄上，按住鼠标左键随意拖动即可调整对象的大小。

要注意的是，在使用“选择工具”缩放图像时，需要按住Ctrl键才可以改变图像的大小，否则只会对图像进行裁剪处理。

提 示

在变换时，若按住Shift键，可以等比例进行缩放处理；按住Alt键可以以中心点为依据进行缩放；若按住Alt+Shift组合键，则可以以中心点为依据进行等比例缩放。

以图6-33所示的素材为例，图6-34所示是使用“选择工具”对其进行放大后的效果。

图6-33 源素材

图6-34 操作结果

2. 使用“缩放工具”进行缩放

使用“缩放工具”进行缩放，首先可以选中要缩放的对象，然后选择“缩放工具”，将光标置于周围的控制手柄上，然后按住鼠标左键，当光标成▶状时，随意拖动即可调整对象的大小。

读者可以尝试使用“缩放工具”或“自由变换工具”，将上面素材中的文字放大至如图6-35所示的效果。

3. 使用“缩放”命令进行缩放

选中要缩放的对象，然后执行“对象”|“变换”|“缩放”命令，或双击工具箱中的“缩放工

具”⊡，弹出“缩放”对话框，如图6-36所示，在其中设置参数，可以实现按比例精确控制对象的缩放。

图6-35　操作结果

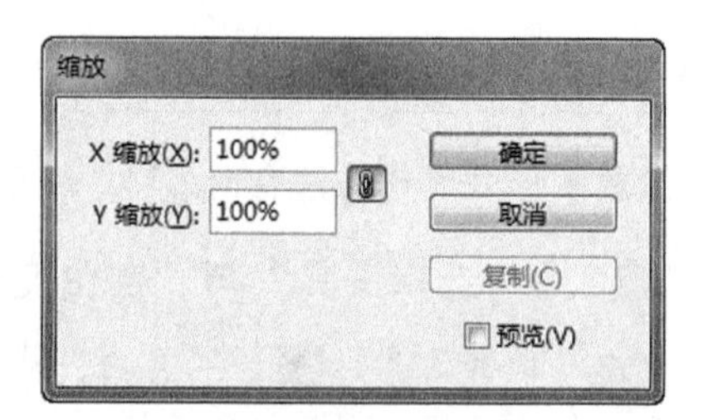

图6-36　“缩放”对话框

该对话框中各参数的功能解释如下。

- X 缩放：用于设置水平的缩放值。
- Y 缩放：用于设置垂直的缩放值。

提　示

在设置“X 缩放”和“Y 缩放”参数时，如果输入的数值为负数，则图形将出现水平或垂直的翻转状态。

- “约束缩放比例”按钮⊡：如果要保持对象的宽高比例，可以单击此按钮，使其处于被按下的状态。
- 单击“复制”按钮：单击此按钮，可以复制多个缩放的对象。

4. 使用“变换”面板进行缩放

使用“变换”面板，可以按照尺寸或比例对对象进行变换处理。执行“窗口”|“对象和版面”|“变换”命令，弹出“变换”面板，如图6-37所示。

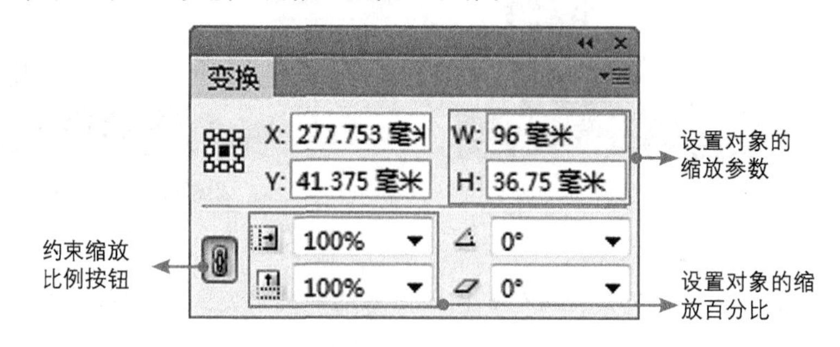

图6-37　“变换”面板

- W/H：要精确改变图形的宽度和高度，可以分别在“W”和“H”文本框中输入数值。
- “约束缩放比例”按钮：单击此按钮，使其处于被按下的状态，在缩放时可以保持图形的宽度比。
- 宽度比例⊡：在此文本框中输入数值，将以此数值进行水平缩放。
- 高度比例⊡：在此文本框中输入数值，将以此数值进行垂直缩放。

5. 使用“控制”面板进行缩放

使用“选择工具”选中要缩放的对象，然后在“控制”面板中的“W”、“H”或后面的宽度与高度比例文本框中输入数值即可，如图 6-38 所示。

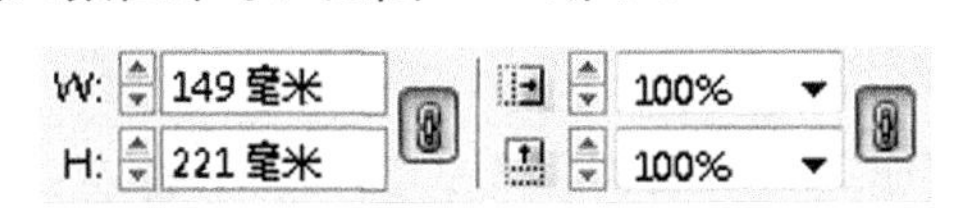

图6-38　输入数值

> **提　示**
>
> 如果要保持对象的宽高比例，可以单击“约束宽度和高度的比例”按钮，使其处于被按下的状态。

6. 使用快捷键进行缩放

选中要缩放的对象，按Ctrl+>组合键，可以将对象放大1%；按Ctrl+<组合键，可以将对象缩小1%；按住组合键不放，则可以将对象进行连续缩放（在按住的过程中没有变化）。

6.5.2　旋转对象

1. 使用“选择工具”和“自由变换工具”进行旋转

要使用“选择工具”或“自由变换工具”对图形进行旋转，可以先选中要旋转的对象，然后将光标置于变换框的任意一个控制点附近，以置于左上角为例，此时光标将变为状态，按住鼠标拖动即可将对象旋转一定的角度，效果如图6-39所示。

图6-39　旋转对象

> **提　示**
>
> 按Shift键旋转图形，可以将对象以45°的倍数进行旋转。

2. 使用“旋转工具”进行旋转

使用“旋转工具”可以围绕某个指定的点旋转对象，一般默认的旋转中心点是对象的左上角控制手柄，也可以通过在不同的位置单击，以改变此点的位置。

在操作过程中，当光标成⊹状时，按住鼠标拖动即可旋转对象。

读者可以尝试使用“旋转工具”，将上面素材中的文字旋转至如图6-40所示的效果。

3. 使用“旋转”命令进行旋转

选中要旋转的对象，双击“旋转工具”，或按Alt键单击旋转中心点，或执行“对象”|“变换”|“旋转”命令，弹出“旋转”对话框，如图6-41所示。其中的参数可以精确设置旋转的角度，还可以复制旋转对象。

图6-40　旋转结果

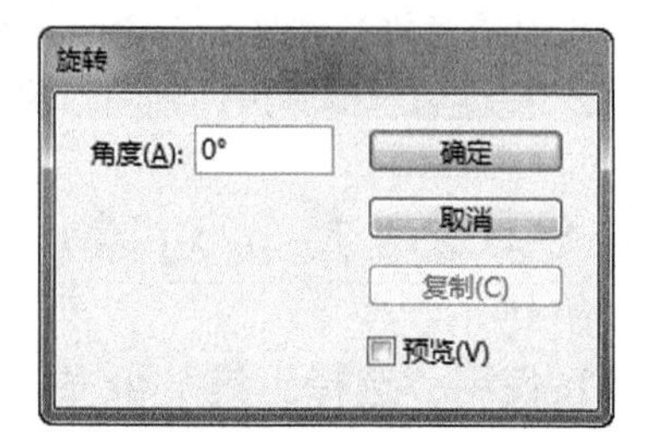

图6-41　“旋转”对话框

该对话框中的各参数功能解释如下。

- 角度：在该文本框中输入数值，可以精确设置旋转角度。
- “复制”按钮：在确定旋转角度后，将在原图形的基础上创建一个旋转后的图形复制品。

4. 使用“变换”面板进行旋转

选中要旋转的对象后，在“变换”面板旋转角度图标后的文本框中输入数值，可以精确控制旋转的角度。

5. 使用“控制”面板进行缩放

选中要旋转的对象后，在“控制”面板中旋转角度图标后的文本框中输入数值，以确定旋转的角度。按Enter键确认，即可旋转图形。

另外，单击“顺时针旋转90°”按钮，即可将图形顺时针旋转90°；单击“逆时针旋转90°”按钮，即可将图形逆时针旋转90°。

提　示

当对对象进行旋转后，右侧的[P]图标也将随着旋转。

6.5.3　切变对象

切变是指使所选择的对象按指定的方向倾斜，一般用来模拟图形的透视效果或图形投影。下面来讲解其具体的操作方法。

1. 使用“切变工具”进行切变

选中要切变的图形，在工具箱中选择“切变工具”，此时图形状态如图6-42所示。拖动鼠标即可使图形切变，效果如图6-43所示。

图6-42　切变前的状态

图6-43　切变后的状态

提 示

在使用“切变工具”切变时，按住Shift键可以约束图形沿45°角倾斜；如果在切变时按住Alt键，将可创建图形倾斜后的复制品。

2. 使用“切变”命令进行切变

选中要切变的对象，双击“切变工具”，或按Alt键单击切变中心点，或执行“对象”|“变换”|“切变”命令，弹出“切变”对话框，如图6-44所示，其中的参数可以精确设置倾斜的状态。

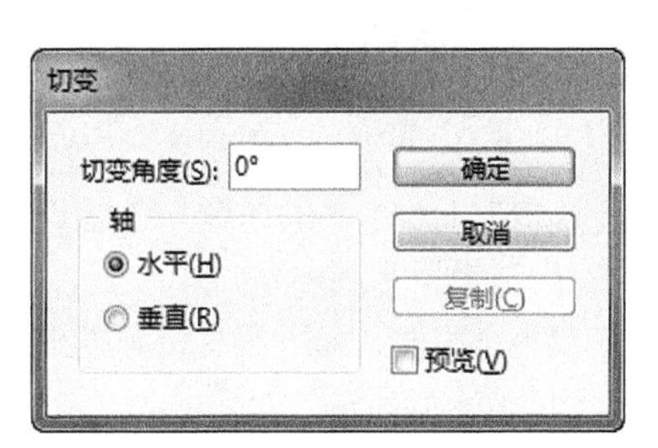

图6-44　“切变”对话框

该对话框中的各参数功能解释如下。

- 切变角度：在此文本框中输入数值，以精确设置倾斜的角度。
- 水平：选中此选项，可使图形沿水平轴进行倾斜。
- 垂直：选中此选项，可使图形沿垂直轴进行倾斜。
- “复制”按钮：在确定倾斜角度后，将在原图形的基础上创建一个倾斜后的图形复制品。

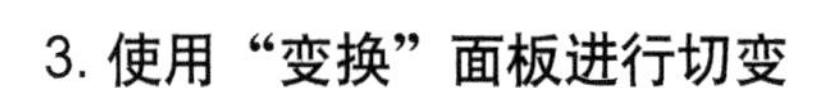

3. 使用“变换”面板进行切变

选中要切变的对象，在“变换”面板中“切换角度图标”后的文本框中输入数值，以确定切变的角度即可。

4. 使用“控制”面板进行缩放

使用“选择工具”选择要切变的对象，然后在“控制”面板中“切变角度图标”后的文本框中输入数值，以确定切变的角度。按Enter键确认，即可切变对象。

6.5.4　再次变换对象

对于刚刚执行过的变换操作，可以执行“对象”|“再次变换”子菜单中的命令，以重复对对

象进行变换，常用于进行大量有规律的变换操作。

实例：制作婚庆广告背景的放射线效果

源 文 件:	源文件\第6章\6.5.indd
视频文件:	视频\6.5.avi

在本例中，将结合“对象”|“再次变换”|“再次变换序列”命令，来制作婚庆广告背景的放射线效果，其操作步骤如下。

01 打开随书所附光盘中的文件“源文件\第6章\6.5-素材.indd”，如图6-45所示。

02 设置填充色的颜色值为C0、M0、Y100、K0，描边色为无，使用“钢笔工具”以辅助线的交点为中心，绘制如图6-46所示的线条。

图6-45 打开素材文件

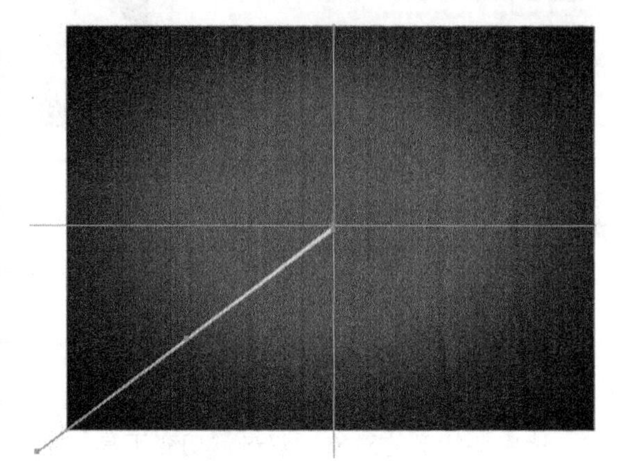

图6-46 绘制线条

03 选中上一步绘制的图形，选择“旋转工具”，在辅助线交点的位置单击，以确认旋转中心点，如图6-47所示。

04 双击“旋转工具”，设置弹出的对话框如图6-48所示，单击“复制”按钮退出对话框，得到如图6-49所示的效果。

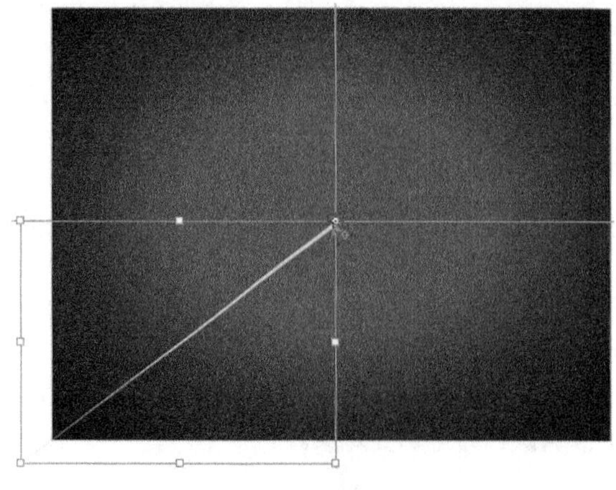

图6-47 确认旋转中心点

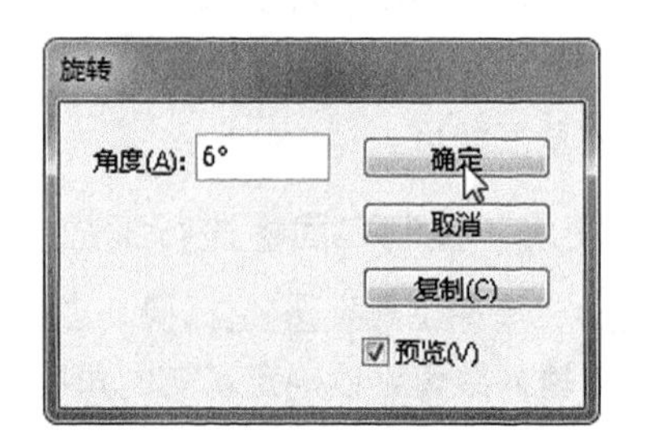

图6-48 “旋转”对话框

05 连续按Ctrl+Alt+4组合键，执行“再次变换序列”命令多次，直至得到如图6-50所示的效果。

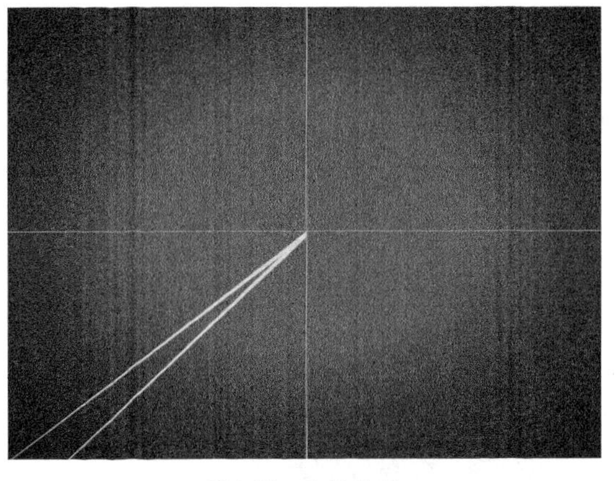
图6-49　旋转结果

图6-50　再次变换序列结果

06 图6-51所示是在“图层”面板中隐藏“图层2”后的显示效果。

读者可以尝试按照上面实例的方法，试制作得到如图6-52所示的放射线效果。

图6-51　隐藏“图层2”后的效果

图6-52　放射线效果

6.5.5　翻转对象

在InDesign中，可以对对象进行水平和垂直两种翻转处理。在选中要翻转的对象后，可以执行以下操作之一。

- 在工具箱中选择“选择工具”、“自由变换工具”或者“旋转工具”，选中要镜像的图形，按住鼠标左键将控制点拖至相对的位置，释放鼠标即可产生镜像效果。
- 执行“对象”|“变换”|“水平翻转”命令，即可将图形进行水平翻转；执行“对象”|“变换”|“垂直翻转”命令，即可将图形进行垂直翻转。
- 在“控制”面板中单击“水平翻转”按钮，即可将图形水平翻转；单击“垂直翻转”按钮，即可将图形垂直翻转。

实例：为广告添加重复图像

源 文 件:	源文件\第6章\6.5-2.indd
视频文件:	视频\6.5-2.avi

在本例中，将以在广告中添加重复图像为例，讲解变换以及翻转对象的操作方法。

01 打开随书所附光盘中的文件“源文件\第6章\6.5-素材2.indd”，如图6-53所示。

02 使用“选择工具”按住Alt键拖动其中的鸟儿图像，以复制得到其副本，并按住Ctrl+Shift组合键将其缩小，如图6-54所示。

图6-53 打开素材文件

图6-54 缩小图像

03 单击“控制”面板中的“水平翻转”按钮，并调整其位置，得到如图6-55所示的效果。

04 按照第2~3步的方法，再复制两个鸟儿图像，并分别置于右下角和中间偏上的位置，效果如图6-56所示。

图6-55 水平翻转效果

图6-56 复制图像

6.6 编组与解组

编组是指将选中的两个或更多个对象组合在一起，从而在选择、变换、设置属性等方面，将编组的对象视为一个整体，以便于用户管理和编辑。下面就来讲解编组与解组的方法。

6.6.1 编组

选择要组合的对象后，按Ctrl+G组合键或执行“对象”|“编组”命令，即可将选择的对象进

行编组，如图6-57所示。

图6-57　编组前后的对比效果（左图为编组前的效果，右图为编组后的效果）

多个对象组合之后，使用“选择工具”选定组中的任何一个对象，都将选定整个群组。如果要选择群组中的单个对象，可以使用“直接选择工具”进行选择。

6.6.2　解组

选择要解组的对象，按Shift+Ctrl+G组合键或执行“对象”|“取消编组”命令，即可将组合的对象进行取消编组。

要注意的是，若是对群组设置了不透明度、混合模式等属性，在解组后，将被恢复为编组前各对象的原始属性。

6.7　锁定与解锁

在设计过程中，为了避免误操作，可以将不想编辑的对象锁定。若需要编辑时，可以将其重新解锁。在本节中就来讲解锁定与解锁的相关操作。

6.7.1　锁定

选择要锁定的对象，然后按Ctrl+L组合键或执行“对象”|“锁定”命令即可将其锁定。处于锁定状态的对象可以被选中，但不可以被移动、旋转、缩放或删除。

若是移动了锁定的对象，将出现一个锁形图标，表示该对象被锁定，不能移动。

若是不希望锁定的对象被选中，可以将其移至一个图层中，然后将图层锁定，或执行“编辑”|“首选项”|“常规”命令，在弹出的对话框中选中“阻止选取锁定的对象”选项。

6.7.2　解锁

选择要解锁的对象，可以按Ctrl+Alt+L组合键，或执行“对象”|“解锁跨页上的所有内容”命令即可。

6.8 对齐与分布

在很多时候，版面的设计都需要有一定的规整性，因此对齐或分布类的操作是必不可少的，此时可以使用“对齐”面板中的功能进行调整。按Shift+F7组合键或执行“窗口”|“对象与版面”|“对齐”命令，即可调出如图6-58所示的“对齐”面板。

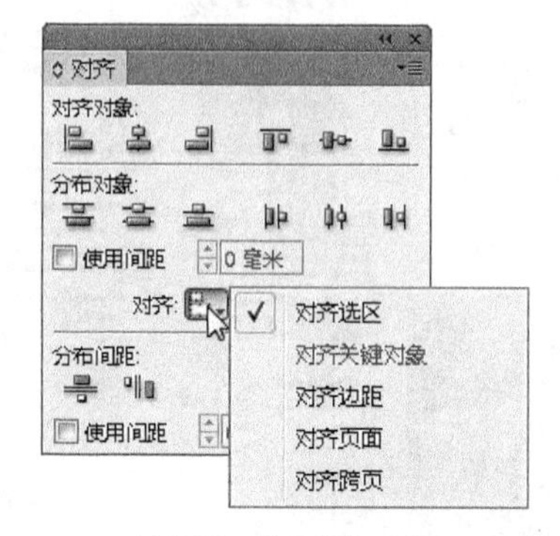

图6-58 “对齐”面板

6.8.1 对齐选中的对象

在“对齐”面板中，共有6种方式可对选中的两个或两个以上的对象进行对齐操作，分别是左对齐、水平居中对齐、右对齐、顶对齐、垂直居中对齐和底对齐，如图6-59所示。各按钮的含义解释如下。

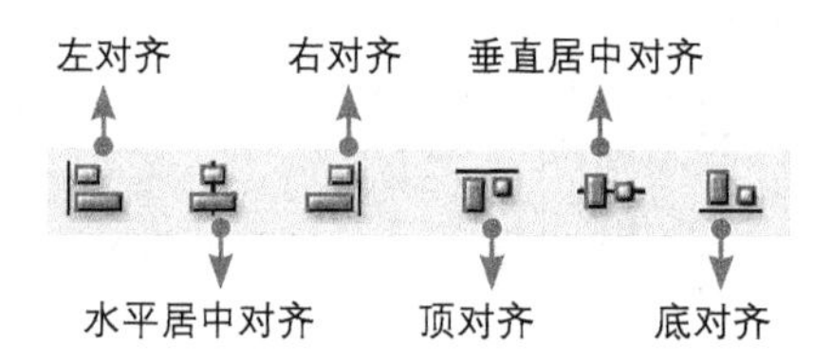

图6-59 对齐按钮

- 左对齐：当对齐的位置的基准为对齐选区时，单击该按钮可将所有选择的对象以最左边的对象的左边缘为边界进行垂直方向的靠左对齐。
- 水平居中对齐：当对齐的位置的基准为对齐选区时，单击该按钮可将所有被选择的对象以各自的中心点进行垂直方向的水平居中对齐。
- 右对齐：当对齐的位置的基准为对齐选区时，单击该按钮可将所有选择的对象以最右边的对象的右边缘为边界进行垂直方向的靠右对齐。

如图6-60所示为原图像，如图6-61所示是居中对齐后的效果。

图6-60 原图像

图6-61 居中对齐

- 顶对齐：当对齐的位置的基准为对齐选区时，单击该按钮可将所有选择的对象以最上边的对象的上边缘为边界进行水平方向的顶点对齐，如图6-62所示。
- 垂直居中对齐：当对齐的位置的基准为对齐选区时，单击该按钮可将所有被选择的对象以各自的中心点进行水平方向的垂直居中对齐，如图6-63所示。

图6-62 顶对齐

图6-63 垂直居中对齐

- 底对齐：当对齐的位置的基准为对齐选区时，单击该按钮可将所有选择的对象以最底下的对象的下边缘为边界进行水平方向的底部对齐。

6.8.2 分布选中的对象

在“对齐”面板中，可快速地对对象进行6种方式的均匀分布，即按顶分布、垂直居中分布、按底分布、按左分布、水平居中分布和按右分布，如图6-64所示。

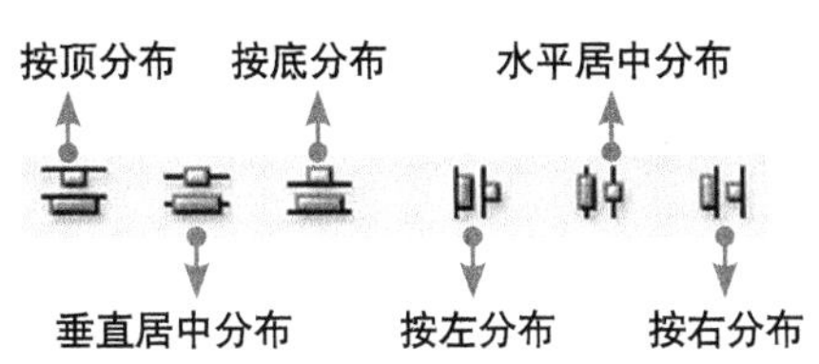

图6-64 分布按钮

- 按顶分布：单击该按钮时，可对已选择的对象在垂直方向上以相邻对象的顶点为基准进行所选对象之间保持相等距离的分布。
- 垂直居中分布：单击该按钮时，可对已选择的对象在垂直方向上以相邻对象的中心点为基准进行所选对象之间保持相等距离的分布。
- 按底分布：单击该按钮时，可对已选择的对象在垂直方向上以相邻对象的最底点为基准进行所选对象之间保持相等距离的分布。
- 按左分布：单击该按钮时，可对已选择的对象在水平方向上以相邻对象的左边距为基准进行所选对象之间保持相等距离的分布。
- 水平居中分布：单击该按钮时，可对已选择的对象在水平方向上以相邻对象的中心点为基准进行所选对象之间保持相等距离的分布，如图 6-65 所示是先进行顶对齐，然后再水平居右分布后的效果。
- 按右分布：单击该按钮时，可对已选择的对象在水平方向上以相邻对象的右边距为基准进行所选对象之间保持相等距离的分布。

图6-65 对齐及分布后的效果

6.8.3 对齐位置

对齐的位置可根据“对齐”面板下拉列表中给出的5个对齐选项进行对齐位置的定位，如图6-66所示。

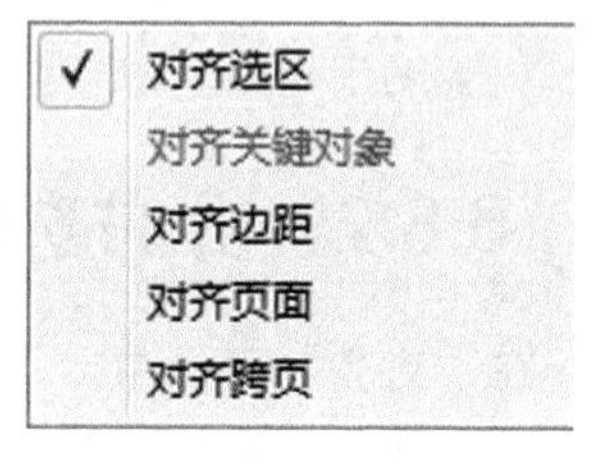

图6-66 对齐选项

- 对齐选区：选择此选项，所选择的对象将会以所选区域的边缘为位置对齐基准进行对齐分布。
- 对齐关键对象：此选项为InDesign CS6中新增的额外选项，选择该选项后，所选择的对象中将对关键对象增加粗边框显示。
- 对齐边距：选择此选项，所选择的对象将会以所在页面的页边距为位置对齐基准进行相对于页边距的对齐分布。
- 对齐页面：选择此选项，所选择的对象将会以所在页面的页面为位置对齐基准进行相对于页面的对齐分布。
- 对齐跨页：选择此选项，所选择的对象将会以所在页面的跨页为位置对齐基准进行相对于跨页的对齐分布。

6.8.4 分布间距

在“对齐”面板中，提供了两种精确指定对象间的距离的方式，即垂直分布间距和水平分布间距，如图6-67所示。

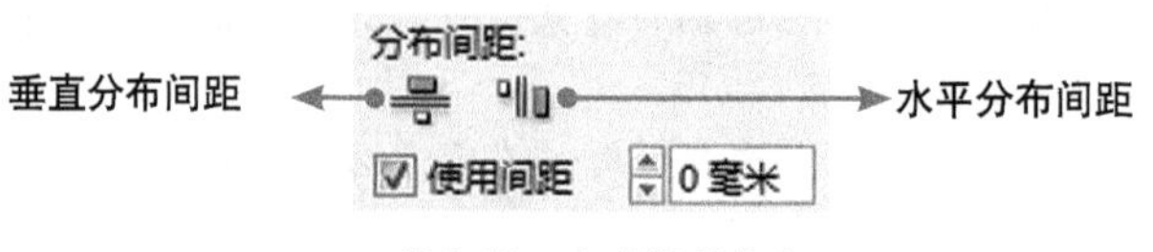

图6-67 分布间距按钮

- 垂直分布间距：选中“分布间距”区域中的“使用间距”复选框，并在其右侧的文本框中输入数值，然后单击此按钮，可将所有选中的对象从最上面的对象开始自上而下分布选定对象的间距。
- 水平分布间距：选中“分布间距”区域中的“使用间距”复选框，并在其右侧的文本框中输入数值，然后单击此按钮，可将所有选中的对象从最左边的对象开始自左而右分布选定对象的间距。

6.9 设置对象的混合效果

在InDesign中，除了提供非常强大的版面设计功能，还提供了一定的对象之间的融合及特效处理功能，如不透明度、混合模式以及对象效果等。在本节中，就来讲解这些知识的使用方法。

6.9.1 了解“效果”面板

按Ctrl+Shift+F10组合键或执行“窗口”|“效果”命令，将弹出“效果”面板，如图6-68所示。

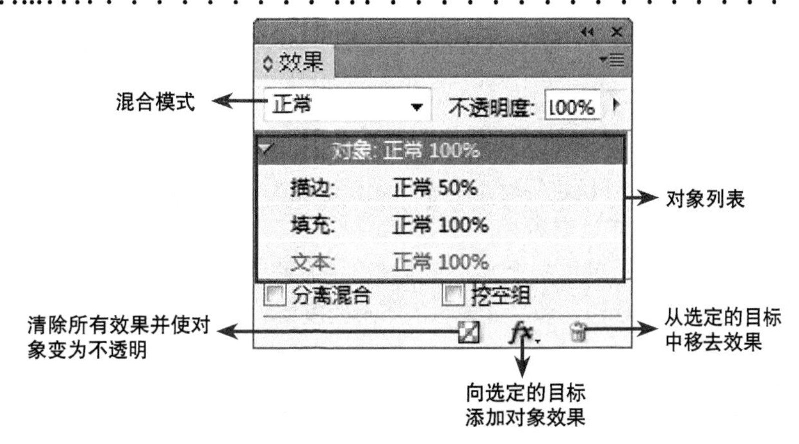

图6-68 “效果”面板

“效果”面板中各参数的含义解释如下。

- 混合模式 正常 ：在此下拉列表中，共包含了16种混合模式，如图6-69所示，用于创建对象之间不同的混合效果。
- 不透明度：在此文本框中输入数值，用于控制对象的透明属性，该数值越大则越不透明，该数值越小则越透明。当数值为100%时完全不透明，而数值为0%时完全透明。
- 对象列表：在此显示了当前可设置效果的对象，若选中最顶部的“对象”，则是为选中的对象整体设置效果，若选中其中一个，如“描边”、“填充”或“文本”等，则为选中的项目设置效果。
- 分离混合：当多个设置了混合模式的对象群组在一起时，其混合模式效果将作用于所有其下方的对象。选择了该选项后，混合模式将只作用于群组内的图像。
- 挖空组：当多个具有透明属性的对象群组在一起时，群组内的对象之间也存在透明效果，即透过群组中上面的对象可以看到下面的对象。选择该复选框后，群组内对象的透明属性将只作用于该群组以外的对象。
- “清除所有效果并使对象变为不透明”按钮：单击此按钮，清除对象的所有效果，使混合模式恢复默认情况下的“正常”，不透明度恢复为100%。
- “向选定的目标添加对象效果”按钮 fx. ：单击此按钮，可显示包含透明度在内的10种效果列表，如图6-70所示。
- “从选定的目标中移去效果”按钮：选择目标对象效果，单击该按钮即可移去此目标的对象效果。

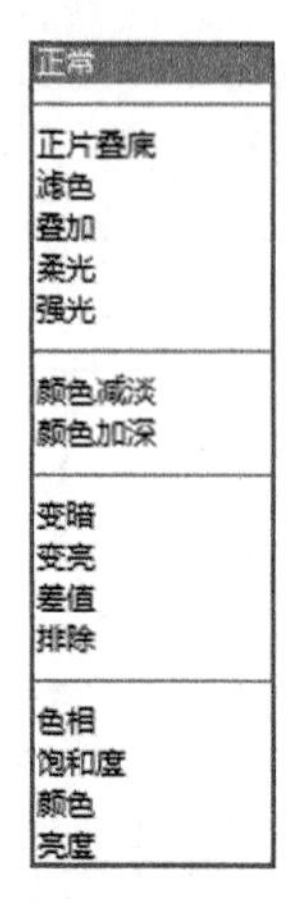

图6-69 混合模式下拉列表

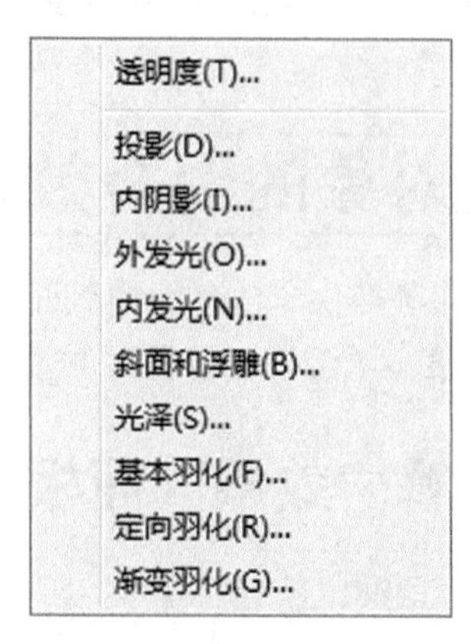

图6-70 对象效果下拉列表

6.9.2 设置不透明度

使用“不透明度”参数，可以控制对象的不透明度属性，若在对象列表中选择需要的对象，也可以为对象的不同部分设置不透明效果。

以图6-71所示的文档为例，其中右上方的文本块已经设置了填充色和描边色，图6-72～图6-74所示是分别设置“对象”、“描边”和“文本”的不透明度为50%时得到的效果。

图6-71 原文档

图6-72 设置“对象”的不透明度为50%

图6-73 设置“描边”的不透明度为50%

图6-74 设置“文本”的不透明度为50%

6.9.3 设置混合模式

使用混合模式可以设置上方与下方对象之间的混合效果，设置不同的混合模式，得到的效果也不尽相同，下面来分别介绍各混合模式的作用。

- 正常：该模式为混合模式的默认模式，只是把两个对象重叠在一起，不会产生任何混合效果，如图6-75所示。在修改不透明度的情况下，下层图像才会显示出来。
- 正片叠底：基色与混合色的复合，得到的颜色一般较暗。与黑色复合的任何颜色会产生黑色，与白色复合的任何颜色则会保持原来的颜色。选择对象，在混合模式选项框选择“正片叠底”模式，效果如图6-76所示。此效果类似于使用多支魔术水彩笔在页面上添加颜色。

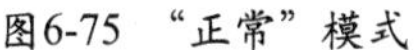
图6-75 “正常”模式

图6-76 “正片叠底”模式

- 滤色：与正片叠底模式不同，该模式下对象重叠得到的颜色显亮，使用黑色过滤时颜色不改变，使用白色过滤时得到白色。应用“滤色”模式后，效果如图6-77所示。
- 叠加：该模式的混合效果使亮部更亮，暗部更暗，可以保留当前颜色的明暗对比，以表现原始颜色的明度和暗度。
- 柔光：使颜色变亮或变暗，具体取决于混合色。如果上层对象的颜色比50% 灰色亮，则图像变亮；反之，则图像变暗。
- 强光：此模式的叠加效果与“柔光”模式类似，但其加亮与变暗的程度较“柔光”模式大许多，效果如图6-78所示。

图6-77 “滤色”模式

图6-78 “强光”模式

- 颜色减淡：选择此模式可以生成非常亮的合成效果，其原理为上方对象的颜色值与下方对象的颜色值采取一定的算法相加，此模式通常被用来创建光源中心点的极亮效果，如图6-79所示。
- 颜色加深：此模式与“颜色减淡”模式相反，通常用于创建非常暗的阴影效果，此模式效果如图6-80所示。

图6-79 “颜色减淡”模式

图6-80 “颜色加深”模式

- 变暗：选择此模式，将以上方对象中的较暗像素代替下方对象中与之相对应的较亮像素，且以下方对象中的较暗区域代替上方对象中的较亮区域，因此叠加后整体图像呈暗色调。
- 变亮：此模式与“变暗”模式相反，将以上方对象中较亮像素代替下方对象中与之相对应的较暗像素，且以下方对象中的较亮区域代替上方对象中的较暗区域，因此叠加后整体图像呈亮色调。
- 差值：此模式可在上方对象中减去下方对象相应处像素的颜色值，通常用于使图像变暗并取得反相效果。若想反转当前基色值，则可以与白色混合，与黑色混合则不会发生变化。
- 排除：选择此模式可创建一种与“差值”模式相似但具有高对比度、低饱和度、色彩更柔和的效果。若想反转基色值，则可以与白色混合，与黑色混合则不会发生变化，如图6-81所示。
- 色相：选择此模式，最终图像的像素值由下方对象的亮度与饱和度及上方对象的色相值构成。
- 饱和度：选择此模式，最终对象的像素值由下方图层的亮度和色相值及上方图层的饱和度值构成。
- 颜色：选择此模式，最终对象的像素值由下方对象的亮度及上方对象的色相和饱和度值构成。此模式可以保留图像的灰阶，在给单色图像上色和给彩色图像着色的运用上非常有用。
- 亮度：选择此模式，最终对象的像素值由上层对象与下层对象的色调、饱和度进行混合，创建最终颜色。此模式下的对象效果与颜色模式下的对象效果相反，效果如图6-82所示。

图6-81 “排除”模式

图6-82 “亮度”模式

6.10 对象效果

在InDesign中，引用了Photoshop中的图层样式功能，并称其为对象效果，其中包括了投影、内发光、外发光、斜面和浮雕、基本羽化、定向羽化以及渐变羽化等多种效果，下面就来分别讲解其各种作用。

6.10.1 投影

利用“投影”命令可以为任意对象添加阴影效果，还可以设置阴影的混合模式、不透明度、模糊程度及颜色等参数。

执行“对象”|“效果”|“投影”命令，弹出“效果”对话框，如图6-83所示。

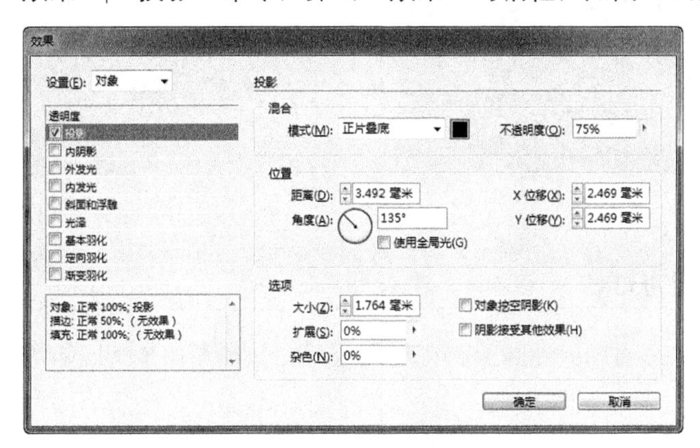

图6-83 “效果”对话框

该对话框中各参数的功能解释如下。

- 模式：在该下拉列表中可以选择阴影的混合模式。
- “设置阴影颜色”色块：单击此色块，弹出“效果颜色”对话框，如图6-84所示，从中可以设置阴影的颜色。

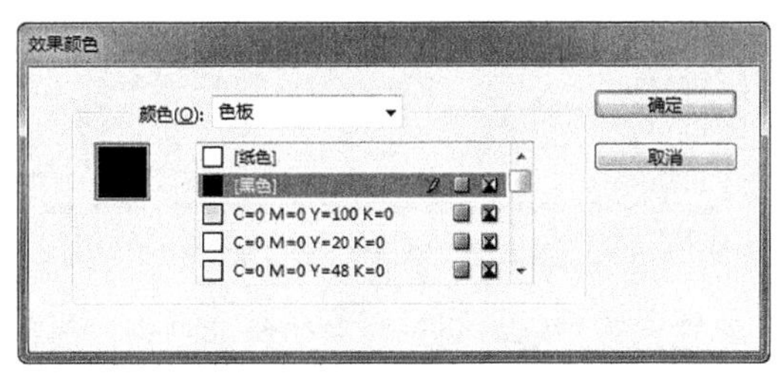

图6-84 “效果颜色”对话框

- 不透明度：在此文本框中输入数值，用于控制阴影的透明属性。
- 距离：在此文本框中输入数值，用于设置阴影的位置。
- X位移：在此文本框中输入数值，用于控制阴影在X轴上的位置。
- Y位移：在此文本框中输入数值，用于控制阴影在Y轴上的位置。
- 角度：在此文本框中输入数值，用于设置阴影的角度。
- 使用全局光：选中此复选框，将使用全局光。
- 大小：在此文本框中输入数值，用于控制阴影的大小。
- 扩展：在此文本框中输入数值，用于控制阴影的外散程度。
- 杂色：在此文本框中输入数值，用于控制阴影包含杂点的数量。

如图 6-85 所示为原图像，按照之前“效果”对话框中的设置，得到的效果如图 6-86 所示。

提 示

由于下面讲解的各类效果所弹出的对话框与设置“投影”命令时类似，故对于其他“效果”对话框中相同的选项就不再重复讲解。

图6-85　原图像

图6-86　添加投影效果

6.10.2　内阴影

使用“内阴影”命令可以为图像添加内阴影效果，并使图像具有凹陷的效果，其相应的对话框如图6-87所示。

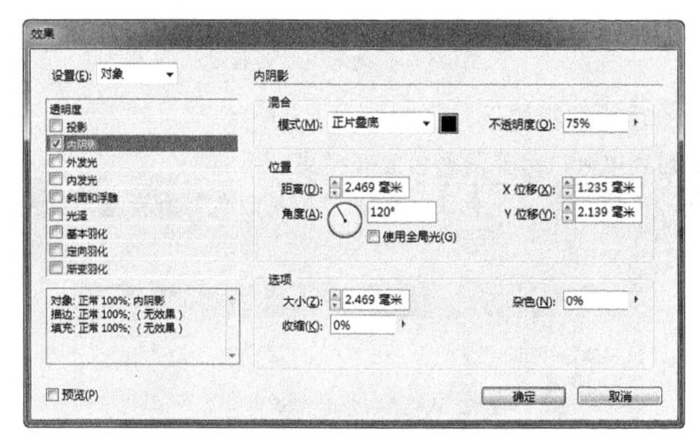

图6-87　“效果”对话框

该对话框中的“收缩”参数用于控制内阴影效果边缘的模糊扩展程度。如图6-88所示为添加内阴影后的图像效果。

图6-88　添加内阴影效果

6.10.3　外发光

使用“外发光”命令可以为图像添加发光效果，其相应的对话框如图6-89所示。其中“方法”下拉列表中的“柔和”和“精确”选项，用于控制发光边缘的清晰和模糊程度。

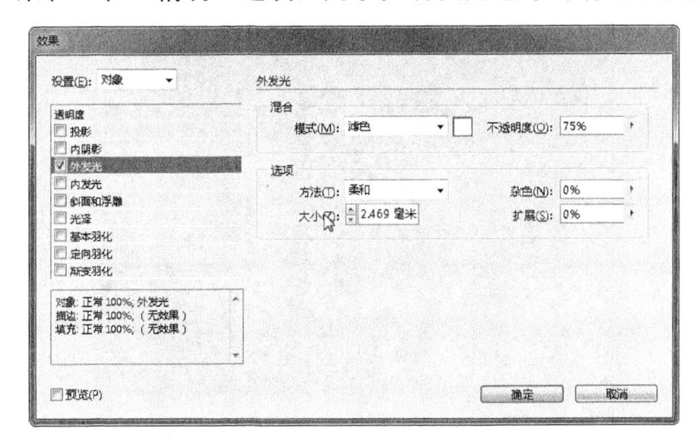

图6-89 “效果”对话框

如图6-90所示为添加外发光后的图像效果。

图6-90 添加外发光效果

6.10.4 内发光

使用“内发光”命令可以为图像内边缘添加发光效果，其相应的对话框如图6-91所示。其中“源”下拉列表中的“中心”和“边缘”选项，用于控制创建发光效果的方式。

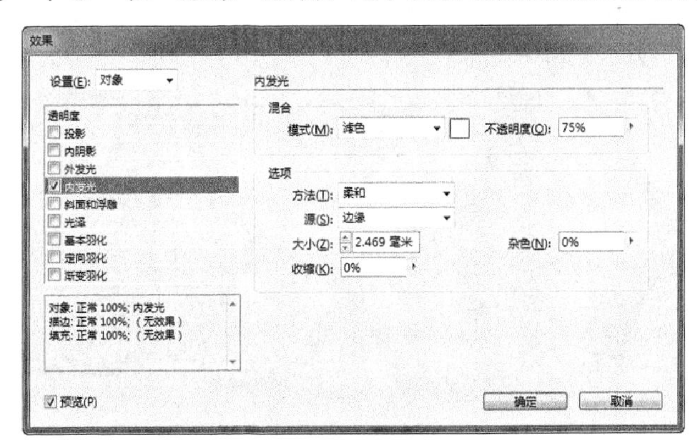

图6-91 “效果”对话框

如图6-92所示为添加内发光后的图像效果。

图6-92　添加内发光效果

6.10.5　斜面和浮雕

使用“斜面和浮雕”命令可以创建具有斜面或者浮雕效果的图像，其相应的对话框如图6-93所示。

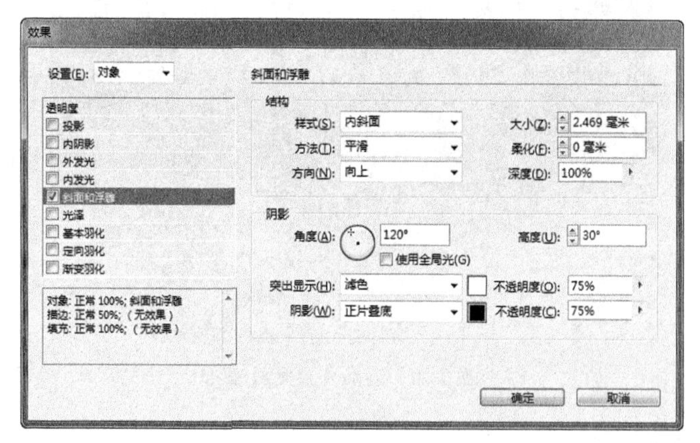

图6-93　“效果”对话框

该对话框中部分参数的功能解释如下。

- 样式：在其下拉列表中选择其中的各选项可以设置不同的效果，包括“外斜面”、“内斜面”、“浮雕”和“枕状浮雕”4种效果。以图6-94所示的原图像为例，经常用到的“外斜面”、“内斜面”效果如图6-95所示。

图6-94　原图像

图6-95　两种常用效果（左图为“外斜面”样式效果，右图为“内斜面”样式效果）

- 方法：在此下拉列表中可以选择“平滑”、“雕刻清晰”、“雕刻柔和”3种添加“斜面和浮雕”效果的方式。如图6-96所示为分别选择此3个选项后的效果。

图6-96　创建不同的“斜面和浮雕”效果（依次为“平滑”、“雕刻清晰”、“雕刻柔和”效果）

- 柔化：此选项控制“斜面和浮雕”效果亮部区域与暗部区域的柔和程度。数值越大，则亮部区域与暗部区域越柔和。
- 方向：在此可以选择“斜面和浮雕”效果的视觉方向。选择“向上”选项，在视觉上“斜面和浮雕”样式呈现凸起效果；选择“向下”选项，在视觉上“斜面和浮雕”样式呈现凹陷效果。
- 深度：此数值控制“斜面和浮雕”效果的深度。数值越大，效果越明显。
- 高度：在此文本框中输入数值，用于设置光照的高度。
- 突出显示、阴影：在这两个下拉列表中，可以为形成倒角或者浮雕效果的高光与阴影区域选择不同的混合模式，从而得到不同的效果。如果分别单击其右侧的色块，还可以在弹出的对话框中为高光与阴影区域选择不同的颜色。因为在某些情况下，高光区域并非完全为白色，可能会呈现某种色调；同样，阴影区域也并非完全为黑色。

6.10.6　光泽

“光泽”命令通常用于创建光滑的磨光或者金属效果，其相应的对话框如图6-97所示。其中，**“反转”**复选框用于控制光泽效果的方向。

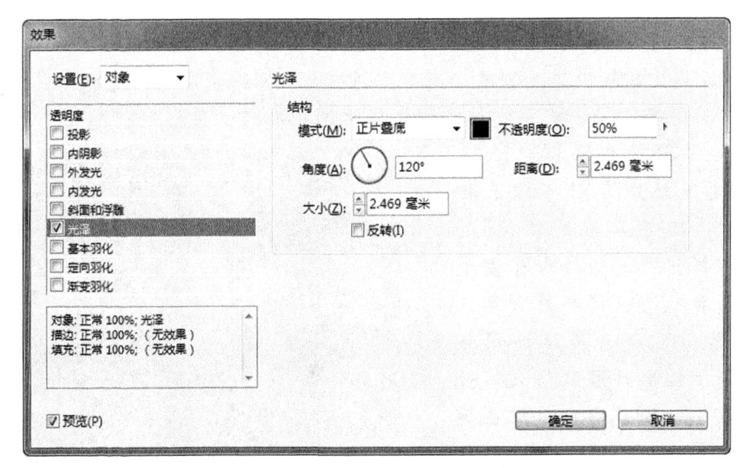

图6-97　“效果”对话框

如图6-98所示为添加光泽后的图像效果。

图6-98　添加光泽效果

6.10.7　基本羽化

“基本羽化”命令用于为图像添加柔化的边缘，其相应的对话框如图6-99所示。

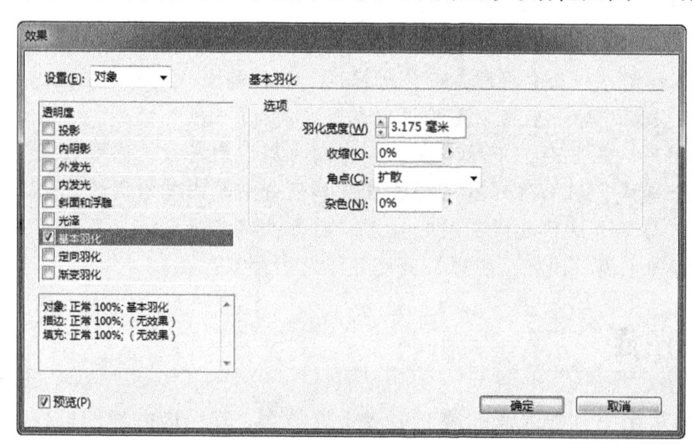

图6-99　“效果”对话框

该对话框中部分参数的功能解释如下。

- 羽化宽度：在此文本框中输入数值，用于控制图像从不透明渐隐为透明需要经过的距离。
- 收缩：与“羽化宽度”设置一起控制边缘羽化的强度值。设置的值越大，不透明度越高；设置的值越小，不透明度越高。
- 角点：在此下拉列表中可以选择“锐化”、“圆角”和“扩散”3个选项。“锐化”选项适合于星形对象，以及对矩形应用特殊效果；“圆角”选项可以将角点圆角化处理，应用于矩形时可取得良好效果；“扩散”选项可以产生比较模糊的羽化效果。

如图6-100所示为设置基本羽化后的图像效果。

图6-100　设置基本羽化后的效果

6.10.8 定向羽化

“定向羽化”命令用于为图像的边缘沿指定的方向实现边缘羽化，其相应的对话框如图6-101所示。

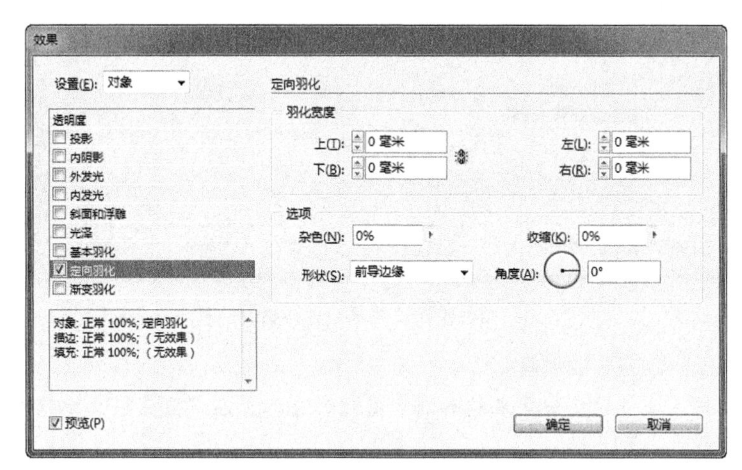

图6-101 “效果”对话框

该对话框中部分参数的功能解释如下。

- 羽化宽度：可以通过设置上、下、左、右的羽化值控制羽化半径。单击“将所有设置为相同”按钮，使其处于被按下的状态，可以同时修改上、下、左、右的羽化值。
- 形状：在此下拉列表中可以选择“仅第一个边缘”、“前导边缘”和“所有边缘”选项，以确定图像原始形状的界限。

如图6-102所示为设置定向羽化后的图像效果。

图6-102 设置定向羽化后的效果

6.10.9 渐变羽化

“渐变羽化”命令可以使对象所在区域渐隐为透明，从而实现此区域的柔化，其相应的对话框如图6-103所示。

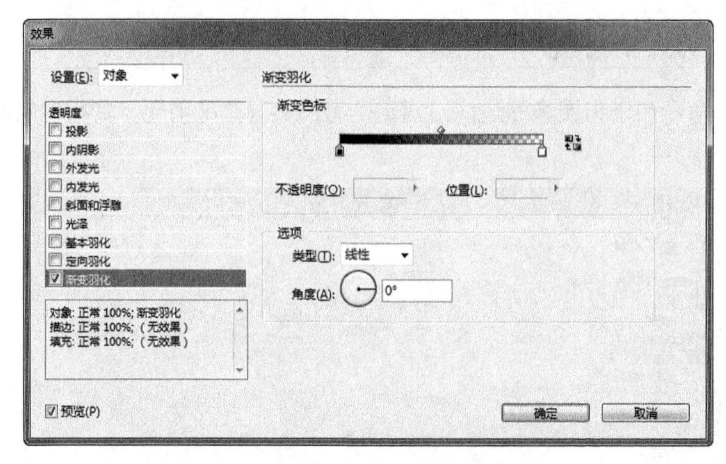

图6-103 “效果”对话框

该对话框中部分参数的功能解释如下。

- 渐变色标：该区域中的参数用来编辑渐变羽化的色标。在“位置”文本框中输入数值用于控制渐变中心点的位置。

提 示

要创建渐变色标，可以在渐变滑块的下方单击（将渐变色标拖离滑块可以删除色标）；要调整色标的位置，可以将其向左或向右拖动；要调整两个不透明度色标之间的中点，可以拖动渐变滑块上方的菱形，菱形位置决定色标之间过渡的剧烈或渐进程度。

- “反向渐变”按钮：单击此按钮，可以反转渐变方向。
- 类型：在此下拉列表中可以选择“线性”、“径向”两个选项，以控制渐变的类型。

如图 6-104 所示为设置渐变羽化后的图像效果。

图6-104 设置渐变羽化后的效果

6.10.10 显示图像的特殊效果

通过设置“首选项”对话框中的“显示性能”参数，可以控制新文档和已修改首选项存储文档中透明对象在屏幕上的显示质量，也可以将首选项设置为打开或关闭文档的透明度显示。在显示首选项中关闭透明度，不会导致在打印或导出文件时关闭透明度。

提 示

在打印包含透明效果的文件之前，请务必先检查透明度首选项。打印操作会自动拼合图稿，这可能会影响透明效果的外观。

01 执行“编辑”|“首选项”|“显示性能”命令，弹出“首选项”对话框的“显示性能”参数，如图6-105所示。

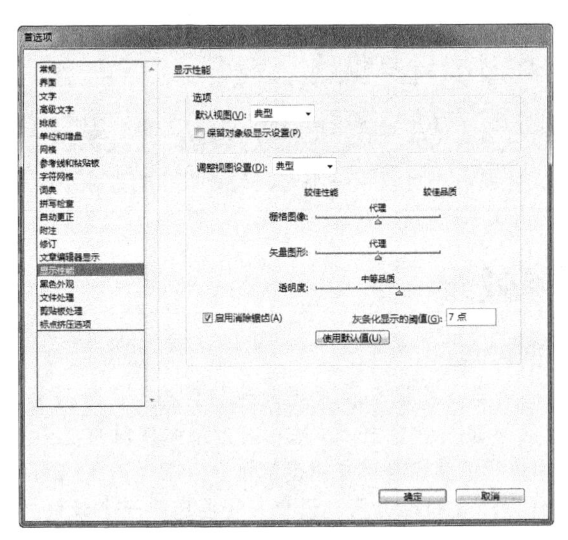

图6-105 “首选项”对话框

02 在“调整视图设置”区中选择一个选项（如快速、典型或高品质），以确定文档中任何效果的屏幕分辨率。

- 快速：选择此选项，将关闭透明度以提高显示性能，并将分辨率设置为24dpi。
- 典型：选择此选项，将显示低分辨率效果，并将分辨率设置为72dpi。
- 高品质：选择此选项，将提高效果的显示质量（在PDF和EPS文件中尤为显著），并将分辨率设置为144dpi。

03 拖动“透明度” 滑块，默认设置为“中等品质”，会显示投影和羽化效果，单击“确定”按钮退出对话框。

提 示

执行“视图”|“显示性能”命令或“对象”|“显示性能”命令，可在弹出的子菜单中的“快速显示”、“典型显示”和“高品质显示”之间快速更改透明度显示。

6.10.11 修改效果

添加效果后，难免有不如意的时候，此时可以通过修改效果得到满意效果，其步骤如下。

01 选择一个或多个已应用效果的对象。

02 在“效果” 面板中双击“对象”右侧（非面板底部）的 fx 图标，或者单击“效果”面板底部的按钮 fx.，在弹出的菜单中选择一个效果名称。

03 在弹出的“效果”对话框中编辑效果。

6.10.12 复制效果

要复制效果，执行以下操作之一。

- 要有选择地在对象之间复制效果，请使用吸管工具。要控制用吸管工具复制哪些描边、填色和对象设置，请双击该工具，打开“吸管选项”对话框，然后选择或取消选择“描边设置”、“填色设置”和“对象设置”区域中的选项。
- 要在同一对象中将一个级别的效果复制到另一个级别，在按住Alt键时，在“效果”面板上将一个级别的fx图标拖动到另一个级别（如“描边”、“填充”或“文本”）。

提 示

可以通过拖动fx图标，将同一个对象中一个级别的效果移到另一个级别。

6.10.13 删除效果

要删除效果，执行以下操作之一。

- 要清除某对象的全部效果，将混合模式更改为“正常”，以及将“不透明度”设置更改为100%，需要在“效果”面板中单击“清除所有效果并使对象变为不透明”按钮，或者在“效果”面板菜单中执行“清除全部透明度”命令。
- 要清除全部效果但保留混合和不透明度设置，需要选择一个级别并在“效果”面板菜单中执行“清除效果”命令，或者将fx图标从“效果”面板中的“描边”、“填色”或“文本”级别拖动到“从选定的目标中移去效果”按钮上。
- 若要清除效果的多个级别（如“描边”、“填色”或“文本”），需要选择所需级别，然后单击“从选定的目标中移去效果”按钮。
- 要删除某对象的个别效果，需要打开“效果”对话框并取消选择一个透明效果。

6.11 创建与应用对象样式

在前面已经讲解过字符、段落以及目录样式等多种样式，并已经对其功能、特点有所了解。在本节中将要讲解的对象样式也与之前各种样式的原理完全相同，只不过对象样式是用于定义应用于对象的各种属性，如填充色、描边、描边样式、不透明度、对象效果、混合模式等。

执行“窗口”|“样式”|“对象样式”命令，即可弹出“对象样式”面板，如图6-106所示。使用此面板可以创建、重命名和应用对象样式，对于每个新文档，该面板最初将列出一组默认的对象样式。对象样式随文档一同存储，每次打开该文档时，它们都会显示在面板中。

该面板中各参数的含义解释如下。

- 基本图形框架：标记图形框架的默认样式。
- 基本文本框架：标记文本框架的默认样式。
- 基本网格：标记框架网格的默认样式。

以前所述，对象样式与其他样式非常相似，对于已经创建的样式，用户在“对象样式”面板中单击样式名称即可将其应用于选中的对象，因此在本节中不再给予更多的讲解，下面来介绍一下创建对象样式的基本流程。

01 单击“对象样式”面板右上角的面板按钮，在弹出的菜单中执行“新建对象样式”命令，弹出如图6-107所示的对话框。

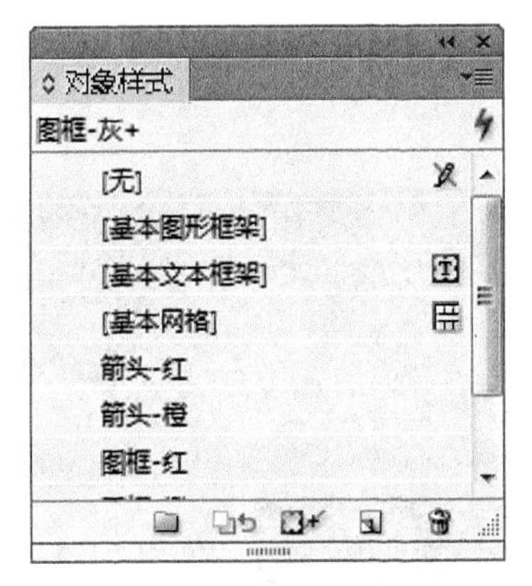

图6-106 “对象样式”面板

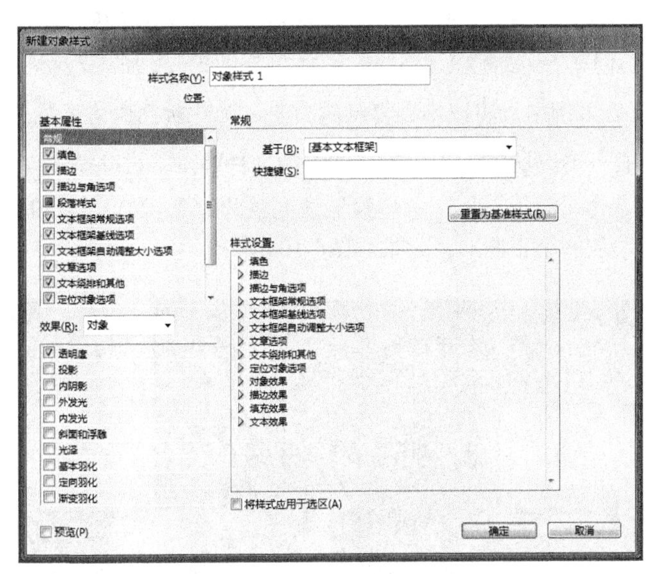

图6-107 “新建对象样式”对话框

提 示

按住 Alt 键单击“对象样式”面板底部的“创建新样式”按钮，也可以调出“新建对象样式”对话框。

02 在“新建对象样式”对话框中，输入样式的名称，比如“图框-灰”。

03 如果要在另一种样式的基础上建立样式，可以在“基于”下拉列表中选择一种样式。

提 示

使用“基于”选项，可以将样式相互链接，以便一种样式中的变化可以反映到基于它的子样式中。更改子样式的设置后，如果决定重来，请单击“重置为基准样式”按钮。此操作将使子样式的格式恢复到它所基于的父样式。

04 如果要添加键盘快捷键，需要按数字小键盘上的Num Lock键，使数字小键盘可用。按Shift、Ctrl、Alt键中的任何一个键，并同时按数字小键盘上的某数字键即可。

05 在对话框左侧的“基本属性”下面，选择包含要定义的选项，并根据需要进行设置。选中每个选项左侧的复选框，以显示在样式中是包括或是忽略此选项。

06 在“效果”下拉列表中选择一个选项，可以为每个选项指定不同的效果。

07 单击“确定”按钮退出对话框。

提 示

在创建样式的过程中，会发现多种样式具有某些相同的特性。这样就不必在每次定义下一个样式时都设置这些特性，可以在一种对象样式的基础上建立另外一种对象样式。在更改基本样式时，父样式中显示的任何共享属性在子样式中也会随之改变。

6.12 拓展练习——为化妆品广告绘制装饰图形

源 文 件:	源文件\第6章\6.12.indd
视频文件:	视频\6.12.avi

在本例中，将以拖动复制的方法，为化妆品广告添加装饰图形，其操作步骤如下。

01 打开随书所附光盘中的文件“源文件\第6章\6.12-素材.indd”，如图6-108所示。

02 选择“椭圆工具”，设置填充色为C63、M15、Y50、K0，描边色为无，按住Shift键拖动以绘制一个正圆形，效果如图6-109所示。

图6-108 打开素材文件

图6-109 绘制正圆形

03 使用“选择工具”按住Shift键向右上方拖动，以复制上一步绘制的正圆形，如图6-110所示。

04 释放鼠标后，得到如图6-111所示的图形效果。

图6-110 复制正圆形

图6-111 操作效果

05 设置上一步复制得到的圆形的填充色为C49、M36、Y93、K0，得到如图6-112所示的效果。

06 按照第3~5步的方法，向右侧复制圆形并重新设置其颜色，得到如图6-113所示的效果。

图6-112　填充图形

图6-113　复制图形

读者可以尝试按照前面讲解的方法，向上面实例中页面的左下角复制多个圆形作为装饰，效果如图6-114所示。

图6-114　操作效果

6.13 本章小结

在本章中，主要讲解了在InDesign中对文本、图形、图像等对象进行编辑处理的知识。通过本章的学习，读者应熟练掌握对对象进行选择、调整位置、调整顺序、复制、变换、编组与解组以及添加效果等操作，同时还应该对锁定与解锁、对齐与分布、对象混合以及创建与应用对象样式等操作有较全面的了解。

6.14 课后习题

1. 单选题

（1）下列关于选择类工具的说法，（　　）是不正确的。

A. 使用“选择工具”无法编辑路径上的锚点和线段

B. 使用“直接选择工具”可以选择群组中的对象

C. 使用“直接选择工具”可以缩放图像，也可以裁切图像

D. 使用“选择工具”并按住Shift键缩放图像，可以改变该图像的大小

（2）假设当前有两个对象X和Y，X位于Y的上方，若要将Y对象移至X的上方，下列操作错误的是（　）。

A. 选择Y对象，按Ctrl+]组合键

B. 选择Y对象，按Ctrl+Shift+]组合键

C. 在Y对象上单击鼠标右键，在弹出的菜单中执行“排列”|“置于顶层”命令

D. 在Y对象上单击鼠标右键，在弹出的菜单中执行“排列”|“上移一层”命令

2. 多选题

（1）下列有关“变换”面板的叙述（　）是不正确的。

A. 通过“变换”面板可以移动、缩放、旋转和倾斜图形

B. “变换”面板最下面的两个数值框的数值分别表示旋转的角度值和缩放的比例

C. 通过“变换”面板移动、缩放、旋转和倾斜图形时，只能以图形的中心点为基准点

D. 在“变换”面板中X和Y后面的数值分别代表图形在页面上的横坐标和纵坐标的数值

（2）InDesign可以为绘制的圆形执行操作（　）。

A. 羽化

B. 投影

C. 设定不同的透明度

D. 选择不同的混合模式

（3）InDesign中描述错误的是（　）。

A. InDesign中渐变和渐变羽化功能是一样的

B. InDesign中渐变是颜色的变化，渐变羽化是产生颜色过渡且逐渐透明的效果

C. InDesign中描边也能直接添加渐变

D. InDesign中的“外发光”样式只能制作白色的发光效果

3. 填空题

（1）若要将选中的对象上移一层，可以按__________键，反之，要将其下移一层，则可以按__________键。若要将选中的对象移至顶层，可以按__________键，反之，要将其移至层，则可以按__________键。

（2）按__________键可以为对象编组。

（3）要使对象可以选中但又无法移动、编辑，可以将其__________。

4. 判断题

（1）InDesign可对文本、图形、图像和群组设置透明属性。（　）

（2）将选中的多个对象编组后，该组对象可以插入为行间图。（　）

（3）对象的混合模式不可以与对象效果同时使用。（　）

（4）使用“控制”面板与“变换”面板都可以按照百分比设置对象的大小。（　）

5. 上机操作题

（1）打开随书所附光盘中的文件“源文件\第6章\上机操作题\6.14-素材1.indd”，如图6-115

所示，在其中绘制一个圆形并进行多重复制，直至得到如图6-116所示的效果。

图6-115　打开素材文件

图6-116　操作效果

（2）打开随书所附光盘中的文件“源文件\第6章\上机操作题\6.14-素材2.indd”，如图6-117所示，为其中的图像增加发光效果，如图6-118所示。

图6-117　打开素材文件

图6-118　操作效果

第7章 创建与格式化表格

表格是对内容进行规范化布局处理时最为常用的一项功能。InDesign中提供了非常丰富的表格功能，以满足各种排版需要。本章就来介绍创建与编辑表格的操作方法。

学习要点

- 掌握创建表格的方法
- 掌握选择表格的方法
- 掌握添加与删除行/列的方法
- 熟悉格式化单元格属性的方法
- 熟悉格式化表格属性的方法
- 熟悉单元格与表格样式的用法

7.1 创建表格

在InDesign中，提供了多种创建表格的方法，如直接在文本框中插入、载入外部表格等，下面就来分别讲解其创建方法。

7.1.1 直接插入表格

在插入表格前，首先要创建一个文本框，用以装载表格，也可以在现有的文本框中插入光标，然后在其中插入表格。

要插入表格，可以在插入光标后，按Ctrl+Alt+Shift+T组合键或执行“表”|“插入表”命令，弹出“插入表”对话框，如图7-1所示。

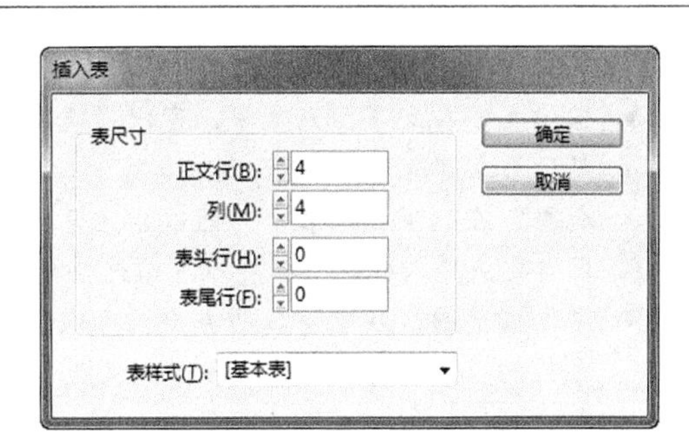

图7-1 “插入表”对话框

在“插入表”对话框中，各参数的含义解释如下。

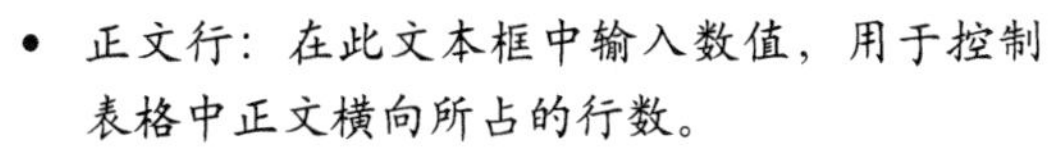

- 正文行：在此文本框中输入数值，用于控制表格中正文横向所占的行数。

- 列：在此文本框中输入数值，用于控制表格中正文纵向所占的列数。
- 表头行：在此文本框中输入数值，用于控制表格栏目所占的行数。
- 表尾行：在此文本框中输入数值，用于控制汇总性栏目所占的行数。

提 示

表格的排版方向基于用来创建该表格的文本框的排版方向。当用于创建表格的文本框的排版方向为直排时，将创建直排表格；当文本框的排版方向改变时，表格的排版方向会相应改变。

在“插入表”对话框中设置好需要的参数后，单击“确定”按钮退出对话框，即可创建一个表格。以图7-2所示的文本框为例，如图7-3所示为创建“正文行”为12、“列”为5的表格。

若是在现有表格中插入光标，再按照上面的方法插入表格，则可以创建嵌套表格，即创建表格中的表格，如图7-4所示是插入一个5×5的嵌套表格后的效果。

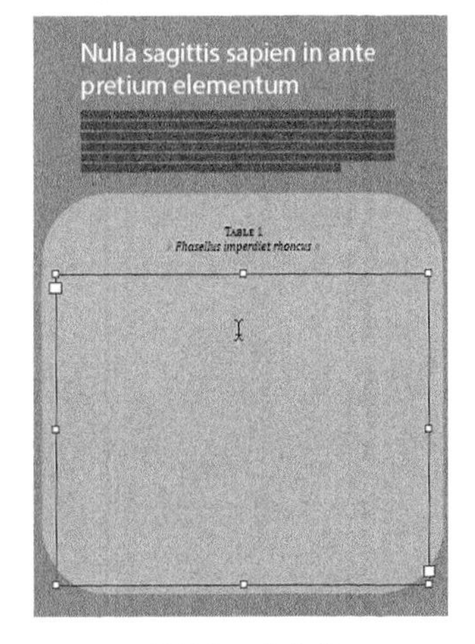

图7-2 文本框

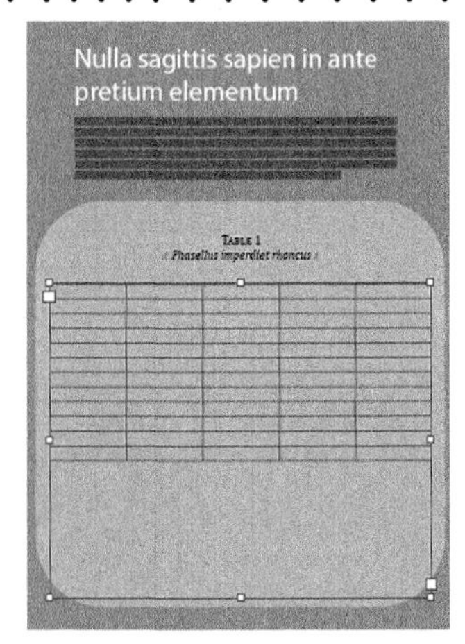

图7-3 创建的表格

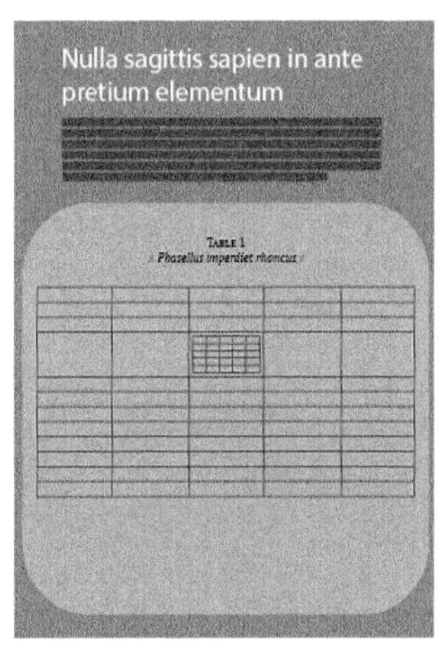

图7-4 插入嵌套表格

7.1.2 导入Excel表格

要导入在Excel中的表格，可以在执行“文件”|“置入”命令后，选择要导入的文件，若选中了“显示导入选项”复选框，将弹出类似图7-5所示的“Microsoft Excel导入选项”对话框。

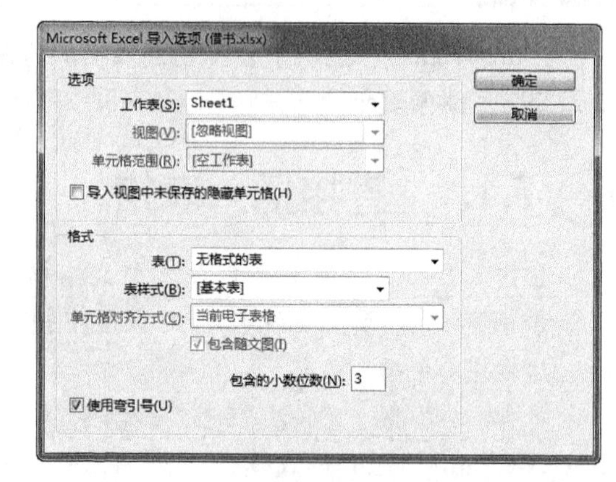

图7-5 “Microsoft Excel 导入选项”对话框

“Microsoft Excel 导入选项”对话框中各参数的解释如下。

- 工作表：在此下拉列表中，可以指定要置入的工作表名称。
- 视图：在此下拉列表中，可以指定置入存储的自定或个人视图，也可以忽略这些视图。
- 单元格范围：在此下拉列表中，可以指定单元格的范围，使用冒号(:)来指定范围（如A1:F10）。
- 导入视图中未保存的隐藏单元格：选中此复选框，可以置入Excel文档中未存储的隐藏单元格。
- 表：在此下拉列表中，可以指定电子表格信息在文档中显示的方式。选择“有格式的表”选项，InDesign将尝试保留Excel中用到的相同格式；选择“无格式的表”选项，则置入的表格不会从电子表格中带有任何格式；选择“无格式制表符分隔文本”选项，则置入的表格不会从电子表格中带有任何格式，并以制表符分隔文本；选择“仅设置一次格式”选项，InDesign保留初次置入时Excel中使用的相同格式。
- 表样式：在此下拉列表中，可以将指定的表样式应用于置入的文档。只有在选中“无格式的表”时，该选项才被激活。
- 单元格对齐方式：在此下拉列表中，可以指定置入文档的单元格对齐方式。只有在“表”中选择“有格式的表”选项后，此选项才被激活。当“单元格对齐方式”被激活后，“包含随文图”复选框才被激活，用于置入时保留Excel文档的随文图。
- 包含的小数位数：在文本框中输入数值，可以指定电子表格中数字的小数位数。
- 使用弯引号：选中此复选框，可以使置入的文本中包含左右引号(“ ”)和单引号（’），而不包含英文的引号（""）和单引号（'）。

设置好所有的参数后，单击“确定”按钮退出，然后在页面中合适的位置单击，即可将Excel文档置入到InDesign中，如图7-6所示。

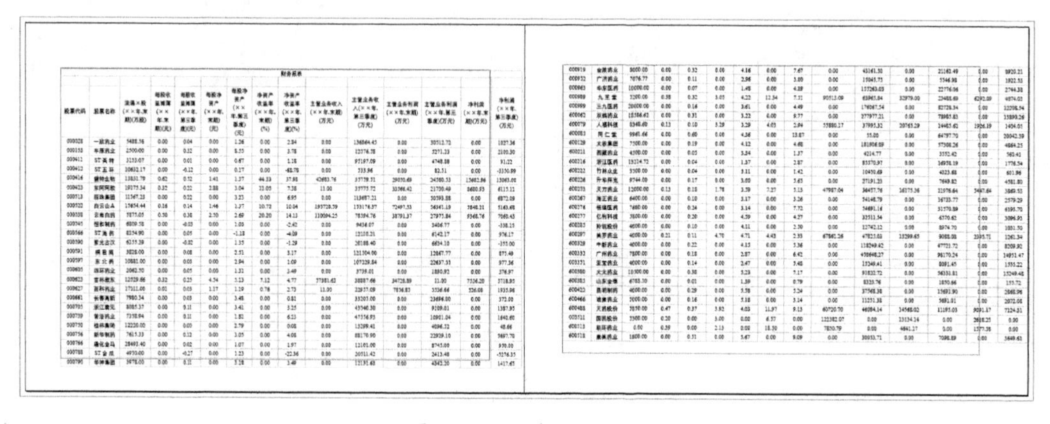

图7-6 置入的Excel文档

按照上述方法，也可以导入Word中的表格，读者可以尝试操作。

7.1.3 将表格转换为文本

将表格转换为文本的操作相对于将文本转换为表格的操作要简单许多，具体的操作方法如下。

01 使用“文字工具”T在表格中单击以插入文字光标。

02 执行“表”|“将表转换为文本”命令，弹出“将表转换为文本”对话框，如图7-7所示。

03 在对话框中的“列分隔符”和“行分隔符”下拉列表中选择或输入所需要的分隔符，单击“确定”按钮退出对话框，即可将表格转换为文本。

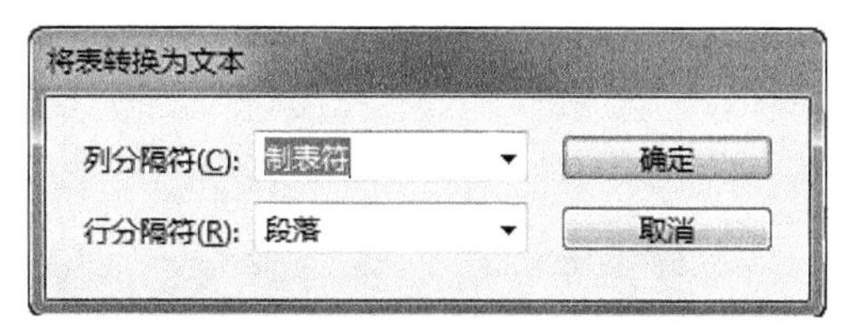

图7-7 “将表转换为文本”对话框

7.1.4 将文本转换为表格

相对于将表格转换为文本，将文本转换为表格的操作略为复杂一些。在转换前，需要仔细为文本设置分隔符，例如按Tab键、逗号或段落回车键等，以便于让InDesign能够识别并正确将文本转换为表格。

实例：将数据文本转换为表格

源 文 件:	源文件\第7章\7.1.indd
视频文件:	视频\7.1-4.avi

下面将以将数据文本转换为表格为例，讲解将文本转换为表格的方法。

01 打开随书所附光盘中的文件“源文件\第7章\7.1-素材.indd”，如图7-8所示，其中的文本已经使用“,”做好了分隔。

02 准备要转换的文本，插入制表符、逗号、段落回车符或其他字符以分隔列，插入制表符、逗号、段落回车符或其他字符以分隔行。

03 使用“文字工具”T，选择要转换为表的全部文本，如图7-9所示。

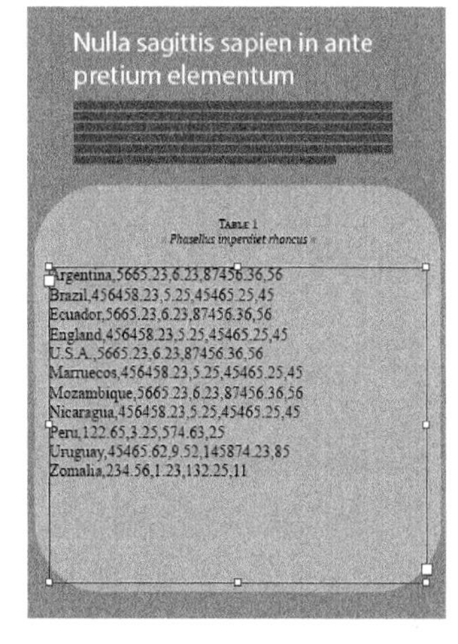

图7-8 打开素材文件

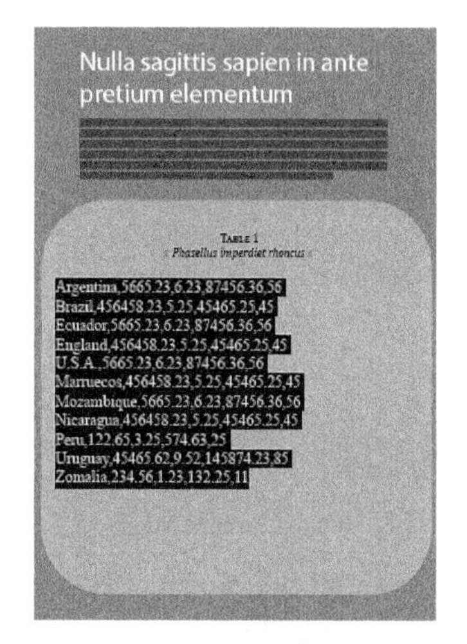

图7-9 选中文本

04 执行“表”|“将文本转换为表”命令，弹出“将文本转换为表”对话框，如图7-10所示。

05 在“列分隔符”和“行分隔符”下拉列表中，选择或者输入与编辑的文本中一致的定位标记，单击“确定”按钮退出对话框，所选中的文本就会被转换为表格，如图7-11所示。

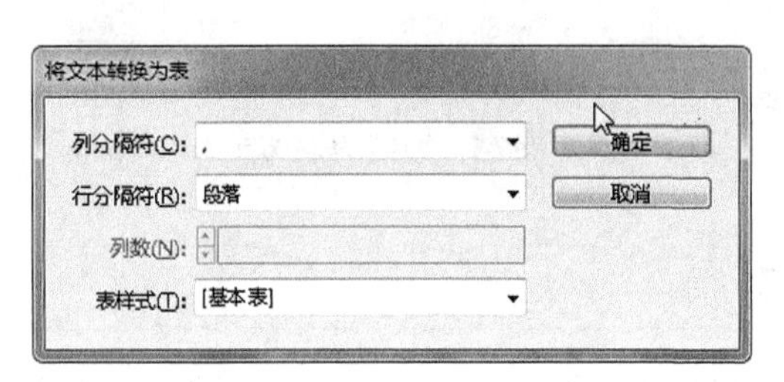

图7-10 “将文本转换为表”对话框

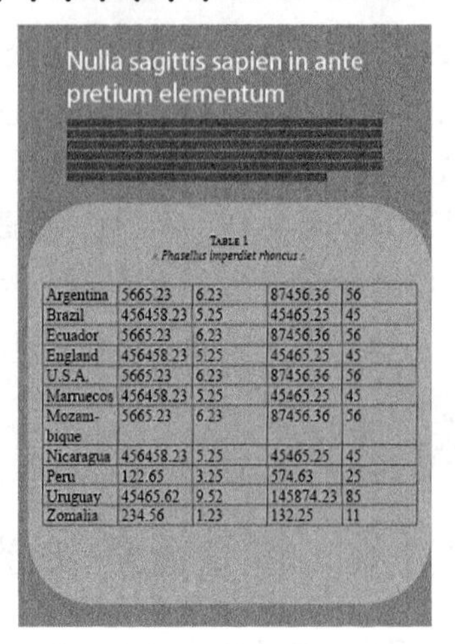

图7-11 将文本转换为表格

提 示

如果为列和行指定了相同的分隔符，还需要指出让表格包括的列数。如果任何行所含的项目少于表中的列数，则多出的部分由空单元格来填补。

7.2 选择表格

要对表格或表格中的单元格执行操作，通常需要先将其选中，下面就来讲解选择表格的方法。

- 选择整个表格：将光标置于要选择的表格中，按Ctrl+Alt+A组合键，或将光标置于表格的左上角，光标变为如图7-12所示的状态，单击即可选中整个表格，如图7-13所示。

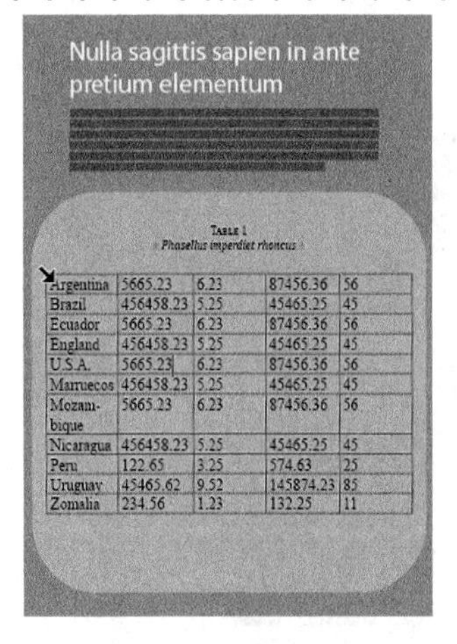

图7-12 光标转换状态

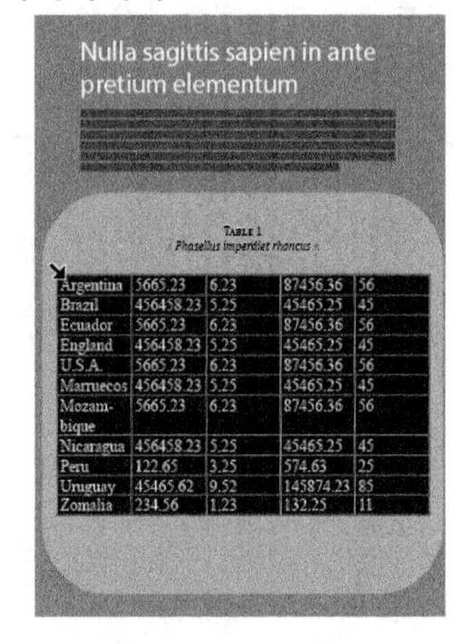

图7-13 选中表格

- 选择行：将光标置于要选择的行中，按Ctrl+3组合键，或将光标置于要选择的行的左侧，光标变为如图7-14所示的状态，单击即可选中该行，如图7-15所示。

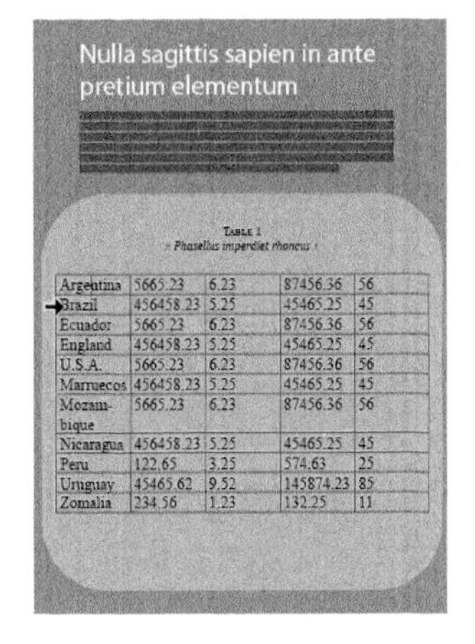

图7-14　光标转换状态

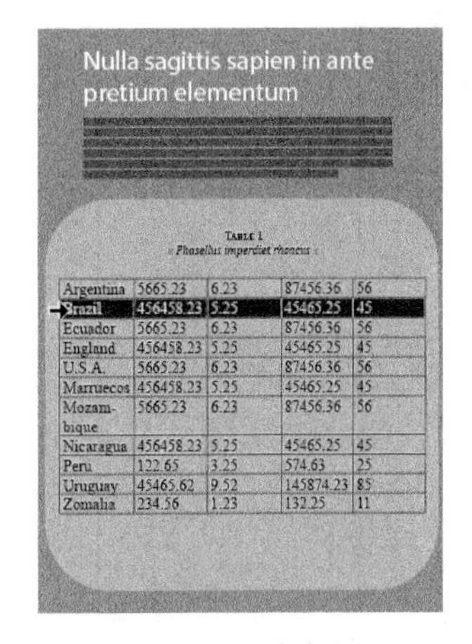

图7-15　选中行

- 选择列：将光标置于要选择的列中，按Ctrl+Alt+3组合键，或将光标置于要选择的列的顶部，光标变为如图7-16所示的状态，单击即可选中该列，如图7-17所示。

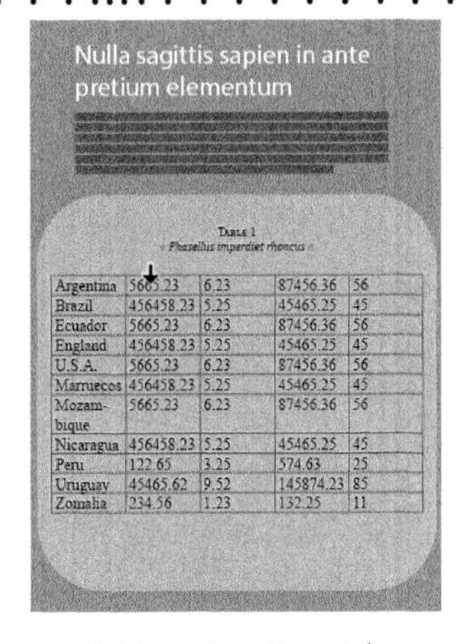

图7-16　光标转换状态

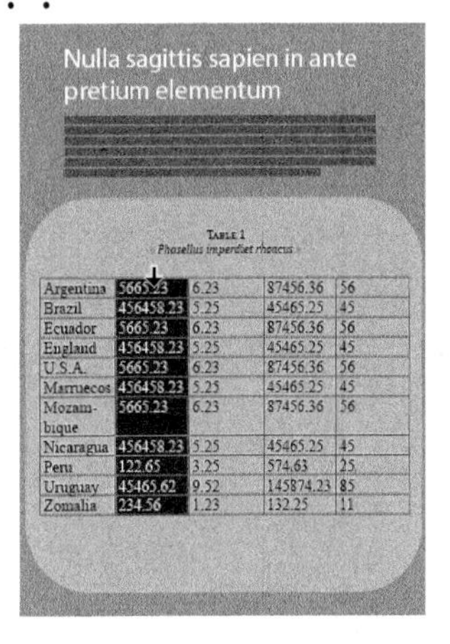

图7-17　选中列

- 选择单个单元格：将光标置于要选择的单元格内，按Ctrl+/组合键，或将光标置于单元格的末尾，如图7-18所示，然后向右侧拖动，即可将其选中，如图7-19所示。若是将其拖动至其他单元格上，即可选中多个单元格，如图7-20所示。

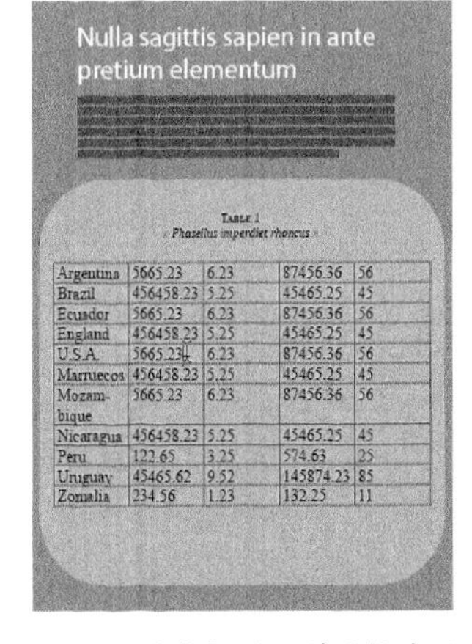

图7-18　将光标置于单元格末尾

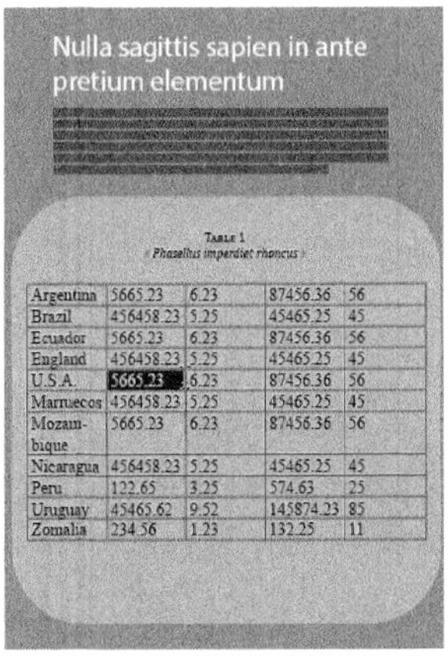

图7-19　选中单元格

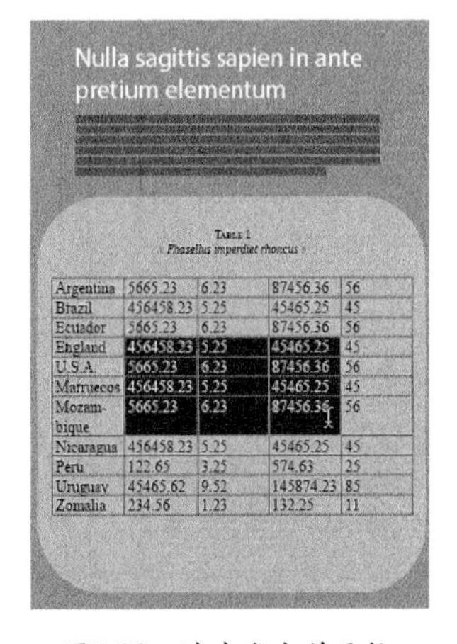

图7-20　选中多个单元格

7.3 添加与删除行/列

根据排版的需要，有时候需要对表格进行添加或删除行与列的操作，在本节中就来讲解与之相关的操作方法。

7.3.1 添加行/列

要添加行/列，可以将光标插入在要插入的位置，然后执行“表”|“插入”|“行”、“列”命令，或选中插入位置的行或列，然后单击鼠标右键，在弹出的菜单执行“插入”|“行”、“列”命令，弹出“插入行”或“插入列”对话框，如图7-21和图7-22所示，在对话框中指定所需的行数或列数以及插入的位置，单击“确定”按钮退出对话框。

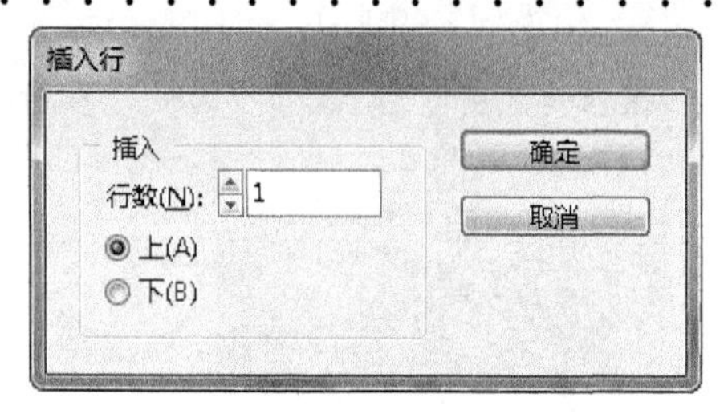

图7-21 “插入行”对话框

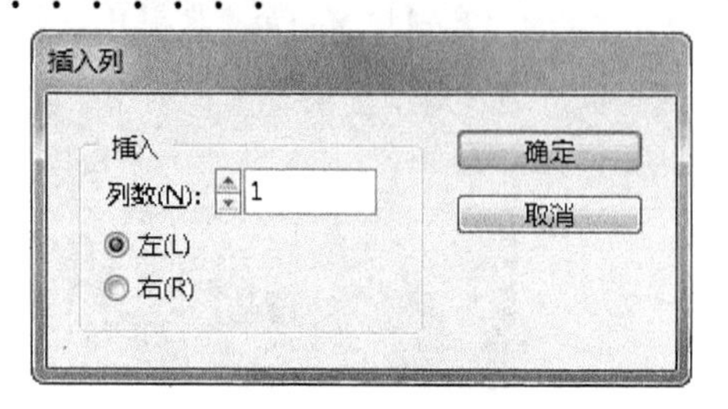

图7-22 “插入列”对话框

在上面的对话框中，用户可以设置要插入的行/列，以及插入的位置（上下或左右）。

以图7-23中所示的光标位置为例，如图7-24所示为按照上面所讲解的方法在光标前面添加一行后的效果。

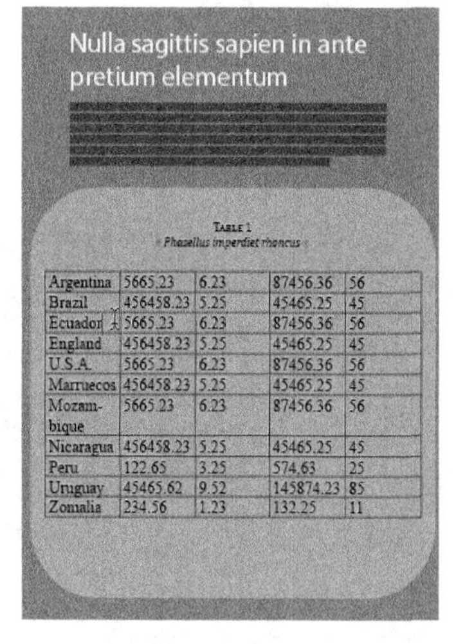

Argentina	5665.23	6.23	87456.36	56
Brazil	456458.23	5.25	45465.25	45
Ecuador	5665.23	6.23	87456.36	56
England	456458.23	5.25	45465.25	45
U.S.A.	5665.23	6.23	87456.36	56
Marruecos	456458.23	5.25	45465.25	45
Mozam-bique	5665.23	6.23	87456.36	56
Nicaragua	456458.23	5.25	45465.25	45
Peru	122.65	3.25	574.63	25
Uruguay	45465.62	9.52	145874.23	85
Zomalia	234.56	1.23	132.25	11

图7-23 光标位置

图7-24 在光标前面添加一行后的效果

另外，将插入点放置在希望新行出现的位置的上一行下侧边框上，当光标变为↕时，按Alt键向下拖动鼠标到合适的位置（拖动一行的距离，即添加一行，以此类推），释放鼠标即可插入行；将插入点放置在希望新列出现的位置的前一列右侧边框上，当光标变为↔时，按Alt键向右拖动鼠标到合适的位置（拖动一列的距离，即添加一列，以此类推），释放鼠标即可插入列。

7.3.2 删除行/列

要删除行/列，可以将光标插入在要插入的位置，然后执行以下操作之一。

- 执行“表”|“删除”|“行”或“列”命令，或选中删除位置的行或列，然后单击鼠标右键，在弹出的菜单执行“删除”|“行”、“列”命令即可。若执行其中的“表”命令，则可以删除整个表格。
- 按Ctrl+Backspace组合键，可以快速将选择的行删除；按Shift+Backspace组合键，可以快速将选择的列删除。
- 要应用拖动法删除行或列，可以将光标放置在表格的底部或右侧的边框上，当出现一个双箭头图标（↕或↔）时，按Alt键向上拖动以删除行，或向左拖动以删除列。

7.4 格式化单元格属性

选择“表”|“单元格选项”子菜单中的命令，在弹出的对话框中，可以为单元格设置单元格文本、描边、填充等属性，如图7-25所示是选择“文本”选项卡时的对话框状态。

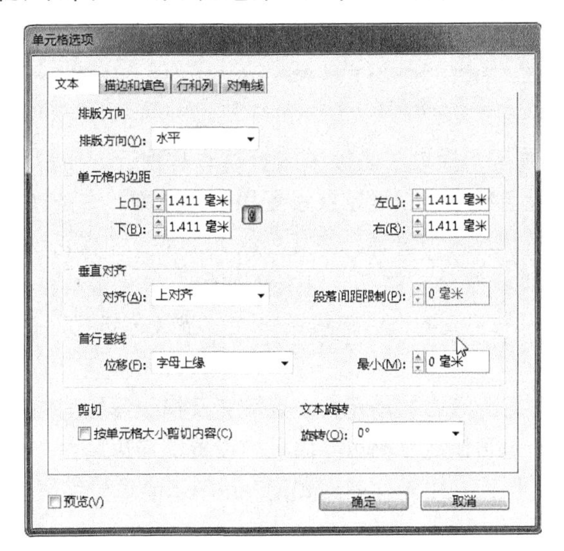

图7-25 “单元格选项”对话框

7.4.1 文本

选择“文本”选项卡时，可以设置文本在单元格中的属性。

- 排版方向：在此下拉列表中可以选择文本为水平或垂直方向。
- 单元格内边距：在此区域中输入数值，可以设置文字离单元格边缘的距离。为保持版面的美观，不至于显得拥挤，通常会设置1~2mm的数值。
- 垂直对齐：在此区域中，可以设置单元格中文本的垂直对齐方式，较常用的是“居中对齐”方式。
- 按单元格大小剪切内容：选中此选项后，将保持单元格大小不变。当内容超出单元格的显示范围时，会在其右下角显示一个红点。
- 旋转：在此设置数值，可以控制单元格中文本的角度。

7.4.2 描边和填色

在“单元格选项”对话框中，选择“描边和填色”选项卡后，将显示为如图7-26所示的状态。

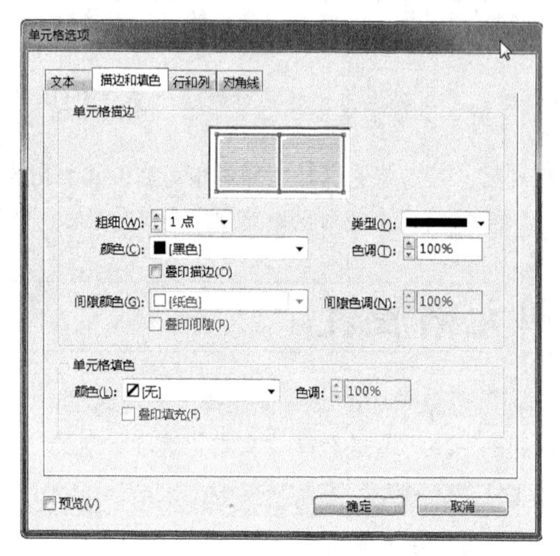

图7-26 “单元格选项”对话框

在此对话框中，其参数与“描边”面板中的参数非常相近，用户可以在顶部的“单元格描边”区域中，单击其中的蓝色线条，以确定要设置描边的范围。它是以“田”字显示，其四周代表外部边框，内部“十”字代表内部边框。在蓝色线条上单击，蓝色线将变为灰色，表示取消选择的线条，这样在修改描边参数时，就不会对灰色的线条造成影响；双击任意四周或内部的边框，可以选择整个四周矩形线条或整个内部线条；在“描边选择区”任意位置单击鼠标3次，将选择或取消所有线条。

确定描边的范围后，即可为选中的单元格设置填充及描边属性，如图7-27所示。

在选中单元格后，用户也可以在“描边”面板中设置其描边属性，如图7-28所示。

读者可以尝试在“描边”面板中制作得到如图7-29所示的单元格线条效果。

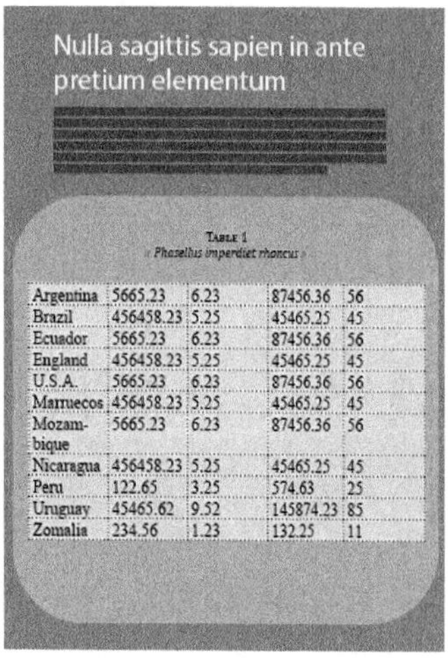

图7-27 确定描边范围

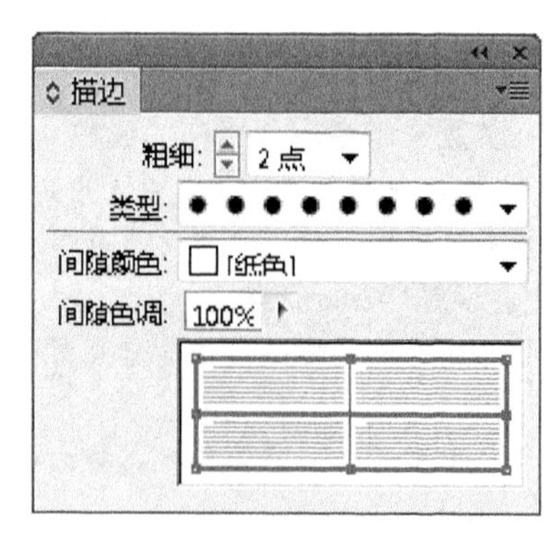

图7-28 设置描边属性

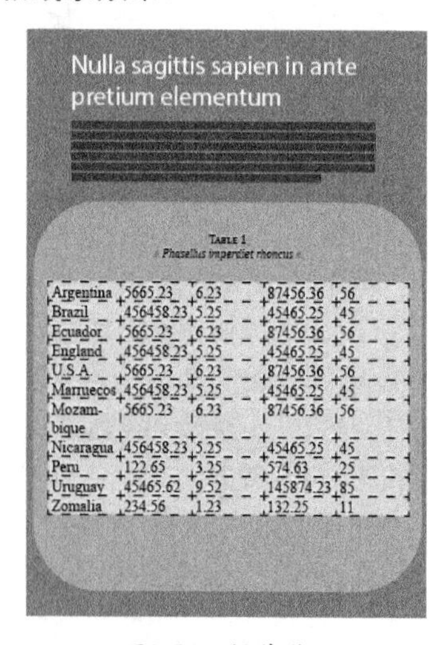

图7-29 操作效果

7.4.3 行和列

在“单元格选项”对话框中，选择“行和列”选项卡后，将显示为如图7-30所示的状态。

在此对话框中，可以指定单元格的行高以及列宽数值。其中在“行高”下拉列表中，若选择“最少”选项，在后面的文本框中输入数值，可以定义单元格的最小高度，若超出此高度时，会自动拓展；若是选择“精确”选项，并在后面的文本框中输入数值，则文本超出单元格能容纳的范围时，不会自动扩展，而是在单元格的右下角显示一个红点。

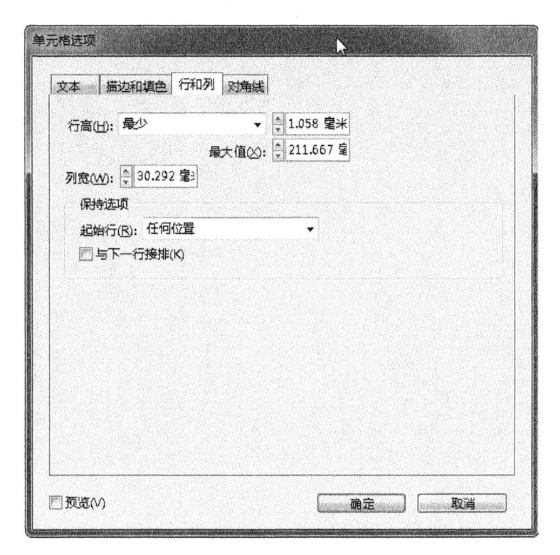

图7-30 “单元格选项”对话框

7.5 格式化表格属性

格式化单元格是针对表格的一部分进行格式化处理，若要对整个表格进行格式化处理，则需要设置表格属性。

执行“表”|“表选项”子菜单中的命令，在弹出的对话框中，可以为单元格设置单元格文本、描边、填充等属性，如图7-31所示是选择“表设置”选项卡时的对话框状态。

另外，执行“窗口”|“文字和表”|“表”命令，调出“表”面板，如图7-32所示，也可以对表格的部分属性进行设置。在下面的讲解中，将以“表选项”对话框为例进行讲解。

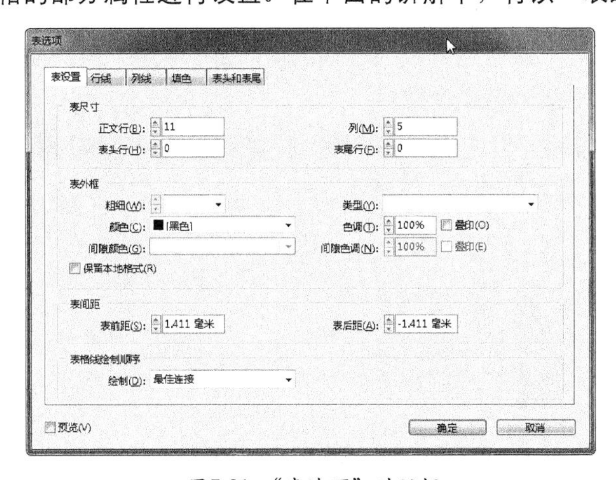

图7-31 “表选项”对话框

图7-32 “表”面板

7.5.1 表设置

在“表选项”对话框中选择“表设置”选项卡，可以设置表格的基本属性。

在“表尺寸”区域中，可以设置正文行、表头行、列以及表尾行的数量；在“表外框”区域中，可以设置表格外框的线条属性，如图7-33所示是为表外框设置不同属性后的效果。

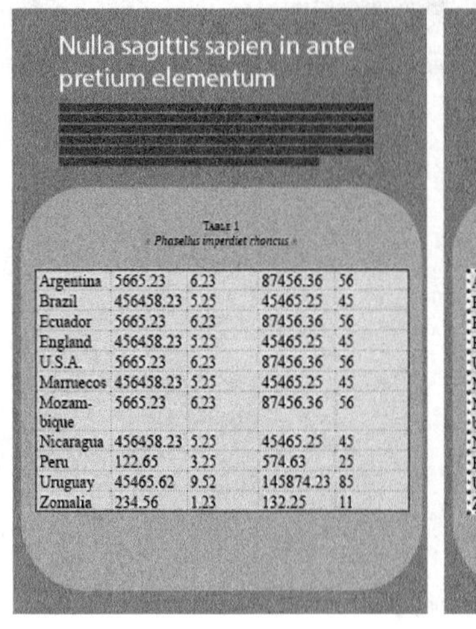

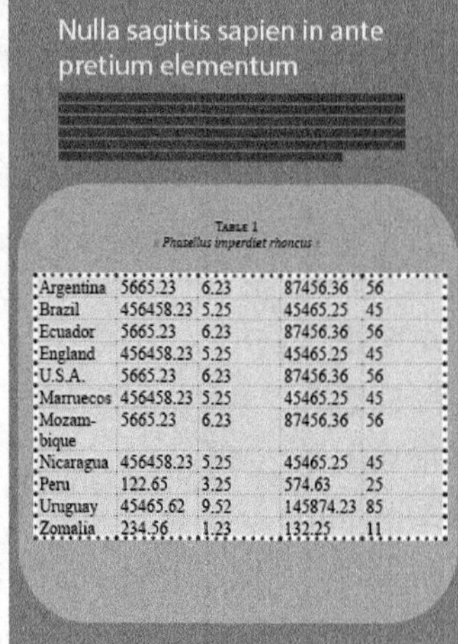

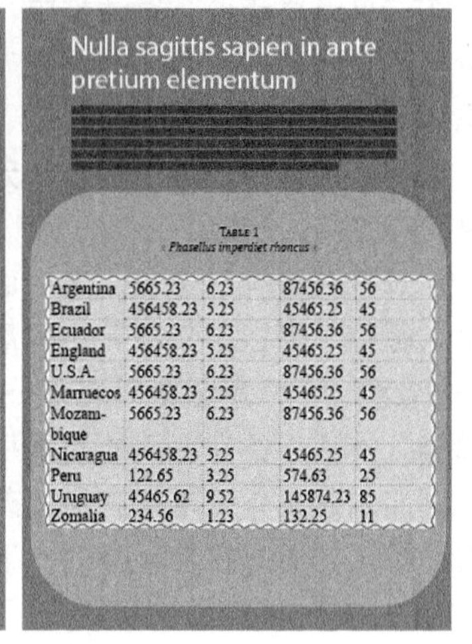

图7-33　为表外框设置不同属性

在“表格线绘制顺序”区域中“绘制”下拉列表中各选项的含义解释如下。

- 最佳连接：选择此选项，则在不同颜色的描边交叉点处，行线将显示在上面。此外，当描边（如双线）交叉时，描边会连接在一起，并且交叉点也会连接在一起。
- 行线在上：选择此选项，行线会显示在上面。
- 列线在上：选择此选项，列线会显示在上面。
- InDesign 2.0 兼容性：选择此选项，行线会显示在上面。此外，当多条描边（如双线）交叉时，它们会连接在一起，而仅在多条描边呈T形交叉时，多个交叉点才会连接在一起。

7.5.2　设置行线与列线

在“表选项”对话框中，选择“行线”、“列线”选项卡中的选项，如图7-34所示，可以设置表格中行与列的线条属性，还可以为其设置交替描边效果。

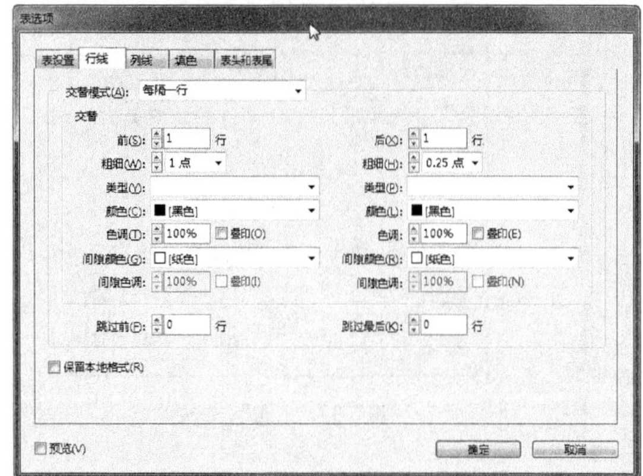

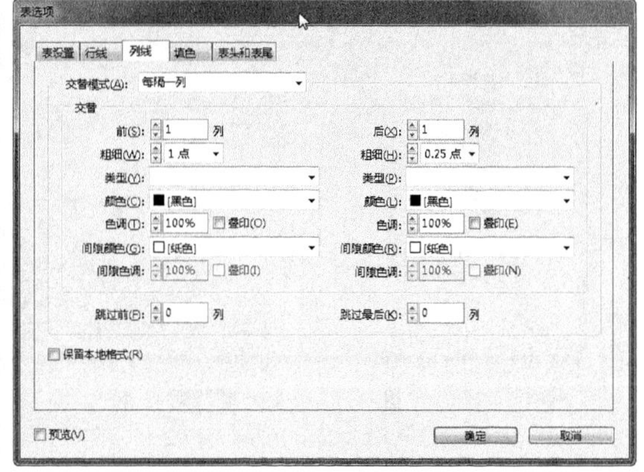

图7-34　“表选项”对话框

由于设置行线与列线的参数基本相同，只是在名称上略有不同，因此下面将以设置“行线”为例进行讲解。

- 前：在此文本框中输入数值，用于设置交替的前几行。例如，当数值为2时，表示从前面隔两行设置属性。
- 后：在此文本框中输入数值，用于设置交替的后几行。例如，当数值为2时，表示从后面隔两行设置属性。
- 跳过前：在此文本框中输入数值，用于设置表的开始位置，在前几行不显示描边属性。
- 跳过最后：在此文本框中输入数值，用于设置表的结束位置，在后几行不显示描边属性。

图7-35所示是设置不同交替行线属性时的效果。

读者可以尝试制作得到如图7-36所示的表格线条效果。

Nulla sagittis sapien in ante
pretium elementum

TABLE 1
Phasellus imperdiet rhoncus

Argentina	5665.23	6.23	87456.36	56
Brazil	456458.23	5.25	45465.25	45
Ecuador	5665.23	6.23	87456.36	56
England	456458.23	5.25	45465.25	45
U.S.A.	5665.23	6.23	87456.36	56
Marruecos	456458.23	5.25	45465.25	45
Mozam-bique	5665.23	6.23	87456.36	56
Nicaragua	456458.23	5.25	45465.25	45
Peru	122.65	3.25	574.63	25
Uruguay	45465.62	9.52	145874.23	85
Zomalia	234.56	1.23	132.25	11

Nulla sagittis sapien in ante
pretium elementum

TABLE 1
Phasellus imperdiet rhoncus

Argentina	5665.23	6.23	87456.36	56
Brazil	456458.23	5.25	45465.25	45
Ecuador	5665.23	6.23	87456.36	56
England	456458.23	5.25	45465.25	45
U.S.A.	5665.23	6.23	87456.36	56
Marruecos	456458.23	5.25	45465.25	45
Mozam-bique	5665.23	6.23	87456.36	56
Nicaragua	456458.23	5.25	45465.25	45
Peru	122.65	3.25	574.63	25
Uruguay	45465.62	9.52	145874.23	85
Zomalia	234.56	1.23	132.25	11

图7-35 设置交替描边后的效果

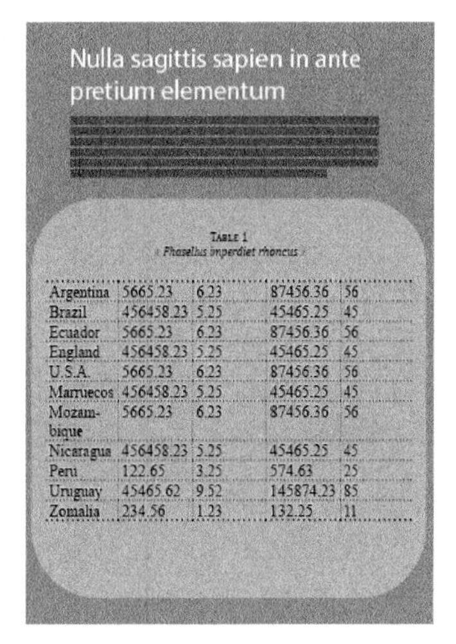

图7-36 操作效果

7.5.3 交替表格颜色

与交替表格描边的设置相似，用户可以为表格的填充色也设置交替效果，其操作流程如下。

01 在工具箱中选择“文字工具” T，将光标插入单元格中，然后执行“表”|“表选项”|“交替填色”命令，弹出“表选项”对话框，如图7-37所示。

02 在对话框中的“交替模式”下拉列表中选择要使用的模式类型。如果要指定一种模式（如一个带有灰色阴影的行后面跟有三个带有黄色阴影的行），则需要选择“自定行”或“自定列”选项。

03 在“交替”区域中，为第一种模式和后续模式指定填色选项。例如，如果为“交替模式”选择了“每隔一行”选项，则可以让第一行填充颜色，第二行为空白，依此交替下去。

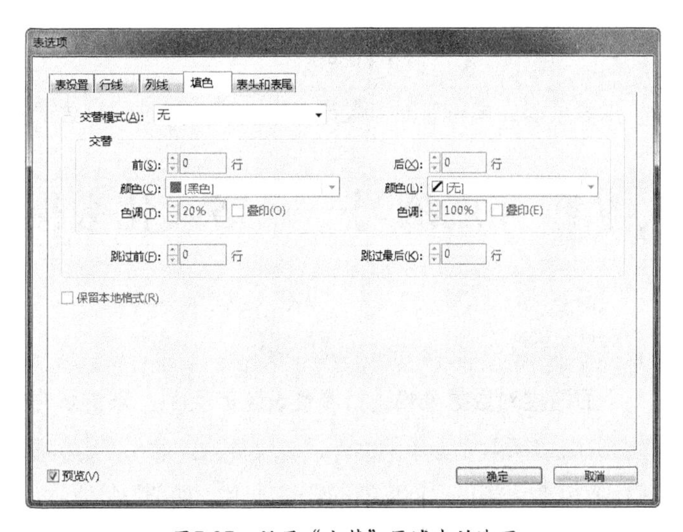

图7-37 设置“交替”区域中的选项

7.6 单元格与表格样式

与字符样式、段落样式及对象样式一样，单元格样式与表格样式就是分别应用于单元格以及表格的属性合集。略有不同的是，在表格样式中，可以引用单元格样式，从而使表格样式对表格属性的控制更为多样化，其工作原理类似于在段落样式中嵌套字符样式。

下面将以创建表格样式为例，讲解其操作方法。

01 执行“窗口”|“样式”|“表样式”命令，弹出“表样式”面板，如图7-38所示。

02 单击面板右上角的面板按钮，在弹出的菜单中选择“新建表样式”命令，弹出如图7-39所示的对话框。

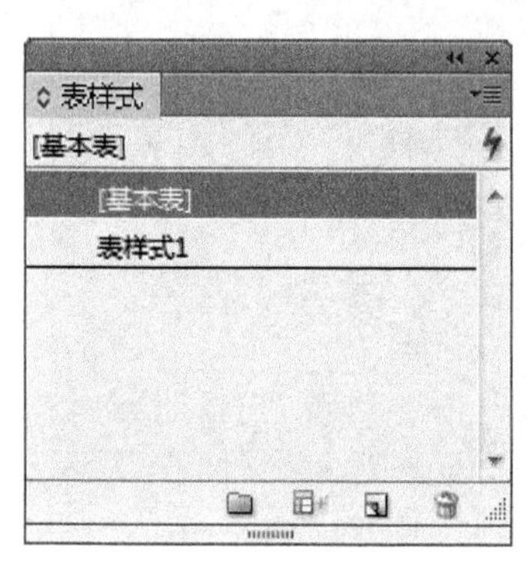

图7-38 “表样式”面板

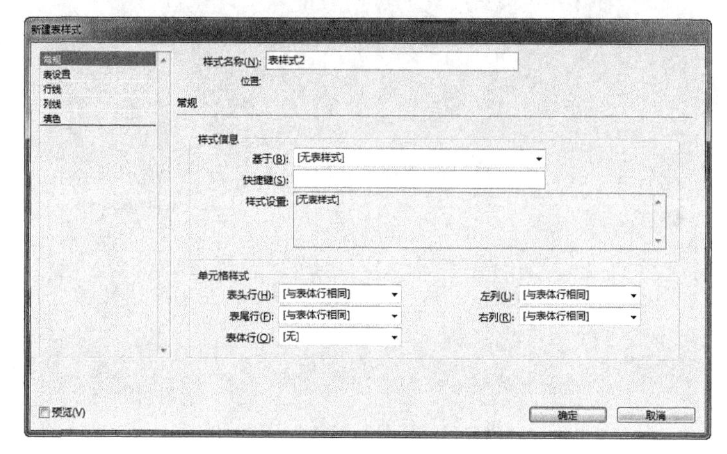

图7-39 “新建表样式”对话框

03 在“样式名称”中输入一个表格样式名称。

04 在“基于”下拉列表中选择当前样式所基于的样式。

05 如果要添加键盘快捷键，需要按数字小键盘上的Num Lock键，使数字小键盘可用。按Shift、Ctrl、Alt键中的任何一个键，并同时按数字小键盘上的某数字键即可。

06 单击对话框左侧的某个选项，指定需要的属性。

07 单击“确定”按钮退出对话框。

读者可以尝试将前面为数据表格设置的属性保存为表格样式。

7.7 拓展练习——格式化数据表格

源 文 件:	源文件\第7章\7.7.indd
视频文件:	视频\7.7.avi

下面通过对数据表格进行属性设置的实例，来讲解格式化表格的方法。

01 打开随书所附光盘中的文件“源文件\第7章\7.7-素材.indd”，如图7-40所示。

02 将光标置于第1、2列中间的表格线上，如图7-41所示。

03 向右拖动表格线，以增加最左侧列的宽度，从而将文字完全显示在一行上，如图7-42所示。

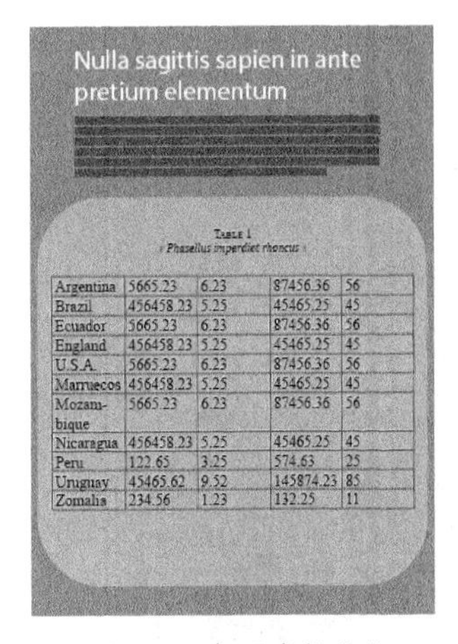

图7-40　打开素材文件

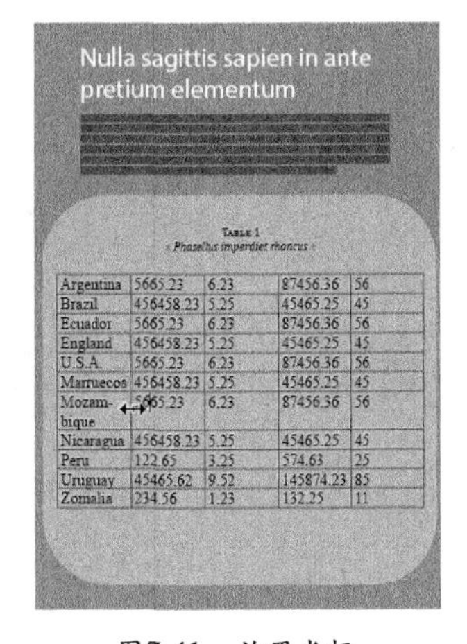

图7-41　放置光标

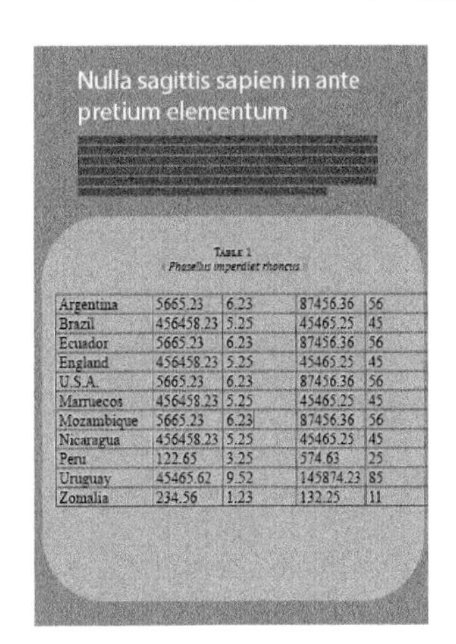

图7-42　拖动表格线

04 按照第2~3步的方法，缩小第3和5列的宽度，得到如图7-43所示的效果。

05 将光标置于表格内，按Ctrl+Alt+A组合键选中整个表格，如图7-44所示。

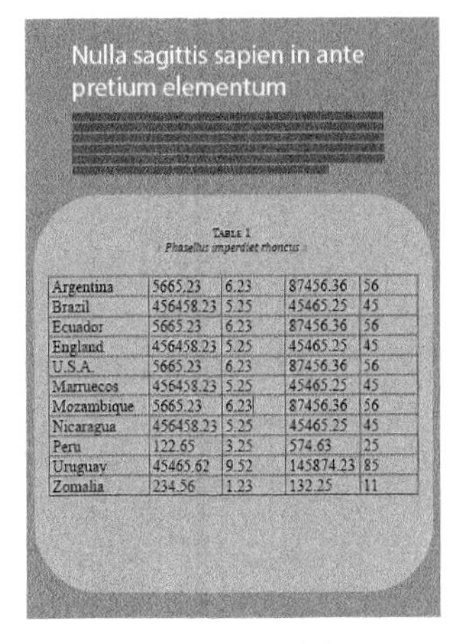

图7-43　缩小列宽

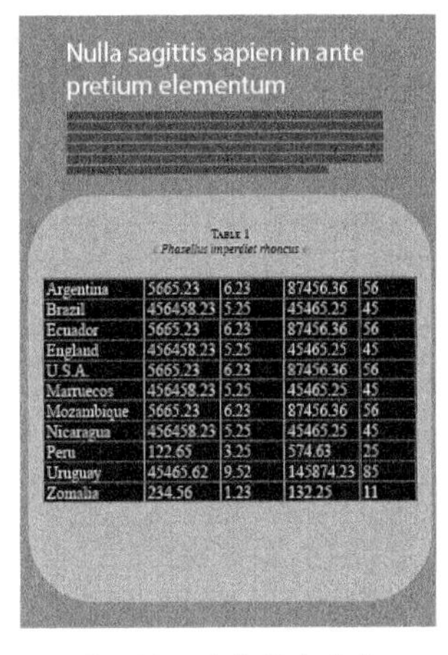

图7-44　选中整个表格

06 在表格上单击鼠标右键，在弹出的菜单中选择“单元格选项”命令，在弹出的对话框中选择“行和列”选项卡并设置其参数，如图7-45所示，得到如图7-46所示的效果。

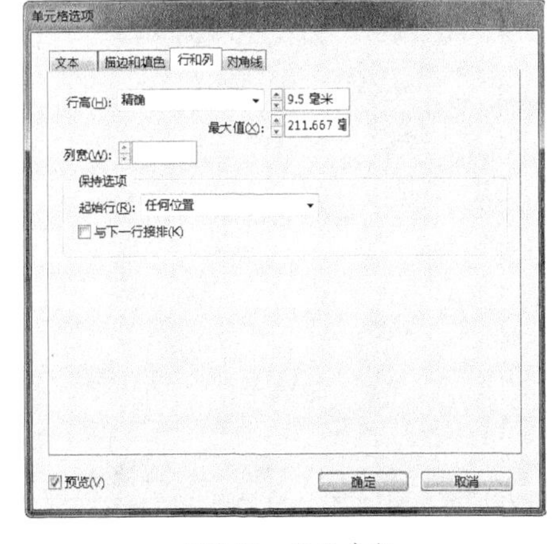

图7-45　设置参数

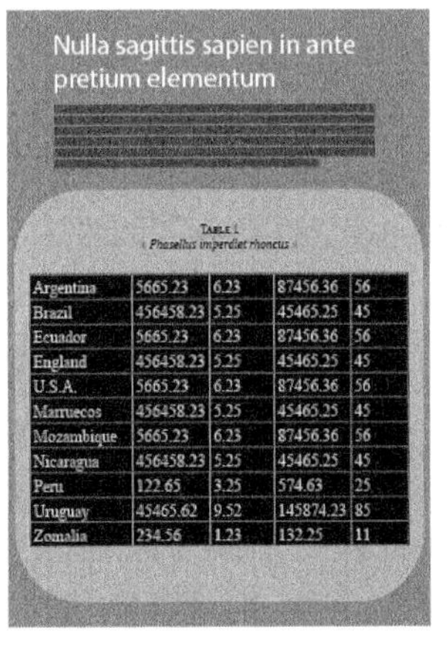

图7-46　操作结果

07 保持在“单元格选项”对话框中，选择“文本”选项卡并设置其参数，如图7-47所示，得到如图7-48所示的效果。

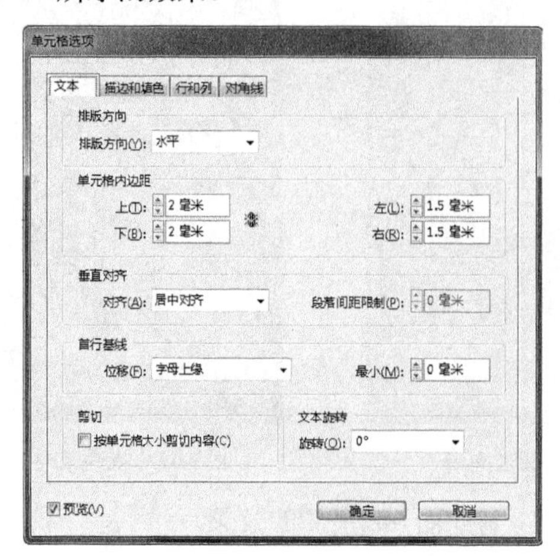

图7-47 “文本”选项卡

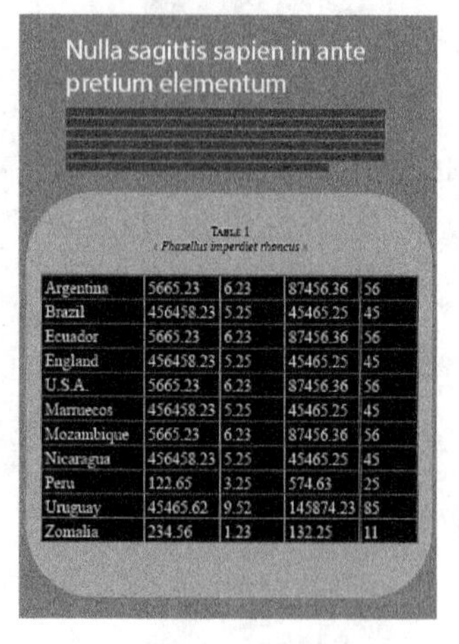

图7-48 操作结果

08 保持在“单元格选项”对话框中，选择“描边和填色”选项卡并设置其参数，如图7-49所示，得到如图7-50所示的效果，单击“确定”按钮退出对话框。

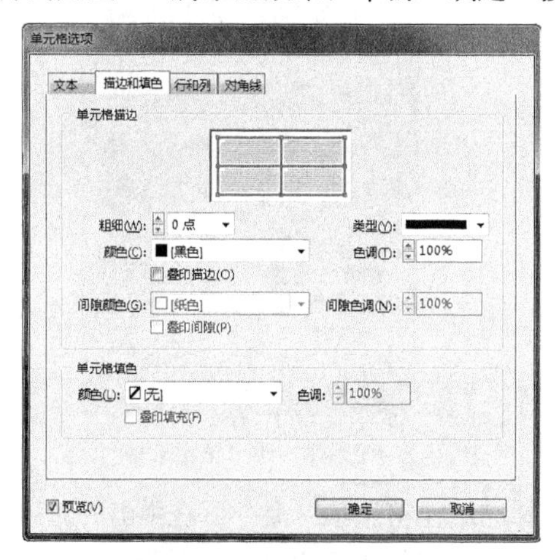

图7-49 “描边和填色”选项卡

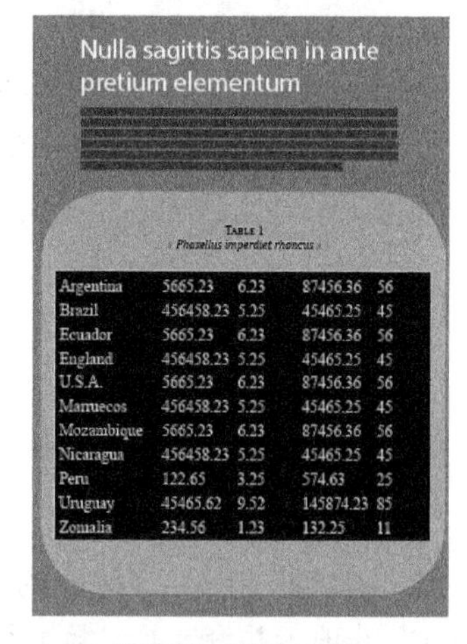

图7-50 操作结果

09 保持表格的选中状态，单击鼠标右键，在弹出的菜单中执行“表选项”命令，在弹出的对话框中选择“填色”选项卡并设置其参数，如图7-51所示，得到如图7-52所示的效果。

10 保持在“表选项”对话框中，选择“行线”选项卡并设置其参数，如图7-53所示，得到如图7-54所示的效果。设置完成后，单击“确定”按钮退出对话框。

11 保持表格的选中状态，然后在“段

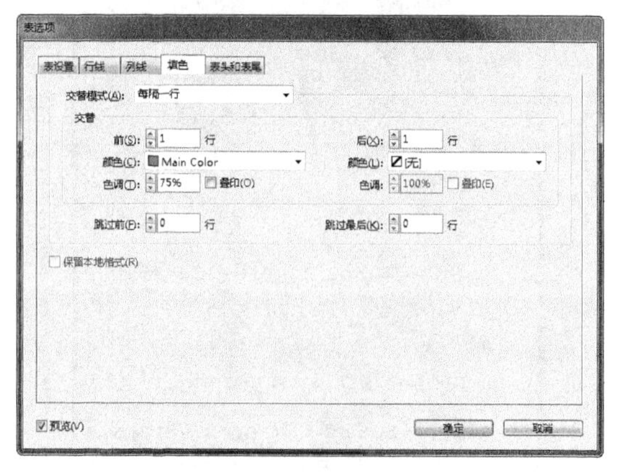

图7-51 “填色”选项卡

落”面板中将文本设置为居中对齐方式，得到如图7-55所示的最终效果。

读者可以尝试按照上面实例中的方法，试制作得到如图7-56所示的表格效果。

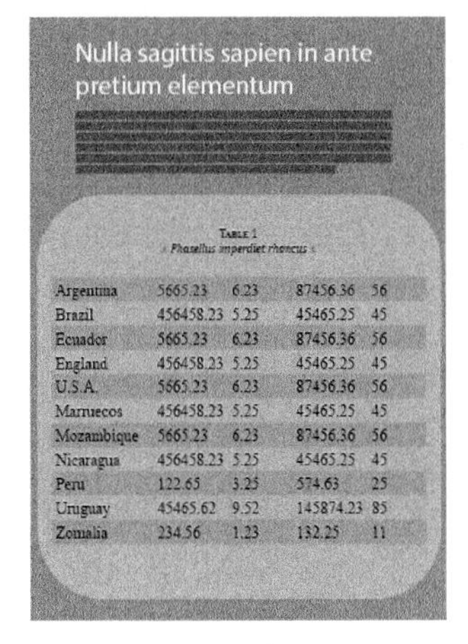

图7-52　操作结果

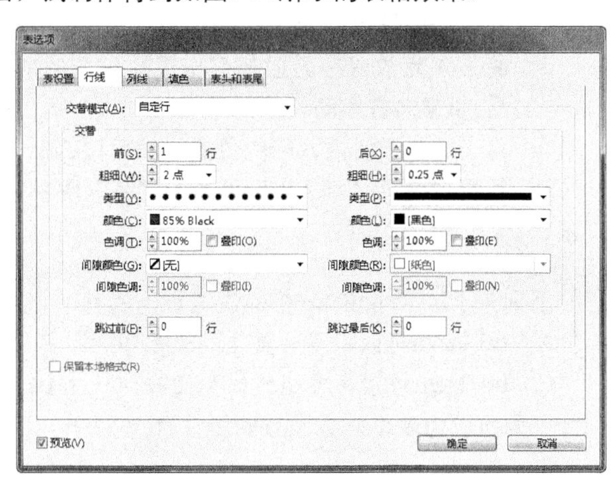

图7-53　“行线”选项卡

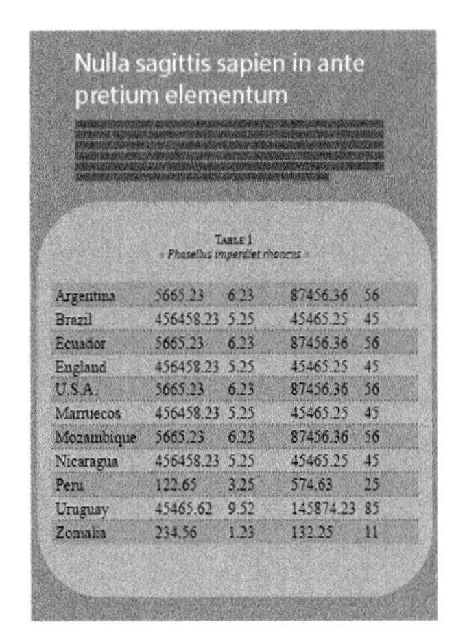

图7-54　操作结果

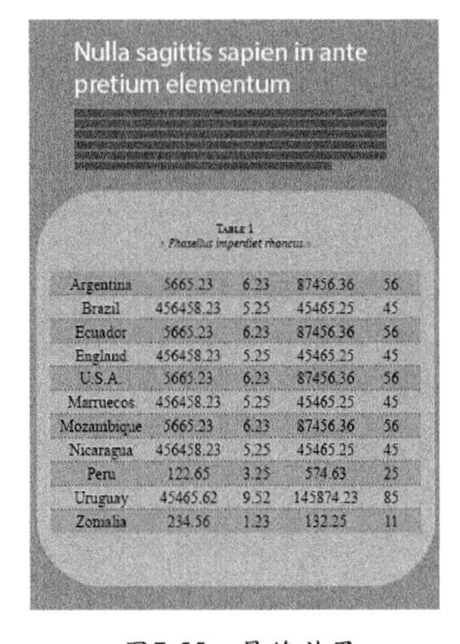

图7-55　最终效果

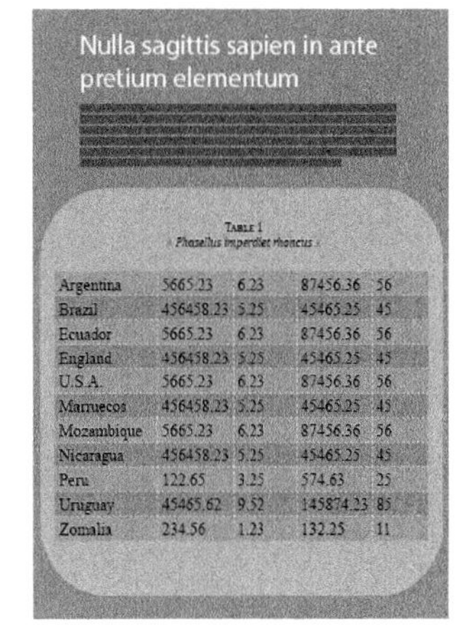

图7-56　表格效果

7.8 本章小结

在本章中，主要讲解了在InDesign中与表格相关的知识。通过本章的学习，读者应熟练掌握在InDesign中创建与格式化表格的操作方法，以及添加与删除行/列、创建单元格/表格样式的方法。

7.9 课后习题

1. 单选题

（1）下列创建表格的方法中，错误的是（　　）。

A．导入Excel中的表格　　　　B．导入Word中的表格

C．使用创建表格工具拖动绘制表格　　　　D．将文本转换为表格

（2）下列添加行/列的方法中，错误的是（　　）。

A．将插入点放置在希望新行出现的位置的上一行下侧边框上，当光标变为↕时，按住Alt键向下拖动一行的距离

B．将插入点放置在希望新列出现的位置的前一列右侧边框上，当光标变为↔时，按住Alt键向右拖动一列的距离

C．将光标置于要插入行的位置，然后按Ctrl+Insert组合键

D．执行“表”|“插入”|“行”、“列”命令

2. 多选题

（1）下列关于InDesign中表格的说法正确的有（　　）。

A．InDesign可以将图片置入到表格中　　B．InDesign可以将选中的文本转为表格

C．InDesign可以将表格转化为文本　　D．InDesign可以为单元格设置渐变填充

（2）下列可以为表格样式设置的属性有（　　）。

A．表头行　　B．左列　　C．填色　　D．行线与列线

3. 填空题

（1）将光标置于要选择的表格中，按＿＿＿＿＿＿键，或将光标置于表格的＿＿＿＿＿＿位置，单击即可选中整个表格。

（2）将光标置于要选择的行中，按＿＿＿＿＿＿键，或将光标置于要选择的行的＿＿＿＿＿＿位置，单击即可选中该行。

4. 判断题

（1）在刷黑选中单元格后，可以按Delete键删除其中的内容，但无法删除选中的单元格。（　　）

（2）选择“表”|“单元格选项”子菜单中的命令，在弹出的对话框中，可以为单元格设置单元格文本、描边、填充等属性。（　　）

（3）要创建表格，首先要创建一个文本框，或在现有的文本框中插入光标。（　　）

5. 上机操作题

（1）新建一个文档，然后置入随书所附光盘中的文件“源文件\第7章\上机操作题\7.9-素材.xls”，如图7-57所示，适当调整单元格的宽度，直至显示所有的内容，如图7-58所示。

（2）使用上一题导入的文档，对其表格边缘进行设置，直至得到如图7-59所示的效果。

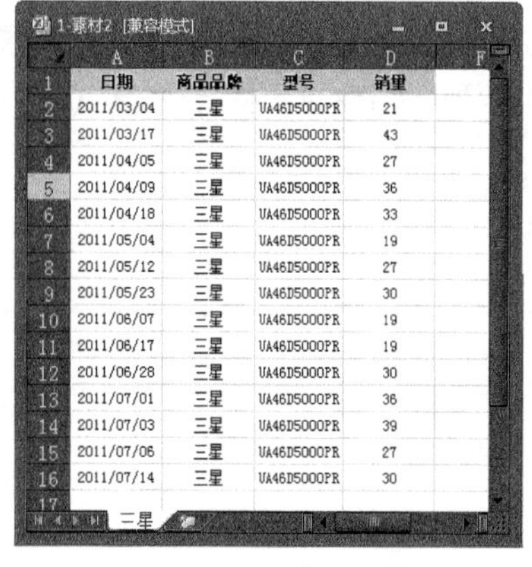

日期	商品品牌	型号	销量
2011/03/04	三星	UA46D5000PR	21
2011/03/17	三星	UA46D5000PR	43
2011/04/05	三星	UA46D5000PR	27
2011/04/09	三星	UA46D5000PR	36
2011/04/18	三星	UA46D5000PR	33
2011/05/04	三星	UA46D5000PR	19
2011/05/12	三星	UA46D5000PR	27
2011/05/23	三星	UA46D5000PR	30
2011/06/07	三星	UA46D5000PR	19
2011/06/17	三星	UA46D5000PR	19
2011/06/28	三星	UA46D5000PR	30
2011/07/01	三星	UA46D5000PR	36
2011/07/03	三星	UA46D5000PR	39
2011/07/06	三星	UA46D5000PR	27
2011/07/14	三星	UA46D5000PR	30

图7-57　置入素材文件

日期	商品品牌	型号	销量
2011/03/04	三星	UA46D5000PR	21
2011/03/17	三星	UA46D5000PR	43
2011/04/05	三星	UA46D5000PR	27
2011/04/09	三星	UA46D5000PR	36
2011/04/18	三星	UA46D5000PR	33
2011/05/04	三星	UA46D5000PR	19
2011/05/12	三星	UA46D5000PR	27
2011/05/23	三星	UA46D5000PR	30
2011/06/07	三星	UA46D5000PR	19
2011/06/17	三星	UA46D5000PR	19
2011/06/28	三星	UA46D5000PR	30
2011/07/01	三星	UA46D5000PR	36
2011/07/03	三星	UA46D5000PR	39
2011/07/06	三星	UA46D5000PR	27
2011/07/14	三星	UA46D5000PR	30

图7-58　操作结果

日期	商品品牌	型号	销量
2011/03/04	三星	UA46D5000PR	21
2011/03/17	三星	UA46D5000PR	43
2011/04/05	三星	UA46D5000PR	27
2011/04/09	三星	UA46D5000PR	36
2011/04/18	三星	UA46D5000PR	33
2011/05/04	三星	UA46D5000PR	19
2011/05/12	三星	UA46D5000PR	27
2011/05/23	三星	UA46D5000PR	30
2011/06/07	三星	UA46D5000PR	19
2011/06/17	三星	UA46D5000PR	19
2011/06/28	三星	UA46D5000PR	30
2011/07/01	三星	UA46D5000PR	36
2011/07/03	三星	UA46D5000PR	39
2011/07/06	三星	UA46D5000PR	27
2011/07/14	三星	UA46D5000PR	30

图7-59　操作结果

第8章 印前与输出

当文档中所有的元素都已经设计完毕后，就可以进行最终的输出与打印了。InDesign提供了多种输出方法与参数，从而让用户可以根据不同的输出目的，进行相关的设置。本章就来介绍一些印前的注意事项与技巧。

学习要点

- 熟悉输出前必要的检查
- 掌握导出PDF的方法
- 熟悉打印文档的方法

8.1 输出前的检查

无论是将文档导出为PDF、校样打印或最终的印刷输出，都应该在输出前对文档进行检查，以避免出现输出的错误。在本节中就来讲解输出前要检查的地方及其方法。

8.1.1 “印前检查”面板

执行“窗口”|“输出”|“印前检查”命令，或双击文档窗口（左）底部的“印前检查”图标 无错误 ，弹出“印前检查”面板，如图8-1所示。

默认情况下，在“印前检查”面板中采用默认的“[基本]（工作）”配置文件，它可以检查出文档中缺失的链接、修改的链接、溢流文本和缺失的字体等问题。

在检测的过程中，如果没有检测到错误，“印前检查”图标显示为绿色；如果检测到错误，则会显示为红色，此时在“印前检查”面板中可以展开问题，并跳转至相应的页面以解决问题。

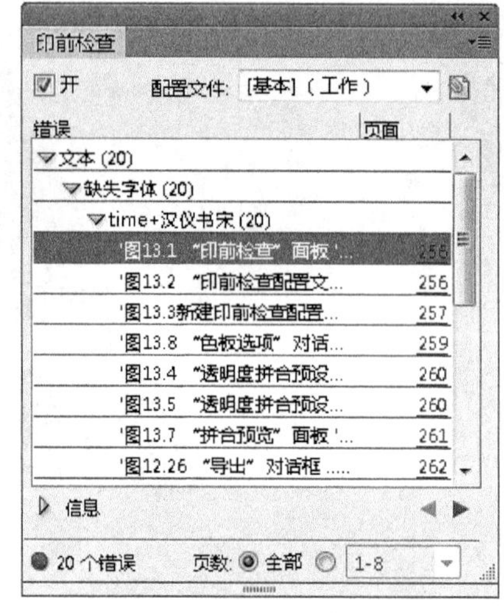

图8-1 “印前检查”面板

1. 自定义配置文件

通常情况下，使用默认的配置文件已经基本满足日常的工作需求。若有需要，也可以自定义配置文件。单击“印前检查”面板右上角的面板按钮，在弹出的菜单中执行“定义配置文件”命令，打开“印前检查配置文件”对话框，如图8-2所示。在对话框的左下方单击“新建印前检查配置文件”图标，此时对话框的显示状态如图8-3所示。

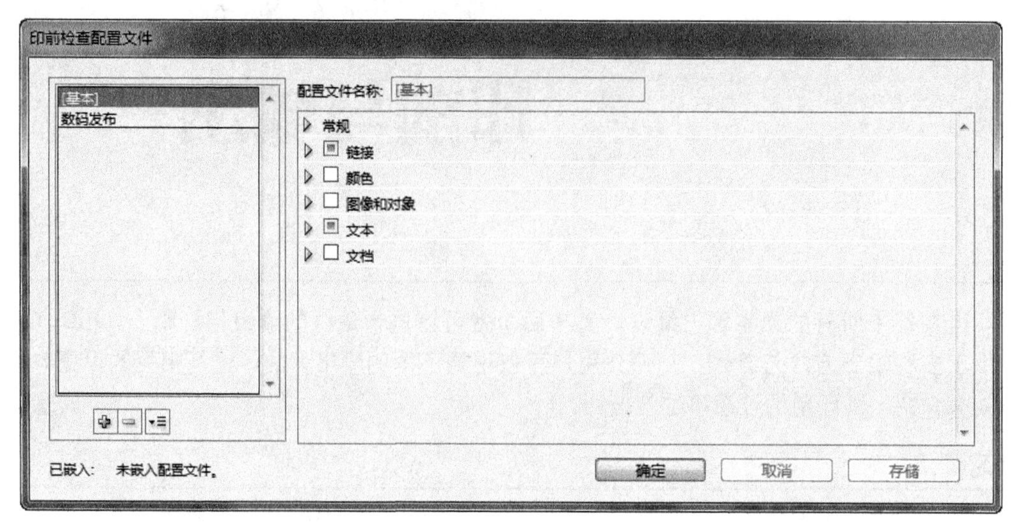

图8-2 “印前检查配置文件”对话框

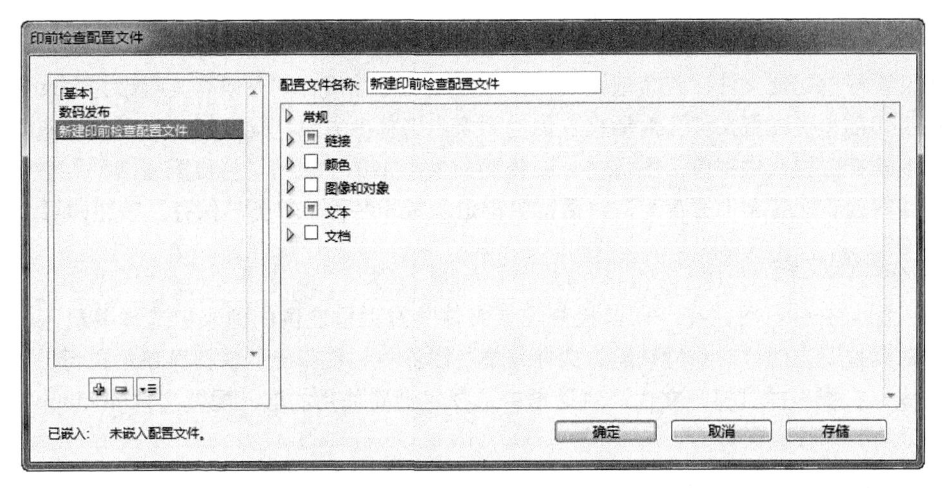

图8-3 新建印前检查配置文件

在“印前检查配置文件”对话框中各参数的含义解释如下。

- 配置文件名称：在此文本框中可以输入配置文件的名称。
- 链接：此选项组用于确定缺失的链接和修改的链接是否显示为错误。
- 颜色：此选项组用于确定需要何种透明混合空间，以及是否允许使用CMYK印版、色彩空间、叠印等项。
- 图像和对象：此选项组用于指定图像分辨率、透明度、描边宽度等项要求。
- 文本：此选项组用于显示缺失字体、溢流文本等项错误。
- 文档：此选项组用于指定对页面大小、方向、页数、空白页面、出血以及辅助信息区设置的要求。

设置完成后，单击“存储”按钮，保留对一个配置文件的更改，然后再处理另一个配置文件；或直接单击“确定”按钮，关闭对话框并存储所有更改。

2. 嵌入配置文件

若希望配置文件在其他电脑上也可用，则可以将其嵌入到文档中。要嵌入一个配置文件，可以选择下面方法之一。

- 在“印前检查”面板中的“配置文件”下拉列表中选择要嵌入的配置文件，然后单击“配置文件”列表右侧的“嵌入”图标。
- 在“印前检查配置文件”对话框左侧的列表中选择要嵌入的配置文件，然后单击对话框下方的“印前检查配置文件菜单”图标，在弹出的快捷菜单中执行“嵌入配置文件”命令。

提 示

只能嵌入一个配置文件，无法嵌入“[基本]（工作）”配置文件。

3. 取消嵌入配置文件

要取消嵌入配置文件，可以在“印前检查配置文件”对话框左侧的列表中选择要取消嵌入的配置文件，然后单击对话框下方的“印前检查配置文件菜单”图标，然后在弹出的快捷菜单中执行“取消嵌入配置文件”命令。

4. 导出配置文件

对于设置好的配置文件，若希望以后在其他电脑也可使用，则可以将其导出为.idpp文件。用户可以在“印前检查配置文件”对话框左侧的列表中选择要导出的配置文件，然后单击对话框下方的“印前检查配置文件菜单”图标，在弹出的快捷菜单中执行“导出配置文件”命令，在弹出的“将印前检查配置文件另存为”对话框中指定位置和名称，单击“保存”按钮即可。

5. 载入配置文件

要载入配置文件，可以在“印前检查配置文件”对话框左侧的列表中选择要载入的配置文件，单击对话框下方的“印前检查配置文件菜单”图标，在弹出的快捷菜单中执行“载入配置文件”命令，在弹出的“打开文件”对话框中选择包含要使用的嵌入配置文件的*.idpp文件或文档，单击“打开”按钮即可。

6. 删除配置文件

要删除配置文件，可以单击“印前检查”面板右上角的面板按钮，在弹出的菜单中执行“定义配置文件”命令，在弹出的“印前检查配置文件”对话框左侧的列表中选择要删除的配置文件，单击对话框下方的“删除印前检查配置文件”图标，在弹出的提示框中单击“确定”按钮即可。

8.1.2 检查颜色的使用

对于要打印的文档，应该注意检查文档中颜色的使用。

- 确认“色板”面板中所用颜色均为CMYK模式，即颜色后面的图标显示为。
- 对于彩色印刷且拥有大量文本的文档，如书籍或杂志中的正文、图注等，其文字应使用单色黑（C0、M0、Y0、K100），以避免在套版时发生错位，导致文字显示问题。虽然这种错位问题出现的机率很低，但还是应该做好预防工作。

8.1.3 检查透明混合空间

InDesign提供了RGB与CMYK两种透明混合空间，用户可以在“编辑”|“透明混合空间”子菜单中进行选择。如果所创建文档用于打印，可以选择CMYK透明混合空间；若文档用于在Web或电脑上查看，则可以选择RGB透明混合空间。

8.1.4 设置透明拼合

文档从InDesign中进行输出时，如果存在透明度则需要进行透明度拼合处理。如果输出的PDF不想进行拼合，要保留透明度，需要将文件保存为Adobe PDF 1.4 (Acrobat 5.0) 或更高版本的格式。在InDesign中，对于打印、导出这些操作较频繁的文件，为了让拼合过程自动化，可以执行菜单“编辑”|“透明度拼合预设”命令；在弹出的“透明度拼合预设”对话框中对透明度的拼合进行设置，并将拼合设置存储在“透明度拼合预设”对话框中，如图8-4所示。

对话框参数解释如下。

- 低分辨率：文本分辨率较低，适用于在黑白桌面打印机打印的普通校样，对于在Web上发布或导出为SVG的文档也广泛应用。

- 中分辨率：文本分辨率适中，适用于桌面校样及在Adobe PostScript彩色打印机上打印文档。
- 高分辨率：文本分辨率较高，适用于文档的最终出版及高品质的校样。
- “新建”按钮：单击此按钮，在弹出的“透明度拼合预设选项”对话框中进行拼合设置，如图8-5所示，单击“确定”按钮，存储此拼合预设，或单击“取消”按钮，放弃此拼合预设。

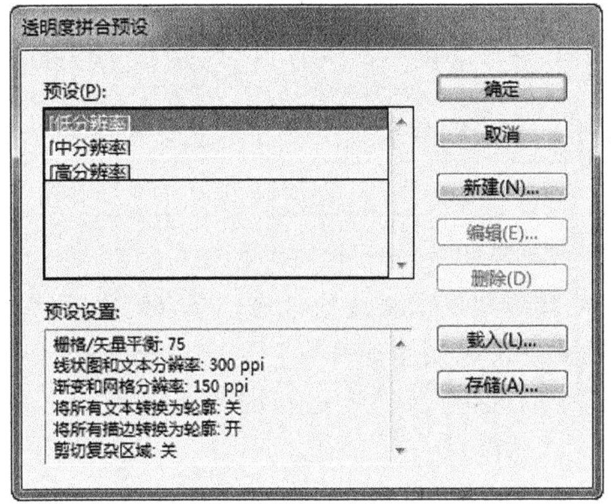

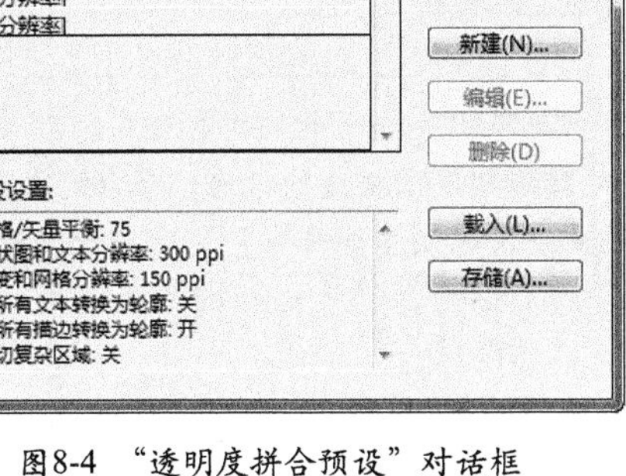

图8-4 “透明度拼合预设”对话框

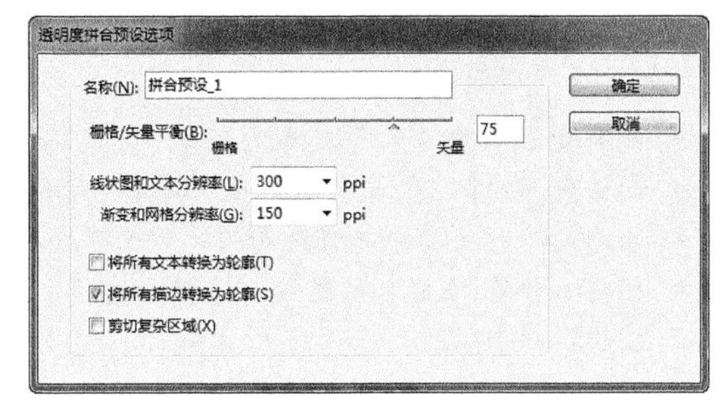

图8-5 “透明度拼合预设选项”对话框

- “编辑”按钮：对于现有的拼合预设，可以单击此按钮，在弹出的“透明度拼合预设选项”对话框中对其进行重新设置。

提 示

对于默认的拼合预设，无法进行编辑。

- “删除”按钮：单击此按钮，可将拼合预设删除，但默认的拼合预设无法删除。

提 示

在“透明度拼合预设”对话框中按住Alt键，使对话框中的“取消”按钮变为“重置”按钮，如图8-6所示。单击该按钮，可将现有的拼合预设删除，只剩下默认的拼合预设。

- “载入”按钮：单击此按钮，可将需要的拼合预设.flst文件载入。
- “存储”按钮：选中一个预设，单击此按钮，选择目标文件夹，可将此预设存储为单独的文件，方便下次载入时使用。

设置好透明拼合后，执行菜单“窗口”|“输出”|“拼合预览”命令，在弹出的“拼合预览”面板中对预览选项进行选择，如图8-7所示。

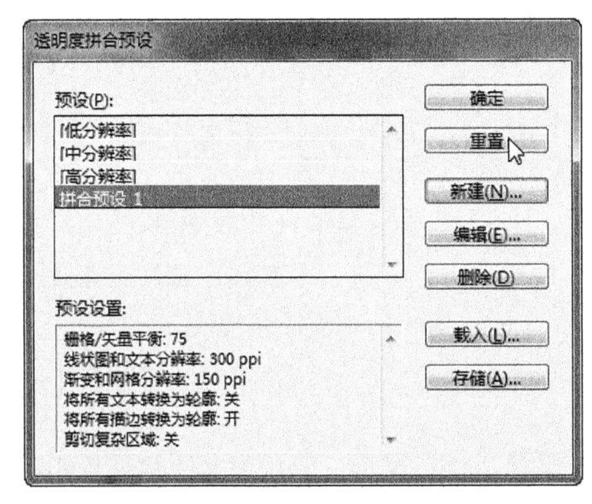

图8-6 重置透明度拼合预设

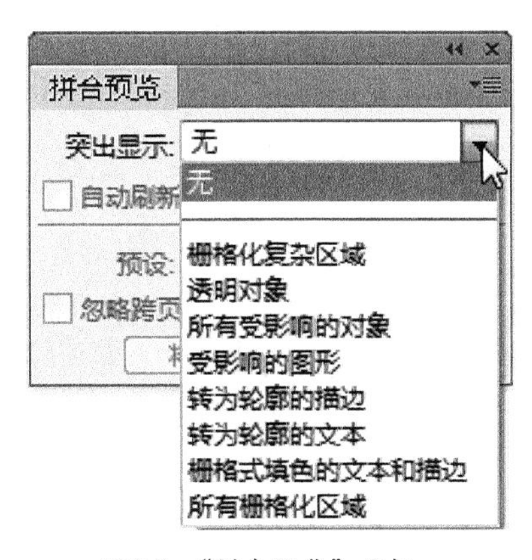

图8-7 “拼合预览”面板

"拼合预览"面板中部分选项的含义解释如下。

- 无：此选项为默认设置，模式为停用预览。
- 栅格化复杂区域：选择此选项，对象的复杂区域由于性能原因不能高亮显示时，可以选择"栅格化复杂区域"选项进行栅格化。
- 透明对象：选择此选项，当对象应用了透明度时，可以应用此模式进行预览。

提 示

应用了透明度的对象大部分是半透明（包括带有 Alpha 通道的图像）、含有不透明蒙版和含有混合模式等的对象。

- 所有受影响的对象：选择此选项，突出显示应用于涉及透明度有影响的所有对象。
- 转为轮廓的描边：选择此选项，对于轮廓化描边或涉及透明度的描边的影响，将会突出显示。
- 转为轮廓的文本：选择此选项，对于将文本轮廓化或涉及透明度的文本，将会突出显示。
- 栅格式填色的文本和描边：选择此选项，对于为了进行拼合操作而进行栅格化填充的文本和描边，将会突出显示。
- 所有栅格化区域：选择此选项，处理时间比其他选项的处理时间长，突出显示某些在 PostScript 中没有其他方式可让其表现出来或者要栅格化的对象。该选项还可显示涉及透明度的栅格图形与栅格效果。

8.1.5 检查出血

出血是为了避免裁剪边缘时出现偏差，导致边缘出现白边而设置的，通常设置为3mm即可。默认情况下，InDesign新建的文档已经带有3mm出血。保险起见，在输出前应检查一下文档设置，页面边缘的红色线即为出血线。

8.2 导出PDF

8.2.1 了解PDF格式

PDF（Portable Document Format）文件格式是Adobe公司开发的电子文件格式。这种文件格式与操作系统平台无关，也就是说，PDF文件不管是在Windows、Unix还是Mac OS操作系统中都是通用的。这一特点使它成为在Internet上进行电子文档发行和数字化信息传播的理想文档格式。目前，使用PDF进行打印输出也是极为常见的一种方式。

PDF文件格式具有以下特点。

- PDF是对文字、图像数据都兼容的文件格式，可直接传送到打印机、激光照排机。
- PDF是独立于各种平台和应用程序的高兼容性文件格式。PDF文件可以使用各种平台之间通用的二进制或ASCII编码，实现真正的跨平台作业，也可以将其传送到任何平台上。
- PDF是文字、图像的压缩文件格式。文件的存储空间小，经过压缩的PDF文件容量可达到原文件量的1/3左右，而且不会造成图像、文字信息的丢失，适合网络快速传输。
- PDF具有字体内周期、字体替代和字体格式的调整功能。PDF文件浏览不受操作系统、网络环境、应用程序版本、字体的限制。
- PDF文件中每个页面都是独立的，其中任何一页有损坏或错误，不会导致其他页面无法解释，只需要重新生成新的一页即可。

8.2.2 导出PDF

要将文档导出为PDF文件，可以执行“文件”|“导出”命令或按Ctrl+E组合键，在弹出的“导出”对话框中选择“Adobe PDF（打印）”保存格式，如图8-8所示，单击“保存”按钮，弹出“导出Adobe PDF”对话框，如图8-9所示。

提 示

“Adobe PDF（交互）”格式可用于交互与动态演示。

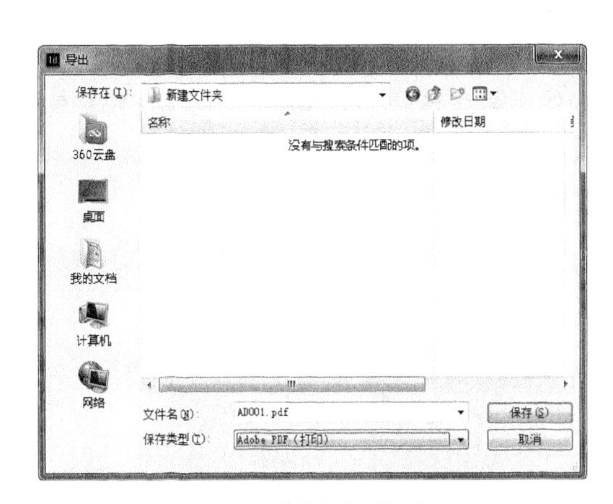

图8-8 “导出”对话框

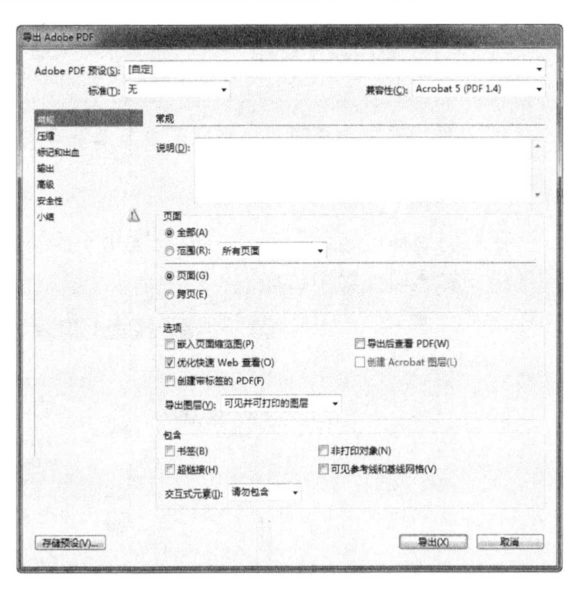

图8-9 “导出Adobe PDF”对话框

在“导出Adobe PDF”对话框中重要参数的含义解释如下。

- Adobe PDF预设：在此下拉列表中可以选择已创建好的PDF处理的设置。
- 标准：在此下拉列表中可以选择文件的PDF/X格式。
- 兼容性：在此下拉列表中可以选择文件的PDF版本。

1. 常规

在左侧选择“常规”选项，可设置用于控制生成PDF文档的InDesign文档的页码范围，导出后PDF文档页面所包含的元素，以及PDF文档页面的优化选项。

- 全部：选择此选项，将导出当前文档或书籍中的所有页面。
- 范围：选择此选项，可以在文本框中指定当前文档中要导出页面的范围。
- 跨页：选择此选项，可以集中导出页面，如同将其打印在单张纸上。

提 示

不能选择“跨页”选项用于商业打印，否则服务提供商将无法使用这些页面。

- 导出后查看PDF：选中此复选框，在生成PDF文件后，应用程序将自动打开此文件。
- 优化快速Web查看：选中此复选框，将通过重新组织文件，以使用一次一页下载来减小PDF文件的大小，并优化PDF文件以便在Web浏览器中更快地查看。

提 示

此选项将压缩文本和线状图，不考虑在“导出 Adobe PDF”对话框的“压缩”类别中选择的设置。

- 创建带标签的 PDF：选中此复选框，在导出的过程中，基于 InDesign 支持的 Acrobat 标签的子集自动为文章中的元素添加标签。

提 示

如果“兼容性”被设置为 Acrobat 6 (PDF 1.5) 或更高版本，则会压缩标签以获得较小的文件大小。如果在 Acrobat 4.0 或Acrobat 5.0 中打开该 PDF，将不会显示标签，因为这些版本的 Acrobat 不能解压缩标签。

- 书签：选中此复选框，可以创建目录条目的书签，保留目录级别。

2. 压缩

在左侧选择“压缩”选项，可设置用于控制文档中的图像在导出时是否要进行压缩和缩减像素采样。其选项设置窗口如图8-10所示。

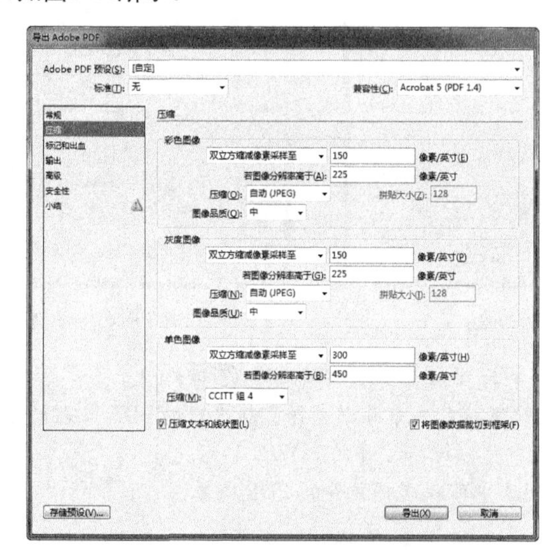

图8-10 “压缩”选项

- 平均缩减像素采样至：选择此选项，将计算样本区域中的像素平均数，并使用指定分辨率的平均像素颜色替换整个区域。
- 次像素采样至：选择此选项，将选择样本区域中心的像素，并使用此像素颜色替换整个区域。
- 双立方缩减像素采样至：选择此选项，将使用加权平均数确定像素颜色，这种方法产生的效果通常比缩减像素采样的简单平均方法产生的效果更好。

提 示

双立方缩减像素采样是速度最慢但最精确的方法，可产生最平滑的色调渐变。

- 自动 (JPEG)：选择此选项，将自动确定彩色和灰度图像的最佳品质。对于多数文件，此选项会生成满意的结果。
- 图像品质：此下拉列表中的选项用于控制应用的压缩量。

- CCITT组4：此选项用于单色位图图像，对于多数单色图像可以生成较好的压缩。
- 压缩文本和线状图：选中此复选框，将纯平压缩（类似于图像的ZIP压缩）应用到文档中的所有文本和线状图，而不损失细节或品质。
- 将图像数据裁切到框架：选中此复选框，仅导出位于框架可视区域内的图像数据，可能会缩小文件的大小。如果后续处理器需要其他信息（例如，对图像进行重新定位或出血），不要选中此复选框。

3. 标记和出血

在左侧选择“标记和出血”选项，可用于控制导出的PDF文档页面中的打印标记、色样、页面信息、出血标志与版面之间的距离。

4. 输出

在左侧选择“输出”选项，可用于设置颜色转换，描述最终RGB或CMYK颜色的输出设备，以及显示要包含的配置文件。

5. 高级

在左侧选择“高级”选项，可用于控制字体、OPI 规范、透明度拼合和 JDF 说明在 PDF 文件中的存储方式。

6. 安全性

在左侧选择“安全性”选项，可用于设置PDF的安全性，比如是否可以复制PDF中的内容、打印文档或其他操作。

7. 小结

在左侧选择“小结”选项，可用于将当前所做的设置用列表的方式提供查看，并指出在当前设置下出现的问题，以便进行修改。

在“导出 Adobe PDF”对话框中设置好相关的参数，单击“导出”按钮。

提 示

在导出的过程中，要想查看该过程，可以执行“窗口”|“实用程序”|“后台任务”命令，在弹出的“后台任务”面板中观看。

8.3 打印

作为专业的排版软件，InDesign提供了非常丰富的打印功能，以保证在各种需求下，都能够顺利地进行打印输出，在本节中就来讲解其相关知识。

按Ctrl+P组合键或执行“文件”|“打印”命令，将弹出如图8-11所示的对话框。

- 打印预设：在此下拉列表中，可以选择默认的或过往存储的预设，从而快速应用打印参数。用户也可以执行“文件”|“打印预设”|“定义”命令，弹出“打印预设”对话框，如图8-12所示，单击“新建”按钮。在弹出的“新建打印预设”对话框中，输入新名称或使用默认名称，修改打印设置，然后单击“确定”按钮返回到“打印预设”对话框，再次单击“确定”按钮退出对话框即可。

图8-11 “打印”对话框

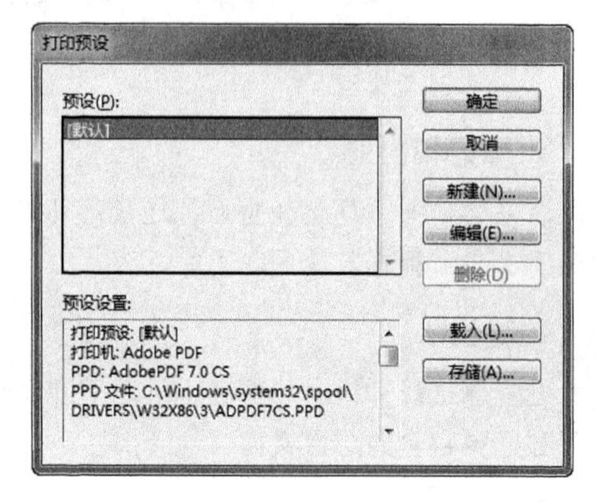

图8-12 “打印预设”对话框

- 打印机：如果安装了多台打印机，可以从“打印机”下拉列表中选择要使用的打印机设备，可选择PostScript或其他打印机。
- PPD：PPD文件，即PostScript Printer Description 文件的缩写，可用于自己指定的 PostScript 打印机驱动程序的行为。这个文件包含有关输出设备的信息，其中包括打印机驻留字体、可用介质大小及方向、优化的网频、网角、分辨率以及色彩输出功能。打印之前设置正确的 PPD 非常重要。当在“打印机”下拉列表中选择“PostScript 文件”选项后，就可以在“PPD”下拉列表中选择“设备无关”选项等。

下面对在“打印”对话框左侧选择不同选项时的详细参数进行讲解。

8.3.1 常规

“常规”选项组中重要参数的含义解释如下。

- 份数：在此文本框中输入数值，用于控制文档打印的数量。
- 页码：用于设置打印的页码范围。如果选中“范围”单选按钮，可以在其右侧的文本框中使用连字符分隔连续的页码，比如“1-20”，表示打印第1页到20页的内容；也可以使用逗号或空格分隔多个页码范围，比如“1，5，20”，表示只打印第1、5和20页的内容；如果输入“-10”，表示打印第10页及其前面的页面；如果输入“10-”，则表示打印第10页及其后面的页面。
- 打印范围：在此可以选择是打印全部页面、仅打印偶数页或奇数页等参数；若选中下面的“打印主页”复选框，则只打印文档中的主页。

8.3.2 设置

选择“设置”选项后，将显示如图8-13所示的参数。

在“设置”选项组中重要参数的含义解释如下。

- 纸张大小：在此下拉列表中可以选择预设的尺寸，或自定义尺寸来控制打印页面的尺寸。
- 页面方向：可以通过单击纵向图标、横向图标、反纵向图标以及反横向图标，来控制页面打印的方向。

- 缩放：当页面尺寸大于打印纸张的尺寸时，可以在“宽度”和“高度”文本框中输入数值，以缩小文档适合打印纸张。至于“缩放以适合纸张”单选按钮，适于不能确保缩放比例时使用。
- 页面位置：在此下拉列表中选择某一选项，用于控制文档在当前打印纸上的位置。

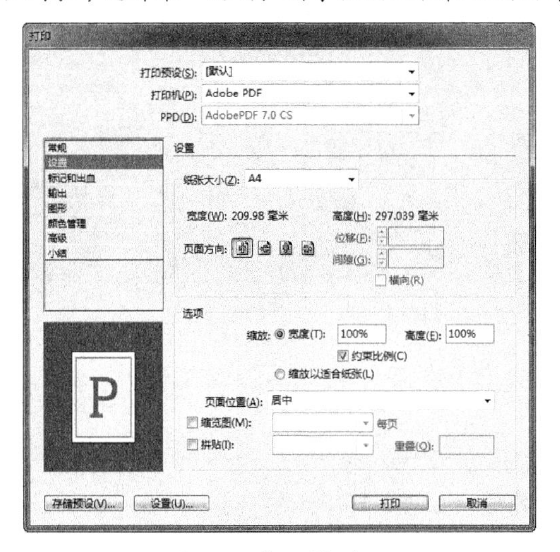

图8-13 “设置”选项

8.3.3 标记和出血

选择“标记和出血”选项后，将显示如图8-14所示的对话框。

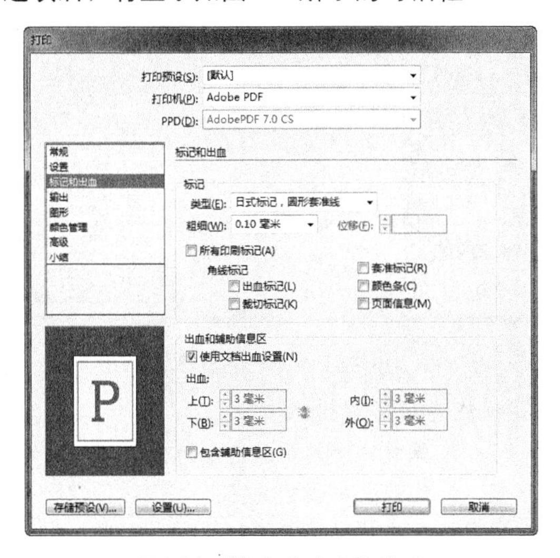

图8-14 “标记和出血”选项

在“标记和出血”选项组中重要参数的含义解释如下。

- 类型：在此下拉列表中可以选择显示裁切标记的显示类型。
- 粗细：在此下拉列表中选择或输入数值，以控制标记线的粗细。
- 所有印刷标记：选中此复选框，以便选择下方的所有角线标记，图8-15展示了一些相关的标记说明。

图8-15 标记说明

8.3.4 输出

选择“输出”选项后，将显示如图8-16所示的参数。

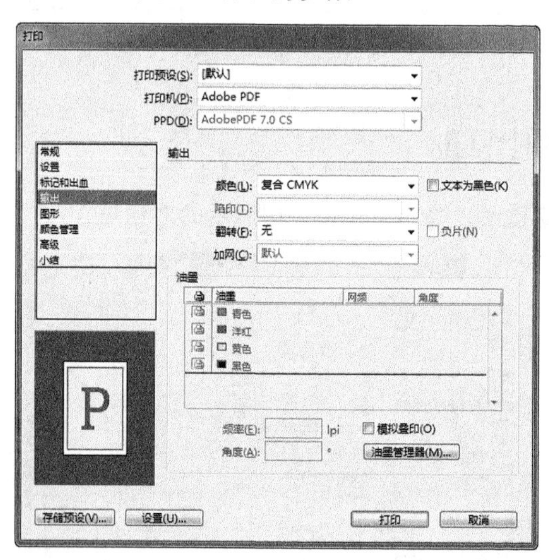

图8-16 “输出”选项

在“输出”选项组中重要参数的含义解释如下。

- 颜色：在此下拉列表中可以选择文件中使用的色彩输出到打印机的方式。
- 陷印：在此下拉列表中可以选择补漏白的方式。
- 翻转：在此下拉列表中可以选择文档所需要的打印方向。
- 加网：在此下拉列表中可以选择文档的网线数及解析度。
- 油墨：在此区域中可以控制文档中的颜色油墨，以将选中的颜色转换为打印所使用的油墨。
- 频率：在此文本框中输入数值用于控制油墨半色调网点的网线数。
- 角度：在此文本框中输入数值用于控制油墨半色调网点的旋转角度。
- 模拟叠印：选中此复选框，可以模拟叠印的效果。
- 油墨管理器：单击该按钮，弹出“油墨管理器”对话框，在此对话框中可以进行油墨的管理。

8.3.5 图形

选择“图形”选项后，将显示如图8-17所示的参数。

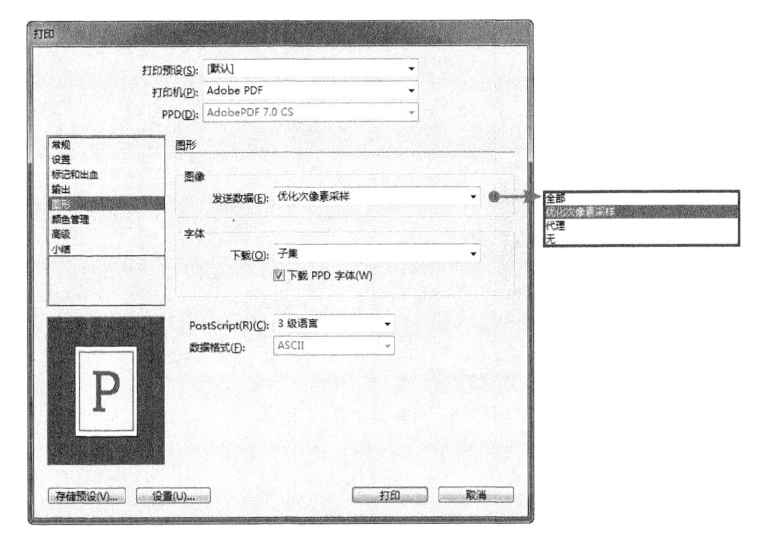

图8-17 “图形”选项

在“图形”选项组中重要参数的含义解释如下。

- 发送数据：在此下拉列表中的选项用于控制置入的位图图像发送到打印机时输出的方式。如果选择“全部”选项，会发送全分辨率数据，这比较适合于任何高分辨率打印或打印高对比度的灰度或彩色图像，但此选项需要的磁盘空间最大；如果选择“优化次像素采样”选项，只发送足够的图像数据供输出设备以最高分辨率打印图形，这比较适合处理高分辨率图像将校样打印到台式打印机时；如果选择“代理”选项，将使用屏幕分辨率72dpi发送位图图像，以缩短打印时间；如果选择“无”选项，打印时将临时删除所有图形，并使用具有交叉线的图形框替代这些图形，以缩短打印时间。
- 下载：选择此下拉列表中的选项可以控制字体下载到打印机的方式。选择“无”选项，表示不下载字体到打印机，如果字体在打印机中存在，应该使用此选项；选择“完整”选项，表示在打印开始时下载文档所需的所有字体；选择“子集”选项，表示仅下载文档中使用的字体，每打印一页下载一次字体。
- 下载 PPD 字体：选中此复选框，将下载文档中使用的所有字体，包括已安装在打印机中的那些字体。
- PostScript：此下拉列表中的选项用于指定 PostScript 等级。
- 数据格式：此下拉列表中的选项用于指定 InDesign 将图像数据从计算机发送到打印机的方式。

8.3.6 颜色管理

选择“颜色管理”选项后，将显示如图8-18所示的参数。

在“颜色管理”选项组中重要参数的含义解释如下。

- 文档：选中此单选按钮，将以“颜色设置”对话框（执行“编辑”|“颜色设置”命令）中设置的文件颜色进行打印。
- 校样：选中此单选按钮，将以执行“视图”|“校样设置”命令后设置的文件颜色进行打印。

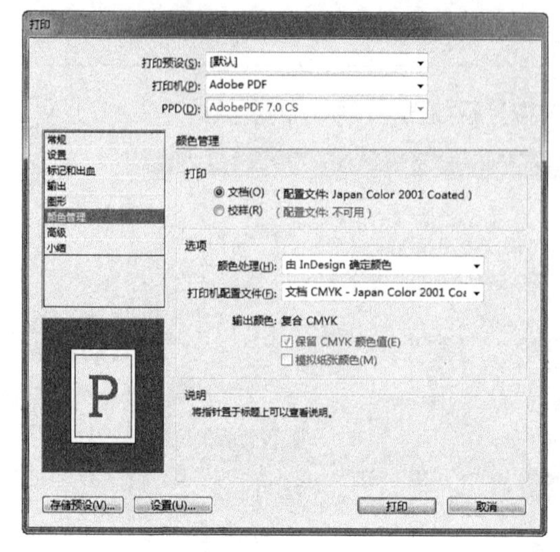

图8-18 “颜色管理”选项

8.3.7 高级

选择“高级”选项后，将显示如图8-19所示的参数。

图8-19 “高级”选项

在“高级”选项组中重要参数的含义解释如下。

- 打印为位图：选中此复选框，可以将文档中的内容转换为位图再打印，同时还可以在右侧的下拉列表中选择打印位图的分辨率。
- OPI图像替换：选中此复选框，将启用对OPI工作流程的支持。
- 在OPI中忽略：设置OPI中如EPS、PDF或位图图像是否被忽略。
- 预设：选择此下拉列表中的选项，以指定使用什么方式进行透明度拼合。

8.3.8 小结

选择“小结”选项，将显示如图8-20所示的状态。此窗口中主要用于对前面所进行的所有设

置进行汇总，通过汇总数据可以检查打印设置，避免输出错误。如果想将这些信息保存为*.TXT文件，可以单击“存储小结”按钮，弹出“存储打印小结”对话框，指定名称及位置，单击“保存”按钮退出。

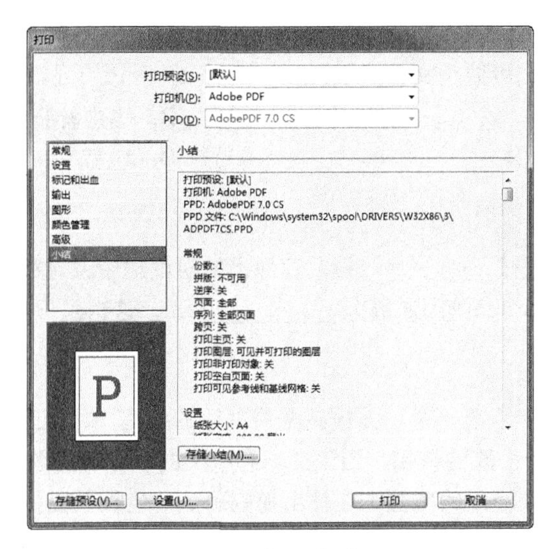

图8-20 “小结”选项

8.4 本章小结

在本章中，主要讲解了在InDesign中进行最终打印输出时的相关知识。通过本章的学习，读者应掌握在打印输出前必要的检查工作，以及导出PDF、打印等相关知识。

8.5 课后习题

1. 单选题

（1）下列无法通过“打包”命令实现的是（　　）。

A. 把所有链接文件放到指定的文件夹

B. 将需要的字体复制到指定的文件夹

C. 生成印刷说明

D. 把文档剪切到指定的文件夹

（2）关于导出PDF命令正确的是（　　）。

A. 若导出的PDF用于打印，应选择“Adobe PDF（打印）”格式进行输出

B. 可以设置图像输出的分辨率，但不能低于印刷用的300dpi

C. 通过“另存为”命令就可导出PDF

D. 不能生成PDF

2. 多选题

（1）文件输出成PDF格式的优势在于（　　）。

A. 可以在网上发布

B. 大多数的排版软件和文字处理软件都可以识别PDF格式

C. PDF格式是跨平台文档格式，可以跨平台浏览

D. PDF格式不受操作系统、应用程序及字体的影响和限制，并且具有可打印的特点

（2）在输出PDF文件时,可以为文件添加（　　）等打印标记。

A. 裁切标记　　B. 出血标记

C. 星标　　D. 色标

3. 填空题

（1）要导出PDF，可以按__________键，在弹出的对话框中设置相关参数。

（2）默认情况下，InDesign的出血值为__________mm，这也是日常工作中的常用值。

4. 判断题

（1）默认情况下，在“印前检查”面板中采用默认的“[基本]（工作）”配置文件，它可以检查出文档中缺失的链接、修改的链接、溢流文本和缺失的字体等问题。（　　）

（2）对于要做彩色打印输出的文档，在输出前应确认“色板”面板中所用颜色均为CMYK模式，即颜色后面的图标显示为▣。（　　）

5. 上机操作题

（1）打开随书所附光盘中的文件“源文件\第8章\上机操作题\8.6-素材1.indd”，将其输出为适合普通黑白打印的灰度PDF文件。

（2）打开随书所附光盘中的文件“源文件\第8章\上机操作题\8.6-素材2.indd”，将其输出为可出片的PDF文件。

第9章 综合案例

本章主要介绍了3个综合案例，用以巩固前面学习的InDesign知识。同时，还介绍了一些在实际工作过程中需要注意的事项，以及相关的行业规范。

9.1 名片设计

源 文 件：	源文件\第9章\名片
视频文件：	视频\9.1.avi

9.1.1 经验之谈——名片的特殊印刷工艺

一些高档的名片，在印刷时会采用一些特殊工艺，以产生更高档、更匹配公司形象的效果，现将名片设计常用的加工方式叙述如下。

- 上光：名片上光可以增加耐性与美观。一般名片上光常用的方式有上普通树脂（niss）、涂塑胶油（PVA）、裱塑胶膜（PP或PVC）、裱消光塑胶膜等，以提升印刷效果的精致。
- 轧型：即为打模，以钢模刀加压，将名片切成不规则造形，此类名片尺寸大都不同于传统尺寸，变化性较大。
- 起鼓：在纸面上压出凸凹纹饰，以增加其表面的触觉效果，这类名片常具浮雕的视觉感。
- 打孔：类似活页画本穿孔，有一种缺陷美。
- 烫印：为加强表面之视觉效果，把文字或纹样以印模加热压上金箔、银箔等材料，形成金、银等特殊光泽;虽然在平版印刷内也有金色和银色的油墨，但油墨的印刷效果无法像烫金后的效果鲜艳美丽，表现名片的价值感。

9.1.2 经验之谈——名片常用版式

名片设计中的常用版式介绍如下。

- 直立形：具有安定感，是一种强固的构图，视线会由上直下。
- 斜形：是一种强固而有动能的构图，视线会因倾斜角度由上而下，或自下而上前进。
- 水平形：安定而平静的构图，视线会左右移动。
- 十字形：垂直线和水平线对称的交叉构图，由各线上下左右或正相倾斜交叉而成，无论交叉的倾斜度变化如何，主眼点会集中于十字的交叉点。
- 平行形：有垂直平行、水平平行、倾斜平行等。任何一种平行都会有区分版面为二的感觉。水平平行比垂直平行有安定感，倾斜平行具有动感。
- 放射形：多种条件统一集中于一个着眼点，具有多样统一的视觉效果。
- S字形：可以把互相反对的条件，以相对的方式获得统一。

下面来讲解名片的具体制作方法。

01 按Ctrl+N组合键新建一个文件，在弹出的对话框中设置其尺寸，如图9-1所示。

02 单击“边距和分栏”按钮，在弹出的对话框中设置边距参数，如图9-2所示，单击“确定”按钮退出对话框，创建得到一个新的文档。

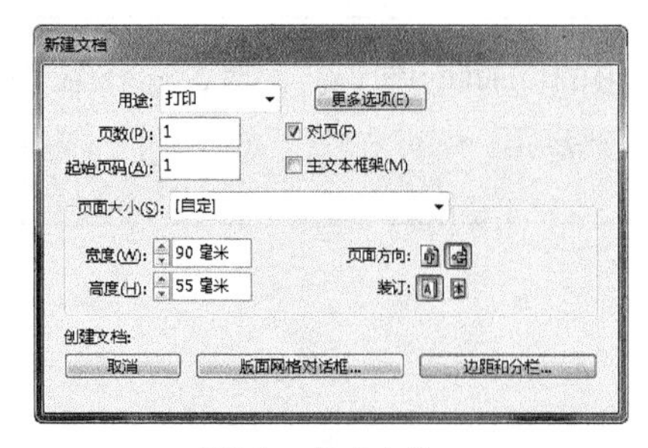

图9-1 新建文件

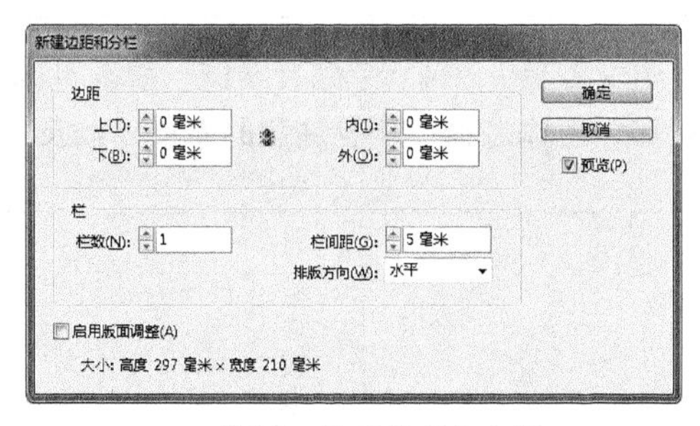

图9-2 设置边距和分栏

03 设置填充色为C0、M0、Y0、K85，描边色为无，使用“矩形工具”▭在文档的左半部分绘制一个灰色矩形，效果如图9-3所示。

04 设置填充色为C0、M60、Y100、K0，描边色为无，使用“矩形工具”▭在文档的中间部分绘制一个橙色矩形，效果如图9-4所示。

图9-3 绘制灰色矩形

图9-4 绘制橙色矩形

05 按照上一步的方法，在文档左侧绘制一个略小一些的橙色矩形，效果如图9-5所示。在操作时，可以选中该橙色矩形与灰色矩形，然后在“对齐”面板中单击如图9-6所示的按钮，使二者垂直居中对齐。

图9-5 绘制略小一些的橙色矩形

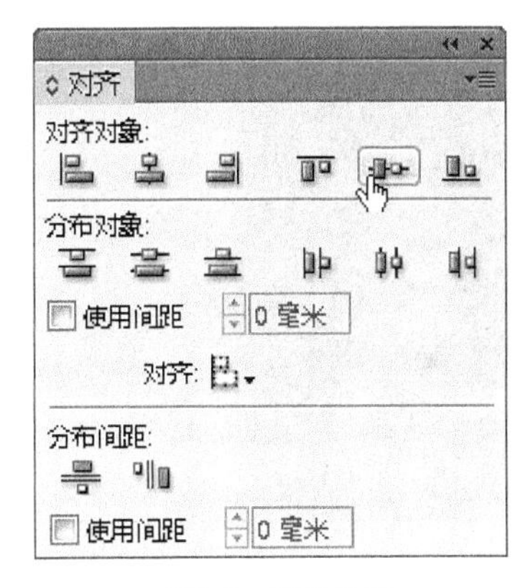

图9-6 对齐矩形

06 选中左侧的橙色矩形，执行“对象”|“角选项”命令，在弹出的对话框中设置参数，如图9-7所示，得到如图9-8所示的效果。

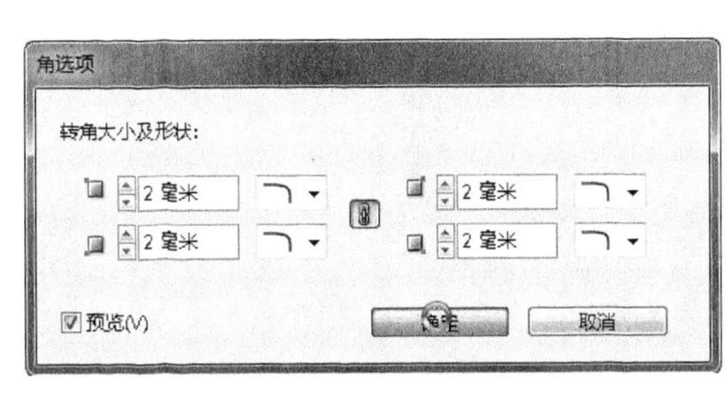

图9-7 设置角选项

图9-8 操作结果

07 使用“选择工具”，按住Alt+Shift组合键向右侧拖动复制橙色矩形置文档的右侧边缘，效果如图9-9所示。

08 选中上一步复制得到的橙色圆角矩形，并设置其填充色为C0、M0、Y0、K85，描边色为无，得到如图9-10所示的效果。

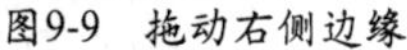
图9-9 拖动右侧边缘

图9-10 设置矩形

09 按Ctrl+D组合键，在弹出的对话框中打开素材，按住Ctrl+Shift组合键缩小置入随书所附光盘中的文件“源文件\第9章\名片\9.1.2-素材.eps”，并调整其位置，效果如图9-11所示。

10 使用“文本工具” T.在标志下方拖动出文本框，并设置适当的字符属性，输入公司的中英文名称，效果如图9-12所示。

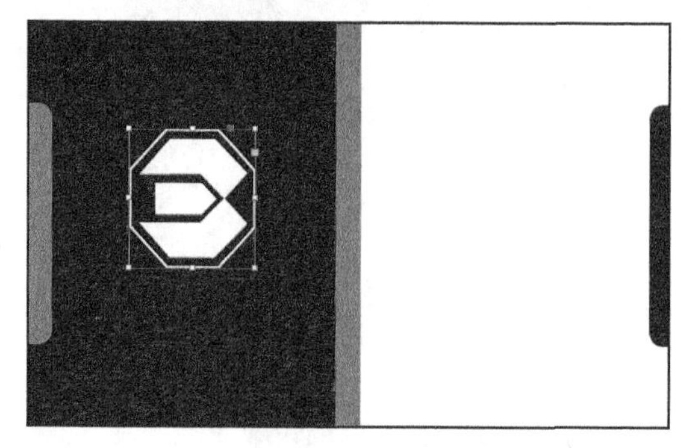

图9-11 置入素材

图9-12 输入公司名称

11 按照上一步的方法，在右侧白色背景的区域输入人物的姓名及职位，效果如图9-13所示。

图9-13 输入人名及职位

12 在人名与职位的下方输入名片的基本信息，效果如图9-14所示。此时可以在“段落”面板中设置其对齐方式为如图9-15所示的选项，从而使各项目右侧的“：”对齐。

图9-14　输入基本信息

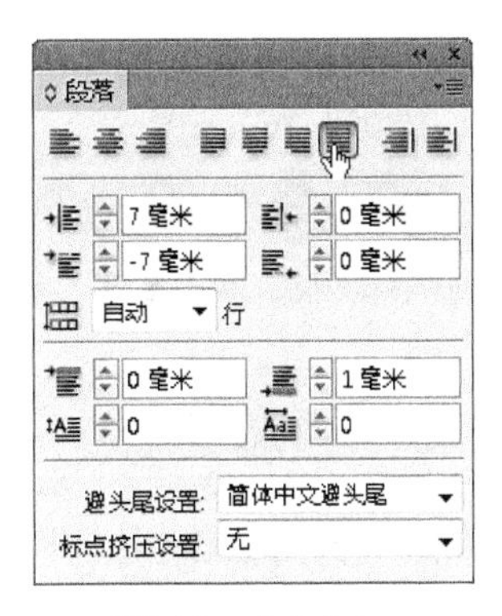

图9-15　对齐文本

13 使用“选择工具”，按Alt+Shift组合键向右侧拖动复制上一步设置了对齐的文本块，并向右缩放其大小，效果如图9-16所示。

14 重新设置文本的对齐方式为左对齐，并输入相关的信息即可，效果如图9-17所示。

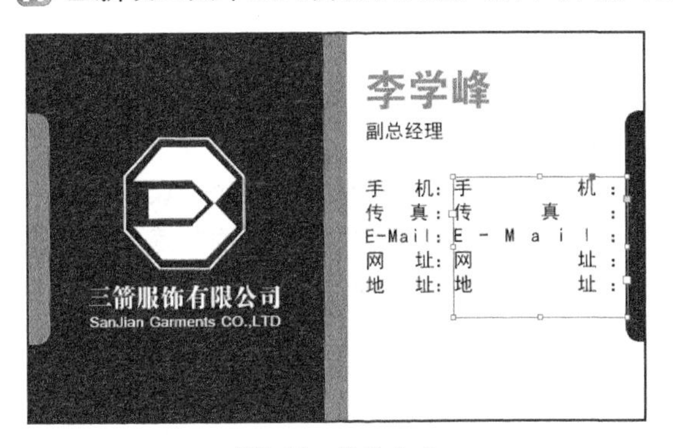

图9-16　缩放文本

图9-17　制作结果

9.2 封面设计

源　文　件:	源文件\第9章\封面
视频文件:	视频\9.2.avi

9.2.1　经验之谈——计算书脊厚度的方法

书脊厚度的计算公式如下。

印张×开本÷2×纸的厚度

或者也可以使用下面的公式。

全书页码数÷2×纸的厚度

例如：一本16开的书籍，共有正文314页，扉页、版式权页、目录页共14页，使用80g金球胶版纸进行彩色印刷，则其书脊厚度的计算方法如下。

首先，计算出整本书的印张数。

（314+14）÷16=20.5个印张

然后，按书脊厚度计算公式进行计算。

20.5×160÷2×0.098≈16mm

由于已知全书的页码数为328，也可以直接使用第2个公式进行计算，即

$328 \div 2 \times 0.098 \approx 16\text{mm}$

提 示

不同的纸张类型，其厚度也各不相同，因此在计算前要确认纸厚。

9.2.2 经验之谈——封面尺寸的计算方法

以16开尺寸的封面为例，其尺寸为宽度×高度=185mm×260mm，其封面的高度就是260mm；而对于封面的宽度，在设计时需要将正封、书脊与封底3者的宽度尺寸相加。例如，在当前制作的封面设计文件中，其封面的宽度就应该是：正封宽度+书脊宽度+封底宽度=185mm+12mm+185mm=382mm。

9.2.3 经验之谈——勒口

勒口是指正封和封底在翻口处向里折转的延长部分（前者称“前勒口”，后者称“后勒口”），其宽度一般不少于30mm，比较常见的是60~70mm。

一般以精装书为主，现在平装书中也常出现封面封底折进一段以增加书的美感。设定勒口尺寸时，以封面封底宽度的1/3~1/2为宜，如封面封底有底图，需要勒口的图文和封面封底的图文连在一起，这样到装订时，如出现尺寸变数（书脊大小等）勒口也可随之而变。

下面来讲解封面《九型人格》的具体操作方法。

9.2.4 设计正封

01 首先来计算一下封面的尺寸。在本例中，封面的开本尺寸为170mm×240mm，书脊为20mm，并带有70mm宽的勒口。因此整个封面的宽度就是前勒口+正封宽度+书脊宽度+封底宽度+后勒口＝70mm+170mm+20mm+170mm+70mm=500mm。

02 按Ctrl+N组合键新建文档，在弹出的对话框中按照上述数值设置文本的宽度与高度，如图9-18所示。

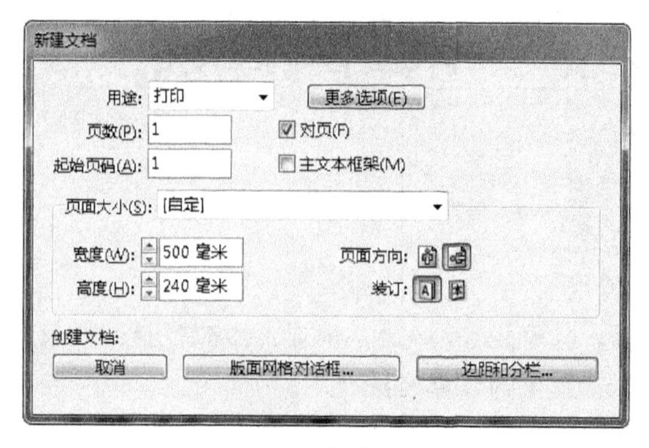

图9-18 新建文档

03 单击“边距和分栏”按钮，在弹出的对话框中设置边距参数，将上下边距设置为0，将左右边距设置为70，以作为勒口的辅助线，如图9-19所示，此时的预览效果如图9-20所示。

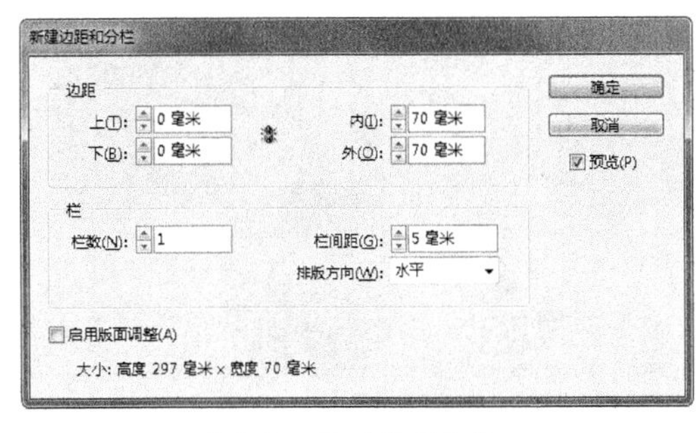

图9-19　设置边距参数

图9-20　预览效果

04 下面继续将分栏数值设置为2，将栏间距设置为20mm，从而作为书脊的辅助线，如图9-21所示，此时的预览效果如图9-22所示，单击“确定”按钮退出对话框。

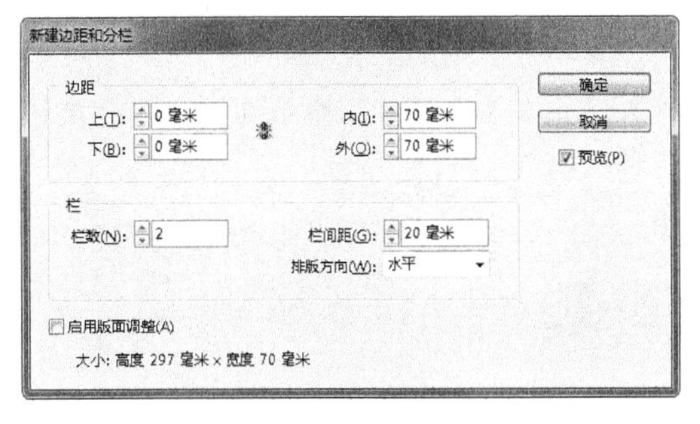

图9-21　设置书脊的辅助线

图9-22　预览效果

05 下面开始制作整个封面的内容。首先，先来为整个封面设置一个背景。使用“矩形工具” 沿文档的出血线绘制一个矩形。设置其描边色为无，设置填充色为渐变，并按照图9-23所示设置“渐变”面板，如图9-23所示，其中左侧色标的颜色值为C0、M5、Y47、K0，右侧色标的颜色值为C0、M16、Y77、K0。

06 使用“渐变工具” ，从正封中间偏下的位置起始，向书脊上拖动以绘制渐变，得到如图9-24所示的效果。

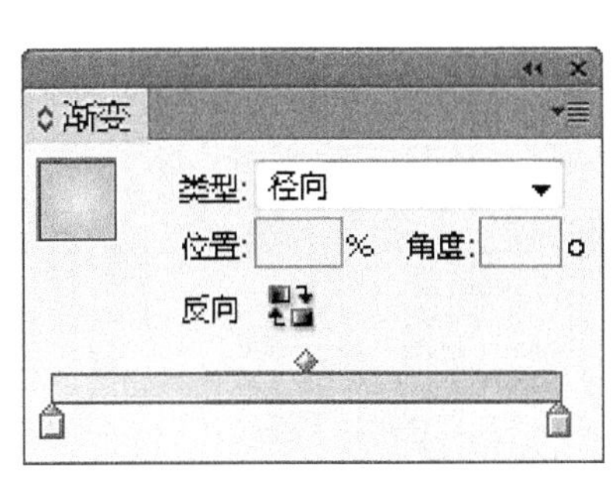

图9-23　设置渐变参数

图9-24　绘制渐变效果

07 下面来制作正封上的元素。为了便于操作，首先将当前图层命名为“背景”并将其锁定，然后创建一个新图层，并将其重命名为“正封”，此时的“图层”面板如图9-25所示。

08 下面来绘制正封中的主体图形。选择“椭圆工具” ，设置填充色为C17、M89、Y100、K0，描边色为无，按住Shift键在正封中间偏下的位置绘制一个橙色正圆，效果如图9-26所示。

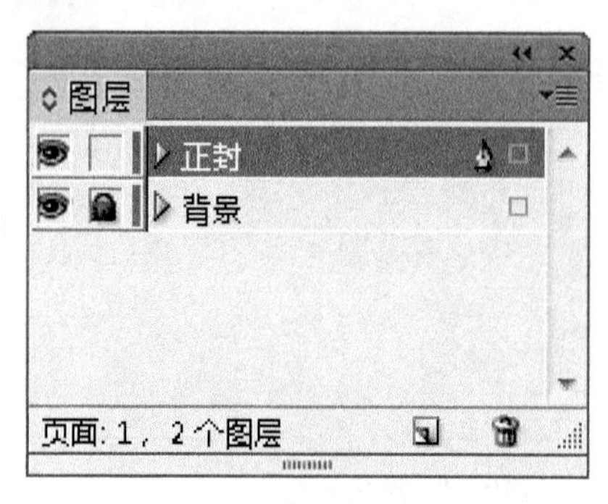

图9-25 “图层”面板

图9-26 绘制图形

09 选中上一步绘制的正圆，按Ctrl+C组合键进行复制，然后执行“编辑”|“原位粘贴”命令，再按住Alt+Shift组合键将其缩小，效果如图9-27所示。为便于观看，笔者将其设置为另外一种颜色。

10 选中第8~9步绘制的正圆，显示“路径查找器”面板并单击其中如图9-28所示的按钮，得到如图9-29所示的效果。

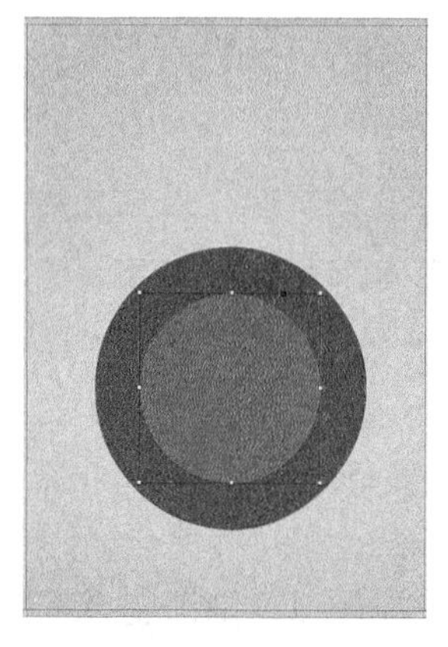

图9-27 缩小正圆

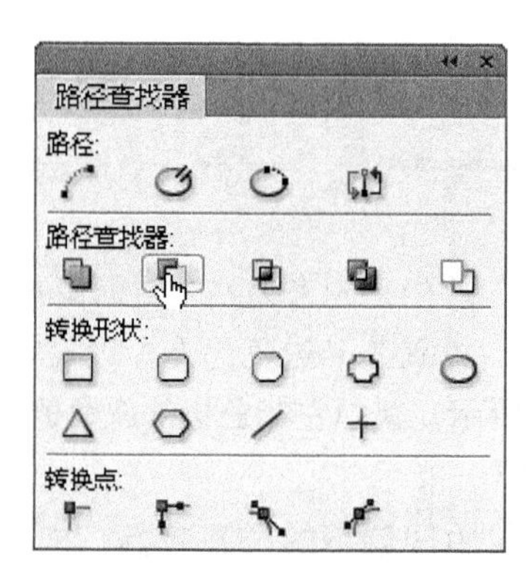

图9-28 单击按钮

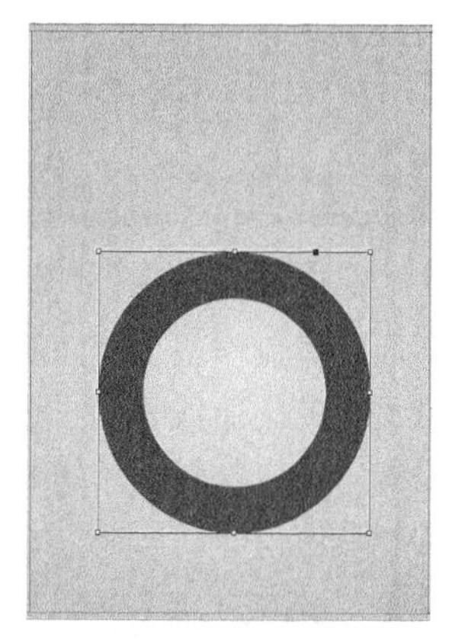

图9-29 操作效果

11 选择“钢笔工具”，设置填充色为C17、M89、Y100、K0，描边色为无，然后在圆环下方绘制如图9-30所示的路径，从而形成一个数字“9”。继续使用“钢笔工具”，在环形内部绘制一条如图9-31所示的路径。

图9-30 绘制路径

图9-31 绘制路径

12 使用“选择工具”按住Alt键拖动上一步绘制的图形，以得到其副本，然后使用“旋转工具”将其旋转-117°，并置于如图9-32所示的位置。

13 按照上一步的方法，再制作另外一个图形，得到如图9-33所示的效果。

图9-32 旋转图形

图9-33 操作效果

14 选择“钢笔工具”，设置填充色为无，描边色为C75、M5、Y100、K0，在圆形内部绘制如图9-34所示的线条。

15 选择上一步绘制的线条，显示“描边”面板并按照图9-35所示设置参数，得到如图9-36所示的效果。

图9-34 绘制线条

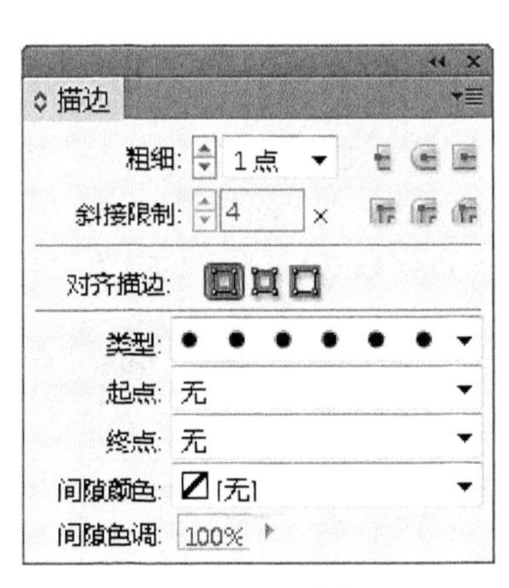

图9-35 设置参数

图9-36 描边效果

16 选择“文本工具”，拖动绘制一个文本框，在其中输入两行文字“1”和“完美型”，并在“字符”面板中设置其属性，如图9-37所示，在“段落”面板中设置其为居中对齐，得到如图9-38所示的效果。

17 使用“选择工具”按住Alt键向右下方复制上一步创建的文本块，效果如图9-39所示，然后修改其中的文字，得到如图9-40所示的效果。

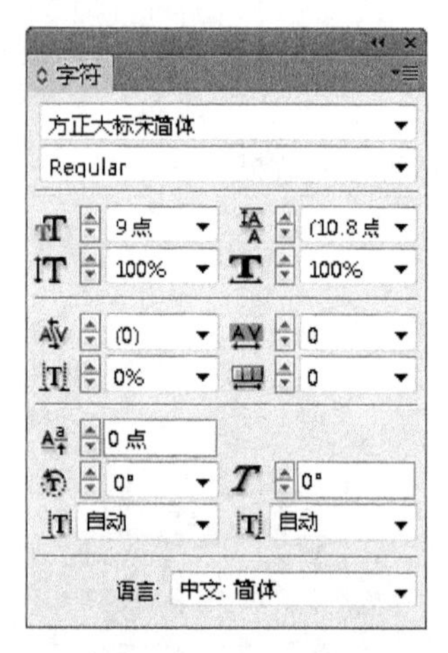

图9-37　设置属性

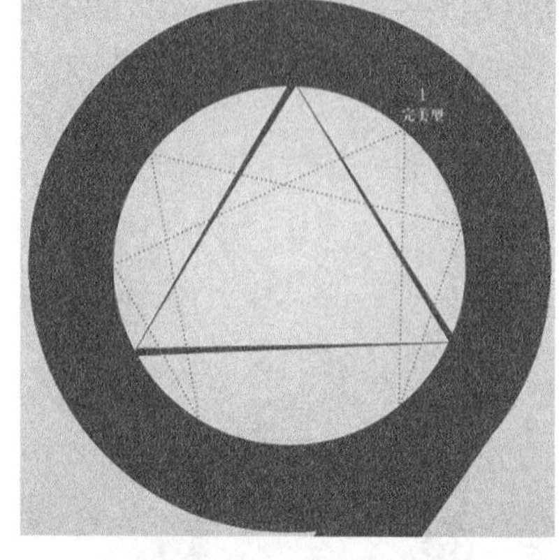

图9-38　对齐效果

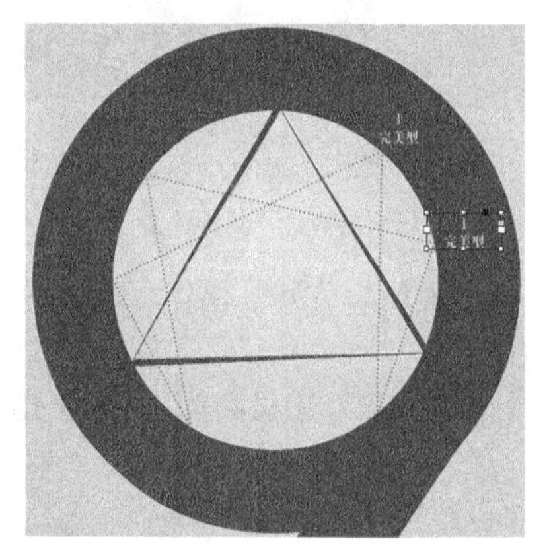

图9-39　复制文本块

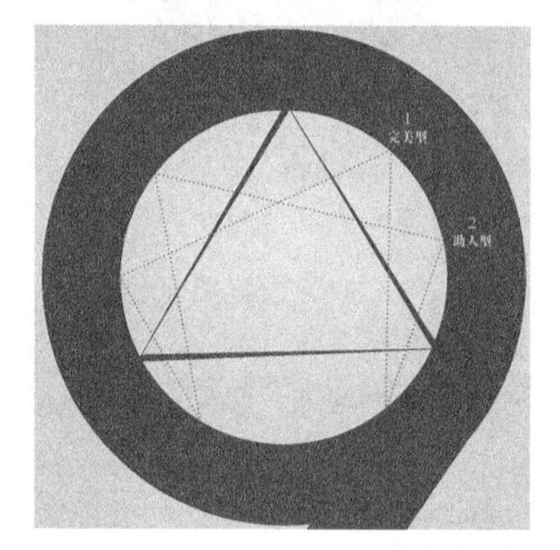

图9-40　修改文字

18 按照上一步的方法，再复制文本块至其他位置，并修改其中的内容，直至得到如图9-41所示的效果。

19 下面来制作封面的主体文字。使用"文本工具" T.拖动一个较大的文本框，设置文本的填充色为C17、M89、Y100、K0，描边色为无，然后在其中输入"九型　格"，并在"字符"面板中设置其属性，如图9-42所示，得到如图9-43所示的效果。

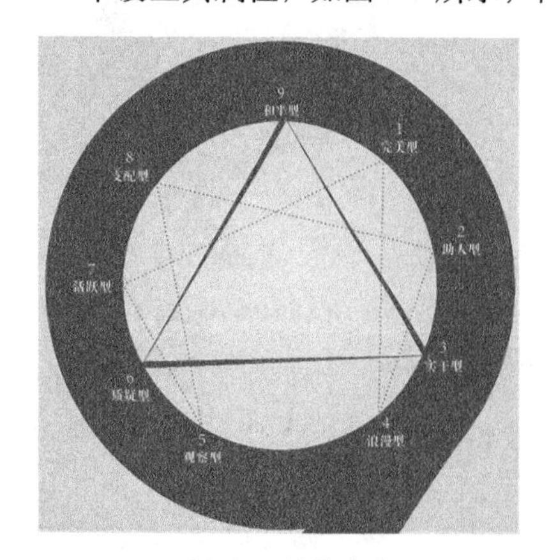

图9-41　操作效果

图9-42　设置属性

图9-43　设置效果

20. 按Ctrl+D组合键，在弹出的对话框中打开随书所附光盘中的文件“第9章\封面\9.2.4-素材.psd”，使用“选择工具”按住Ctrl+Shift组合键将其缩小，并置于文字“型”与“格”之间的空白位置，效果如图9-44所示。
21. 使用“文本工具”T，设置适当的字体和字号，在“九型”前面输入“揭秘”，并执行“文字”|“排版方向”|“垂直”命令，将其转换为竖排文本，调整其位置后，得到如图9-45所示的效果。

图9-44　置入文字

图9-45　操作效果

22. 选择“矩形工具”，设置填充色为C17、M89、Y100、K0，描边色为无，按住Shift键在封面文字的左侧绘制一个矩形，使其高度与书名文字相同，效果如图9-46所示。
23. 使用“选择工具”按住Alt+Shift组合键向右侧复制矩形条，置于书名的另一侧，效果如图9-47所示。

图9-46　绘制矩形

图9-47　绘制矩形

24. 下面来制作书名文字上方的说明文字及其装饰内容。设置填充色为无，描边色为C0、M0、Y0、K85，选择“直线工具”╱，按住Shift键在书名上方绘制一条直线，然后显示“描边”面板为其设置属性，如图9-48所示，得到如图9-49所示的效果。
25. 使用“选择工具”，按住Alt+Shift组合键向上拖动上一步绘制的虚线，得到其副本，效果如图9-50所示。

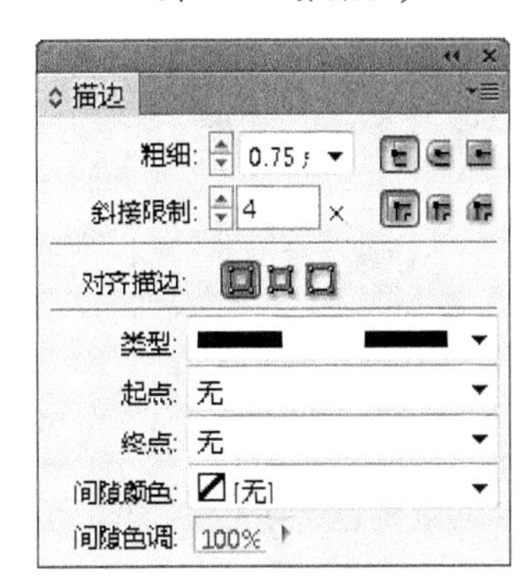

图9-48　设置属性

图9-49 绘制虚线

图9-50 复制虚线

26 连续按Ctrl+Alt+Shift+D组合键两次，以复制两次线条，效果如图9-51所示。

27 选择“椭圆工具”，设置填充色为C17、M89、Y100、K0，描边色为无，按住Shift键在下方第一栏虚线位置绘制一个橙色正圆，效果如图9-52所示。

图9-51 复制虚线

图9-52 绘制正圆

28 使用“选择工具”，按住Alt+Shift组合键向右拖动上一步绘制的正圆，得到其副本，效果如图9-53所示。

29 连续按Ctrl+Alt+Shift+D组合键多次以复制多个正圆，直至得到如图9-54所示的效果。

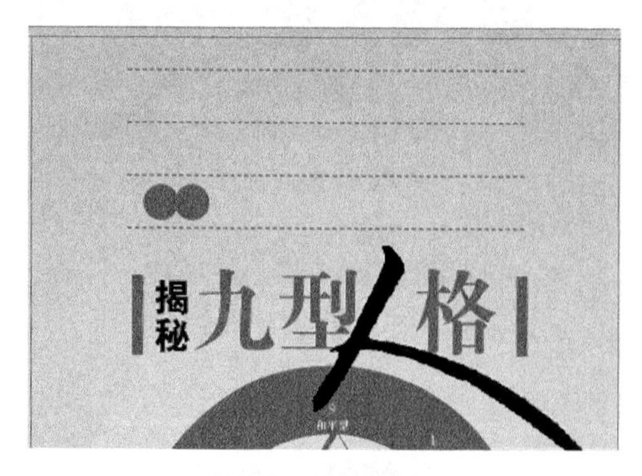

图9-53 复制正圆

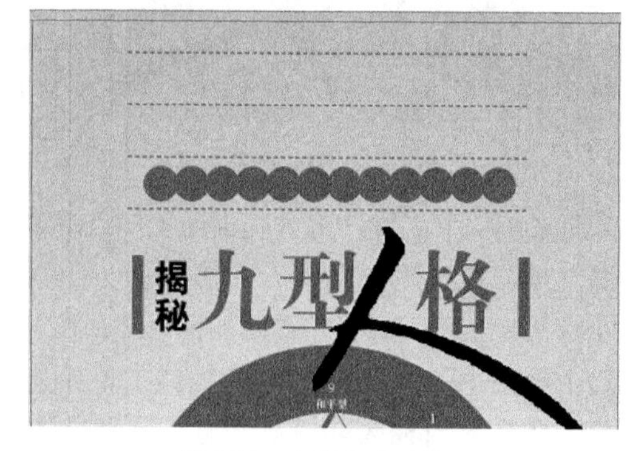

图9-54 复制多个正圆

30 使用“文本工具”T.在上一步绘制的多个正圆上输入文本，效果如图9-55所示。

31 设置文本的填充色为纸色，描边色为无，显示“字符”面板设置其属性，如图9-56所示，得到如图9-57所示的效果。

32 按照第30~31步的方法，在另外两栏虚线框中输入黑色文字，效果如图9-58所示。

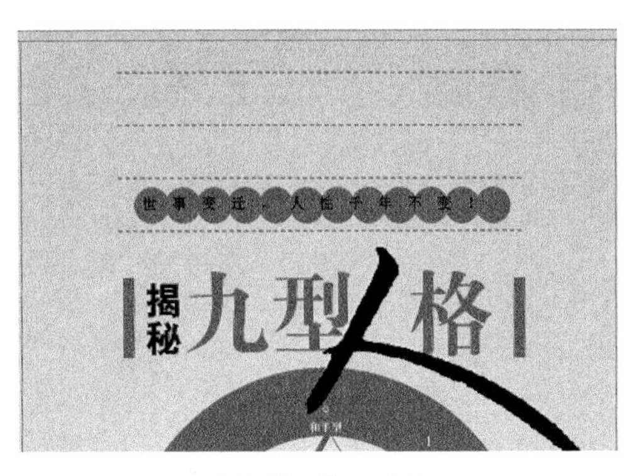

图9-55 输入文本

图9-56 设置属性

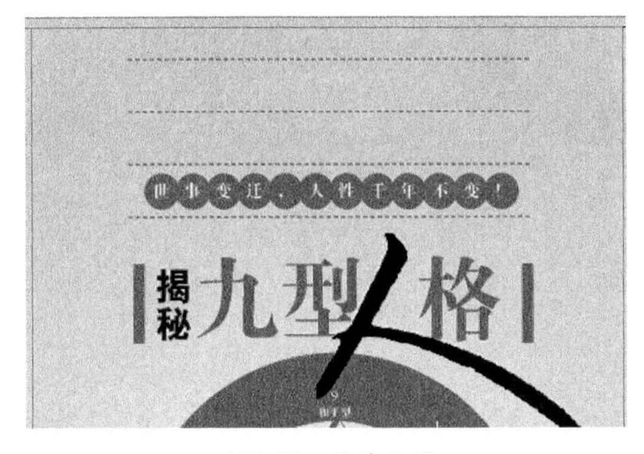

图9-57 操作效果

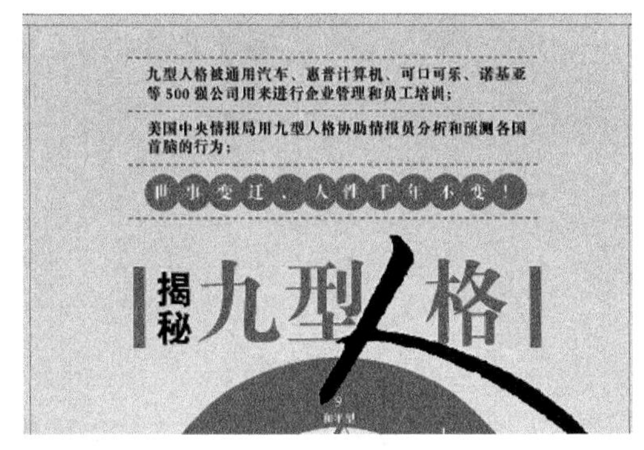

图9-58 输入文字

33 选中上一步输入的文本中比较重要的文字，然后为其设置较粗的字体与特殊颜色（填充色为C17、M89、Y100、K0，描边色为无），得到如图9-59所示的效果。

34 最后，可以在正封上输入作者姓名以及出版社等文字，得到如图9-60所示的效果。

图9-59 操作效果

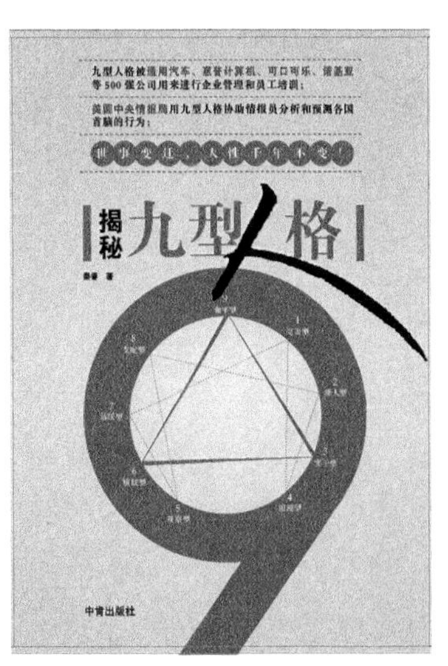

图9-60 最终效果

9.2.5 设计书脊与封底

01 对于书脊的内容，用户可以直接复制正文上的元素，将文本转换为直排并调整适当的位置即可。

02 下面来制作封底中的元素。使用“选择工具”将正封中的图形“9”选中，然后将其复制到封底中，效果如图9-61所示。

03 使用“选择工具”按住Shift键将其放大并适当调整位置，效果如图9-62所示。

图9-61 调整文字

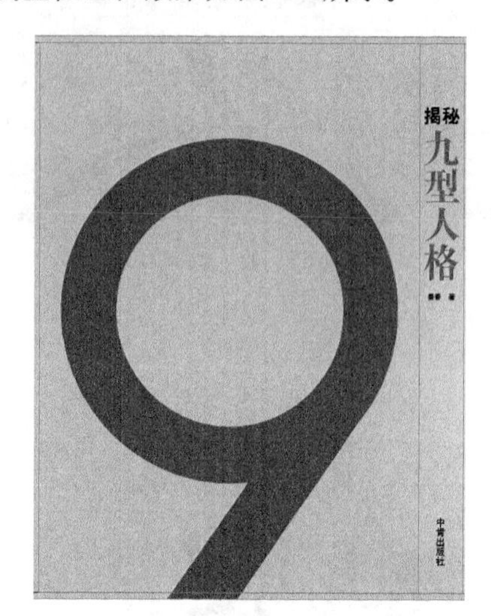

图9-62 复制文字

04 设置上一步制作的图形的填充色为纸色，在“控制”面板中设置其不透明度为20%，得到如图9-63所示的效果。

05 最后，可以使用“矩形工具”在封底的右下角绘制一个条形码占位图形并输入定价等文字内容，如图9-64所示，然后在封底、勒口上输入相关的说明文字，得到如图9-65所示的最终效果。

图9-63 调整文字

图9-64 操作结果

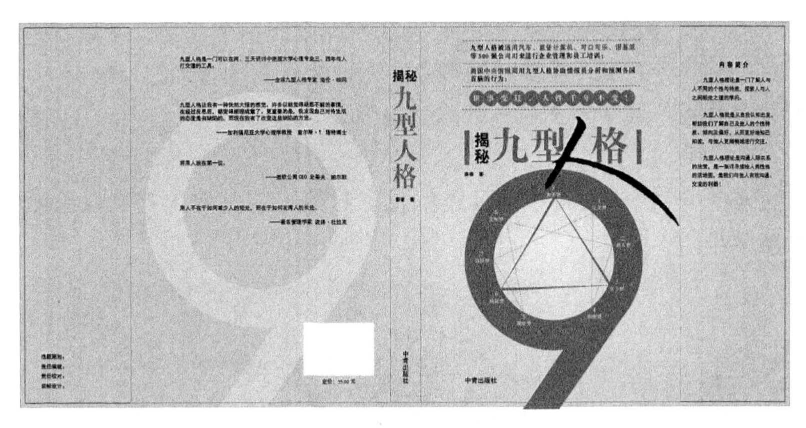

图9-65　最终效果

9.3 宣传册设计

源 文 件：	源文件\第9章\宣传册
视频文件：	视频\9.3-1.avi、9.3-2.avi

在本例中，将为寰雅装修公司设计一本宣传册。下面来讲解其详细操作步骤。

9.3.1 设计宣传册的封面

01 按Ctrl+N组合键新建一个文档，在弹出的对话框中设置其参数，如图9-66所示。单击“边距和分栏”按钮，在弹出的对话框中设置参数，如图9-67所示，单击“确定”按钮以创建一个新文档“页面”面板如图9-68所示。

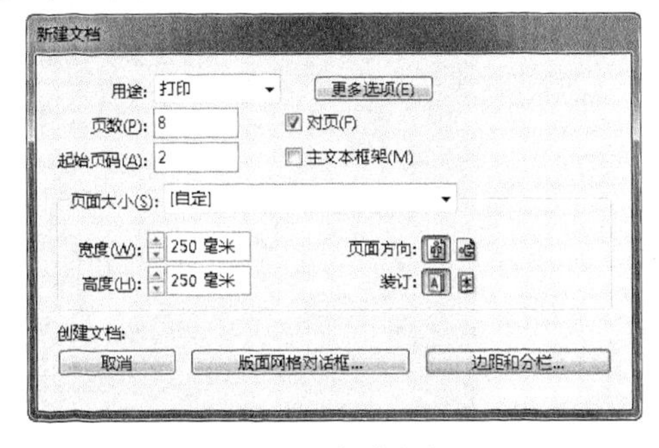

图9-66　新建文档

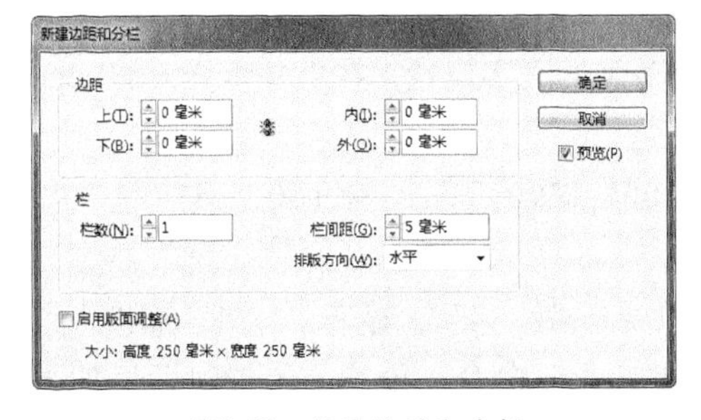

图9-67　设置边距和分栏

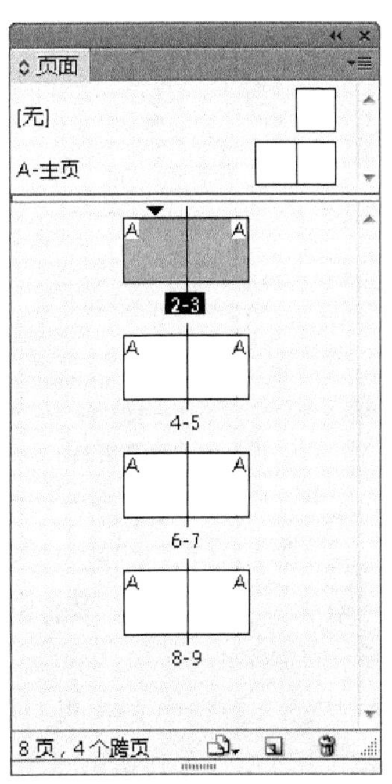

图9-68　“页面”面板

02 下面开始制作整个宣传册的内容。首先，为其封面设计一个背景。使用“矩形工具”▭沿文档的出血线绘制一个矩形，设置其描边色为无，然后设置填充色为渐变，并按照图9-69所示设置“渐变”面板，其中左侧色标的颜色值为C56、M0、Y0、K0，右侧色标的颜色值为C100、M0、Y0、K0。

03 使用“渐变工具”▭，从正封中间偏下的位置起始，向书脊上拖动以绘制渐变，得到如图9-70所示的效果。

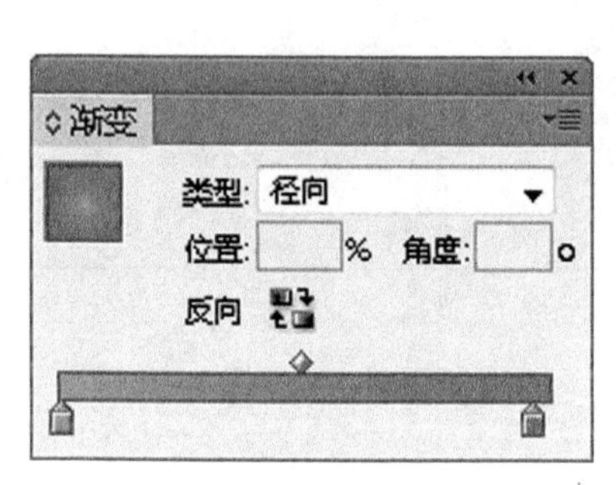

图9-69　设置渐变参数

图9-70　绘制渐变

04 按Ctrl+D组合键，在弹出的对话框中选中“显示导入选项”复选框，然后打开随书所附光盘中的文件“源文件\第9章\宣传册\9.3.1-素材.psd”，在弹出的对话框中隐藏“灰”和“黑”两个图层，如图9-71所示，单击“确定”按钮，将其置入到文档中。

05 使用“选择工具”▸选中上一步置入的Logo图像，按Ctrl+Shift组合键将其缩小，将置于正封中间的位置，效果如图9-72所示。

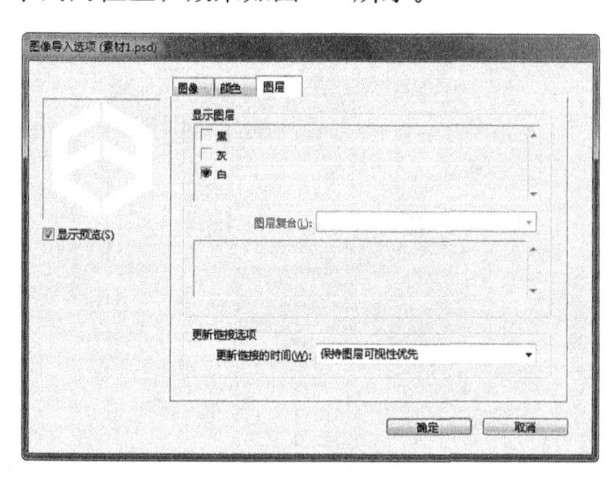

图9-71　隐藏图层

图9-72　置入Logo

06 选择“文本工具”T，在“字符”面板中设置适当的文字属性，在上一步置入的Logo下面输入企业的中、英文名称，效果如图9-73所示。

07 按照上一步的方法，设置文字的填充色为C100、M90、Y10、K100，然后在下面输入如图9-74所示的文字。

08 使用“选择工具”▸选中文字“以诚信为本　以质量求生存”，显示“效果”面板，单击“添加对象效果”按钮，在弹出的菜单中执行“外发光”命令，设置弹出的对话框如图9-75所示，其中色块的颜色值为C100、M90、Y10、K100，得到如图9-76所示的效果。

图9-73　输入企业名称

图9-74　输入文字

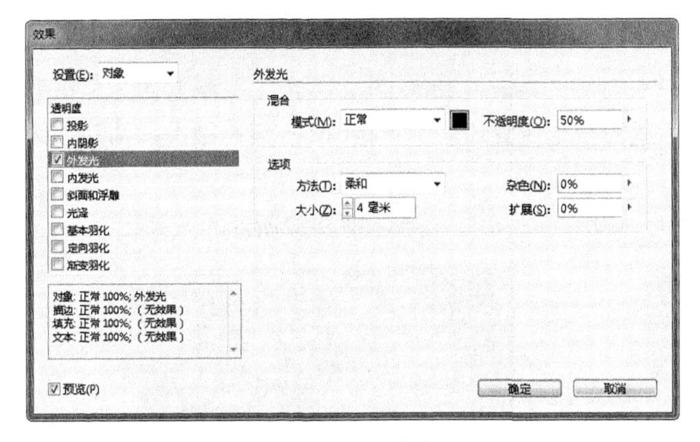

图9-75　设置参数

图9-76　操作效果

09 下面来制作宣传册的封底内容。选择“矩形工具”，在封底左上方沿出血线绘制一个矩形，效果如图9-77所示。

10 使用“选择工具”按住Alt键将正封上的企业名称复制到上一步绘制的矩形的右侧，效果如图9-78所示。

图9-77　绘制矩形

图9-78　复制企业名称

11 按照上一步的方法，将正封上的企业Logo复制到文字的左侧，并按Ctrl+Shift组合键将其缩小，效果如图9-79所示。

12 使用“文本工具”T，在企业Logo和企业名称下面绘制一个文本框并设置适当的文字属性，然后输入企业地址和企业电话等内容，效果如图9-80所示。

图9-79　复制Logo

图9-80　输入企业信息

13 打开随书所附光盘中的文件“第9章\宣传册\9.3.1-素材2.indd”，使用“选择工具”选中并按Ctrl+C组合键复制其中的图形，然后返回至企业宣传册中，按Ctrl+V组合键进行粘贴，调整至如图9-81所示的位置。

14 设置上一步制作的图形的填充色为C80、M0、Y0、K0，得到如图9-82所示的效果。

图9-81　调整位置

图9-82　填充颜色

15 继续设置图形的描边色为纸色，并在“描边”面板中设置参数，如图9-83所示，得到如图9-84所示的效果，图9-85所示是宣传册封面的整体效果。

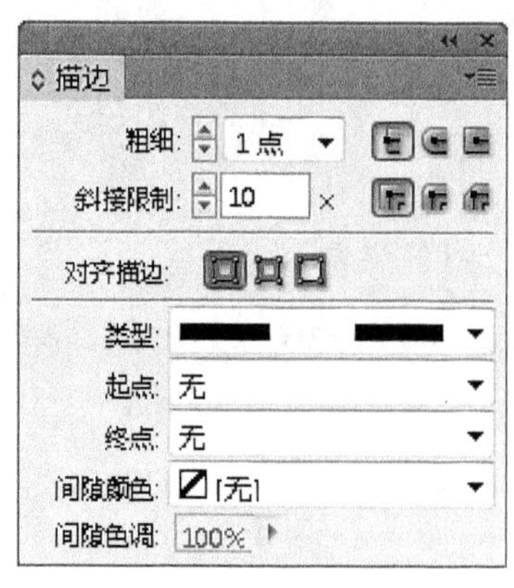

图9-83　设置属性

图9-84　描边效果

图9-85 整体效果

9.3.2 设计宣传册内页

01 在“页面”面板中切换至第4～5页，然后按Ctrl+D组合键，在弹出的对话框中打开随书所附光盘中的文件“源文件\第9章\宣传册\9.3.2-素材.psd”，然后使用“选择工具”将图像缩小并置于页面右侧的位置，效果如图9-86所示。

02 使用“选择工具”，按住Alt键将正封上的文字拖动复制到第4页中，并设置其填充色为黑色，然后置于页面左上方的位置，得到如图9-87所示的效果。

图9-86 置入图像

图9-87 操作效果

03 按照上一步的方法，将正封上的Logo复制到文字的上方，然后按Ctrl+D组合键，在弹出的对话框中选中“显示导入选项”复选框，然后打开随书所附光盘中的文件“源文件\第9章\宣传册\9.3.1-素材.psd”，弹出的对话框如图9-88所示，直接单击“确定”按钮，以将其置入到文档中，得到如图9-89所示的效果。

04 使用“选择工具”，按住Alt+Shift组合键将企业名称文字复制到其右侧，效果如图9-90所示。修改其中的文字内容为“公司简介”和“Company Profile”，得到如图9-91所示的效果。

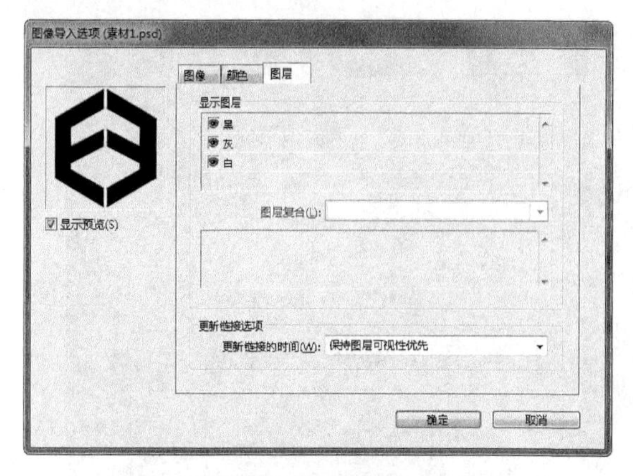

图9-88　对话框设置

图9-89　置入效果

图9-90　复制文字

图9-91　修改文字内容

05 选择“直线工具” ⁄，设置其填充色为无，描边色为黑色，粗细为0.5点，在文字之间绘制竖线，效果如图9-92所示。

06 按Ctrl+D组合键，在弹出的对话框中打开随书所附光盘中的文件“源文件\第9章\宣传册\9.3.2-素材2.txt”，将其置于第4页的空白位置，然后在“字符”和“段落”面板中设置其参数，如图9-93和图9-94所示，使用“选择工具” 适当调整文本块大小后，得到如图9-95所示的效果。

图9-92　绘制竖线

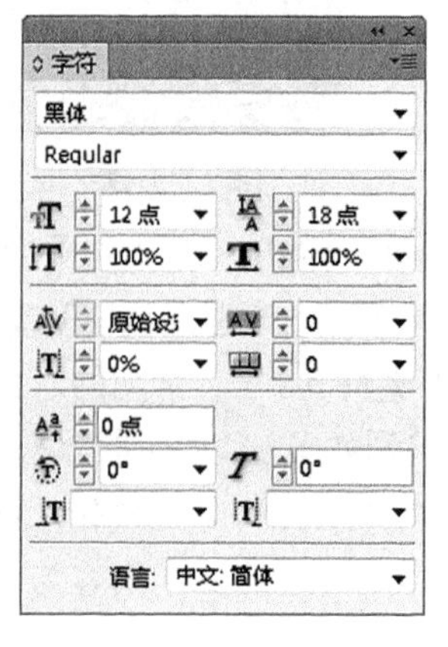

图9-93　设置参数

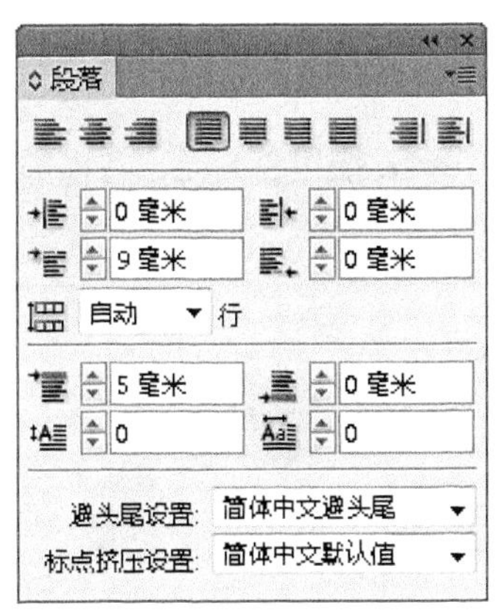

图9-94　设置参数

图9-95　调整文字

07 在“页面”面板中切换至第6～7页，将第4页上的黑色Logo复制到此页面中，并按住Ctrl+Shift组合键将其放大，然后按D键恢复至默认的填充色与描边色。使用“钢笔工具”沿着Logo的边缘绘制图形，绘制完成后删除原来的Logo图像，效果如图9-96所示。

08 选中上一步绘制的图形，然后在“描边”面板中设置参数，如图9-97所示，得到如图9-98所示的效果。

09 选择“椭圆工具”，设置填充色为C100、M0、Y0、K0，描边色为无，按住Shift键在Logo的顶部绘制一个正圆，效果如图9-99所示。

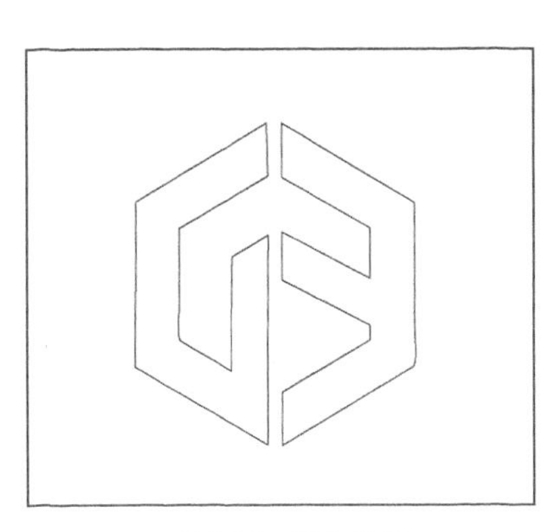

图9-96　操作效果

图9-97　设置参数

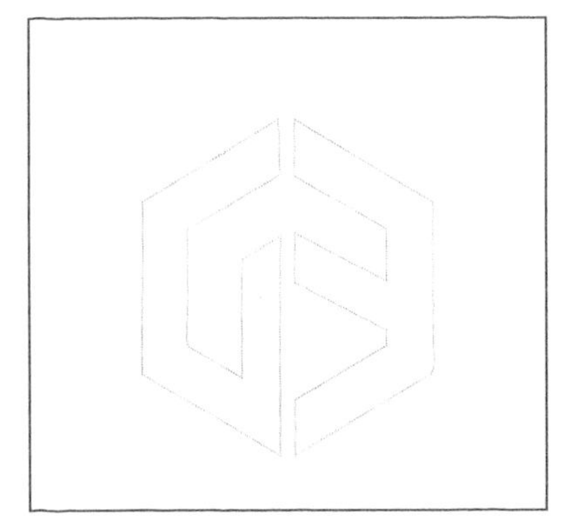

图9-98　描边效果

图9-99　绘制正圆

10 使用“选择工具”，按住Alt键拖动复制上一步绘制的正圆并调整其位置，直至得到类似如图9-100所示的效果。

11 选择“钢笔工具”，设置填充色为C100、M0、Y0、K0，描边色为无，在顶部的正圆上绘制一个箭头图形，效果如图9-101所示。

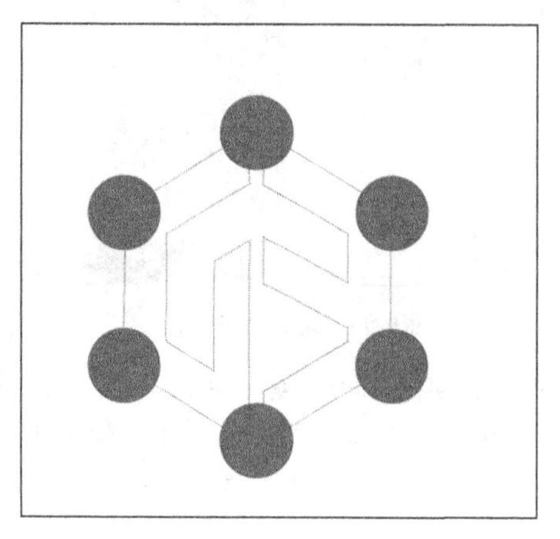

图9-100　操作效果

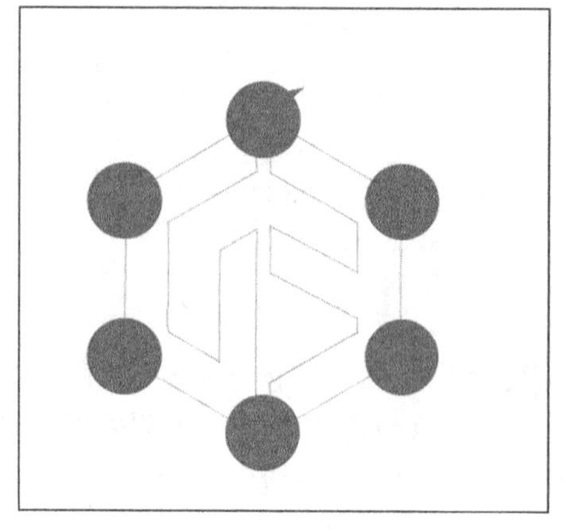

图9-101　绘制箭头

12 按照第10步的方法将上一步绘制的箭头复制到其他正圆上，并使用“旋转工具”旋转其角度，直至得到如图9-102所示的效果。

13 使用“文本工具”T.在顶部输入人物简介文字，效果如图9-103所示。按照第10步的方法，将文本复制到各个圆形上，效果如图9-104所示。

> **提　示**
>
> 上面绘制的正圆形主要是用于摆放设计师的照片，旁边的文字用于说明。在本例中主要是以示例为主，因此并没有详细编辑此部分的信息。

14 将第4页中的Logo图像拖曳复制到第6页的中间，效果如图9-105所示。

15 按Ctrl+D组合键，在弹出的对话框中选中“显示导入选项”复选框，然后打开随书所附光盘中的文件“源文件\第9章\宣传册\9.3.1-素材.psd”，在弹出的对话框中隐藏图层“黑”，如图9-106所示，单击“确定”按钮以将其置入到文档中，得到如图9-107所示的效果。

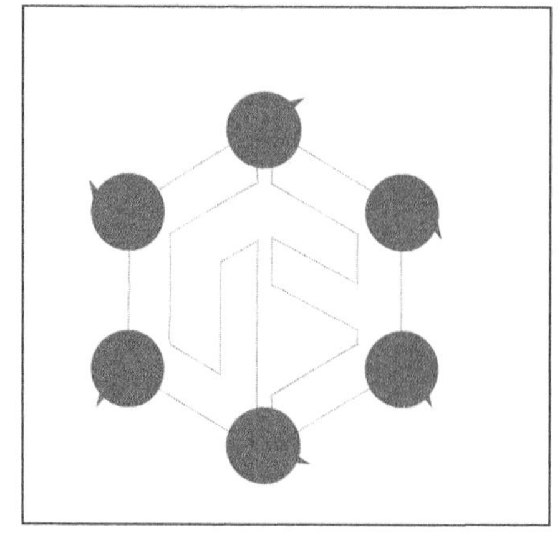

图9-102　操作效果

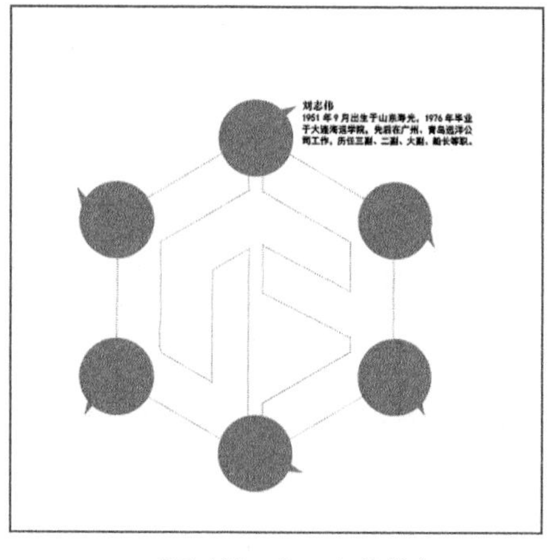

图9-103　输入人物简介

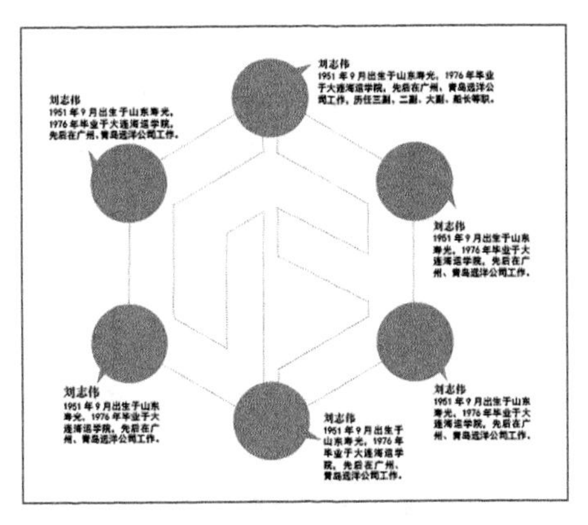

图9-104　复制文本

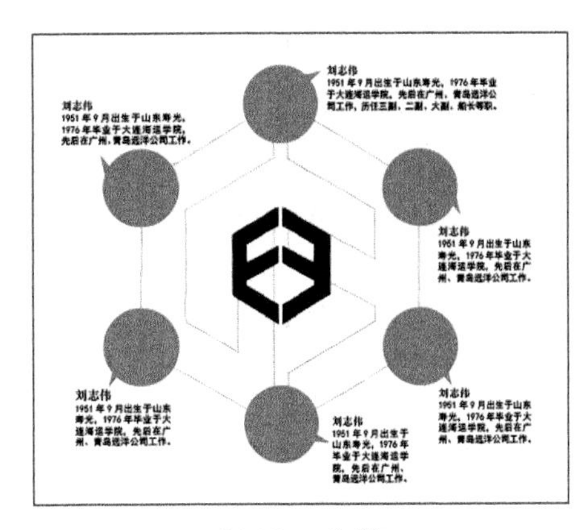

图9-105　复制Logo

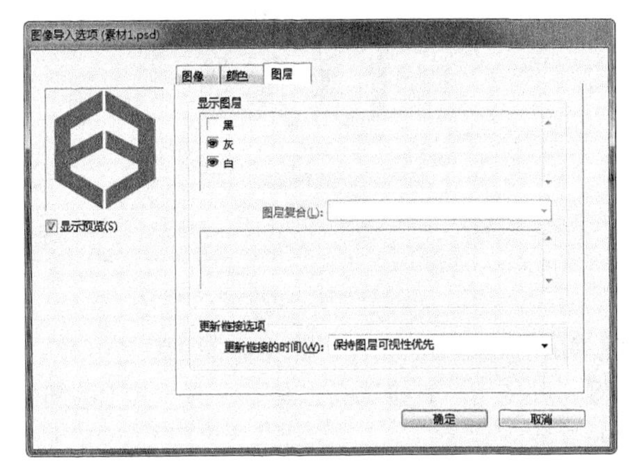

图9-106　设置参数

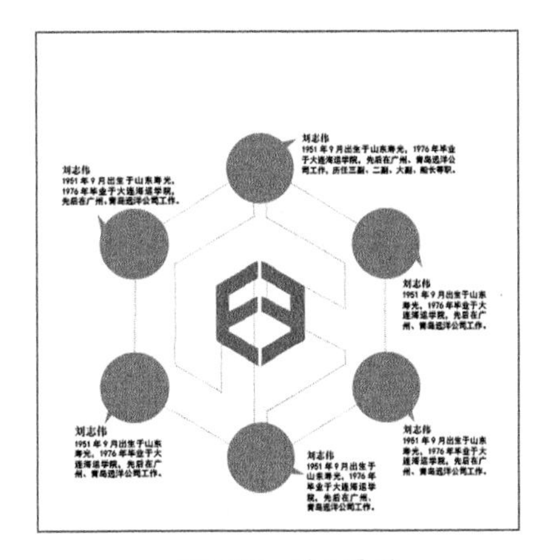

图9-107　置入图形

16 切换至第4页，将其中左上方的公司Logo、公司名称、竖线以及标题文字选中，按Ctrl+C组合键进行复制，再返回至第6页中，执行“编辑”|“原位粘贴”命令，得到如图9-108所示的效果。

17 使用“文本工具” T.选中右侧的标题文字，并将其改为“设计师简介”、“About The Designer”，效果如图9-109所示。

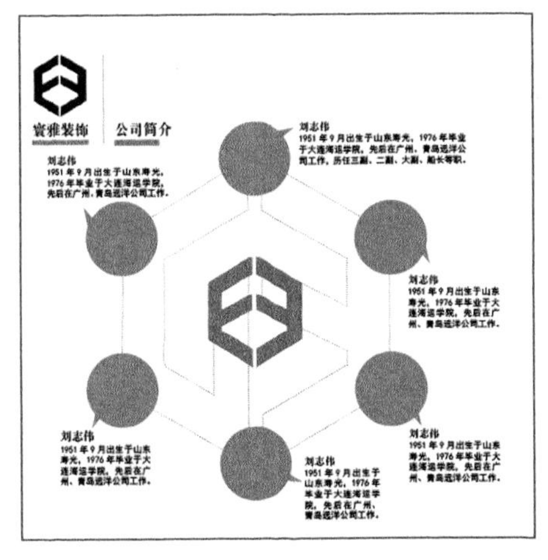

图9-108　复制粘贴效果

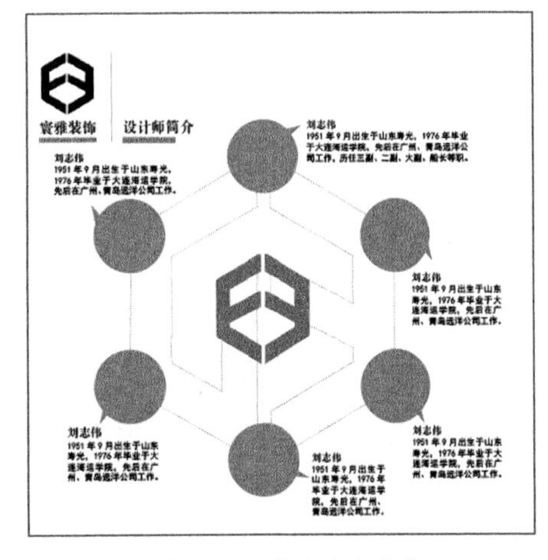

图9-109　修改文字内容

18 切换至第7页，按Ctrl+D组合键，在弹出的对话框中打开随书所附光盘中的文件“源文件\第9章\宣传册\9.3.2-素材3.psd”，然后将其置于页面中间偏左的位置，效果如图9-110所示。

19 将左侧的公司Logo、公司名称、竖线以及标题文字复制到右侧，调整位置及其内容为“施工流程”、“Construction Process ”，效果如图9-111所示。

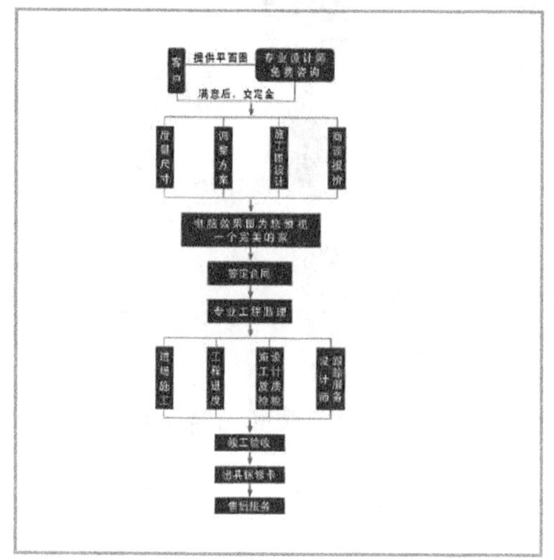

图9-110　置入文件

图9-111　修改文字内容

20 按Ctrl+D组合键，在弹出的对话框中打开随书所附光盘中的文件“源文件\第9章\宣传册\9.3.2-素材4.psd”，然后将其置于页面右侧的位置，并使用“直接选择工具”选中其中的图像，调整内容的位置，直至得到如图9-112所示的效果。

21 按照第5步的方法，在图像的左侧绘制一条装饰直线，效果如图9-113所示。

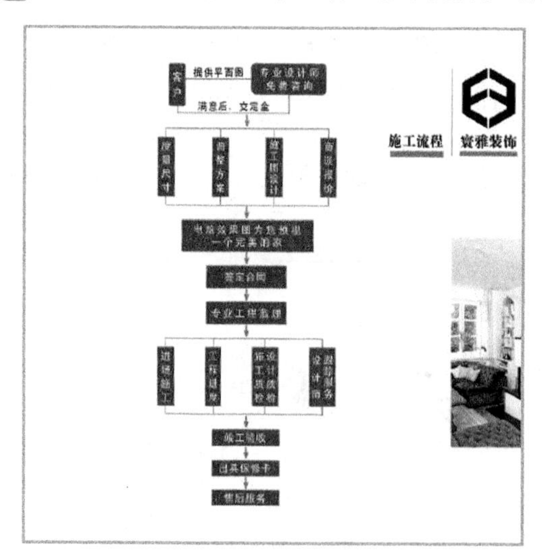

图9-112　操作效果

图9-113　绘制直线

22 按照第20步的方法，置入随书所附光盘中的文件“源文件\第9章\宣传册\9.3.2-素材5.psd”，按Ctrl+Shift+[组合键将其调整至底层，然后将其缩小并调整至右侧图像的位置，效果如图9-114所示。

23 此时上一步置入的图像有一部分露了出来，此时可以使用“选择工具”选中最右侧图像，并将其底部的框架拉大，然后设置其填充色为纸色，从而将下面的图像覆盖住，效果如图9-115所示。

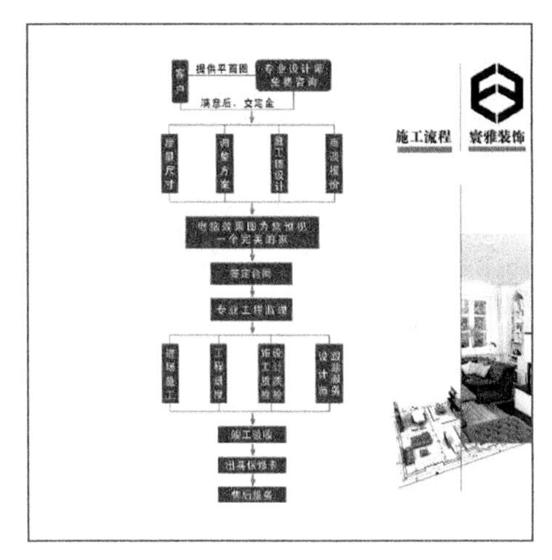

图9-114 置入图形

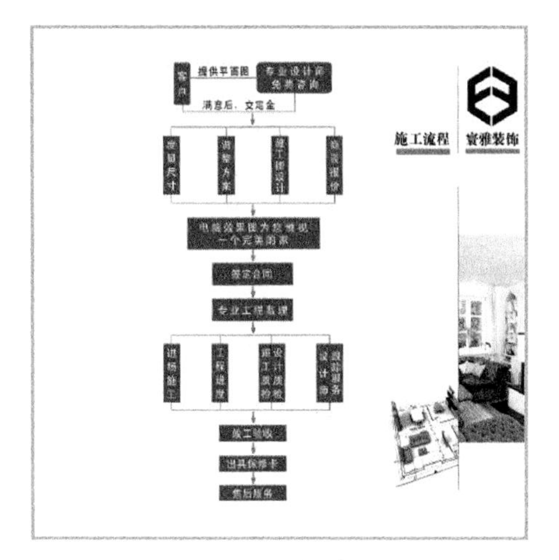

图9-115 操作效果

24 切换至第8～9页，按Ctrl+D组合键，在弹出的对话框中打开随书所附光盘中的文件“源文件\第9章\宣传册\9.3.2-素材6.psd”，适当调整其大小后，将其置于左侧位置，效果如图9-116所示。

图9-116 操作效果

25 选择“文本工具” T，在右侧的空白位置绘制一个文本框，设置其填充色为黑色，然后输入“Simple”，再使用“选择工具”选中输入的文本，在“控制”面板中设置其不透明度为15%，得到如图9-117所示的效果。

26 按照上一步的方法，再分别设置不同的字体、字号，输入得到如图9-118所示的文字效果。

27 按D键恢复至默认的填充色与描边色，然后再按Shift+X组合键交换填充色与描边色，使用“矩形工具”按住Shift键绘制正方形，然后使用“选择工具”按住Alt键向右侧复制两次，得到如图9-119所示的效果。

28 使用“直接选择工具”选中左侧大图图像，按Ctrl+C组合键进行复制。选中上一步绘制的左侧第一个黑色矩形，按Ctrl+Alt+V组合键将复制的图像粘贴至当前的矩形中，对其进行适当的放大及位置调整后，得到类似图9-120所示的效果。

图9-117 文字效果

图9-118 文字效果

图9-119 操作效果

图9-120 操作效果

29 按照上一步的方法，制作另外两个矩形块中的图像，效果如图9-121所示。

图9-121 制作矩形块中的图像

30 切换至“页面”面板，选中并在第8～9页上单击鼠标右键，在弹出的菜单中执行“直接复制跨页”命令，从而创建得到页面10～11。

31 按照上一步的方法，复制得到多个其他的跨页，并结合素材图像，修改文字、图形及版面排列等内容，分别制作其他的页面效果，效果如图9-122～图9-125所示。

图9-122　页面效果

图9-123　页面效果

图9-124　页面效果

图9-125　页面效果

32 最后为宣传册增加页码。在“页面”面板中双击“A-主页”，以进入其编辑状态，然后在左下角的位置输入“寰雅装饰 [ ]”，然后将光标插入“[ ]”之中，按Ctrl+Alt+Shift+N组合键插入页码，得到如图9-126所示的效果，此时，返回至普通页面中即可查看其效果，效果如图9-127所示。

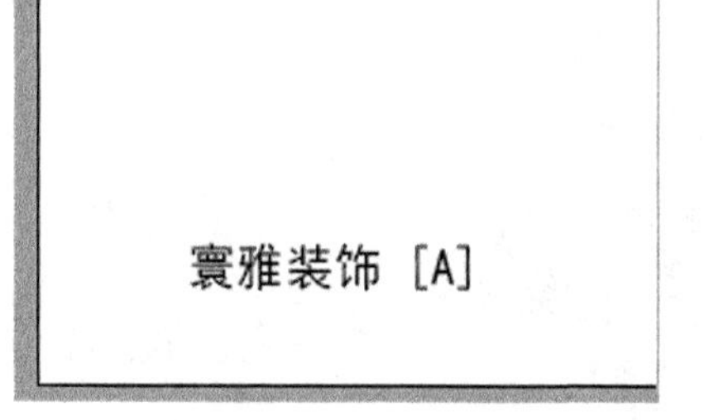

图9-126　插入页码

图9-127　查看页码效果

33 将上一步添加的页码复制到主页的右侧，并将页码调整至“寰雅装饰”的左侧，成为“[A] 寰雅装饰”效果即可，图9-128所示是预览第7页页码效果时的状态。

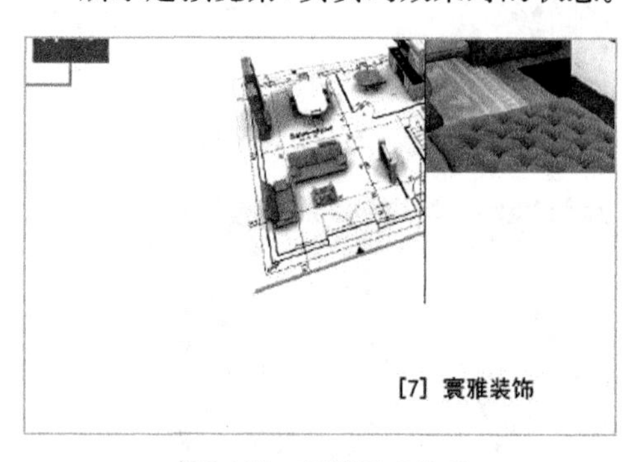

图9-128　预览页码效果

9.4 本章小结

本章包括3个综合性质的案例，其领域涵盖了名片设计、封面设计以及宣传册（页）设计等。通过本章的学习，读者能够巩固前面章节中学习的各类InDesign知识，并对上述各领域中的基本创建手法与规范有所了解，在以后的学习或实际工作过程中有所依据。

习题答案

第 1 章

1. 单选题

（1）C（2）A

（3）C（4）B

2. 多选题

（1）ABD（2）ABCD

（3）ABC（4）BCD

（5）ABC

3. 填空题

（1）工具箱、面板（2）Ctrl+N

（3）Ctrl+R

4. 判断题

（1）×（2）×

（3）✓（4）✓

5. 上机操作题

（略）

第 2 章

1. 单选题

（1）A（2）D

2. 多选题

（1）AB（2）AB

（3）BD

3. 填空题

（1）F7（2）Shift，Ctrl

4. 判断题

（1）×（2）✓

5. 上机操作题

（略）

第 3 章

1. 单选题

（1）C（2）A

（3）A（4）B

2. 多选题

（1）ABCD（2）AC

（3）ABCD（4）BC

（5）ABD

3. 填空题

（1）版面－目录（2）Ctrl+F

（3）开放，闭合

4. 判断题

（1）×（2）✓

（3）✓

5. 上机操作题

（略）

第 4 章

1. 单选题

（1）A（2）B

2. 多选题

（1）BC（2）ABCD

（3）ACD

3. 填空题

（1）多边形工具，Shift

（2）吸管（3）居内，居外

4. 判断题

（1）✓（2）✓

（3）✓

5. 上机操作题

（略）

第 5 章

1. 单选题

（1）D（2）D

2. 多选题

（1）ABCD（2）ABCD

3. 填空题

（1）Ctrl+D　　（2）剪切路径

4. 判断题

（1）√　　（2）×

（3）√　　（4）√

5. 上机操作题

（略）

第 6 章

1. 单选题

（1）C　　（2）D

2. 多选题

（1）BC　　（2）ABCD

（3）ACD

3. 填空题

（1）Ctrl+]，Ctrl+[，Ctrl+Shift+]，Ctrl+Shift+[

（2）Ctrl+G　　（3）锁定

4. 判断题

（1）√　　（2）√

（3）×　　（4）√

5. 上机操作题

（略）

第 7 章

1. 单选题

（1）C　　（2）C

2. 多选题

（1）ABC　　（2）ABCD

3. 填空题

（1）Ctrl+Alt+A，左上角

（2）Ctrl+3，左侧

4. 判断题

（1）√　　（2）√

（3）√

5. 上机操作题

（略）

第 8 章

1. 单选题

（1）D　　（2）A

2. 多选题

（1）ACD　　（2）ABCD

3. 填空题

（1）Ctrl+E　　（2）3

4. 判断题

（1）√　　（2）√

5. 上机操作题

（略）

第 9 章

1. 单选题

（1）C　　（2）D

2. 多选题

（1）ABCD　　（2）ABCD

3. 填空题

（1）Ctrl+Shift　　（2）210×285

4. 判断题

（1）√　　（2）×

5. 上机操作题

（略）